Lisbeth N. Trallori (Hg.)

# Die Eroberung des Lebens

Technik und Gesellschaft an der Wende
zum 21. Jahrhundert

Lisbeth N. Trallori (Hg.)

# Die Eroberung des Lebens

Technik und Gesellschaft
an der Wende zum 21. Jahrhundert

VERLAG FÜR GESELLSCHAFTSKRITIK

Gedruckt mit Unterstützung durch das Bundesministerium
für Wissenschaft, Verkehr und Kunst und
das Kulturamt der Stadt Wien.

Die Deutsche Bibliothek – CIP–Einheitsaufnahme

**Die Eroberung des Lebens :**
Technik und Gesellschaft an der Wende zum 21. Jahrhundert /
Lisbeth N. Trallori (Hg.). –
Wien : Verl. für Gesellschaftskritik, 1996

ISBN 3-85115-232-8
NE: Trallori, Lisbeth N. [Hrsg.]

ISBN 3-85115-232-8

Umschlaggestaltung: pavlik design
© 1996 Verlag für Gesellschaftskritik Ges.m.b.H. & Co.KG
A-1030 Wien, Hintzerstraße 11
Alle Rechte vorbehalten.
Druck: MANZ, Wien

# INHALT

*Lisbeth N. Trallori (Vorwort)*
  Im Zeitalter des Codes . . . . . . . . . . . . . . . . . . . . . . . 7

## I. Formierungen

*Renate Genth*
  Im Banne der Maschinisierung. Neuordnung des
  Zivilisationsprozesses durch technische Eroberungen . . . . . 33

*Wolfgang Dreßen*
  Destruktion und Erlösung. Zur Industrialisierung des
  Menschen im 20. Jahrhundert . . . . . . . . . . . . . . . . . . . 59

*Gernot Böhme*
  Natur als Humanum. Eine Revision . . . . . . . . . . . . . . . 75

## II. Zugriffe

*Barbara Duden*
  »Das Leben« als Entkörperung.
  Überlegungen einer Historikerin des Frauenkörpers . . . . . . 99

*Ludger Weß*
  Die Träume der Genetik . . . . . . . . . . . . . . . . . . . . . 111

*Maria Mies*
  Patente auf Leben.
  Darf alles gemacht werden, was machbar ist? . . . . . . . . . 119

## III. Mythen

*Regine Kollek*
  Metaphern, Strukturbilder, Mythen – Zur
  symbolischen Bedeutung des menschlichen Genoms . . . . . 137

*Christina von Braun*
　Virtuelle Triebe. Der Einfluß der Neuen Medien auf
　die »natürliche Ordnung« der Geschlechter . . . . . . . . . .   155

*Gerburg Treusch-Dieter*
　Geschlechtslose WunderBarbie. Oder vom
　Phänotypus zum Genotypus . . . . . . . . . . . . . . . . . .   177

## IV. Simulationen

*Elisabeth List*
　Der Körper, die Schrift, die Maschine.
　Vom Verschwinden des Realen hinter den Zeichen  . . . . .   191

*Friedrich A. Kittler*
　Wenn das Bit Fleisch wird . . . . . . . . . . . . . . . . . . . .   209

*Renate Retschnig*
　Cyberspace – Eine Feministische Reise zu neuen
　Welten, die nie zuvor ein Mensch gesehen hat  . . . . . . . .   223

*Irene Neverla / Irmi Voglmayr*
　Cyberpolitics. Zum Verhältnis von Computernetzen,
　Demokratie und Geschlecht . . . . . . . . . . . . . . . . . .   239

## V. Hyper-Belebungen

*Anna Bergmann*
　Die Verlebendigung des Todes und die Tötung des
　Lebendigen durch den medizinischen Blick . . . . . . . . . .   253

*Erika Feyerabend*
　Überleben-Machen. Transplantation und
　Wiederverwertung von Organen . . . . . . . . . . . . . . .   273

*Birge Krondorfer*
　Zur Suspendierung von Transzendenz.
　Tödliches Betreiben und Unsterblichkeitswahn  . . . . . . .   295

Kurzviten der Autorinnen und Autoren  . . . . . . . . . . . .   311

Lisbeth N. Trallori

## Vorwort

**Im Zeitalter des Codes**

Eroberungen haben einen fatalen Beigeschmack. Sie werden mit Kriegen, mit direkter Gewaltausübung und Brutalität konnotiert, denken wir an jene der außereuropäischen Kontinente. Im 20. Jahrhundert, als Preis der Zivilisierung, Industrialisierung und Modernisierung, lösen sie Assoziationen zu atomaren Vernichtungspotentialen, Superwaffen und zu stattgefundenen Realkatastrophen aus. Eroberungen, um die es in diesem Buche geht, haben ihr Antlitz verändert, kommen sie doch in Form von erlösungs- und heilsversprechenden Botschaften auf uns zu: als Biomedizin und Gentechnik, als moderne Mythen im Netz, in virtuellen Räumen oder als universalisierte Technostrukturen einer digitalisierten ›freien‹ Welt, als *global attitude*.

Und Leben? Generationen von Literaten, Philosophen und Naturwissenschaftlern haben Spekulationen darüber angestellt, was dieses Fünfbuchstabenwort wohl bedeuten mag. Im Verlauf der Wissenschaftsgeschichte ist die Definitionsmacht zu jener theoretischen Biologie übergegangen, die sich dem kybernetischen Modell verpflichtet fühlt. Am Ende des 20. Jahrhunderts lautet die Bilanz, daß wir mit einem Begriff von ›Leben‹ konfrontiert sind, der ein Artefakt darstellt: Leben bedeutet Information.

Wieso nun ein Buch über die *Eroberung des Lebens*, wenn dieses ›Leben‹ bloß als inflationäres Abstraktum existiert, und dennoch millionenfach vermarktet, biologisiert, erneut vergesellschaftet und neu ›erfunden‹ wurde? Nicht, daß diese Erfindungen an der Wende zum nächsten Jahrtausend erstmals stattfänden. Im Gegenteil. Geschichte kann auch als eine Geschichte der Erfindungen über das Leben gelesen werden. Neu und brisant daran ist, daß diese Geschichte völlig neue Vokabeln, Grammatiken, Ideographien bereithält – kurzum, daß Sprache, Zeichen und die Begrifflichkeiten, in denen über das Leben erzählt, nachgedacht, erforscht und gehandelt wird, bisherige normative Orientierungen grundlegend umgestürzt haben. Welche Mächte auch immer das ›Leben‹ unter ihre hermeneutischen Fittiche nehmen, wer auch immer es neu kreiert, muß im Zeitalter des Codes weder auf Anfang und Ende, auf Genealogie und Herkunft, noch auf Irdisches und Transzendentes rekurrieren. Angesprochen ist damit die Logik der Technowissenschaften, die sich im Konzept des genetischen und binären Codes ihre Bahn bricht und als vorantreibende Kraft die Stoßrichtung der gesellschaftlichen Transformation strukturiert. Das Aufeinandertreffen dieser Konzepte des Codes entspringt keinem Zufall, es ist das Resultat einer wissenschaftstheoretischen und -praktischen Modalität biokybernetischer Welterfassung und Welterfindung.

Radikale Umwälzungen unseres Jahrhunderts, vorwiegend unter dem Einfluß der formalen Wissenschaften und ihrer praktisch gewordenen Disziplinen, eröffneten das Tor zu dieser Epochenschwelle. Das mechanistische Weltbild mit seinem Absolutsheitsanspruch als Ordnungfaktor und seinen linearen Naturgesetzen ist überholt. Die wissenschaftlichen Erkenntnisse der Relativitätstheorie und Quantenphysik, der allgemeinen Systemtheorie und der Kybernetik, das Gödelsche Unvollständigkeitstheorem, um nur einige zu nennen, haben diesem Anspruch und dem kausalen Denken einen entscheidenden Schlag versetzt. Dennoch hat das mechanische Zeitalter nicht vollständig abgedankt und das neue noch nicht gänzlich unseren Horizont eingenommen, so daß wir uns vorerst in einer Art Zwischenstadium befinden. Metaphorisch wird die Welt nicht mehr als Maschine, als Apparat oder Uhr begriffen und erdacht, sie präsentiert sich als komplexes ›System‹ bzw. als Teil unterschiedlicher Systeme, die miteinander vernetzt sind und die sich durch eine selbstläufige Organisation auszeichnen; gleichzeitig dringt das systemische Verständnis in die Kultur- und Sozialwissenschaften ein. Der klassischen Maschine folgt die programmierbare ›transklassische‹ Maschine, sprich: der Computer. Das Gigantomanische der Maschinenwelt wird abgelöst durch eine Welt *en miniature* in den Labors, auf den Chiparchitekturen. Technomacht und Herrschaft transzendieren im Laufe der informationstheoretisch fundierten Diskursgeschichte in atomisierende, fraktalisierende Dimensionen des Unsichtbaren der Mikrobiologie und Mikrophysik bzw. Nanophysik und Mikroelektronik, sie nivellieren Unterschiede zwischen Organischem und Anorganischem, zwischen Lebendigem und Nicht-Lebendigem und reißen das Individuum als Subjekt-Objekt in den Strudel entmaterialisierter oder technisch simulierter Geschehnisse hinein.

Von diesen prozessualen Transformationen und Effekten, die ein solch paradigmatischer Perspektivewechsel nach sich zieht und dessen Konturen sich im 21. Jahrhundert verschärfen, handelt die vorliegende Publikation. Von Transformationen, die das Nachdenken über menschliche Identität, Körperlichkeit und Entkörperungen, Original und Kopie, über das Zusammenspiel von Natur, Kultur und Gesellschaft provozieren. In dieser als postmodern deklarierten Epoche tauchen vermehrt Fragen nach dem ontologischen Grundverständnis auf. Zugespitzt könnten sie, wie Jean Baudrillard formulierte, lauten: »Bin ich Mensch oder Maschine« oder »ein virtueller Klon?« (1992, 31) Biowissenschaften und Computerwissenschaften bestimmen mit ihren Epistemologien, Methoden, Praxisbezügen und marktinnovativen Produkten das codierte Zeitalter. Unter dem Gesichtspunkt, daß Wissenschaft und Technik zu zentralen produktiven und reproduktiven Formen der Ökonomie und zugleich zu essentiellen Figuren von sozio-technologischen Evolutionen oder, je nach dem, von Revolutionen geworden sind – man denke nur an die Kopernikanische Wende und die beginnende Industriegesellschaft –, stehen sie im Fokus der Betrachtung. Die Kultur der westlichen Hochtechnologie-Zivilisation ist konstruiert auf den Grundfesten dieser Disziplinen, läßt eingespielte Verhaltensmuster, Lesarten und Wahrnehmungen ebenso wie Politiken, Gegenreden und Widerständigkeiten über Bord gehen, läßt Hoffnungen, Visionen und androzentrische Träume wahr werden oder neue erschaffen. Möglich ist alles, und alles ist unmöglich.

In den hier vorgelegten Texten kommen Autorinnen und Autoren aus den Natur-, Geistes- und Sozialwissenschaften zu Wort. Alle Aufsätze sind geprägt von dem eben skizzierten Wandlungspotential und den realen Veränderungen; in ihnen zeigt sich das bereits vollzogene, noch nicht vollständige oder im Prozeß begriffene Erfaßtsein vom Sog des Transformativen. Ausgehend von einem kulturproduzierenden Verständnis von Wissenschaft und Technik (d.h. technische Erfindungen, Dinge, die Menschen schufen, werden als Teil kultureller Aktivitäten begriffen) wird der transformative Prozeß an Verlaufslinien und kulturellen Deutungsmustern festgemacht: an Utopie und Maschinisierung, an der Sprache, der Schrift, der Zeichen und Zahlen, des Blicks (Film, Neue Medien, Cyberspace) an Körpermodellen und Virtualitäten, an den Verhältnissen zwischen Fiktion und Politik, Sichtbarem und Unsichtbarem, Physik und Metaphysik, zwischen Vergänglichem und Unvergänglichem.

Die hier versammelten Beiträge formen sich zu einer Art Relief mit Hervorhebungen und Auslassungen, mit Erfahrungen politischer Kämpfe und/oder stiller Abstinenz, mit epischen Verdichtungen und kühlen Narrationen. In all den Unterschiedlichkeiten des Betrachtens und Darstellens repräsentieren sie, wie ich meine, im besten Sinne des Wortes eine *ars combinatoria*, die es den Leserinnen und Lesern erlaubt, eine kombinatorische Verknüpfung der Ergebnisse und Weitsichten über den Transformationsprozeß der Moderne, um den es hier geht, vorzunehmen. Zeitgenössische Wissenschaft und Technik gelten als planvolle Instrumente einer grenzüberschreitenden Programmatik bei der weltweiten Neu- und Umgestaltung, wie es, vielleicht etwas antiquiert ausgedrückt, dem »Geist der Moderne« (Bauman 1993) entspricht: durch ihren Rationalitätsanspruch und rationales zweckgemäßes Handeln schaffen sie Ordnung; sie intendieren zweitens eine Vervollkommnung und Optimierung der Natur einschließlich der menschlichen Natur und drittens wirken sie auf das Imaginäre in einer Kultur bzw. realisieren es. Die Spezifik der systemtheoretischen Folie von Biowissenschaften und Computer Science liegt nun darin, daß diese Programmatik selbstreflexiv und selbstgestaltend konstruiert wird. Selbst die genetische Modellierung in die Hand zu nehmen, aus dem ›Körper zu fahren‹, seinen ›Geist‹ in den Computer zu laden oder sich selbst als eine bio-kulturell mutierende Erscheinung, kurz: sich als vernetz- und programmierbares System, als »digitale Streuung« (Vilém Flusser), zu begreifen, ist die kognitive Botschaft dieser Technowissenschaften. Strukturen der Ordnung bzw. Organisation, jene der Verbesserung deuten auf das Vorhandensein einer systemisch-funktionalen Dynamik, die auf eine widersprüchliche »immaterielle Technisierung« (Berr 1990) hinausläuft.

Wie in jeder Epoche die Fragestellung »Was ist Leben?« einhergeht mit den verfügbaren Wissensproduktionen, ist die Antwort darauf als eine Konstruktion resultierend aus dem jeweiligen Wissens- und Technikstand aufzufassen. Nach Physik und Chemie hat sich im 20. Jahrhundert die Molekularbiologie dieser Ausgangsfrage bemächtigt und die Parole der »Enträtselung des Lebens« ausgegeben. Wissenschaftler haben ihre Gedanken theoretisch gebündelt, um bestimmte Fragen an die Materie zu stellen, die sie sozusagen in ihrem Sinne informationstheoretisch beantwortet hat. Als Folge haben wir zu notieren: Das Gen figuriert als kleinstes Lebenspartikel, ausgestattet mit einem Code, der durch vier Buchstaben charakterisiert ist und das Modell einer universalen Sprache darstellt. Erwin Schrödinger, der die »*noblesse*«, die üblicherweise bei »einem Mann der Wissenschaft« vorauszusetzen ist, aufgegeben hat (1989, 29), um über ein Thema, das nicht seines war, im Rahmen seiner Dubliner Vorlesungen (1943) zu reflektieren, hat diesen Weg zur Molekularbiologie entscheidend vorbereitet.

Das Konstrukt des Codes ist Ausdruck einer technischen Erschließung zwischen der transklassischen Maschine und dem Lebendigen. Nachdem das Leben als Sprachwerk und nicht mehr als Uhrwerk, jedoch als Botschaft von Elementen und Zeichen aufgefaßt wird, ist es analytisch partialisiert und damit entschlüsselbar geworden. Die Bewältigung millionenfacher Datenmengen, die aus dem zum Sprechen gebrachten Leben nur so ›heraussprudeln‹, kann ohne eine datenverarbeitende Technologie nicht erfolgen.[1] Als Leitmodell für die Molekulargenetik fungiert der spezifisch informationstheoretische Kontext der Computer Science. Der binäre Code und der genetische Code – Konzepte und Verfahren zur Entschlüsselung von formallogischen und biologischen Daten – schließen den Zirkel zwischen den Bio- und den Computertechnologien.

Mit der Modellvorstellung der universalen Sprache wird eine neue Beziehung zwischen Technik und den ›lebenden Systemen‹ geknüpft. Diese Verbindung geht über einen metaphorischen Schulterschluß hinaus. Die Kybernetik, die für sich beansprucht, Informationen in Lebewesen *und* Maschinen zu übertragen, setzt den Impuls zur Entdifferenzierung zwischen Technik und Leben.[2] Ein weiterer abstrahierender Schritt erfolgt durch die mathematische Theorie Shannons, in der Informationen übersetzt in Meßzahlen vom Bedeutungskontext gereinigt werden.

Die Betrachtung von lebenden Organismen als »offene Systeme«, die sich in einer Dynamik des fließenden Gleichgewichts (*steady state*) befinden, geschah zunächst im Rahmen der theoretischen Biologie. Aus der Sicht eines systemisch propagierten Holismus sind damit reduktionistische Maschinentheorien sowie vitalistische Erklärungsansätze überwunden (Bertalanffy 1990). Nach der biokybernetischen Auffassung finden auf der Mikroebene in den Organismen *aller* Lebewesen Informations- und Regelmechanismen statt, wobei man als Ordnungsprinzip[3] – entsprechend der Allianz von kybernetischer, systemischer Denkart und Informationstheorie – das Theorem einer sich selbst regulierenden und reproduzierende Materie einführte. Noch in einer frühen biokybernetischen Version wurden die »mannigfaltigen Formen der lebenden Natur« auf eine »Keimzelle« zurückgeführt, in der »hochkomplizierte, aufeinander eingespielte Strukturen und Funktionen«, so Vester (1980, 145), ursächlich entstanden seien. Die avancierteste Interpretation kappt den Ursprung, die Keimzelle, und generiert Leben zu einem sich selbst herstellenden Subjekt: »Leben organisiert sich selbst«, heißt es dann bei Friedrich Cramer lapidar (1993, 50). In diesem Konzept wird die Materie als purer Ideenträger, als immaterielles Programm begriffen und die systemische Überbrückung des cartesianischen Dualismus angebahnt: Die Materie »hat die Idee ihrer Selbstorganisation, ihrer Entfaltung, aller

Baupläne und Aus-Formungen in sich. Danach war beim Urknall die Idee des menschlichen Bewußtseins als Möglichkeit schon vorhanden. ... Zwischen Geist und Materie besteht so gesehen kein Gegensatz.« (1993, 229) Folglich ist das Programm unabhängig von der Substanz, ihres Bedeutungskontextes und ihrer evolutionären Geschichte, das heißt von der Materie abgelöst. Gemäß diesem wissenschaftslogischen Postulat vollzieht sich die gentechnische Praxis: Genetische Informationen aus den verschiedenen biologischen Medien können im Labor zu neuartigen, trickreichen Varianten synthetisiert werden.

Erkenntnistheoretisch gesprochen wird die Möglichkeit der Manipulation, des Transfers genetischer Informationen von differenten Arten und ihre Neucodierung zur einzig sinnvollen Realität stilisiert. Dies birgt die Tendenz in sich, daß der technische Zugriff mit den manipulativ fabrizierten Produkten ident gesetzt wird, wodurch die so konstruierte Technowelt als soziale Erfahrungstatsache gilt, mit anderen Worten: Entwurf, Darstellung und Wahrnehmung erhalten denselben Status. Auch die transklassische Maschine spiegelt diese Wirklichkeitskonstruktion wider. Der Computer rechnet, gestaltet oder setzt Zeichen um, ohne Referenz auf irgendeine Aussagekraft der zu verarbeitenden Informationen, er ist ein »universeller Zeichenmanipulator« (Vief 1991). Sofern Informationen in Bits, »die Atome der Computerwissenschaft« (Hofstadter 1985), transferierbar sind, können sie beliebig ausgetauscht und verändert werden. So geraten Lebendiges und Lebloses, Subjekt und Objekt, Menschen und Werkzeuge zu einer immateriellen, von der Substanz abgekoppelten Botschaft. Man könnte auch sagen: In diesem informationstechnischen Übersetzungsprozeß geht das Original verloren, es ist zunehmend unwichtig geworden.[4] Der Code, ein virtueller Ort, erlaubt es, unbelebte und belebte Materie egalitär zu behandeln, ebenso wie die Zeichen unabhängig von ihren Bedeutungen.

Einmal zu einem bloßen formallogischen Diskurs verdinglicht, ebnen sich die Gegensätze zwischen Natur und Technik, Materie und Geist ein. Maschinisierte ›lebendige Systeme‹ und ›verlebendigte Maschinen‹ bewegen sich aufeinander zu. Eine »postbiologische Welt« (Moravec 1990), bevölkert von den »Kindern des Geistes« (*mind children*), den denkenen, intelligenten Maschinen, eröffnet sich perspektivisch. Prinzipiell menschliche Fähigkeiten, wie Denken, Sprache, Bewußtsein, werden auf Maschinen übertragen. In seinem legendären Aufsatz *Können Maschinen denken?* hat Alan Turing (1967) Menschen und Maschinen in einem abstrakten Modell, genannt »Imitationsspiel«, das jegliche körperliche Identifizierung eliminiert, dem Reich des Kognitiven zugewiesen.

# Vorwort

Es sind die im binären und genetischen Code gespeicherten ›Wahrheiten‹, Sprachspiele also, die als postmodernes Wissen (Lyotard 1993) unsere Welt bewegen und Befreiung in Form einer immateriellen Technologik verheißen. Diesen utopischen Verheißungen, ihren Realisierungen und Derealisierungen zu folgen, ihre gesellschaftlichen Konsequenzen aufzuspüren, bildet den roten Faden des vorliegenden Bandes.

Von grundlegenden Formierungen in der Industriegesellschaft durch instrumentelle Rationalität und Maschinenlogik, von der ambivalenten philosophischen Selbstauslegung handelt der *erste Teil*.

»Der Mensch ist sozusagen eine Art Prothesengott geworden, recht großartig, wenn er alle seine Hilfsorgane anlegt, aber sie sind nicht mit ihm verwachsen und machen ihm gelegentlich noch viel zu schaffen. ... Ferne Zeiten werden neue, wahrscheinlich unvorstellbar große Fortschritte auf diesem Gebiete der Kultur mit sich bringen, die Gottähnlichkeit noch weiter steigern.« (Freud 1965, 87)

Einer anthropomorphen Deutung entsprechend stehen technische Erfindungen als Attribute evolutionärer Kulturentfaltung in Zusammenhang mit dem ›Mängelwesen Mensch‹, seiner Gebrechlichkeit, Versehrtheit, seiner biologischen Minimalausstattung, d.h. sie sind verbunden mit Defektheitstraumata und zugleich mit dem Wunsch nach Vervollständigung und Vervollkommnung, sie treiben die Produktion voran. So wie die Götter, nach Freud, ein »Kulturideal« und eine Kulturleistung darstellen, haben kulturell-technische Produktionen mit schöpferisch-mimetischen Akten zu tun. Klang noch bei Freud an, daß technische Errungenschaften sensorische und motorische Organe verbessern können, so sind wir heute mit der Tatsache konfrontiert, daß Maschinen selbst zu Sinnesorganen geworden sind. Im Gegensatz etwa zur mechanischen Dampfmaschine, wo die körperliche Energie substituiert wird, sind die modernen Maschinen so konstruiert, daß sie die Vorstellungswelt durch technologische Operationalisierungen substituieren.

In ihrem Beitrag setzt sich *Renate Genth* mit der exzessiven Maschinisierung als einer sozialisierenden Instanz auseinander. Das europäische Subjekt gelangt zum Stadium seiner vorrangig technisch-sozialisierten Zivilisiertheit durch die aktuelle Maschinenlogik. Ehemals entfesselte und domestiziert geglaubte Gewalten haben sich in den Maschinen breitgemacht, durch sie wird das Muster sozialen Handelns zeitgenössischer Menschen entscheidend geprägt. Ästhetisierung, Humanisierung und Rationalisierung, die drei Komponenten des alteuropäischen Zivilisationsprozesses, haben sich immer mehr zugunsten der Rationalisierung verschoben. In ihrer Darstellung macht die Autorin auf die »Entwicklungssprünge« durch maschinelle Techniken und Logiken aufmerksam: Mit den ›intelligenten‹ Maschinen, der KI-Forschung und Robotik bilden sich mögliche Schnittzonen zwischen Menschen und Maschinen heraus. Männliche Maschinenphantasien, Utopien und Versprechen der Macht sind in die Konstruktion von Maschinen eingegangen.

Im Zuge der Maschinisierung des zivilisatorischen Prozesses werden Institutionen und Humanwissenschaften zu Apparaten, faktisch zu ›sozialen Maschinen‹. In diesem Kontext verweist *Wolfgang Dreßen* auf die Tendenz zum Totalitären bei der industriell legitimierten Rationalität im Produktionsprozeß: eine Rationalität, die sich gegen eine nichtfunktionale Körperlichkeit und Geschlechtlichkeit, gegen das Kontingente bei der Zeugung und Erzeugung wendet. Als Maßstab der Vernunft schreiben die pädagogischen Programme das Verfleißigungs- und Vernützlichungsparadigma fest. Auf ihrem Altar wird deshalb das ausgegrenzte Andere geopfert. Die in der Industrialisierung verwirklichte Ordnungsutopie führt jedoch anstelle der erhofften Erlösung zur »Endlösung«. Fern von sozialem Fortschritt und von Humanität ist der industrialisierten Produktionsweise ein Aussonderungs- und Vernichtungsprogramm inhärent. »Natur« fungiert in den pädagogischen Utopien als Ordnungskriterium gegenüber dem Chaos, gegenüber der als chaotisch eingestuften menschlichen Natur.

Was der Topos »Natur« leisten kann, welche Auffassungen darüber als Referenzpunkt menschlicher Selbstverortung bestanden – auf dieses Kapitel alteuropäischer Geistesgeschichte, in der die dichotome Spaltung des Individuums angebahnt wurde, macht *Gernot Böhme* aufmerksam. Er führt uns die Kapriolen und Geistes-Blitze einer klassischen Erkenntnisarbeit vor, welche die Beziehung zwischen dem Humanum und der leiblichen Natur bzw. ihren Entgegensetzungen fokussiert. Böhmes Revision zeichnet die intellektuellen Trassen im Laufe der Denkgeschichte nach, wo das Menschliche und Allzu-Männliche in dieser schon zu lange währenden Gleichsetzung zum Scheitern verurteilt und ihm seine eigene Naturbasis allmählich abhanden gekommen ist. Jedenfalls gibt es in den industriellen Gesellschaften *noch* eine Verbindung dazu, obgleich technologischer Wandel diese zutiefst erschüttert hat. Der Autor plädiert für Besinnung, für eine erneuerte, an den Leib gebundene philosophische Anthropologie. Ob sich damit der tiefe Bruch kitten läßt, der sich zwischen Natur als Vorbild bzw. dem, was davon übrig geblieben ist, und zivilisatorischer Technokultur auftut oder ob dieser das menschliche Selbstverständnis auf den Fahrten zu den neuen Ufern des codierten Zeitalters nachhaltig beschädigt hat, mag offen bleiben. In einem späteren Abschnitt nehmen wir diese Reflexion wieder auf.

Vorerst wenden wir uns dem *zweiten Teil* diese Bandes zu, dem als Leitlinie ein Zitat von Francis Galton, dem Erfinder der eugenischen Wissenschaft, vorangestellt sei.

»Die Natur ist schwanger von latentem Leben, und es steht in der Macht des Menschen, dieses Leben hervorzurufen, in welcher Form immer er will und in dem Ausmaße, das er will.« (1910, 399)

Noch utopieträchtig und trotzdem von hellsichtiger Prognostik durchdrungen, antizipierte Galton mit dieser Sentenz die unbeschränkte technische Reproduzierbarkeit und Modellierbarkeit des »Lebens«. Er gehörte zu den Vertretern einer mechanistischen Interpretation von Naturwissenschaft einerseits, die faktisch sozialtechnologische Zugriffe auf menschliche Wesen, auf ihre Natur mit der Intention bereitstellte, sie gesellschaftlich ein- oder auszugrenzen, und einer im Naturalismus verankerten Gesellschaftsauffassung andererseits. Seine Ideale gleichen denen eines Züchters des 19. Jahrhunderts, genährt vom Wunsch einer stetigen Besserentwicklung der menschlichen Spezies, ihres Nachwuchses durch Selektion und Ausschluß des ›Defekten‹. Eugenische Wissensproduktionen, basierend auf der darwinistischen Evolutionstheorie, erweisen sich als ein Musterbeispiel abendländischer Rationalität, die Sexualität und Reproduktion der menschlichen Gattung einer präzisen Kalkulierbarkeit zuführte (vgl. Trallori 1996). Ihre rohe Wirkungsmächtigkeit entfalteten sie in einer perfektionistisch geplanten, der rassistischen Reinheitsdoktrin verschriebenen Gesellschaft im NS-Staat. Züchterische Ambitionen des »Staates als Gärtner« (Zygmunt Bauman), der definierte und trennte, was als lebenswert oder -unwert galt, hinterließen gravierende Spuren – trotz der enormen Anstrengungen, die Institution des »Lebensborn« ebenso wie verstümmelte Körper und Leichenberge geheimzuhalten. Das geschichtlich belastete Bild einer wissenschaftlich fundierten Zuchtselektion, der rationalisierten Planung des »Volkskörpers« verpflichtet, ist dem neutralen Bild des Gen-Engineering in einer Gesellschaft mit therapeutischen Ambitionen gewichen, in der das normale, ›gesunde‹ Leben erst über den Konsum technologischer Angebote herstellbar ist.

In dem Maße, wie die Technowissenschaften ihre Offerte zum Ummodeln des Körpers, der Gesundheit und des Sexes formulierten, vollzog sich der Prozeß einer ›inneren Vergesellschaftung‹, und die Qualität des Zugriffs veränderte sich. Der Umschwung von der körperlichen, heterosexuellen Reproduktion zu einer entkörperten asexuellen Reproduktion sowie jener von der alten Rassenhygiene zur modernen Humangenetik bedeutet, daß nunmehr einzelne Frauen und Männer, ohne Vermittlung über eine Staatsdoktrin bzw. eines staatstragenden Rassismus alleine verantwortlich sind für die in Eigenregie durchzuführende Kontrolle, um ihren eigenen Mängeln und denen ihrer Nachkommenschaft aus ›freien Stücken‹ vorzubeugen. Geschichtsmächtige, demokratische Wesen streifen unter dem Pathos selbst zu überprüfender und produzierender Normalität die Spuren einer häßlichen Historie ab, besiegeln deren Verschwinden. Im sozialen Austausch zwischen der Verfügbarkeit von reproduktionsmedizinischen Verfahren, humangenetischem Design und den individuellen Interessen der Konsumentinnen und Konsumenten erfährt das hervorzubringende Leben eine Art Normalisierungsdressur, wobei die über Geräte vermittelten Körper- und Zelldaten als objektive Informationsquelle aufzufassen sind und ein vorteilhaftes, präventives Agieren rational einfordern.

Ebenso wie der Tod lauert das Leben überall, es muß nur aus allen verfügbaren Zellen hervorgeholt werden. Könnte es nicht sein, daß die von den Technikwissenschaften veranstalteten warenkapitalistischen Manöver ihren ›guten Zweck‹ darin fänden, vom Tod abzulenken? Die Interpretation, das Leben sei immer und überall, kontaminiert das zeitgenössische Denken und Handeln. Moral, Politik und Alltagsbewußtsein erproben sich an befruchteten, bei 196 Minusgraden in Stickstoff tiefgefrorenen Zellen. Jetzt wird öffentlich diskutiert, was zu tun sei: Vernichtung oder Verpflanzung? Schwingt bei dieser Debatte nicht stets ein herrenrassistisches Moment mit, wenn die Frage nach Freigabe zur pränatalen Adoption aufgeworfen wird? Daß es sich um ›weiße‹ Zellen handelt, um Gefrier-Embryonen aus den Laboratorien der westlichen Kultur, wird dabei stillschweigend angenommen, es ist ein wesentlicher Faktor für die Attraktivität der Reproduktionsmedizin.[5]

Einmal von der rassenhygienischen durch den Staat einzulösenden Selektionspolitik auf eine selbstbestimmte technologische Eugenik bzw. Humangenetik umgepolt, sind die Spuren völlig unkenntlich geworden, anhand derer das Monströse des Verbrechens identifizierbar war. In der heutigen biocodierten Verfaßtheit der Gesellschaft, wo selektive Mentalität zu einem Selbstverständis vorbeugender, reproduktiver Epochenvernunft pervertiert, stellt sie eine Normalisierungsstrategie dar, ohne die In-vitro-Befruchtungen im Labor und andere Schöpfungstechniken in eine Legitimitätskrise stürzen würden. Der Politik des Unsichtbarmachens durch technologischen Wandel steht jene der Fabrikation des

Sichtbaren gegenüber. Technische Macht beruht auf Operationalisierungen, die, in Geräten und Datenerfassung, in Tests eingegangen, die leiblich gebundene, vertraute Erfahrungswelt zurückdrängen; ebenso strukturiert sie die Wahrnehmung des Sichtbaren, in die Grellheit gleißender Scheinwerfer der Moderne hebt sie Intimes, bislang Verborgenes empor.

Den Visualisierungseffekten des technisch hergestellten ›Lebens‹ zu folgen, ist eine Linie, der *Barbara Duden* als Historikerin des Körpers nachgeht. Sie analysiert den politischen Diskurs der 90er Jahre in der Bundesrepublik, wenn es um den Frauenleib geht, in den nicht-geborenes, hypostasiertes ›Leben‹ hineinverpflanzt wird. Einer biologisierten Rechtsprechung und den alltäglichen Sprechweisen, in denen die Realität technischer Lebenskonstruktion eingeflossen ist, stellt sie historische Dokumente über weibliche Erfahrungen des »Schwangergehens« entgegen.

In der heutigen Technokultur ist das Ensemble der Geräte und des maschinellen Prozedere nicht mehr Mittel zum Zweck, sondern Selbstzweck geworden: »Nicht Mittel sind sie«, sagt Günther Anders (1987, 2), »sondern ›Vorentscheidungen‹«. Solche Vorentscheidungen über Techniken zur Lebensherstellung wurden bereits in den 20er und 30er Jahren getroffen, wie *Ludger Weß* in seinem Aufsatz über herausragende Pioniere der ›Lebenswissenschaften‹ ausführt. Auf der eisigen Höhe einer einsamen Zeit kann die Definition des Menschen als chemisch-genetische Formel angesehen werden; eine Formel, die den Menschen beileibe nicht auflöst, vielmehr auf ein entsubstantialisiertes Verständnis schließen läßt. Die Revision der Metapher vom Menschen als Maschine zu jener eines Codes evoziert auf eine andere, eher unbeabsichtigte Weise die untrügerische Gewißheit über die reale Versehrtheit des Subjektes.

Das Programm zur Entschlüsselung des Codes verschafft der Macht und dem Laborwissen den Zutritt zu Manipulationen des Lebendigen, zu einer evolutionären Umgestaltung durch Gentechnik. Insoferne unterliegen Mikroorganismen, pflanzliche, tierische und menschliche Zellen, der molekularen Operationalisierung, sie geraten zum postmodernen informellen Steuerungssystem, das beliebig reorganisierbar und austauschbar ist. Vor diesem Hintergrund lotet *Maria Mies* ethische Dispositionen der Technokultur aus und verweist auf akute Problemstellungen, die erst durch diese geschaffen wurden. Als patentrechtlich geschützte Erfindungen zirkulieren transgene Pflanzen und Tiere im Kreislauf der Ökonomie, denn Patente bringen Eigentums- und Verwertungsrechte, Lizenzgebühren und Monopolisierungen mit sich. Derzeitige und künftige Kämpfe um Marktanteile und Profite der Bio-Industrie, insbesondere die Aneignung von Genressourcen in den Ländern der »Dritten Welt«, hebeln tradierte Normen und Ethiken aus. Maria Mies legt die intendierte Kontrolle und Beherrschbarkeit offen, die sich hinter den lautlos vor sich gegangen Eroberungen manifestieren, über die als vollendete Tatsache vor Patentgerichten der »Ersten Welt« verhandelt wird. Millionen von Menschen verlieren durch das Patentrecht ihre Existenz.

Die technokulturelle Dramaturgie zeigt sich insgesamt einer humanitätsorientierten Rationalität nicht zugänglich, wie es auch in den bisherigen Diskussionen um die Risikobewertung der Gefährdungen zum Ausdruck kommt. In vielerlei Hinsicht haben wir uns schon an das zynische Wort »Rest-Riskiko« gewöhnt. Auf alle Fälle wird damit ein grundlegendes Dilemma virulent, zumal die Frage lautet, auf welche Humanität künftig zu rekurrieren sei. Denn der Begriff »Humanität«, zugeschnitten auf den Menschen als Maß aller Dinge, wurde einerseits durch die feministische Forschung seiner historischen Affinität zum männlichen Subjekt überführt und andererseits wurde er durch den Niedergang des Anthropozentrismus, wie ihn technische Errungenschaften der codierten Ordnung verschärft haben, zu einem sinnentleerten Abstraktum.

Scheinbar stabile Kategorien sind ebenso ins Wanken geraten: Vernunft und Realität, an deren Aufbau imaginäre Strukturen durchaus beteiligt sind. Vergeblich wird man annehmen, daß mit der Durchsetzung des empirischen Rationalismus Irrationales verschwunden sei; vielmehr ist das eine ohne das andere nicht zu denken. Die zähe Politik der Abspaltung der Sinne durch den Verstand und durch die umfassende Maschinisierung hat wieder genau jene Strukturen hervorgebracht, die sie zu bekämpfen glaubte. Ihnen wollen wir im folgenden unsere Aufmerksamkeit widmen.

All das, was als unbegreiflich oder als übernatürlich galt, wurde im Prozeß zivilisatorischer »Entzauberung« ausgegrenzt, wie schon Max Weber zeigte, und als subjektivistischer Glaubenskanon in den Bereich der Metaphysik verwiesen. Diese Entwicklung radierte Unerklärliches oder Nicht-Berechenbares einfach weg, sie tilgte das Zufällige und all jene Phänomene, für die im Konzept der Moderne kein Raum war. Mit diesen in sich widersprüchlichen Tendenzen ist wissenschaftliche Rationalität befrachtet; in diesem Sinne stiftet der Hinweis des Soziologen Peter L. Berger das Motto für den *dritten Abschnitt* dieses Bandes.

»Es hat den Anschein, als ob das Übernatürliche im Keller sich mit Rationalismus in der Beletage ganz gut vereinbaren ließe.« (1981, 34)

Imaginäre Strukturen enthüllen die Quellen einer nicht-rationalen Dynamik bei der Entfaltung der modernen Vernunft. In der europäischen Kultur resultieren sie einmal aus der logisch-mathematischen Erkenntniswelt der Griechen, zum anderen aus den jüdisch-christlichen Vorstellungen, worauf Michel Tibon-Cornillot (1992) eindrucksvoll hingewiesen hat; in dieser Ambivalenz gehen sie in die modernen Wissenschaften als Synthese ein. Wesentlich für die Hochtechnologie-Zivilisation in ihrer kontextuellen Entfaltung ist, daß diese sich nicht außerhalb der Imaginationen des abendländischen Christentums herausgebildet hat, sondern als deren Ergebnis. Inkarnation, Auferstehung, Verwandlung des Leibes – darum ranken sich die alten und die modernen Mythen.

Im Vergleich mit anderen Kulturen zeichnen sich die imaginären Strukturen der westlichen Welt durch den Willen zur Teilnahme an der Schöpfung aus (Tibon-Cornillot 1992). Die Entwicklung der kybernetischen Maschine und DNS-Prothese, nach Baudrillard »die Prothese par excellence« (1992), das Neuland des Cyberspace und die Erschaffung der Cyborgs sind hier zu verorten. Spekulationen über das Metaphysische, wie sie die antike oder medioevale Kultur durchwegs auszeichneten, bisherige kollektive Trancen und Imaginationen vermochten nichts an der Substanz, an den körperlichen Gegebenheiten ändern, an ihren äußerlichen Limitationen. Erst mithilfe der Biowissenschaften und der Computer Science ist ihre Überwindung möglich. Die Konstruktion von virtuellen Räumen und körperlosen Intelligenzien, die Aufhebung der Schwerkraft und leiblichen Gebundenheit demonstrieren die Hinfälligkeit jener Gesetzmäßigkeiten, welche die klassische Mechanik einst aufgestellt hat. Es ist vermessen zu glauben, daß im Zuge der säkularisierenden Aufklärung die imaginären Strukturen der christlichen Theologie verschwunden sind. Wie bereits Herbert Marcuse vermutet hat, besitzt die industrielle Gesellschaft Mittel, um das Metaphysische ins Physische zu transformieren. Wissenschaft und Technik setzen die Realisierung von unbewußten Imaginationen in Gang, sie modernisieren religiöse Riten und Lebensformen, durch sie wird das Magisch-Göttliche verwirklicht: Während die Informationstechnologie vom »Mythos des Engels« (Capurro 1995) durchdrungen ist, kommt der Mythos des »Heiligen Grals« bei der Gentechnologie ins Spiel.

Dem Prestigeobjekt der Biowissenschaften, dem »Human-Genome-Project«, nähert sich *Regine Kollek*, indem sie den Bildern, Metaphern und Symbolen dieser Wissenschaftskultur nachspürt. Für die molekulare Genetik ist die spiralförmige DNS nicht bloß zum Inbegriff des Lebens geworden. Um sie weben sich Bedeutungsebenen, die über eine wissenschaftlich Modellvorstellung, eines Codes oder Zeichens weit hinausgehen. Die Visionen, die sich mit dem Genom als Grals-Heiligtum verbinden, sind mythische des christlichen Abendlandes. Sakrale Symbole lassen auf eine nahezu göttliche Allmacht über Leben und Tod, auf eine generative Kraft rückschließen. Der Versuch, die Schöpfungsgeschichte von den Genlabors aus umzuschreiben, bedeutet eine Aneignung und Umdrehung der zunächst mit Weiblichkeit assoziierten Symbole, er legt die biogenetische Version der Genesis offen. Mit dem Austausch der Schöpfungskräfte und -mächte auf der Symbolebene präsentiert sich die Biotechnologie gleichsam als selbstreproduzierendes Männlichkeits-Unternehmen, das von einer Apotheose des ›Ewigen‹ durchdrungen ist: Im Endlosband des Lebens ist das Vergängliche gebannt.

Bei *Christina von Braun* wird das wandelbare »kollektive Imaginäre« mit seinen Selbst- und Fremdbildern zum Schlüsselbegriff, entlang dem sie die Analyse veränderter Geschlechtersymbolik entfaltet. Technische Sehgeräte und audiovisuelle Medien sind ›belebt‹ durch das Magische, denn ihre Heilsbotschaft, die visuelle Einverleibung des gegenbildlichen Anderen, verspricht Unsterblichkeit. Dergestalt bieten sie die Teilhabe am Mythos menschlicher Unversehrtheit. Anhand der Fotografie und des Films zeigt die Medientheoretikerin, inwiefern in einer Kultur der Sichtbarkeit, wo die Dominanz des Sehens und damit die Religion des Eindeutigen vorherrscht, die Verletzlichkeit des Subjektes sowie der Wunsch nach Erlösung bzw. die Inkarnation durch das visualisierte Magische als phantasmierte Allmacht, als Überwindung des Realen erfahren wird.

Gegenüber der Heilsbotschaft der Bildmedien zeichnet *Gerburg Treusch-Dieter* in ihrem Essay jene der Gen- und Reproduktionstechniken nach, in der historischen Gewißheit, daß die reproduktive Potenz aus dem Frauenleib entfernt und der Sex durch den körperlosen Genpool ersetzt ist. Kontroversiell zu den Neuen Medien, wo das göttliche Wort ›Fleisch‹, also Bild, geworden ist, erfolgt die Vergeistigung durch Exkarnation der äußeren Erscheinung. In den biogenetischen Mythen und ihrer längst stattgehabten Übertragung auf die Theorienbildung, so auf die postfeministische à la Judith Butler, verflacht das Doppelspiel zwischen Erscheinung und Anlage, zwischen Phänotypus und Genotypus wie auch vice versa, ein Spiel im Rahmen verschiedener Stadien der Körpermodellierung. Als »Antikörper« und »Klon« gewinnt darin symbolisch »WunderBarbie« den Sonderstatus des erlösten und nichtinfizierbaren Fleisches. Eben weil dieses weder durch das Geschlecht, noch durch den Sexus bedroht ist, sondern durch die Möglichkeit fortwährender Selbstreproduktion, ist Exkarnation, so die Autorin, und nicht mehr Inkarnation

angesagt. Genotypus und Phänotypus beziehen sich in der informationstheoretischen »Verwörtlichung des Fleisches« aufeinander, das die Matrix für ein Gedächtnis abgegeben hat, ehe noch der Körper als informelles System entmythisiert und dadurch zeitgleich remythisiert wurde.
Was dem avanciertesten Stand der Gen- und Reproduktionstechniken immanent ist, die Fusionierung des biologischen und kulturellen Code – Gen und ›Phän‹ –, wird ebenso in den durch mathematische Entwürfe inspirierten virtuellen Welten deutlich. Erscheinung und Kalkül – ›Phän‹ und Zahl – koinzidieren im Artefakt biokybernetischer Simulation. Technik ist nicht mehr an mimetische Schöpfungen gebunden, setzt kein abzubildendes Modell oder Original voraus, sondern kann eigenständig kohärente Mutationen hervorrufen, sie realisiert, würde vielleicht Robert Musil sagen, den »Möglichkeitssinn«. Der Aufstieg in ungeahnte Dimensionen von Wahrnehmung und Bewußtsein, in simulativ erzeugte Virtualitäten repräsentiert für eine bestimmte Elite unter den Kognitionsforschern die vielfach proklamierte Indifferenz zwischen Menschen und denkenden Maschinen (vgl. Minsky 1990). Faszination und Irritation verströmen die virtuellen Welten, nachdem sie die klassischen Vorstellungen von Raum, Zeit und Körper aufsprengen, um der Tyrannei der Begrenztheit in der Moderne zu entgehen.
»Wenn es die Verwirklichung von Urträumen ist, fliegen zu können und mit den Fischen zu reisen, sich unter den Leibern von Bergriesen durchzubohren, mit göttlichen Geschwindigkeiten Botschaften zu senden, das Unsichtbare und Ferne zu sehen und sprechen zu hören, Tote sprechen zu hören, sich in wundertätigen Genesungsschlaf versenken zu lassen, mit lebenden Augen erblicken zu können, wie man zwanzig Jahre nach seinem Tode aussehen wird, in flimmernden Nächten tausend Dinge über und unter dieser Welt zu wissen, die früher niemand gewußt hat, wenn Licht, Wärme, Kraft, Genuß, Bequemlichkeit Urträume der Menschheit sind, – dann ist die heutige Forschung nicht nur Wissenschaft, sondern ein Zauber, eine Zeremonie von höchster Herzens- und Hirnkraft, vor der Gott eine Falte seines Mantels nach der anderen öffnet, eine Religion, deren Dogmatik von der harten, mutigen, beweglichen, messerkühlen und -scharfen Denklehre der Mathematik durchdrungen und getragen wird.« (1969, 39)
Robert Musils Satz aus dem *Mann ohne Eigenschaften* gibt den Auftakt für den *vierten Teil.*

Das Stadium der Transformation, dem wir uns nun zuwenden, kündigt sich als ›unvollendete Vollendung‹ an, als ein Flottieren von der Potentialität technischer Fraktalisierung zur Amalgamisierung, wo sich die verschiedenen Codierungen zu einem beweglichen Gemisch von Konfigurationen, Brüchen und Refigurationen bündeln. Ihre Einschmelze in das Postreale bedeutet Ekstase des Topischen und Utopischen zugleich (Haraway 1995). Irdisches und Außerirdisches, Reales und Fiktionales, Körper und Antikörper vermengen sich im Cyberspace. Technologische Simulationen sind ab einer gewissen Entwicklungsstufe als solche nicht mehr identifizierbar, sie vermischen sich mit dem Authentischen; dennoch fehlt ihnen der Glanz absoluter Vollendung, ihre bislang unüberwindbaren Schranken tragen den aufreizenden Namen »Endlichkeit«: Endlichkeit von Zahlenverhältnissen, mit denen Erscheinungen operational erfaßt werden, oder das begrenzte Speichervermögen eines Computers. Als ›wirklich‹ perfekt kann eine Simulation erst dann gelten, wenn die Differenz zwischen Mensch und Maschine völlig schwindet (Weibel 1990). Dann allerdings würde selbst der Schein des Als-ob, der uns zu unseren Analysen bemächtigt, seine Leucht- und damit Orientierungskraft verlieren. Soweit scheint sich die ›göttliche Mantelfalte‹, von der Musil sprach, nicht geöffnet zu haben, denn die Welt ist anders, sie ist wesentlich komplexer als es dem formallogischen Wissen konveniert, in ihr passen die Dinge fugenlos zusammen, und sie läßt sich nicht einfach in numerische Ordnungsstrukturen hineinpressen – auch nicht durch den Versuch, mittels forcierter Hardware-Entwicklung das grundlegende Erkenntnisproblem zu lösen, das praktisch ein ständiges Stopfen »der Löcher im Zahlensystem«, so Kittler in diesem Band, erheischt.

Als kognitionswissenschaftliche und computertechnologische Revolutionen ihren Siegeszug antraten, wurde erhofft, mit diesen Modellen die Ganzheit der Welt, das Wesen unterschiedlicher Phänomene, ihre Strukturen und Fakten auch in ihrer Intentionalität und ihren Referenzen zu erklären. Doch Intentionalität, die auf die Beziehung zwischen Denken und Dingen, zwischen Bewußtsein und realer Welt verweist, widersetzt sich einer reduktionistischen Erkenntnisweise und Definierbarkeit vehement. Wie der geläuterte Hilary Putnam, einer der Erfinder des Funktionalismus, unterstreicht, ist sie jedoch »weder auf etwas anderes zurückführbar« (1991, 22), noch trifft die Rede von ihrem Verschwinden zu, vielmehr wird ihre soziale Dimension von den Kognitionstheorien ausgeblendet.

Charakteristisch für diese Denkströmungen ist die Gleichsetzung mentaler Zustände mit den funktionalen in einem Computer, faktisch mit seinem Programm. Vor dieser Betrachtungsweise der KI-Forschung, die einen Austausch von menschlicher und maschineller »Software« propagiert, befaßt sich *Elisabeth List* mit den Veränderungen des kulturellen Erfahrungsraums, der vom Übergang differenter semiotischer Kulturproduktionen geprägt ist – von den oralen über die literalen zu den maschinellen –, und sie fragt nach den Verhältnisweisen zwischen den Zeichensystemen und dem menschlichen Körper. Gegen seine Substituierung und Immaterialisierung auf dem Niveau simulierter Zeichen macht Elisabeth List geltend, daß sich das Reale »in unserer Leibhaftigkeit, als der Quell aller organischer Intentionalität« manifestiert.

Bei dem Anliegen, die Trägheit biologischer Evolutionen zu überrunden, heißt die Trumpfkarte der Computer Science ›Supergeschwindigkeit‹. Schon Alan Turing setzte auf die Intelligenz des Konstrukteurs, der bei der Weiterentwicklung und »Erziehung« der »Kind-Maschine« nur jene auswählt, die das Kriterium der Beschleunigung am optimalsten erfüllen.[6] Die Computertechnologie führte zu einer noch nie dagewesenen, akzelerierten Steigerungsrate an Wissenskomplexität, wodurch, wie *Friedrich A. Kittler* deutlich macht, das Modell klassischer Geschichtsschreibung überholt ist. In seinem evolutionären Chipepos läßt er Natur und Menschen – die Nicht-Turingmaschinen – beiseite und konzentriert sich auf die Entfaltung und Tücken der Hardware-Kultur. Kittlers Text kann in zwei Richtungen gelesen werden: Einmal als Abgesang an das Digitalprinzip, weil es, so wie die Dinge liegen, durch das System reeller Zahlen und das Problem der Unendlichkeit determiniert ist. Dabei setzt der Autor auf die physikalische Fragilität des Materials und die Unhaltbarkeit der These, daß aus dem Bit selbst »Körper« wird. Zum anderen lautet sein szientistisches Aviso, es wird sich künftig erweisen, welche Konstruktionen die Entwicklung bestimmen: ob »Transputer« oder programmierbare Analogcomputer – als Möglichkeit perfekter Simulationen.

Den virtuellen Realitäten, die Orte, Körper und Kulturen in der Aufhebung von Zeit und Raum schaffen, widmet sich *Renate Retschnig*. Auf ihrer Reise in immaterielle Algorithmuswelten des Cyberspace dekuvriert sie diese Konstruktionen als reduziertes Feld des Imaginären und als regressive Techno-Spielwiese, auf der sich Agenten, Evolutionisten und projektive Teilhaber an den Schöpfungsmythen tummeln. Wenigstens als Software zu überdauern, heißt das Pathos des unsterblichen Geistes *en miniature*. Die Freiheitsgrade des Cyberspace, welche zur Partizipation an den biokybernetischen Transformationen verlocken, schrumpfen geradezu in ein Nichts zusammen, sofern das ganz gewöhnliche und intimste Alltagsleben in der simulierten Scheinwelt – as usual – organisiert wird. Wenn Retschnigs Blick über virtuellen Sex und Porno schweift und darin ein Déjà-vu-Erlebnis verortet, wenn es um reale Tätigkeiten im virtuell strukturieren Heim geht, dann zeigt sich »nichts Neues im Westen« für Frauen. Zwar werden in den Szenarien des Virtuellen gängige Dichotomien und Hierarchien eklatant herausgefordert, doch dies bedeutet keineswegs, daß sie tatsächlich sozial eingeebnet sind. Auf den Zusammenhang zwischen globaler Vernetzung und Cyberpolitics beziehen sich *Irene Neverla* und *Irmi Voglmayr*. Die beiden Wissenschafterinnen nehmen den aktuellen Faden der Heilsversprechungen auf, die mehr Demokratie und Partizipation suggerieren, und spulen ihn minuziös über Mediengeschichte und den kategorialen Rahmen von Öffentlichkeit, Privatheit, über revidierte Geschlechterverhältnisse ab. Ihre Diagnose ist nüchtern gefärbt, weil sie die Frage nach den realen Machtverhältnissen im Netz stellen, jenseits der Markteuphorie und des Jubels über eine weltweite Globalisierung.

Ob es sich um die Topik von Endlichkeit oder Unendlichkeit handelt – die Virtualität des Realen hat Sinneseindrücke, Theorie- und Erkenntnisproduktionen gründlichst umgestülpt. Bisher erlaubte die feministische Wissenschaftsforschung eine Kritik der geschlechterdifferenten Zuordnung, die in der Dichotimisierung von Natur und Weiblichkeit bzw. Geist und Männlichkeit und deren spezifischer Bewertungen aufgespürt wurden. *Der Tod der Natur* von Carolyn Merchant (1987) als prototypisches Ergebnis dieser Analyseschritte ist vor dem Hintergrund des mechanischen Zeitalters verständlich und hat eine Reihe von weiteren Untersuchungen inspiriert. Nun aber haben systemische Modifikationen derartige Erkundungen erschwert, denn diese dritte industriell-wissenschaftliche Revolution zieht unverhoffte Linien und Verläufe, vernebelt die Anzeichen der Vergeschlechtlichung, ohne die soziale Organisation der Geschlechterverhältnisse in irgendeiner Form zu tangieren. Nicht die Entbindung strukturell-hierarchischer Mann-Frau-Beziehungen ist das Resultat des biokybernetischen Zeitalters, sondern die Denk- und Sprachspiele darüber haben sich radikal gewandelt. Indem aber Dualismen und Differenzen informationstheoretisch zum Verschwinden gebracht werden, wird das Phantasma einer »Post-Gender-Welt« (Donna Haraway) erweckt. Das Aufspannen der Differenz zwischen Natur und Gesellschaft nimmt intensional ab – nicht weil das Paradies ausgebrochen ist, sondern weil die Natur dermaßen vergesellschaftet wurde, daß kaum von ihr etwas übrig geblieben ist, während gleichzeitig die Gesellschaft (re)biologisiert und systemisiert wurde, sodaß man den ›sozialen Rest‹ suchen muß. Systemische Gesellschafts- und Kognitionstheorien,

Kybernetik und Informatik haben hier ordentliche Aufräumarbeit geleistet. Evolutionäre Erkenntnistheorien, Soziobiologie und neodarwinistische Konzepte tun ihr übriges (Trallori 1992). Die Vorstellung einer immateriellen Welt radikalisiert sich in den Köpfen, den Leibern der neuen Menschheit, in Blut, Genen und Bits, und sie läßt ein postbiologisches Bewußtsein entstehen. Längst ist der Tod aus der modernen Gesellschaft gedrängt, sind seine Spuren verwischt; dem Phänomen der Beherrschung menschlicher Sterblichkeit gilt unser Interesse im *fünften* und *letzten Teil*.

»Vor 500 Jahren glaubte man, die Erde sei eine Scheibe. Heute glauben die Menschen, daß jeder sterben muß. Wir nicht. Einführungsabende zum Thema physische Unsterblichkeit Do, 25.1.1993 ab 19 Uhr. Hotel Johann Strauß.« (aus: *Falter* 45/1993)

Das Projekt zur Enträtselung des Todes ist spiegelgleich jenem des Lebens. Vermittelt über die Allmacht des Codes führt die Partialisierung des Todes in immer kleinere Organ- oder Zellabschnitte zu einem synthetischen Tausch. Dank modernster Konservierungstechniken lagern (Keim)Zellen, Haut, Gehirn, menschliche Organe in Kühltruhen als gefrorenes Material, sind entlebt und entorganisiert, bereit zur Auferstehung, die vom durchkapitalisierten Leben errungen wird und nun eines profanen biomedizinischen Prozedere bedarf: der Technik des Auftauens, des Abmixens, der Wiederbelebung in der Retorte, der Transplantation von Organen. Künstliches Leben und künstlicher Tod bedingen einander in der biopolitisch phantasmierten Überwindung der Endlichkeit.

Anhand der medizinischen Blickgeschichte und der Inszenierungen im Anatomischen Theater dokumentiert *Anna Bergmann* die historisch entscheidenden Etappen des Versuches, den Tod am Objekt des Körpers auszutreiben. Hyperbelebende Rituale und Techniken, wirksam hergestellt durch die anatomische Kunst des Präparierens und die Exkarnation des menschlichen Leichnams, durch Schaubilder und Vertextungen, entmystifizieren den Tod, nehmen ihm seinen Schrecken. Je präziser schließlich das Körperinnere erforscht wird, je abstrakter die Ergebnisse der Visualisierungstechniken sind, desto personifizierter werden die verschiedenen Zellsysteme dargestellt, mit einem Freund-Feind-Schema unterlegt, das aus der Begriffsküche eines Carl Schmitt entstammen könnte. Das Innere des Organismus, ein Ort der Verseuchung, ist Schauplatz von Attacken des Viralen, Dämonischen, von ›guten‹ und ›bösen‹ Zellen geworden. Im Prinzip wird das Gefahrvolle des Todes subjektiviert, indem man eine vitalisierende Kampfhandlung auf die Mikroebene des Körper projiziert, wo feindliche Netzwerke und Systeme einander bekämpfen. Die Programmatik des hygienisierten Lebens und Todes konstitutiert ein verbindlich transformiertes Körper- und Gesundheitsmodell, das kalkulierbar und der Vergänglichkeit entrückt ist.

Dem Übergang vom Naturereignis zum »kontrollierten Töten« und somit zur Kategorie der Produktiviät des Todes widmet *Erika Feyerabend* ihre Aufmerksamkeit. Sie verfolgt die definitorisch festgelegte Veränderung des Todes und die daraus resultierenden Produktionslinie, wodurch der Mensch – nach Auschwitz und unabhängig davon – zum »Rohstoff« wird. Die medizinische Heils-Rhetorik erhält ihren Nachdruck durch das Interesse an Verwertung von recycelbaren Organen.

Das Noch-Leben-Wollende konsumiert das als Totes Deklarierte. Vermutlich muß es dies wohl, denn Verzicht heißt hier Entzug aus der Sphäre des Gesellschaftlichen. Erst unter dem Griff codierter Biomächtigkeit wird Totes und Getötetes nutzbar, es wird gemäß dem technischen Handeln zum Lebendigen. Vorrangig geht es dabei nicht bloß um die Wiedergesundung, den Prozeß der Heilung, sondern um den Konsens aller gesellschaftlichen Akteure und Akteurinnen, wonach der menschliche Körper in die Sphäre der Zirkulation der Organe eintritt, mit dem Ziel, durch seine Opferung am erneuerten Gattungskörper teilzunehmen. Das Geben des eigenen Körpers, der Organe und des Gewebes, des Blutes, der Spermien und Ovarien – prägnanter: die Ikonisierung postmodernen Überlebens vermittelt das Eingehen eines gesellschaftlichen Vertrages und damit das Partizipieren an einer fast verloren gegangenen Solidarität: nämlich das Eigene dem anderen zu überlassen.

Angesichts der vollzogenen Implementierung universalisierter und entschlüsselbarer Sprachtechniken, die mit dem Abgesang der Intellektuellen ans Handeln einhergeht, thematisiert *Birge Krondorfer* die Unfähigkeit, Transzendenz überhaupt noch zu denken und alternative Modelle vorzustellen. Sich nicht am Ende seiner Möglichkeiten zu fühlen, läßt, wie so oft, einzigartigen und wahnhaften Sinn nach Vervollkommnung verspüren, verschafft dem Trugbild seine immanente Nahrung. Technische Selbstgenerierung als Phantasie entspricht dem produzierten Mythos von Unsterblichkeit. Der Mensch in der Funktion der Maschinerie – und nicht umgekehrt – wird selbst zum Projekt, enthoben jeglicher »Bedingtheit der Natalität«. Das entleerte und abstrakte Allgemeine im gesellschaftlichen Raum diskursiviert die Autorin vornehmlich mit der »Kunst der Differenzen«, die sich gegen eine Universalisierung in Ökonomie und Technik wendet.

Mit der Verdrängung des Todes verflüchtigt sich die Trauer. Die Hyper-Belebung des Todes sperrt sich gegen eine Aufarbeitung und, indem sie über die Vermittlungsinstanz des Geldes ein »paar armselige Warenmengen« (Attali 1981) produziert, verschmilzt das Leben mit dem Tod. In nomine des ›postmodernen Geistes‹ erfährt das grenzenlos performierbare Humanum seine Groteske – und sei es vielleicht, wie die eingangs zitierte Annonce nahelegt, im »Hotel Johann Strauß«.

Gewiß, diese Orientierung könnte auch einer anderen Linie folgen; doch die einmal gewählte erscheint in ihrer Evidenz als nachvollziehbarer Weg – in die Kultur des Spiels, des Zum-Leben-Erweckens, der digitalen Komposition oder des Navigierens auf den Wellen des Postrealen. Alles Wissen außerhalb der codierten Sprachspiele, d.h. das, was nicht in Informationseinheiten übersetzbar ist, erfährt fortlaufend eine Vernachlässigung, da es im Produktionsprozeß nicht einsetzbar und verwertbar ist.[7] Auf der Grundlage kognitiver naturwissenschaftlicher Erkenntnistheorie findet ein Konzepttransfer in die Sozial- und Gesellschaftswissenschaften statt. Zunehmend orientieren sich diese an organismischen, autopoietischen Theorien, an Synergie und dissipativen Strukturkonzepten. Aus dem Schulenstreit der Disziplinen ist letztlich weder der Positivismus noch die Kritische Theorie gewinnreich hervorgegangen, sondern die Systemtheorie in ihren verschiedenen Varianten. Sekundiert wird diese Wissenschaftsdynamik von Theoriepostulaten über soziale Systeme, die weitgehend unabhängig von den in ihnen handelnden Individuen geworden sind. Wenn beispielsweise Niklas Luhmann (1984) die Überflüssigkeit von Menschen in seiner systemtheoretischen Architektonik nachweist, hat er die gesellschaftliche Transformation, die Umpolung der Gesellschaft von einer hierarchischen zu einer funktionalisierten Differenziertheit zur Ausgangsbasis gemacht, denn soziale Systeme erzeugen und steuern sich selbst aus immateriellen Kommunikationen.

Weder Göttin oder Gott, noch die Natur bestimmen das Geschehen – im Zeitalter des Codes erfüllt sich das Projekt der Evolution technisch-selbstbestimmt. Doch ist es nicht eine Ironie der Geschichte, daß wir in den westlichen Gesellschaften dabei sind, das Leben *selbst* zu verzehren, nachdem wir es erobert haben?

**Anmerkungen**

1 Datenbanken speicherten weltweit bis 1990 »fast 50 Millionen Buchstaben von DNA-Daten, von denen mehr als ein Zehntel von Menschen stammten« (Shapiro 1995, 125).
2 Wodurch zeichnen sich »lebende Systeme« aus? Nach Norbert Wiener sind zwei Phänomene dafür charakteristisch, nämlich die »Fähigkeit zu lernen und die Fähigkeit, sich selbst zu reproduzieren« (1968, 204).
3 In der innerwissenschaftlichen Diskussion, z.B. seitens der Evolutionsbiologie, die sich auf das darwinistische Modell der Selektion beruft, wird das Konzept der Selbstorganisation nicht unwidersprochen hingenommen. Norbert Bischof (1989, 125) hat deutlich gemacht, daß bei diesem Konzept im Grunde genommen immer nur die Kategorie der Ordnung und nicht jene der Organisation erklärt wird.
4 Ein signifikantes Beispiel dafür liefert eine konstruktivistisch verfahrende Neurobiologie und Hirnforschung. Nach dem Kognitionswissenschaftler Gerhard Roth (1991, 234) existieren für das Gehirn »nur die neuronalen Botschaften, die von den Sinnesorganen kommen, nicht aber die Sinnesorgane selbst, genausowenig wie für den Betrachter eines Fernsehbildes die Aufnahmekamera existiert«. Es ist daher unerheblich, von welchen menschlichen Organen Impulse oder Erregungen ausgehen, sie verlieren ihre Spezifität. Für Heinz von Foerster (1991, 140) liefern die Sinne nichts weiter »als eine eintönige Folge von Klicks«.
5 Persönliche Mitteilung von Luzia Braun, Regiseuse des Dokumentarfilms »Die Babmacher« (ARD, 6.8.1993).
6 In einer Analogie der menschlichen und maschinellen Evolution schreibt Turing: »Das Überleben der Tüchtigsten ist eine langsame Methode zum Messen von Vorteilen. Der Experimentator sollte durch seine Intelligenz in der Lage sein, den Prozeß zu beschleunigen. Ebenso wichtig ist die Tatsache, daß er nicht auf zufällige Mutationen angewiesen ist. Wenn er den Grund für irgendeine Schwäche festestellen kann, so kann er sich wahrscheinlich auch die Mutationsart vorstellen, die ihr abhilft.« (1967, 133)
7 Ausführlich dazu vgl. die frühen Prognosen von Jean-François Lyotard (1993) über die Verfaßtheit und Legitimation des Wissens in »informatisierten Gesellschaften«.

**Literatur**

Attali, Jacques: Die kannibalische Ordnung. Von der Magie zur Computermedizin, Frankfurt/M. – New York 1981.
Anders, Günther: Die Antiquiertheit des Menschen, Bd. 1: Über die Seele im Zeitalter der zweiten industriellen Revolution, München 1987.
Bauman, Zygmunt: Biologie und das Projekt der Moderne, in: Mittelweg 36, Zeitschrift des Hamburger Instituts für Sozialforschung, 4/1993, 3–16.
Baudrillard, Jean: Transparenz des Bösen, Berlin 1992.
Berger, Peter L.: Auf den Spuren der Engel, Frankfurt/M. 1981.

Berr, Marie-Anne: Technik und Körper, Berlin 1990.

Bertalanffy, Ludwig von: Das biologische Weltbild. Die Stellung des Lebens in Natur und Wissenschaft, Wien – Köln 1990.

Bischof, Norbert: Ordnung und Organisation als heuristische Prinzipien des reduktiven Denkens, in: Heinrich Meier (Hg.): Die Herausforderung der Evolutionsbiologie, München – Zürich 1989, 79–127.

Capurro, Rafael: Leben im Informationszeitalter, Berlin 1995.

Cramer, Friedrich: Chaos und Ordnung. Die komplexe Struktur des Lebendigen, Frankfurt/M. – Leipzig 1993.

Foerster, Heinz von: Erkenntnistheorien und Selbstorganisation, in: Siegfried J. Schmidt (Hg.): Der Diskurs des Radikalen Konstruktivismus, Frankfurt/M. 1991, 133–158.

Freud, Sigmund: Abriß der Psychoanalyse. Das Unbehagen in der Kultur, Frankfurt/M. 1965.

Galton, Francis: Genie und Vererbung, Leipzig 1910 (zuerst 1869).

Haraway, Donna: Monströse Versprechen. Coyote-Geschichten zu Feminismus und Technowissenschaft, Hamburg – Berlin 1995.

Hofstadter, Douglas R.: Gödel, Escher, Bach: ein Endloses Geflochtenes Band, Stuttgart 1985.

Luhmann, Niklas: Soziale Systeme. Grundriß einer allgemeinen Theorie, Frankfurt/M. 1984.

Lyotard, Jean François: Das postmoderne Wissen. Ein Bericht, Wien 1993.

Merchant, Carolyn: Der Tod der Natur. Ökologie, Frauen und neuzeitliche Naturwissenschaft, München 1987.

Minsky, Marvin L.: Metropolis, Stuttgart 1990.

Moravec, Hans: Mind Children. Der Wettlauf zwischen menschlicher und künstlicher Intelligenz, Hamburg 1990.

Musil, Robert: Der Mann ohne Eigenschaften, Hamburg 1969.

Putnam, Hilary: Repräsentation und Realität, Frankfurt/M. 1991.

Roth, Gerhard: Erkenntnis und Realität: Das reale Gehirn und seine Wirklichkeit, in: Siegfried J. Schmidt (Hg.): Der Diskurs des Radikalen Konstruktivismus, Frankfurt/M. 1991, 229–255.

Schrödinger, Erwin: Was ist Leben?, München 1989.

Shapiro, Robert: Der Bauplan des Menschen. Die Genforschung enträtselt den Code des Lebens, Frankfurt/M. – Leipzig 1995.

Tibon-Cornillot, Michel: Les corps transfigurés. Mécanisation du vivant et imaginaire de la biologie, Paris 1992.

Trallori, Lisbeth N.: Gene und Geschlecht im Diskurs evolutionärer Theorien, in: Diess. (Hg.): Leiblichkeit und Erkenntnis, Beiträge zur Feministischen Kritik, Wien 1992.

Diess.: Eugenik – Wissenschaft und Politik als Fortsetzung des Krieges, in: Elisabeth Mixa/Elisabeth Malleier/Marianne Springer-Kremser/Ingvild Birkhan (Hg.): Körper – Geschlecht – Geschichte. Historische und aktuelle Debatten in der Medizin, Wien 1996.

Turing, Alan M.: Kann eine Maschine denken?, in: Kursbuch 8/1967, 106–138.
Vester, Frederic: Neuland des Denkens. Vom technokratischen zum kybernetischen Zeitalter, Stuttgart 1980.
Vief, Bernhard: Digitales Geld, in: Florian Rötzer (Hg.): Digitaler Schein. Ästhetik der elektronischen Medien, Frankfurt/M. 1991, 117–146.
Weibel, Peter: Virtuelle Welten: Des Kaisers neue Körper, in: Gottfried Hattinger/Morgan Russel/Christine Schöpf/Peter Weibel (Hg.): Ars Electronica 1990, Bd. 2, Linz 1990, 9–38.
Wiener, Norbert: Kybernetik. Regelung und Nachrichtenübertragung in Lebewesen und Maschine, Reinbek b. Hamburg 1968.

# I. Formierungen

**Renate Genth**

# Im Banne der Maschinisierung
## Neuordnung des Zivilisationsprozesses durch technische Eroberungen

Die Lebenskultur der Gesellschaft ist heute weitgehend durch Technostrukturen bestimmt, die durch und für Maschinen hergestellt worden sind und organisatorische Strukturen nach maschinellem Muster darstellen. Maschinen durchdringen mittlerweile derart das gesamte Alltagsleben, daß mit Fug und Recht von einer maschinisierten Gesellschaft gesprochen werden kann. Die Situation der einzelnen und ihre sozialen und politischen Zusammenhänge, die nicht technisch strukturiert sind, hängen vielfach davon ab, wieweit sie auch mit Technostrukturen verbunden, technisch ausgedrückt, wie weit sie daran angeschlossen und damit vernetzt und, ohne es noch zu bemerken, darin eingeschlossen sind. Unter Technostrukturen verstehe ich den ganzen Bereich der Maschinisierung, der großen technischen Systeme wie der in sie eingeschlossenen einzelnen Maschinen, aber auch der maschinellen Verfahren und prämaschinellen Strukturen (Beispiel: Straßennetz, um Autos bewegen zu können), mit denen sich die Menschen sozial umgeben und miteinander in Beziehung setzen. Allerdings behalte ich den Begriff der Technostruktur als Schlüsselbegriff nicht bei. Mir geht es in erster Linie darum, eingangs darauf hinzuweisen, daß andersgeartete und womöglich unangemessene Strukturen über die Lebenskultur ausgebreitet worden sind, die sich, wie sich sinnlich wahrnehmen läßt, nicht gerade durch Lebensfreundlichkeit auszeichnen. Form und Gegenständlichkeit dieser Strukturen werden durch Maschinen gebildet. Bedeutung und Dimension der Technostrukturen, ausgehend von ihren spezifischen Dingen, den Maschinen, ist Gegenstand der folgenden Betrachtungen.

Maschinen haben eine Fülle von Bedeutungen. Ich will mich auf einige wesentliche beschränken. Ihrer Herkunft nach erscheinen sie als Gegenstände instrumenteller Rationalität. Aber mit einem alten Instrument, wie etwa dem Hammer, der für Menschen zu eigenen Zwecken beliebig zu handhaben ist, haben sie nicht viel gemein. Sie sind nicht einfache Hilfsinstrumente. Vielmehr sind sie aus einer definierten Rationalität entstanden, die nicht nur als Methode, sondern als systematische Weltsicht verstanden wird. Sie sind – modern ausgedrückt – Systeme, die aus dieser Weltsicht entstanden und die mit den Kategorien des Maschinenbegriffs zu beschreiben sind, d.h. sie zeichnen sich durch Berechenbarkeit, Eindeutigkeit, Operationalisierbarkeit, identische Reproduzierbarkeit aus. Um funktional benutzt zu werden, machen sie prämaschinelle Strukturen notwendig, andernfalls funktionieren sie nicht. Vorhandene Bedingungen müssen nach maschinellem Muster umgewandelt, angemessener ausgedrückt, umstrukturiert werden. Vorgefundenes, Menschen, Gesellschaft, Natur muß sich an dem Muster des Maschinenbegriffs orientieren. Ohne Verkehrswege, ohne elektrische Netze beispielsweise versagen Maschinen ihre Funktionen. Was sich nicht einfügt in das maschinelle Muster, geht zugrunde und verschwindet; das betrifft eine Fülle von Tieren und Pflanzen, die sich nicht anzupassen vermögen.

Aber bei aller funktionalen Rationalität sind Maschinen auch magische Geräte. In ihnen wird Magie operationalisiert. Das gilt vor allem für die elektronischen Maschinen der Informations- und Kommunikationstechnologien, Telefone, Fernsehgeräte, Telefaxe, Computer. Es ist funktional beschreibbar, aber nicht wirklich begreifbar, wenn ein Satz in ein Plastikding gesprochen 10.000 Kilometer weiter an eben solch einem Ding identisch hörbar ist – und das im Nu. Ebenso ist es mit dem Telefax; da läßt man ein beschriebenes Blatt durch eine Maschine gleiten, und es wird in beliebiger Entfernung an eben solch einem Gerät sichtbar. Nichts anderes ist Magie.

Magie ist dem reinen Vorstellungsvermögen der Menschen geschuldet. Es geht dabei – ganz verkürzt gesprochen – um die Überwindung der natürlich gegebenen Grenzen und Formen nach Maßgabe der menschlichen Vorstellungskraft. Die kann dem Zwecke der Bemächtigung dienen, aber auch ganz anderen Träumen und Sehnsüchten folgen, wie Fernweh und Nähewunsch, die sich etwa im telefonischen Sprechen und Hören ausdrücken können (vgl. Genth/Hoppe 1986). Mit Magie waren auch stets utopische Wünsche verbunden. In diesem Zusammenhang ist die Maschinisierung angesiedelt. Sie hat durch ihr verdinglichtes magisches Vermögen die Bedeutung gewonnen, die einzige realisierte Utopie darzustellen, die weltweit auf ungebrochenen Konsens stößt, wenn von wenigen radikalen Kritikerinnen und Kritikern abgesehen wird.

**Maschinisierung und Utopie**

Maschinen stellen Erfindungen von gänzlich Neuem, bisher nicht Dagewesenem dar. Bemerkenswert daran ist, daß es sich nicht um neue Ideen, Vorstellungen oder Gegenstände handelt, sondern um gänzlich neue

Handlungsweisen. Gernot Böhme weist darauf hin: »Natürlich gibt es in den meisten Fällen vortechnische Verwandte, aber man würde nichts von der Wirklichkeit begreifen, wenn man das Telefonieren als ein vermitteltes Gespräch, das Autofahren als ein beschleunigtes Wandern und das Fotografieren als ein präziseres Malen verstünde. ... Im allgemeinen ... muß man davon sprechen, daß es sich um Verhaltensweisen handelt, die selbst technisch sind bzw. deren Form selbst durch eine Technostruktur geprägt ist.« (1987, 59) Aber es klingt zu arglos, zu gering, von der Erfindung neuer Handlungsweisen zu sprechen. Gleichwohl ist darin die gesamte Problematik enthalten, wenn hinzugefügt wird, daß Maschinen zugleich Handlungen potenzieren – der Beherrschungsaspekt – und operationalisierbaren Vorstellungen entspringen, der instrumentellen Rationalität. Fügen sich diese Aspekte zusammen, dann erscheint in den dinglich potenzierten Handlungsweisen der modernen Maschinen etwas, was bisher auf der Erde nicht vorhanden war, was nicht hier gewachsen und entstanden ist, was hier vorher keinen Ort hatte; gleichsam ein Nirgendort, eine Utopie. Maschinen sind realisierte Utopie; oder angemessener ausgedrückt: sie sind die operationalisierte Utopie einer von der Natur befreiten Gesellschaft und von Menschenhand gemachten Welt. Maschinen sind der herstellbare und massenhaft reproduzierbare Nirgendort auf der Erde, der käuflich zu erwerben ist. Damit machen sie das Faszinosum, die weltweit ungebrochene Attraktivität der industriellen Gesellschaften aus.

Die Maschinisierung gab sich von Anfang an utopisch, sie ging von Beginn der Neuzeit mit Utopien einher. Sie war gleichsam die Grundlage für die Utopien als machbare soziale und politische Glücksversprechen für alle. Die modernen Utopien folgten dem Maschinenbegriff als Inbegriff herstellbarer menschlicher Macht oder waren in irgendeiner Weise an den Fortschritt der Maschinisierung und an die maschinenlogische Behandlung der Gesellschaft und dessen, was unter Natur subsumiert wird, gebunden. Maschinen und maschinenähnliche Verfahren stellten in utopischen Konzepten den Part der Realisierbarkeit dar. Sie standen für die sichtbare und anwendbare Realisierung auch mythischer Wünsche. Der Traum von weltlicher Macht, vom Fliegen, vom Sprechen in die Ferne und vom Hören aus der Ferne, von der schnellen Fortbewegung, von der alle räumlichen Entfernungen durchmessenden Erreichbarkeit hat sich in den Maschinen verdinglicht. Auch die soziale und politische Megamaschine gehört zu den modernen Utopien und ist mit Hilfe von Maschinen auf entsetzliche Weise realisiert worden. Vor allem aber verlockt die Machtverheißung maschinellen Handelns, d.h.

der Handlungsweisen in, an und mittels Maschinen, eine Macht zu entfalten, die alle Grenzen zu überschreiten vermag. Ebenso gehört die Vernichtung und Annullierung aller natürlich gegebenen Grenzen in den Kontext maschineller Verheißungen aus dem utopischen Fundus. In der Subjektivität der Menschen spiegelt sich die Grenzenlosigkeit entsprechend als Skrupellosigkeit.

Der bemerkenswerte Unterschied aber zwischen der aktuellen Maschinisierung und allen früheren maschinellen Mythen, Imaginationen und Analogiebildungen besteht darin, daß heute derartige Phantasien in Maschinen operationalisiert worden sind. Wo es sich in anderen Zeiten analog, also nur in den Vorstellungen um Maschinen handelte, stehen und bewegen sich heute tatsächlich Maschinen. Das macht einen entscheidenden Unterschied aus, der in seiner Wirkungsweise noch gar nicht ausreichend wahrgenommen und begriffen worden ist. Viele Mythen, Metaphern und Analogiebildungen, der Reichtum menschlicher Imaginationen und Wünsche, soweit er sich auf menschliche Entgrenzungs-, Schöpfungs- und Machtträume bezieht, sind heute in Form von Maschinen vorhanden. Es bleibt in der Hinsicht wenig zu wünschen übrig. Selbst der »Mechanismus« (Durkheim) eines gemeinsamen sozialen Glaubens scheint in den Informationsmaschinen und TV-Medien maschinell verdinglicht. Nur der Vergänglichkeit entkommen Menschen mittels der Maschinen nicht, auch wenn vielfach daran gearbeitet wird.

Der kulturelle Gestus der Maschinisierung bestand im Versprechen, die Utopie menschlicher Macht, menschlichen Schöpfergeists und Vorstellungsvermögens irdisch zu realisieren. Das ist wörtlich zu nehmen, wenn man bedenkt, daß Utopie Nirgend-Ort bedeutet. Mittels der Maschinisierung sollte der Ort erreicht und etabliert werden, der nirgendwo existiert, der Nirgend-Ort errichtet werden. Und wie auch immer man diese Utopie einschätzt, das Vorhaben ist zweifellos gelungen. Der Ort ist errichtet. Denn die Maschinisierung ist nicht von dieser irdischen Welt und ihren Erscheinungsformen, wie an den ökologischen Folgen sichtbar. Sie paßt nicht hinein und konnte bisher nicht vernünftig angepaßt werden. Der utopische Ort der Maschinisierung, der mit allen aus Religiosität und Magie konvertierten Heilsversprechen behaftet ist, liegt wirklich jenseits des irdischen Raums und der irdischen Zeit und aller ihrer Erscheinungsweisen und dennoch mitten darin. Es ist das operationalisierte menschliche Jenseits im Diesseits der Erde mit dem großen Schöpfungs- und Machtversprechen für die Menschen. Und dieses operationalisierte Jenseits lastet schwer auf der Erde. Die irdischen Lebensformen und Lebensweisen sind der Maschinisierung nicht gewachsen. Sie schwinden zusehends.

Und dennoch ist die Maschinisierung von dieser Welt, soweit sie dem menschlichen Vorstellungsvermögen entspringt. Mittels der Maschinisierung ist die Welt durch genuin menschliche Vorstellungsgestalten strukturiert und überfüllt, – genuin menschlich insofern, als sie der reinen Vorstellungskraft entsprungen sind und keinerlei Vorbild in der irdischen Realität haben, es sei denn durch menschliche Umdeutung vorhandener Erscheinungen; ein Beispiel dafür ist der Vogel und das Flugzeug. Nur durch menschliche Vorstellungen und Deutungen können Vögel als Vorbilder für Flugzeuge dienen. De facto ist das Flugzeug etwas gänzlich Neues, das nur aus menschlichem Vorstellungs- und Erfindungsvermögen entstanden ist.

In Hinblick auf die Geschlechterverhältnisse ist es empirisch offenbar, daß es zumeist Männer sind, die Maschinenphantasien haben und diese Vorstellungen auch konstruiert und realisiert haben. Damit verbundene Wünsche und Träume, wie ein Vogel zu fliegen oder an mehreren Orten gleichzeitig zu sein oder sich in der Ferne hörbar zu machen, haben gewiß auch viele Frauen. Aber es waren zumeist Männer, die die Wünsche mit den Aspekten der Potenzierung, also des konkurrenten Machtgewinns und der Naturbeherrschung verbunden und die instrumentelle Rationalität, die Theorie der Operationalisierung entwickelt und eingeführt haben. Sie erscheint als eine Handlungstheorie, die von Affekten gereinigt ist. De facto aber ist sie gefühllos, d.h. von der empfindlichen Seite der Gefühle entzweit, nicht aber von dem Affekt der Aggressivität. Fast erscheint sie als ein Algorithmus der aggressiven Affekte zur Überwindung des Mitgefühls, das destruktive Handlungsweisen behindern würde. Ohne diese Ingredienzien wäre die moderne Utopie, die ja im wesentlich darin besteht, daß sich utopische Wünsche realisieren lassen, ein Mythos geblieben.

Nun läßt sich allerdings einwenden, daß die frohe Erwartung an Verheißungen der Maschinisierung allmählich abnimmt. Vor allem nach Tschernobyl und einer Fülle destruktiver Erfahrungen und schlechter Nachrichten, die großteils aus dem Stoff naturwissenschaftlicher Meßverfahren sind, haben sich die utopischen Erwartungen zumindest für eine kritische Öffentlichkeit ins Gegenteil verkehrt. Jedenfalls fällt auf, daß neue Formen der Maschinisierung in manchen Ländern nicht mehr mit den üblichen utopischen Erwartungen von Fortschritt und Verbesserung verbunden werden (Böhme 1987, 54). Das aber ist im Kontext der Maschinisierung ungewöhnlich und neu. Dennoch versuchen Wissenschaftler, die mittels ihrer Forschung die neue Form der Maschinisierung hervorbringen, ihre Erzeugnisse mit utopischen Vorstellungen zu flankieren, so Forscher der Gentechnologie, die erneut Heilung der Gebrechen und langes Leben im Diesseits zusagen. Einige Forscher der Künstlichen Intelligenz gehen schon so weit, ewiges Leben mittels Verwandlung der Menschen in Maschinen zu projektieren (Moravec 1990). Als Utopie erscheint auch Cyberspace; das Besondere daran ist, daß hier die Vorstellung der Vorstellung maschinisiert wird. Mittels miniaturistischer Bildschirme, die gleich einem Brett vor dem Kopf oder einer magischen Brille gleich vor Stirn und Augen angebracht sind, werden Vorstellungswelten suggeriert, in denen sich die einzelnen scheinbar bewegen können. Gespräche mit Verstorbenen wie Albert Einstein u.a. werden für die Zukunft imaginiert und die Maschinisierung dieser Imaginationen versprochen. Durch diese Maschinen wird die Vorstellung des Jenseits und die Überwindung der Schranken, die der Tod setzt, operationalisiert. Cyberspace wird als perfekte maschinelle Verdinglichung einer imaginativen, einer transzendenten Welt dargeboten, die berechenbar und herstellbar ist.

Aber die maschinellen und naturwissenschaftlichen Utopisten stoßen mit ihren Lockrufen jenseits der eigenen Zunft zunehmend auf Skepsis. Auch wird die Absicht der utopischen Versprechungen, die eigenen finanziellen Interessen damit zu verfolgen, deutlich. Außerdem klingt heute in ihnen eher der Ton der Rechtfertigung an. Denn neue Maschinisierungsweisen sind, wie an der Einführung des Computers, zumindest in Deutschland, zunehmend sichtbar wurde, mehr und mehr einem Rechtfertigungszwang unterworfen. Das Risiko der destruktiven Folgen der Maschinisierung ist einer kritischen Öffentlichkeit bewußt. Da aber Maschinisierung operationalisierte Utopie darstellt, konvertiert sie für viele Kritikerinnen und Kritiker über die Vorstellung, daß die heutigen Effekte potenziert werden, zur negativen Utopie, zum Horrorgemälde des selbstverfertigten Jüngsten Tages.

Eine andere Utopie – falls überhaupt der Sinn danach steht –, die sich, verbunden mit der Maschinisierung, entwickeln könnte, läge vermutlich einzigartig in der Möglichkeit, sich die Nebenwirkungen der Maschinisierung, als Produkte des eigenen Handelns mittels Maschinen, verantwortlich anzueignen, um daraus einen heilsamen Umgang mit der irdischen Welt zu entwerfen und die jenseitige Maschinisierung dem irdischen Diesseits anzupassen. Aber mit ihrer Macht, die auf der Operationalisierbarkeit beruht, vernichten die maschinisierten Menschen andere Utopien, die im Verlauf der vergangenen Jahrhunderte entstanden sind, wenn sie nicht an die Maschinisierung gebunden werden. Sie machen sie gegenstandslos, unmöglich, ja, nehmen ihnen den Raum. Das gilt vor allem für eine menschliche Gesellschaft, die in freundlichem Einvernehmen mit den eigenen natürlichen Lebensbedingungen und den anderen Wesen der irdischen Erscheinungswelt lebt. Der irdische Raum kann bald als gänzlich maschinell erobert gelten.

Aber der Mangel an frohen Erwartungen hängt auch damit zusammen, daß der blinde Fleck der Utopie erst in den Blick gerät, wenn die Utopie realisiert, d.h. in diesem Fall verdinglicht ist, erlebt und erfahren wird und schließlich als utopische Verheißung ausgedient hat, wenn sich also die verdinglichte Utopie der Maschine als destruktives Jenseits im diesseitigen Lebensort enthüllt.

Das, was als Geschenk menschlichen Erfindungsgeistes erscheint, offenbart sich zunehmend als etwas, mit dem umzugehen, es den Menschen im großen und ganzen an reflektierter und reflektierender Vernunft, an empfänglicher Vernunft gegenüber den selbst erzeugten Handlungsweisen und ihren unübersehbar ungeplanten Wirkungen gebricht. An den Bedienungsposten der Maschinen sind in ihrer ratlosen Subjektivität die menschlichen Individuen plaziert, zum Teil forsch und gläubig, auch ignorant gegenüber dem eigenen Tun und seinen Wirkungen, zum Teil kritisch, oftmals ambivalent zwischen beiden Haltungen, aber verfangen in neuen Widersprüchen. Die Haltungen brechen und verwirren sich.

Diese Brechungen entstehen auch aus einer grundlegenden Bedingung der Maschinisierung. Mittels der Maschinisierung ist die sinnliche Wahrnehmung und Erfahrungsgewinnung entwertet. Die menschlichen Wahrnehmungsweisen sind aufgespalten – und das nicht nur analytisch in Form verschiedener Maschinen, die die jeweiligen sinnlichen Wahrnehmungsweisen potenzieren. Die Maschinen selber sind zu Sinnesorganen geworden. Vieles an Substanzen und maschinellen Wirkungen läßt sich überhaupt nur durch maschinelle Meßinstrumente wahrnehmen. Das Ozonloch und andere Gebilde – damit unterstelle ich nicht, daß es eine Realität der Zerstörung und Wechselwirkungen nicht gäbe – der neuen wissenschaftlichen Weltsicht sind nicht nur Produkt von naturwissenschaftlich-maschinellem Handeln, sondern auch begriffliche Hervorbringungen der Deutung maschineller Meßwerte und damit der Meßinstrumente. Vor allem das, was unter dem Begriff Natur gefaßt wird, wird von Menschen auf diese gespaltene Weise wahrgenommen. Dabei gerät die sinnliche Wahrnehmung als Bedingung menschlicher Erfahrung zunehmend außer Kraft, weil die Begriffe und die Sensoren für das Wahrgenommene fehlen. Das Ozonloch kann zwar als besonders heiß stechende Sonne wahrgenommen werden, die weitere Wirkungsweise aber – etwa Krankheitsschäden – ist wiederum der Erklärung durch Meßinstrumente und der Behandlung durch naturwissenschaftlich-maschinelle Methoden übergeben. Die Spaltung menschlicher Wahrnehmungsweisen ist zur Quelle von Ratlosigkeit und Verwirrung geworden, aber auch negative Utopien, die sich aus den Hochrechnungen maschineller Verfahren ableiten, resultieren daraus, und schließlich wird erneut maschineller Aktionismus forciert.

Die Verwirrung wird also dadurch geschürt, daß den sinnlichen Wahrnehmungen nicht mehr getraut wird und daß daraus keine Orientierungen für das Handeln erwachsen. Aber auch aus den Meßergebnissen können nur normative Schlüsse gezogen werden. Du solltest dich nicht mehr der Sonne aussetzen, lautet ein Gebot. Da die Meßergebnisse nicht erfahren werden, sondern nur im Bereich menschlicher Vorstellungskraft bleiben – es muß ihnen geglaubt werden –, und den Erfahrungen sowieso nicht mehr vertraut werden kann, werden Entscheidungen für das Handeln der empfänglichen Vernunft entzogen und weltanschaulichen Überlegungen überantwortet. Dabei zeigt sich das Paradox, daß die Kritikerinnen und Kritiker der Maschinisierung sich eher an die normativen Verhaltensgebote halten als die Befürworter. Vermutlich ist diese Tendenz aber nur scheinbar paradox. Der Unterschied beruht wahrscheinlich darauf, daß die Befürworter einen tiefen Glauben an die maschinelle Substitution hegen, sich in ihrem maschinellen Vorstellungsvermögen sicher wiegen und daraus eine gläubige Sicherheit gewinnen, daß alles durch Maschinen reparierbar und ersetzbar sei. Die utopische Verheißung ist ihnen Glaubensgewißheit: Wer die Welt aus den Angeln heben kann, kann auch eine neue, ja, bessere hineinhängen.

Eines haben die Menschen, wenn sie befürworten oder kritisieren – auch jene eben, die von der negativen Utopie ausgehen, die ihnen aus den Daten der Meßinstrumente entgegenschlägt – vielleicht gemeinsam. Sie können nicht wissen, was sie tun, solange sie im Bann der Maschinisierung, ihrer Magie und Rationalität, bleiben, weil ein großer Teil der maschinellen Wirkungen durch Dinge wahrgenommen und bestätigt wird, die dem reinen Vorstellungsvermögen entspringen und nur den Ausschnitt der irdischen Realität wiedergeben, der maschinellem Handeln und Messen zugänglich ist. Und zugänglich ist stets nur die vorgängige Hypothese des Meßverfahrens. Bestätigt wird nur das Vorstellungsbild, das vorausgesetzt ist. Cyberspace, die mittels Datenhandschuhen und Datensichtgeräten hergestellte Vorstellungswelt, in der die einzelnen herumtappen, erscheint in diesem Kontext wie ein Spiegelbild.

## Maschinisierung und Gesellschaftsformation

Begonnen hat der Gang der Maschinisierung mit der Gleichung: Natur ist Maschine. Sie verhieß Sicherheit und Macht durch Berechenbarkeit und Operationalisierung. Die Maschinisierung ist danach besinnungslos inszeniert worden. Die maschinelle Behandlung der Naturerscheinungen hat erschreckende Erosionen zur Folge gehabt. Daß ein gigantischer Verwüstungsprozeß dadurch in Gang gesetzt wurde, wird von keinem Menschen mehr ernsthaft bezweifelt. Bezweifelt wird allenfalls, daß dieser Vernichtungsfeldzug gegen die Erde der Maschinisierung notwendig innewohnt.

Da aber der Wandel maschineller Technik von einer den maschinisierten Menschen inhärenten Unruhe getrieben wird, kommt die proportionale Tautologie zustande, die da lautet: Je mehr Maschinisierung, desto mehr Maschinisierung. Die Unruhe ist in erster Linie den ökonomischen Konkurrenz- und Rationalisierungsprinzipien geschuldet, aber nicht nur; auch der Sinn- und Bedeutungsverlust, der durch den maschinellen Verdinglichungsprozeß fortschreitet, spielt eine, technisch ausgedrückt, motorische Rolle. Proportional zum Sinnverlust muß es beschleunigt weitergehen. Ein Anhalten der mobilen Spirale würde als bedrohliche Stagnation, eine Rückwendung als Verfall empfunden werden. Es existiert keine begründbare Grenze, die ein Einhalten gebietet, da in der Denkweise alle Grenzen hinweggewähnt worden sind. Und mit der Setzung neuer ethischer Normen tut sich die Gesellschaft schon deshalb schwer, weil sie mit der herrschenden naturwissenschaftlichen Denkweise, die in engster Affinität mit Maschinen operiert, nicht in Einklang gebracht werden können; diese sich Normen nur funktional unterzuordnen vermag, also nur normativ den eigenen Funktionszusammenhang zu regeln bereit ist. Ingenieure verpflichten sich beispielsweise, funktionierende Maschinen zu konstruieren. Ebenso verhalten sich Naturwissenschaftler. Sie arbeiten ihre der jeweiligen Disziplin entsprechenden ethischen Kodices aus. Ein übergeordneter sittlicher Maßstab, dem das wissenschaftliche Vorgehen selbstverständlich untergeordnet wird, würde – bis jetzt jedenfalls – keinesfalls akzeptiert. Forderungen danach provozieren aufgeregte Empörung unter Wissenschaftlern. Aber die normative Einschränkung von Naturwissenschaft und Maschinisierung findet kaum fordernde Stimmen.

Denn die Maschinisierung kann fast niemand, der mit ihr lebt, mehr missen. Sie ist zur zweiten, zur Quasi-Natur geworden, zur lebensnotwendigen menschlichen Welt und Umwelt. Die Entwicklung geht so weit, daß die Maschinisierung als die kongeniale Natur der Menschen betrachtet wird. Die heutige Gleichung lautet bei einigen Wissenschaftlern bereits: Maschine ist Natur, und nicht mehr nur »zweite Natur«, etwa wenn Forscher der Künstlichen Intelligenz und einige Evolutionstheoretiker von der evolutionären Ablösung der Menschen durch die höherentwickelten intelligenten Maschinen (Moravec 1990) sprechen, die ihre eigenen Kreationen sind. Die eigenhändigen Kreationen werden in dieser Anschauungsweise zu den zukünftigen Mensch-Maschinen. Da sind in der Imagination dieser Wissenschaftler Maschinen und Natur zumindest für die Zukunft ununterscheidbar miteinander verbunden, ja sogar identisch. Die Maschinen geraten zur natürlichen Weiterentwicklung der Menschen.

Daß sich mittels dieser Vorstellungen die Erosionen der Natur auch in der Denkweise ausdrücken, läßt sich an der schwindenden Fähigkeit ablesen, nicht nur zwischen zwei gänzlich unterschiedlichen Erscheinungsweisen, Natur und Maschine, zu unterscheiden, sondern auch zwischen wissenschaftlicher Methode und Weltanschauung. Die erste Annahme, Natur sei Maschine, findet darin nicht nur ihre spiegelbildliche Entsprechung, sondern ihre wahnhafte Perfektion. Die Erfahrung mit, an und durch Maschinen hat in diesem Fall nicht einmal das Trial-and-error-Verfahren passiert und zur Korrektur des Weltbildes geführt; etwa auf Grund der Einsicht, daß die Annahme, Natur sei Maschine, zur ökologischen Zerstörung beigetragen hat, Natur also alles andere als Maschine ist. Die umgekehrte Annahme, Maschine sei Natur, trägt wesentlich zur menschlichen Verwirrung und Desorientierung bei, nicht mehr aus dem Irrgarten menschlicher Denkwelten und daraus resultierenden Handelns herauszufinden, etwa was die ökologische Zerstörung oder die daraus resultierende soziale Verwahrlosung angeht. Beides ist nicht unabhängig von der Maschinisierung zu sehen, also von menschlichen Denk- und Handlungsweisen mittels Maschinen.

Betrachtet man analog zu den Gleichungen *Natur ist Maschine* und *Maschine ist Natur* das Verhältnis von gesellschaftlicher Formation und Maschinisierung, so muß man dabei die erobernde Wirkungsweise der maschinellen Technik bedenken. Als »gesellschaftlich angeeignete Natur« (Böhme 1987, 55) ist sie zur »zweiten Natur« und damit zum Surrogat für Natur geworden, so daß angesichts der Verbreitung maschinisierter Infrastruktur gesagt werden kann, daß Natur im früheren Sinn gar nicht mehr existiere, sondern längst kulturell und gesellschaftlich bestimmt sei. Aber nicht nur die Natur kann danach als maschinell erobert gelten. Es wird offensichtlich, daß ein ähnlicher Vorgang in der

Gesellschaft, im Verhältnis zwischen Maschinen und den gesellschaftlichen Verhältnissen, abläuft. Zwei miteinander verbundene Prozesse sind sichtbar. Die vorgefundene Natur wird in ihren Resten ergriffen und maschinell vergesellschaftet. Gleichzeitig ergeht es der Gesellschaft ebenso. Die neuen Maschinen der Kommunikations- und Informationstechnologien haben nicht mehr in erster Linie die Umformung der Natur im Visier, sondern das, was als eine wesentliche Eigenart der Menschen gilt. Sie zielen auf die gesellschaftlichen Verhältnisse, die die menschlichen Individuen miteinander eingehen, auf die Weise, wie sie darüber denken und darin handeln.

Die neue Gleichung könnte lauten, *Gesellschaft ist Maschine* und reziprok *Maschine ist Gesellschaft*, also: Gesellschaft ist bereits maschinelle Vernetzung und Maschine ist Sozialbeziehung, um die Gleichungen auf andere Weise plakativ auszudrücken. Und diese Gleichungen gehen sogar eher auf. Aber ganz abgesehen davon, ob sie aufgehen oder nicht, kommt ihnen ein operationaler Charakter zu. Sie bezeugen Ziele und Handlungsweisen, die sich danach ausrichten. Sie sind Programm.

Freilich sind schon die maschinellen Formen der vorgefundenen Natur bereits soziale Umformungen, Anpassungen an die menschliche Gesellschaft und ihre Bedürfnisse. Durch die Umstrukturierung der vorgefundenen Natur mittels und für Maschinen haben die Menschen maschinelle Formen von Gesellschaftlichkeit hervorgebracht. Es ist nur selbstverständlich, daß dadurch auch die menschliche Gesellschaft mittels Maschinisierung in erheblichem Maße umstrukturiert worden ist, daß Natur und soziale Zusammenhänge gleichermaßen durch Maschinen geprägt sind.

Aber die modernen Formen der Maschinisierung haben die gesellschaftlichen Verhältnisse direkt zum Gegenstand. Zunächst einmal verläuft der technostrukturelle Zugriff innerhalb der gesellschaftlichen Formationen ganz analog zur naturwissenschaftlich-maschinellen Behandlung der Naturwesen und ihres Ensembles, wie er im Begriff der Natur unter Ausschluß der sozialen Anteile der Menschen und unter Einschluß ihrer Körperlichkeit zusammengefaßt ist. Gleichsam im Gerechtigkeitsverfahren kommt es aus der Perspektive der Maschinisierung zu einer weitergehenden Angleichung von Menschen und Naturwesen mittels ähnlicher maschineller Behandlungsweisen. Die sozialen und gattungsspezifischen Anteile der Menschen werden zu Stoff und Gegenstand der Maschinisierung.

Maschinisierung fungiert nicht mehr nur als künstliches und scheinbar überlegenes Surrogat für Natur, sondern ist auf eine höhere Abstraktionsebene gehoben. Sie wird auch zum Surrogat für Gesellschaft, gerät gleichsam zur zweiten, zur »künstlichen Gesellschaft«. Die Gegenüberstellung und Addition von maschineller Technik und Gesellschaft und Politik und Zivilisation entsprechen nicht mehr der Wirklichkeit. In dieser gängigen Betrachtungsweise erschien die Technologie zum einen als grandioses Schicksal der menschlichen Gattung, der Macht versprochen war, und zum anderen als pures neutrales Werkzeug, das zu handhaben dem Belieben und der Sittlichkeit der Menschen anheimgegeben war. Die Macht der Menschen erstreckte sich grundsätzlich auch auf das Werkzeug, das an sich neutral und nichtssagend war. Die maschinelle Technik blieb der Gesellschaft prinzipiell äußerlich, insofern als sich diese jener bediente. Aber die maschinellen Formen des menschlichen Handelns bilden nicht mehr kleine Kuriositäten oder sind auf den industriellen Arbeitsprozeß konzentriert und weitgehend abgegrenzt und nur mittels Analyse und theoretischer Vermittlung in ihrer sozialen und politischen Wirksamkeit ausgesucht. Vielmehr ist die gesellschaftliche Formation bereits derart weitgehend vermittelt über maschinelles Gerät, daß Maschinen als dinglich geronnene menschliche Imaginationen Formen der Vergesellschaftung bestimmen und darstellen.

Daß man heutzutage die sozialen Verhältnisse auch außerhalb des industriellen Produktionsprozesses auf maschinelle Technik beziehen kann, deutet auf einen Entwicklungssprung in der Verstrickung von menschlicher Gesellschaft und Maschinen hin. Maschinelle Technik und Sozialstruktur greifen derartig eng ineinander, daß sie tendenziell identisch werden. Zumindest sind sie nur mehr in gleichsam archaischen Rudimenten voneinander unabhängig zu denken. Die sozialen Individuen treten mittels Maschinen in soziale Verhältnisse, die in Maschinen selbst verdinglicht sind. Diesem sozialen Tatbestand entspricht, daß soziales und politisches Handeln bereits vielfach mittels Maschinen geschieht. Technik wird zu einer durchdringenden und übergeordneten sozialen Struktur formiert. Böhme formuliert diesen Sachverhalt folgendermaßen: »Sie ist in die Sozialstruktur eingedrungen, in die Formen sozialen Handelns, in die normativen Erwartungen, oder besser, sie ist selber eine Sozialstruktur, eine Form gesellschaftlichen Handelns und ein Bestandteil des Regelkanons geworden. Es geht also nicht mehr um Technik als Ursache oder Technik als Gegenstand, sondern es geht um die technischen Formen von Gesellschaftlichkeit ...« (1987, 53f)

Die einzelnen sind Träger und Abhängige dieser Formation und sozial eingeschränkt existent, wenn sie nicht dem technostrukturellen System angeschlossen sind. Dem entspricht ein wahrnehmbares Bedürfnis nach

Maschinen, das entsprechend sozial und politisch anerkannt wird; und nicht nur weil es ökonomischen Nutzen verheißt, sondern weil es als soziales Bedürfnis behauptet wird. Maschinelle Technik wird zur integrativen Struktur. Wichtig scheint mir, daß die Maschine begrifflich nicht mehr als eine metaphorische Fassung gelten kann. Denn in der neuen maschinenlogischen Vergesellschaftung werden Menschen nicht analog zu Maschinen zusammengeführt oder fügen sich selbst dergestalt zusammen, sondern die sozial und politisch wirksamen Handlungen geschehen tatsächlich mittels Maschinen, die wiederum in sich soziale Verhältnisse und Verhaltensweisen verdinglichen. So werden Maschinen gleichsam zu Relaisstationen der Vergesellschaftung.

Bestätigend zu nennen wäre außer den großen technischen Verbundsystemen vor allem Radio und Fernsehen, aber auch Telefon und Auto, schließlich der gesamte Bereich der Computervernetzung. Auch die maschinelle Form der Musik gehört dazu; die nicht-maschinelle Musik wird nur noch in rudimentären Kreisen des Bildungsbürgertums gepflegt, das sowieso verschwindet und einem Sportbürgertum weicht. Daß soziale Integration in hohem Maße von Maschinen geprägt wird, bedeutet aber nicht, daß die bisherigen Gesellschaftsformationen gleichsam insgesamt erledigt sind. Vielmehr handelt es sich neben den bisherigen Vergesellschaftungsweisen um »eine sich gegenwärtig abzeichnende, kommende Gesellschaftsformation. Die bisherigen bleiben dabei bestehen, werden überlagert, treten zur Technostruktur gelegentlich in eine Spannung.« (Böhme 1987, 62)

Dabei ist zu bemerken, daß die bisherigen Gesellschaftsformationen und das ihnen entsprechende soziale und politische Handeln nicht nur überlagert werden, sondern zunehmend erodieren. Die Auflösung der Familie, wie immer sie eingeschätzt und bewertet wird, gehört ebenso in den Kontext wie das Verschwinden der Kindheit (Postman 1983) u.v.a. Und das erscheint als folgerichtig. Denn auch im Naturzusammenhang sind die Verhältnisse durch Maschinisierung erodiert. Die Maschinisierung, um es in einem organischen Bild zu sagen, frißt buchstäblich das, was durch sie erfaßt wird.

**Maschinisierung und Zivilisationsprozeß**

Nicht nur die äußere Vergesellschaftung wird zunehmend von Maschinen übernommen. Analog dazu findet auch eine ihr angepaßte innere Vergesellschaftung (Becker-Schmidt 1992, 142) statt, die die äußere festigt und verstärkt. Die zu Ende des 20. Jahrhunderts umgreifende Maschinisierung trägt entscheidend dazu bei, daß der Zivilisationsprozeß umstrukturiert wird. Denken, Handeln, Gefühlsgestaltung und Gefühlsausdruck werden verändert. Auch die Wertvorstellungen, die besagen, welches Denken, Handeln und welche Gefühle bedeutender sind als andere, wandeln sich. Vor allem werden die Orientierungen für die moralischen Empfindungen verändert, was in hohem Maße verunsichernd wirkt.

Ich beziehe mich mit dem Begriff des Zivilisationsprozesses nur zum Teil auf die Vorstellungen von Elias (1978). Auch möchte ich mich nicht in den Streit darüber einmischen, ob der von Elias ausgemachte Zivilisationsprozeß wirklich existiert oder nur eine Schimäre ist. Ich gehe davon aus, daß es ihn gibt. Allerdings ist er kaum als ein unaufhaltsam fortschreitender und irreversibler Prozeß zu betrachten. Dazu ist er zum einen zu kompliziert, zum anderen auf eine Pluralität von menschlichen Individuen bezogen, die ganz unterschiedlich darin integriert sind. Es ist kaum zu übersehen, daß es viele Menschen gibt, an denen die Gestaltungen des Zivilisationsprozesses erscheinen; ebenso gibt es Menschen, an denen seine Erscheinungsweisen nicht oder nur eingeschränkt zu gewärtigen sind. Zudem ist ein derartiger Zivilisierungsprozeß von Generationen abhängig, die einander in diesem Sinne erzieherisch beeinflussen. Falls das nicht mehr geschieht, bricht er eben ab. Auch spielt die Maschinisierung in Elias' Darlegungen nur eine metaphorische Rolle, so wenn er mit den technischen Begriffen der psychischen Apparatur und des Automatismus operiert, um die Vorgänge der Zivilisierung zu fassen (1978, 317).

Im Laufe der westeuropäischen Zivilisation werden gemäß Elias unbewußte Automatismen geschaffen, die zum Gelingen des Zivilisationsprozesses unerläßlich sind, ja diesen überhaupt erst erzeugen. Es lassen sich weitreichende Überlegungen daran anschließen, wie diese Automatismen in der Imagination wieder auftauchen und in der Vorstellung und Denkwelt der beteiligten Menschen einen »imaginativen Automatismus« hervorbringen, wie ich den Vorgang nennen möchte, der sich in Betrachtung, Deutung und Behandlung der natürlichen und weltlichen Erscheinungsformen und schließlich in der Maschinenproduktion ausdrückt. Gemäß diesem imaginativen Automatismus werden gleichsam automatische Zusammenhänge in Geschehnissen erwartet, sie werden entsprechend projiziert und hineingedeutet, und die Projektionen werden gemäß diesen Vorstellungen nachgebaut. Diesen imaginativen Automatismen liegt die Konstruktion von Maschinen nahe.

Meine Vermutung lautet also, daß ein struktureller Zusammenhang zwischen einer psychischen »Selbstkontrollapparatur« und der Konstruktion und Annahme von Maschinen bestehen kann. Es könnte ein Hinweis auf die Lösung des Rätsels sein, warum die Konstruktion moderner Maschinentechnik plötzlich in Westeuropa und den USA in Erscheinung tritt, einen ungeheuerlichen Erfindungsreichtum hervorbringt und einen solchen starken sozialen Widerhall erzeugt. Ich will aber diesen Gedankengang hier nicht weiter verfolgen. Es scheint mir nur sehr wichtig festzustellen, daß der westeuropäische Zivilisationsprozeß und Maschinisierung aufs engste zusammengehören und sich gegenseitig bedingen. Daher möchte ich die andere Seite der gegenseitigen Wirkung kurz zur Sprache bringen: die Art und Weise, wie durch Maschinisierung die zivilisatorischen Bedingungen verändert werden.

Da es mir also um das Verhältnis zwischen Maschinisierung und Zivilisationsprozeß geht, möchte ich auf die unterschiedlichen Erscheinungsweisen des westeuropäischen Zivilisierungsprozesses hinweisen. Zumindest drei sind auszumachen: Die Ästhetisierung der Beziehungen zwischen Menschen, die Humanisierung und die Rationalisierung der sozialen Verhältnisse.

Die *Ästhetisierung* umfaßt die erotischen Selbststilisierungen, auch die Eß- und Tischsitten und die Umgangsformen, die im erotischen Kontext unter Galanterie und im sozialen Umgang unter Höflichkeit zu fassen sind und ihre Herkunft im höfischen Tanz und Zelebrierungsritual haben. Was das Geschlechterverhältnis angeht, so betraf die Ästhetisierung im höfischen Ritual beide Geschlechter. Auch das Bürgertum übernahm die Ästhetisierung des Geschlechterverhältnisses in der Öffentlichkeit. Doch verlagerte sie sich im Lauf der bürgerlichen Entwicklung stärker auf die Frauen.

Unter *Humanisierung* ist die Verdrängung und Umgestaltung der aggressiven Affekte zu verstehen, in erster Linie die Lösung der Aggression, aber auch anderer Affekte, vom Handeln. Haß, Wut und Zorn auf Menschen werden von den entsprechenden destruktiven Handlungsweisen getrennt. Außerdem gehört auf der anderen Seite der gesamte Komplex der Empathie, des Mitgefühls, der Fürsorge, der Solidarität, der Verantwortung und der moralischen Phantasien und Empfindungen dazu. Ihre Herkunft hat diese Form der zivilisatorischen Verfeinerung u.a. in der humanistischen Diskussion der Renaissance und dem daraus resultierenden Tugend- und Umgangskatalog, aber auch in einigen Bestrebungen des Christentums und heimlichen Traditionen des vorchristlichen Naturverhältnisses in Europa. Was das Geschlechterverhältnis angeht, so wurden die humanisierenden Bestrebungen sehr viel entschiedener von Frauen verlangt. Sie wurden im Gegensatz zu den Männern zum »moralischen Geschlecht«. Und vor allem der Bereich der menschlichen Fürsorge für die Schwachen, Kinder und alternden Menschen wurde ihnen zugewiesen. Das Problem der humanistischen Vorstellungen, wie sie in der Renaissance formuliert wurden, bestand darin, daß sie mit einer infantilen großspurigen Anthropozentrik einhergingen, wonach der Mann-Mensch im Mittelpunkt des Universums stand und alle Erscheinungen sich auf ihn bezogen.

Schließlich erscheint der Zivilisationsprozeß als *Rationalisierung*. Die Rationalisierung drückt sich vor allem in der wirtschaftlichen Verfassung und dem daraus resultierenden Handeln aus, aber auch in Naturwissenschaft und maschineller Technik. Hier geht es um Berechnung, Berechenbarkeit und um potenziertes Handeln zur konkurrenten Effektsteigerung; eine subjektive Haltung, die auf das betreffende Objekt keine Rücksicht nimmt. Da die darin enthaltene Rationalität von jedem Mitgefühl abstrahiert, hat sie mit der empfänglichen Vernunft der Humanisierung nicht viel gemein. Hannah Arendt sagt zu dieser Art der Rationalität, die mit Gefühllosigkeit einhergeht: »Gefühlskälte ist kein Kennzeichen für Vernunft. ›Objektivität und Gleichmut‹ angesichts von unerträglichen Leiden können in der Tat mit Recht ›Furcht erregen‹, nämlich dann, wenn sie nicht Ausdruck der Selbstkontrolle sind, sondern die offenbare Manifestation der Unrührbarkeit. Um vernünftig reagieren zu können, muß man zunächst einmal ansprechbar sein, ›bewegt‹ werden können; und das Gegenteil solcher Ansprechbarkeit des Gemüts ist nicht die sogenannte Vernunft, sondern entweder Gefühlskälte – gemeinhin ein pathologisches Phänomen – oder Sentimentalität, also eine Gefühlsperversion.« (1987, 65)

Es geht bei der Rationalisierung also nicht vorrangig um Selbstkontrolle der Affekte, wie bei der Humanisierung, sondern um die Reduktion der sensiblen mitfühlenden Empfindungen. Nur die Aggression geht mit dieser Haltung eine enge Verbindung ein, derart, daß sie beinahe als Algorithmus des aggressiven Affekts erscheint, der auf diese Weise operationalisiert wird. Die Rationalisierung geht mit Grenzüberschreitung einher, kann zur Brutalisierung führen und sich in der menschlichen Subjektivität als Skrupellosigkeit ausdrücken. Was das Geschlechterverhältnis angeht, so wurde dieser Bereich als männlich definiert und lange Zeit ausschließlich von Männer beansprucht.

Im industriellen Zivilisationsprozeß stellen Maschinen die verdinglichte Form der Rationalisierung, das Bindeglied zwischen ökonomischer und naturwissenschaftlicher Rationalität dar. Werden sie vermehrt, so breitet sich auch die Form der Rationalisierung im Zivilisationsprozeß aus. Der Eingriff verändert das gesamte Gefüge.

Die Frage ist, was mit den anderen Zivilisationsweisen geschieht. Eines ist überaus deutlich: Die Ästhetisierung nimmt ab. Zwar erscheint sie noch als egozentrische Selbststilisierung, oft nach dem Muster maschinenähnlichen Designs, aber die galanten und höflichen Umgangsformen sind so gut wie verschwunden. Das ist nicht nur an der alltäglichen Situation vor einer beliebigen Tür abzulesen, wenn es darum geht, wer den Vortritt hat und wie die vorhergehenden und folgenden Menschen bedacht werden, wo sich innerhalb einer Generation jedes Höflichkeitsritual verflüchtigt hat. Auch an den Möglichkeiten, Menschen anzusprechen und im weitesten Sinn mit ihnen umzugehen, wird das deutlich. Die sicheren Konventionen sind verflüchtigt. Das vernichtet ästhetisierende Begegnungen und kompliziert manches, obwohl es erleichternd und befreiend scheint. Die stabile Übereinkunft bestimmter Handlungsweisen erleichterte den einzelnen, wenn sie der Regeln kundig waren, den Umgang. Fehlen solche Übereinkünfte, so entsteht Unsicherheit, die im schlimmsten Fall aggressiv, ignorant und gleichgültig macht.

Im gleichen Maße wie die Maschinisierung zugenommen hat, sind die Formen der Ästhetisierung des sozialen Umgangs verfallen. Ob es einen direkten Bedingungszusammenhang gibt, möchte ich hier nicht detailliert verfolgen. Das Autofahren wäre ein Beispiel. Es wird nicht über höfliche Übereinkünfte geregelt. Vielmehr wird die Konzentration auf andere Merkmale des Verhaltens gelenkt, auf die Algorithmen eines sicheren Straßenverkehrs mit dem Ziel der eigenen Selbstbehauptung, schnell ans Ziel zu kommen oder schneller als andere zu fahren. Dabei läßt sich der Vorgang im Zusammenhang mit der Maschinisierung, wie folgt, beschreiben: Das geregelte Verhalten an Maschinen, sowohl der Bedienung – sonst versagen Maschinen ihre Funktion – als auch der Begegnung, die sonst destruktiv ist, ist unbedingt notwendig. Dadurch erscheint das Verhalten gegenüber Maschinen als stabil und sicher; hingegen wird das soziale Handeln der Menschen untereinander verunsichert, da keine neuen sozialen Höflichkeitsformen ebenso intensiv eingeübt und gepflegt werden.

Die andere Form der Zivilisierung, die Humanisierung, nimmt proportional zur Rationalisierung noch deutlicher ab. Vor allem sind auch die Vorstellungen der Anthropozentrik durch die neuen Computertechnologien und die ihnen entsprechenden Systemtheorien in eine Krise geraten und weitgehend eliminiert. Diesen Bedingungszusammenhang greifen die Technikkritiker und -kritikerinnen an. Von Anfang an wird die Verdrängung der Humanisierung – auch der Anthropozentrik – durch Naturwissenschaft und Maschinisierung beklagt. Unter vielen anderen ist Günther Anders (1980) ein Beispiel, wenn er davon spricht, daß es unmöglich sei, sich die Wirkungen des potenzierten Handelns durch Maschinen noch vorstellen zu können, und daß Menschen in ihrem moralischen Vermögen völlig überfordert seien. Er bezieht sich dabei vor allem auf die Atombombenabwürfe über Hiroshima und Nagasaki. Auch der Naturwissenschaftler Erwin Chargaff kritisiert die spezifische Form der Rationalisierung durch Naturwissenschaft und maschinelle Technik und behauptet, daß sie die sittlichen Fähigkeiten der Menschen vernichten. In einem Artikel, den er anläßlich der Bekanntgabe verfaßte, daß in den USA seitens der Regierungen Menschenversuche mit radioaktiver Strahlung gemacht wurden, formuliert er: »Die Menschen sind durch die ungeheuren Errungenschaften der Naturforschung geradezu gelähmt, abgestumpft in ihren moralischen Gefühlen, so daß sie, was immer die Wissenschaften tun, als ein Zeichen unaufhaltsamen Fortschritts gutheißen.« (1994, 29)

Keine dieser Naturforschungen ist auch nur in einem Schritt unabhängig von Maschinisierung zu denken. Aber es kommt ein weiterer Aspekt hinzu. Chargaff deutet auf einen Zusammenhang zwischen Wissenschaft und Kriegsführung, der diese Entwicklung nahelegt.

»Verdun, Stalingrad, Auschwitz, Dresden, Leningrad, Hiroshima, wenige Namen, die für viele stehen müssen; sie sind Zeichen am Wege zum völligen Zusammenbruch menschlicher Sittlichkeit. Auch sie waren Experimente am Menschen, höchst unwissenschaftliche Experimente, ohne Versuchsprotokolle. Nur der letzte dieser Namen markiert den Eintritt der ›reinen‹, der exakten Wissenschaften, der Physik und Chemie, in die Gehenna der Vernichtung. Die nach der Zerstörung hinterbliebene ionisierende Strahlung programmiert den Tod der Überlebenden.« (1994, 29)

Chargaff weist auch auf die Beziehung zwischen dieser Entwicklung und dem Rationalisierungsprozeß hin, wenn er die Rationalisierung durch die Naturwissenschaften im Nationalsozialismus mit der in den USA vergleicht. »Zur Zeit dieser Missetaten wußte noch jeder Wissenschaftler, der sich darauf einließ, daß er unvorstellbare Gemeinheiten beging, und er hielt sie geheim. Erst in den letzten 20 oder 30 Jahren ... hat man uns allen klargemacht, daß der edle Forschungsdrang alles, auch das Scheußlichste, entschuldigt.« (1994, 29) Es bleibt dahingestellt, ob die nationalsozialistischen Wissenschaftler wirklich eine Einsicht in die Brutalität ihres Tuns hatten. Doch auch wenn sie selber nicht mehr wußten, daß sie gegen sittliche Empfindungen verstießen, so wußten es doch noch viele andere, die entsetzt waren. Diese Empfindlichkeit fehlt heute weitgehend oder wird bei den Sensiblen bis zur Taubheit überstrapaziert. Sie ist Opfer der zeitgenössischen Rationalisierung geworden. Die Untaten sind selbstverständlich geworden und werden mit Gleichgültigkeit quittiert, zumal sie an Zahl derartig zunehmen, daß ein sittliches Engagement an derartig potenzierten Handlungsweisen verzweifelt.

Die Rationalisierung durch die Naturwissenschaften geht einher mit der Rationalisierung durch Ökonomie und Maschinisierung. Maschinen spielen eine zentrale Rolle in der Umstrukturierung zur Rationalisierung des Alltagslebens. Eine Logik, die ihren instrumentalen Sinn in Spezialbereichen hat, expandiert. Handeln mittels und an Maschinen gewährleistet die alltägliche Ausbreitung der rationalen Mentalität zugunsten der anderen beiden Formen des Zivilisierungsprozesses, vor allem der humanisierenden Form mit der ihr eigenen Verantwortung und empfänglichen Vernunft im Verhältnis zur Welt und ihren Erscheinungen, aber auch zu den eigenen Handlungsweisen. Dabei findet die Rationalisierung des Alltagslebens nicht simpel als Entwicklung zu mehr Berechenbarkeit, Eindeutigkeit und Operationalisierbarkeit statt. Das Gegenteil scheint geradezu der Fall. Doch die oftmals diagnostizierte Verwirrung und Unübersehbarkeit der Lebensverhältnisse ist auch ein Ergebnis der Rationalisierung. Der Prozeß der Rationalisierung ist einer der analytischen Zerlegung. Die rationalisierbaren Anteile, die von Maschinen übernommen werden oder an Maschinen als funktionale Bedienung erscheinen, werden als sozial relevante herausgelöst. Diese Anteile werden der individuell zufälligen Gestaltung übergeben, da die soziale Konzentration auf die Maschinisierung gerichtet ist.

So erscheint der Zivilisationsprozeß im Verhältnis zur Maschinisierung in doppelter Form. Zum einen gestalten sich die Menschen um, damit sie fähig sind, die Maschinen zu bedienen, weil sie sich ihrer bedienen wollen. Zum anderen aber fehlt eine verbindliche Orientierung, wie sich Sitten und Handlungsweisen jenseits der Maschinisierung unter den veränderten Bedingungen der Rationalisierung ausformen sollen. Es ist daher eine komplizierte Umgestaltung der verschiedenen Stränge des Zivilisationsprozesses in Gang, die auf Kosten der Ästhetisierung und vor allem der Humanisierung der gesellschaftlichen Verhältnisse geht.

Das, was dabei stattfindet, läßt sich auch als ein »Prozeß der Verzehrung« bezeichnen. Denn die Maschinisierung hat auch stets verzehrt, was durch sie erfaßt wurde. Durch die Erfindung neuer Handlungsweisen sind andere veraltet und archaisiert. Zu Fuß zu gehen, wird als zu mühsam und langsam empfunden. Das Auto wird auch für geringe Entfernungen verwendet. Briefe zu schreiben, erscheint als zeitaufwendig. Das Telefon ist schnell bei der Hand. Die Reihe der Beispiele ließe sich beliebig erweitern. Aus dem industrialisierten Arbeitsprozeß ist bekannt, daß durch Maschinen viele sublime Handwerksweisen beseitigt und ins Museum verwiesen wurden. Eine Maschine übernimmt die rationalisierbaren Teile, die aus zusammenhängenden Prozessen herausgelöst werden und potenziert sie oder produziert aus ihnen etwas Neues. Das vormalig menschliche Maß erscheint als veraltet, unzulänglich, schwach oder luxuriös. Natürlich ist die Maschine de facto nicht das Subjekt; sie wird es nur auf gespenstische Weise, weil Menschen so viel an die Maschinisierung abgeben und sich mit ihr identifizieren. Die anderen nicht-rationalisierbaren Momente werden zu Abfall. Ihre Erhaltung ist individuellen Zufällen überlassen. So entsteht ein doppelter Verzehr. Zum einen werden Fähigkeiten an Maschinen delegiert und damit aufgegeben, derer man sich nun zu potenzierten oder neuen Handlungsweisen bedient. Zum anderen werden die übriggebliebenen Anteile unwichtig und geraten in Vergessenheit. Sie verfallen und erscheinen auch als verzehrt. Die zeitgenössische Umstrukturierung entsteht so aus einem beschleunigten Verzehrprozeß, der der umfassenden Maschinisierung entspricht.

Für die innere wie äußere Vergesellschaftung und die zivilisatorische Gestaltung und Selbstgestaltung erzeugt der beschleunigte soziale Verzehr durch die Maschinisierung eine Fülle neuer Widersprüche und komplizierter Anforderungen an die sozialen Individuen. Eggert Holling und Peter Kempin setzen sich ausdrücklich mit der Umstrukturierung des Zivilisationsprozesses durch Maschinen auseinander und sprechen in Bezug auf die Maschinisierung von den Menschen als »peripheren Individuen« (1989, 157). Sie gehen von der Annahme aus, daß die menschlichen Individuen heute zahlreiche soziale und individuelle Regelungsmechanismen der alltäglichen Lebensgestaltung wie der Selbstgestaltung an die Maschinisierung abgegeben haben. Die Verlagerung von Regelungsmechanismen auf die Maschinisierung ist vor allem aus dem industriellen Arbeitsprozeß bekannt, aber auch aus dem Alltagsleben. Der Straßenverkehr mit Ampelanlagen bietet zahlreiche Beispiele. Er wird weder durch verbale noch – außer in Ausnahmefällen – durch gestische Kommunikation geregelt. Maschinelle Algorithmen treten an ihre Stelle und stabilisieren eine riesige Massenunternehmung, weil sie anerkannt und großenteils befolgt werden. Sie bieten auch eine stabile

Orientierung für das Handeln, das in diesen Fällen zum reaktiven Verhalten wird. Holling/Kempin (1989) gehen nun davon aus, daß mit verbreiteter Maschinisierung den Individuen eine Fülle von eigenen Regelungen abgenommen wird und sie gleichsam für die wesentlichen Dinge des Lebens befreit werden. Dabei konstatieren sie eine Entlastung von bisherigen formalen Kriterien, z.B. eines rituellen Umgangs miteinander. Der Rituale entlastet, können die peripheren Individuen sich nun anderen, inneren Möglichkeiten zuwenden, z.B. die versunkenen Gefühle wiederentdecken, die eigene Lebendigkeit jenseits der maschinenähnlichen sozialen Regelungen wiederfinden; sie können Verinnerlichungsprozesse nachholen, die der maschinellen Veräußerlichung eine Selbstbewahrung entgegensetzen oder sie ergänzen.

Die These, daß Maschinen das Naturverhältnis der Menschen entlasten, weil ihnen damit zahlreiche Hilfsmittel zur Verfügung stehen, wird hier auf die Erfahrung projiziert, daß die Maschinisierung kaum noch das Mensch-Natur-Verhältnis im Visier hat, sondern vielmehr die gesellschaftlichen Verhältnisse zwischen den Menschen maschinisiert werden. In der Tat scheint einiges für die Entlastungsthese zu sprechen. Die Rationalisierung qua Maschinen entlastet von Höflichkeitsregeln. Es gilt rechts vor links an ungeregelten Kreuzungen; es ist eindeutig, wer den Vorrang hat. Die Orientierung an den maschinellen Regelungen überträgt sich auch auf andere Situationen des Alltagslebens. Im Fußgängerverkehr werden die maschinellen Algorithmen z.T. befolgt, ansonsten kann es ungeregelt zugehen. Da der soziale Maßstab auf die Maschinenregelung übergegangen ist, wird die Regelung im Alltag zufällig und der individuellen Entscheidung überlassen. Das kann befreiend wirken.

Allerdings wäre es ein Irrtum, vorschnell zu meinen, der Zivilisationsprozeß liefe im Zusammenhang mit der neuen Form der Maschinisierung nur als Entlastung und Befreiung ab. Vielmehr wird zunehmend deutlich, daß sich mit der von Holling/Kempin (1989) diagnostizierten Freisetzung durch Maschinisierung eine vielfache Belastung durch neue subtile Selbstregelungs- und Selbstgestaltungszwänge für die sozialen Individuen auftut. Sind diese erst einmal der traditionellen Selbstverständlichkeiten entwurzelt, so entfällt auch die Stabilisierung, die durch rituelle Handlungsweisen gegeben ist. Die Regelungen im Umkreis der Maschinen nahmen immer mehr zu, während die lebensweltlichen Regelungen, die im Alltagsleben so wichtig sind, proportional dazu abnehmen. Je mehr Regelungen auf die Maschinisierung übergegangen sind, desto unsicherer und ungeregelter werden die Verhältnisse jenseits der maschinellen Regelung, die beim Übermaß an Maschinen daran angepaßt und auch erfaßt werden, aber noch nicht maschinisiert sind. Die Bedienung der Maschinen ist fraglos klar und bietet Stabilität, die Verhältnisse zwischen den sozialen Individuen und ihr Umgang miteinander hat proportional dazu die Selbstverständlichkeit – das also, was als Automatismen erscheint und so gedeutet wird – verloren. Ein großer Teil der Regelungen ist der ›freien‹ Entscheidung der einzelnen überantwortet, und das in vielen einzelnen, alltäglichen Momenten. Kompensatorische Stabilitätshilfen werden vielfach gesucht, aber sie bieten keine wirkliche Sicherheit.

Daß aus diesen Verhältnissen eine ungeheuerliche Belastung resultiert, ist an den nachwachsenden Generationen, die nur diese Handlungsmaximen kennenlernen, deutlich zu sehen. Vor allem die Kinder und Jugendlichen sind betroffen, die, jenseits der Rationalisierung, ohne sittlichen Maßstab aufwachsen, den ihnen Erwachsene vorleben. Sie sollen ohne die Stabilität einer geregelten familiären Gefühlserziehung und selbstverständlicher sozialer Rituale selbstreguliert in die Gesellschaft hineinfinden, weil die verwirrten und auf sich selbst konzentrierten Erwachsenen ihnen die Orientierung schuldig bleiben. Daß damit die meisten heillos überfordert sind, liegt auf der Hand. Daß bestimmte Labile zur Gewalttätigkeit neigen, ist auch darauf zurückzuführen, daß Aggression zum lebensnotwendigen Affekt der Durchsetzung hochstilisiert worden ist und Freundlichkeit unter Schwäche, wenn nicht gar unter Heuchelei rangiert. Dazu kommt, daß Aggression der anerkannte, der empfohlene Affekt ist, der mit der Rationalisierung durch Maschinen durchaus gefördert wird und nur stört, wenn dadurch die Bedienung der maschinellen Funktionen behindert wird.

Angesichts der Umwälzungen im Geschlechterverhältnis, die mit der Maschinisierung einhergehen, handelt es sich bei den ›Entgleisten‹ zwar zumeist um junge Männer, aber zunehmend verwahrlosen auch junge Frauen, neigen zur Gewalttätigkeit und sind unansprechbar in Bezug auf Wirkungen ihres Tuns. Das kindliche und jugendliche Menschenexperiment – nach dem Muster der von Chargaff benannten Naturwissenschaftler –, wie es denn sein möge, wenn ein anderes Kind gequält, gefoltert, ertränkt, erdrosselt wird, wird schon zu einer auffälligen Verhaltensweise. Das hängt zum einen mit dem sozialen Liebesverlust und dem Aggressionszuwachs zusammen, die beide mit der Maschinisierung einhergehen, zum anderen mit der Neigung, Vorstellungen schnell, ja unmittelbar in Handeln umzusetzen; auch diese Neigung ist dem mächtigen Prinzip der Maschinisierung, der Operationalisierung, geschuldet; denn Maschinisierung ist ein Komplex spezifischer Handlungsweisen. Beides führt auf die Dauer, wenn keine Gegenkräfte entstehen, zur schleichenden Unlebbarkeit der maschinisierten Gesellschaften und erodiert die westliche Zivilisation mit ihren subtilen Affektregulierungen und den vermittelnden Handlungs- und Umgangsritualen, ihre sie begleitenden Erscheinungsformen der Humanisierung und der Ästhetisierung, die ja im Verlauf der Moderne die Koexistenz von Industrialisierung, Maschinisierung und einer sozial lebbaren Gesellschaftsform überhaupt ermöglicht haben.

Da ein verbindlicher sittlicher Maßstab der Humanisierung jenseits der Rationalisierung erodiert ist und ein neuer im Zusammenhang mit Naturwissenschaft und Maschinisierung noch nicht entwickelt wurde, verläuft die Umgestaltung des Zivilisationsprozesses ungeregelt und unübersehbar ab; in etwa aber läßt sich eine dualisierte Weise ausmachen. Diesmal weist die Dualisierung aber nicht wie in früheren Zeiten auf das Geschlechterverhältnis, was überraschend ist, da es in der Regel den Ursprung der Dualisierungen bildet. Das ist zweifellos etwas entscheidend Neues. Denn bisher war den Frauen, vereinfacht gesagt, die humanistische Seite des Zivilisationsprozesses stärker zugewiesen, die maschinenlogische Weise der Rationalität und Rationalisierung war vor allem ein männliches Verhaltensgebot. Das ist mit Vorbehalt formuliert, denn die Hygienisierung des weiblichen Körpers zeigt starke maschinenlogische Züge. Dennoch läßt sich sagen, daß den Frauen in stärkerem Maße die Humanisierung überantwortet war. Wenn sie diese jetzt auch verweigern, wie vordem ein großer Teil der Männer – beileibe nicht alle, aber im sozialen Männlichkeitskonzept der Rationalität spielte die Humanisierung eher eine mindere Rolle –, weil sie nicht mehr den untergeordneten Part übernehmen wollen, so wird sich das zutiefst gestörte Zukunftsverhältnis der maschinisierten Gesellschaft, wie es sich bereits an der hemmungslosen Vernichtung natürlicher Lebensbedingungen deutlich zeigt, destruktiv offenbaren. Zwar wird den Frauen, zumal in Zeiten der Krise, immer noch stärker der Part der Humanisierung abgefordert. Aber das bleibt, abgesehen davon, daß Frauen dabei möglichst weiterhin eine untergeordnete Position innehaben sollen, wirkungslos. Sie sind in den Rationalisierungsprozeß einbezogen und nicht mehr unhinterfragt bereit zu kompensieren, obwohl viele politische Anstrengungen darauf zielen, ihnen das abzufordern und sie weiterhin sozialen Zerreißproben auszusetzen.

Doch so, wie die Ästhetisierung zur puren Selbststilisierung reduziert wurde, ist auch die Humanisierung nicht gänzlich abhanden gekommen, sie erscheint in dualisierter Weise. Da vieles im menschlichen Umgang seiner stabilen Selbstverständlichkeit beraubt ist, sind die Entscheidungen und die Wahl der Verhaltensregulierung jenseits der Maschinenbedienung in die sozialen Individuen – weiblich oder männlich – selbst verlegt. Es geht um die alltägliche Entscheidung für einen heilsamen oder destruktiven Umgang mit Maschinen. Hier findet eine Polarisierung statt zwischen denen, die sich mit der Entwicklung einer hochsensiblen Verantwortungsbereitschaft ständig überfordern, und denen, die gänzlich gleichgültig gegenüber destruktiven Wirkungen sind, wenn sie nicht gesetzlich geahndet werden, oder gar destruktives Handeln mit der Destruktion rechtfertigen, nach dem Motto, wenn alle destruktiv sind, warum sollte ich damit aufhören. Eine deutliche kulturelle Grenze ist also zwischen denen gezogen, die sich nur den Bedienungsprozeß der Maschinen aneignen, und denen, die sich neben der Bedienung auch die vielfältigen Wirkungen verantwortungsvoll aneignen und daher dem jeder maschinellen Umstrukturierung inhärenten Zerfallsprozeß entgegenzusteuern versuchen.

Im Verhältnis zur Maschinisierung scheint mir entscheidend, daß eine Reformulierung der Humanisierung notwendig ist, die der Rationalisierung entgegengesetzt wird und diese in ihre funktionalen Schranken weist, ohne dabei die infantilen Vorstellungen der Anthropozentrik wiederzubeleben. Ob und wie das möglich ist, bleibt die Frage. Es geht darum, daß die Wahl zwischen den beiden Möglichkeiten getroffen werden muß: zwischen der nur bedienenden Verhaltensregelung, in der die Menschen gegenüber dem Geschehen jenseits des funktionalen Umgangs mit Maschinen gleichgültig sind, oder der verantwortlichen Handlungsmaxime, in der die Menschen imaginativ die möglichen Wirkungen des maschinisierten Tuns übernehmen.

Dieser neue Zivilisierungsprozeß verlangt den Beteiligten ein hohes Maß an Bewußtheit und Wissen, gerade auch naturwissenschaftlicher Art, ab, das auch noch als Gewissen verinnerlicht werden muß, gegen die dominierenden Tendenzen, alles zu veräußerlichen, und führt schon deshalb zu neuen sozialen Widersprüchen zwischen unterschiedlichen Gruppierungen. Insgesamt geht es bei der neuen Humanisierung des Zivilisationsprozesses um die Sisyphusarbeit, sich verantwortungsvoll die ungeplanten Wirkungen der Maschinisierung anzueignen. Die Protagonisten dieses humanen Zivilisierungsprozesses sind erst wenige, aber es gibt sie.

Die humanisierende Umgestaltung geht einher mit der Einsicht, daß die Maschinisierung mit ihren unabsehbaren Wirkungen eine bisher verschleppte und nicht akzeptierte Herausforderung für die Menschen darstellt, der sie sich, ohne die Folgen abzusehen, ausgeliefert haben. An dieser Herausforderung sind die Menschen bisher gründlich gescheitert, wenn sie sie überhaupt erkannt und anerkannt haben. Aber das Problem, das bereits für die zeitgenössischen Gesellschaften, aber vor allem für die kommenden Generationen ansteht zu lösen, lautet unerbittlich, daß die Menschen sich und die irdische Lebenskultur in eine unvorstellbare Barbarei von Gewalt und Zerfall hineinmanövrieren, wenn sie keine angemessen schützenden sozialen und politischen Reaktionsformen neuer Humanisierung gegenüber der mittels Maschinisierung selbst verschuldeten Verwahrlosung in Natur und Gesellschaft entwickeln und ihr entgegenwirken. Schaffen die Menschen das nicht, und zwar in ihrer Pluralität, dann drängt sich die Einsicht auf, daß die Maschinisierung einen großen verhängnisvollen Irrtum darstellt, und daß sie der destruktive Modus ist, wie sich eine zweite aus Menschenhand hergestellte Quasi-Natur aus der irdischen Natur nährt, aber auch eine zweite künstliche Gesellschaft aus der ersten menschlichen Gesellschaft, und wie die eine die andere schließlich aufzehrt. Deutlich für die meisten Menschen wird das allerdings erst, falls sie nicht durch Gewöhnung verblendet werden, wenn die jeweilige Grundlage zerbröselt und implodiert. Diese Implosionsprozesse sind weltweit längst im Gange.

Die Wahl lautet deshalb insgesamt: Wird die Rationalisierung durch Maschinen so weitergetrieben, oder gibt es Anzeichen einer Emanzipation von der beschleunigten Maschinisierung, nach der jede Maschine weitere Maschinen nach sich zieht? Gewiß ist diese Beschleunigung den Zwängen der ökonomischen Verfassung geschuldet; sie ist aber auch dem Fortschritt der Maschinisierung inhärent. Doch alle diese ineinander greifenden Zwänge sind Entscheidungen menschlicher Gesellschaften, sie wohnen nicht von selbst den Dingen inne und sind daher auch sozial und politisch umzugestalten.

**Literatur**

Anders, Günther: Die Antiquiertheit des Menschen, Bd. 1: Über die Seele im Zeitalter der zweiten industriellen Revolution, München 1980.
Arendt, Hannah: Wahrheit und Lüge in der Politik, München 1987.
Bammé, Arno/Günter Feuerstein/Renate Genth/Eggert Holling/Renate Kahle/Peter Kempin: Maschinen-Menschen, Mensch-Maschinen. Grundrisse einer sozialen Beziehung, Reinbek b. Hamburg 1983.
Becker-Schmidt, Regina: Technik und Destruktion, in: Jürgen Seifert et al.: Logik der Destruktion, Frankfurt/M. 1992.

Böhme, Gernot: Die Technostrukturen in der Gesellschaft, in: Technik und sozialer Wandel, Verhandlungen des 23. Soziologentages in Hamburg 1986, Frankfurt/M. 1987, 53–65.

Chargaff, Erwin: Mörderische Versuche, die Krankheit zum Tode zu heilen. Über die ethische Kurzsichtigkeit der Naturwissenschaften und ihre Arbeit an der Bestialisierung des Menschen, in: Frankfurter Allgemeine Zeitung, 28.3.1994.

Elias, Norbert: Über den Prozeß der Zivilisation. Soziogenetische und psychogenetische Untersuchungen, Bd. 2: Wandlungen der Gesellschaft. Entwurf zu einer Theorie der Zivilisation, Frankfurt/M. 1978.

Genth, Renate/Josef Hoppe: Telephon! Der Draht, an dem wir hängen, Berlin 1986.

Holling, Eggert/Peter Kempin: Identität, Geist und Maschine. Auf dem Weg zur technologischen Zivilisation, Reinbek b. Hamburg 1989.

Moravec, Hans: Mind Children. Der Wettlauf zwischen menschlicher und künstlicher Intelligenz, Hamburg 1990.

Postman, Neil: Das Verschwinden der Kindheit, Frankfurt/M. 1983.

**Wolfgang Dreßen**

## Destruktion und Erlösung
**Zur Industrialisierung des Menschen im 20. Jahrhundert**

Günther Anders vertrat im zweiten Band seiner Antiquiertheit des Menschen die These, »daß die Tendenz zum Totalitären zum Wesen der Maschine gehöre und ursprünglich dem Bereich der Technik entstamme; daß die jeder Maschine als solche innewohnende Tendenz, die Welt zu überwältigen, die nicht überwältigten Stücke parasitär auszunutzen, mit anderen Maschinen zusammenzuwachsen und mit diesen zusammen als Teile innerhalb einer einzigen Totalmaschine zu funktionieren – daß diese Tendenz die Grundtatsache darstelle; und daß der politische Totalitarismus, wie entsetzlich immer, nur Auswirkung und Variante dieser technologischen Grundtatsache darstelle.« (1980, 439) Zwar wird heute der Sieg über den Totalitarismus gefeiert, aber der Maschinentotalitarismus, von dem Anders schrieb, triumphiert, – inzwischen als gemachte Krise, als Rationalisierung, die extensive und intensive Verelendung produziert.

Ich möchte versuchen, die verschiedenen Etappen auf dem Weg zu dieser Gegenwart zu skizzieren. Zuerst die pädagogische Utopie einer industrialisierten, also verfleißigten Welt, dann Industrialisierung als Vernichtungsprogramm, das auch eine Resignation der Pädagogen bedeutet, ihre Utopie zu verwirklichen, aber auch, daß die Menschen zunehmend technisch überflüssig werden. In diesem Zusammenhang werde ich nach dem Antisemitismus innerhalb dieses Vernichtungsprogramms fragen. Und zum Schluß: Wie ist mit dem immer noch vorhandenen störenden Rest umzugehen auf dem Weg zu einer vollends industrialisierten und deshalb angeblich leidlosen, also glücklichen Welt?

### Die Utopie einer kontingenzlosen Welt

*Industrialisierung als pädagogischer Fleiß*

Die Göttinger Königliche Gesellschaft der Wissenschaften stellte 1765 eine Preisfrage. Sie fragte nach dem »wirksamsten Mittel, die Einwohner eines Landes zum Fleiß, oder zu dem, was man im Französischen Industrie nennt, zu bewegen«. Diese Preisfrage ist eine der frühesten Erwähnungen des Wortes »Industrie« in deutscher Sprache. Der Preisträger, der Ökonom Guden, definierte Industrie als »Fleiß in den Manufakturen« (zit. nach Iven 1929, 56ff). Die Manufakturbesitzer klagten in dieser Zeit über den Mangel an Arbeitskräften, über die Disziplinlosigkeit der Arbeiter. Trotz ihrer Armut hielten diese es keineswegs für selbstverständlich, sich auf Dauer und täglich den Anforderungen der Manufakturarbeit zu unterwerfen. Industrie war vor allem eine pädagogische Aufgabe. Diese Pädagogik orientierte sich an englischen Vorbildern. Hier wurde zuerst das Wort »industry« benutzt, etwa in den Ende des 17. Jahrhunderts von Quäkern gegründeten Colleges of Industry. In diesen englischen Arbeits- und Armenschulen sollten industrialisierte Arbeiter herangezogen werden. In einem pädagogischen Programm solcher Schulen heißt es: »Kinder, die sich durch anständige Arbeit dereinst selbst helfen und anderen nützlich dienen können, die nicht länger wie das wilde und unvernünftige Volk, halb nackt und zerlumpt, auf den Gassen liegen«. Diese Kinder »werden zu besseren Sitten erzogen ... dadurch an ein gewerbefleißiges Leben gewöhnt und zu nützlichen Gliedern des Gemeinwesens« (zit. nach Brödel 1930, 422). Durch diese Schule soll »der Geist der Arbeitsamkeit und der wohlgeordneten Tätigkeiten erzeugt, durch regelmäßige Beschäftigung die Gesundheit gestärkt, die Kräfte des Leibes und der Seele vermehrt, die Gedanken und Begierden geordnet und heitere und fröhliche Menschen gebildet werden« (zit. nach Wienecke 1907, 65). Hier sind bereits alle Metaphern versammelt, die im Industrialisierungsdiskurs zu finden sind: Die Menschen sind Glieder eines übergeordneten körperlich verstandenen Ganzen, Gesundheit wird zur moralischen Kategorie, erst die Ordnung der Begierden ermöglicht das Glück, vor allem: Der Geist zeugt sich selber.

In dieser Industrialierung steckt eine umfassende Ordnungsutopie. Die Überwindung der Kontingenz richtet sich zwar auch gegen bisherige feudale Willkür, aber auch gegen die Willkür der Armen und gegen die Willkür der Begierden. Das heißt, jede Revolte gefährdet das Ordnungsziel und ist möglichst zu vermeiden. Die Industrie wird das Mittel, solche Ordnung durchzusetzen – aber nicht als eine der bisherigen starren, quasi absolutistischen Ordnungen. Der Göttinger Prediger und Pädagoge Heinrich Philipp Sextro hat 1785 in seiner Schrift *Über die Bildung der Jugend zur Industrie* die Dynamik dieser Industrieordnung charakterisiert: »Industrie also sucht hervor, breitet aus, bildet, schafft, regelt, wirkt immer vorwerts – der schaffenden, bildenden, zerstörenden und wieder bildenden Natur nach.« (1968, 86f) Ordnung wird hier dynamisiert, wird verstanden als eine dauernd nach innen und nach außen fortschreitende

Regulierung. Die Utopie braucht sich nicht mehr abzuschließen, wenn es gelingt, sie als allgemeinen Fortschritt durchzusetzen, der zur »zweiten Natur« wird – das Vorbild einer kreativen Natur, aber um jede Kontingenz zu überwinden. Solche Naturordnung kann auf den einen Souverän, sie kann auf Gott verzichten, denn jeder verhält sich nun »natürlich«: Natürliche Gesetzlichkeit tritt an die Stelle des göttlichen Herrschers. Macht liegt im System selbst, in der Normalität, die zur Wirklichkeit wird. Eine solche Tugend der Realität erfordert eine Emanzipation gegen jedes besondere Leben die Integration jeder Besonderheit in die allgemeine, auch reale Industrialisierung. Dazu Sextro: »... wie in den Normalschulen auf solche Arbeits- und Industrieübungen vorzüglich gesehen werden sollte ... wird auch in den Judenschulen die Anordnung getroffen und dadurch vielleicht der Grund zu einer wahren moralpolitischen Verbesserung dieser Nation gelegt ...« (1968, 184).

Aber auch diese pädagogische Utopie stößt an ihre Grenzen, bei denjenigen, die sich solcher Verallgemeinerung widersetzen oder von denen dies angenommen wird. Hier muß auch von den Pädagogen, wenn auch bedauernd, direkte Gewalt eingesetzt werden, um die angestrebte »zweite Natur« zu schaffen. So hofft der preußische Kriegsrat Christian Wilhelm Dohm zwar auf eine »bürgerliche Verbesserung der Juden« besonders durch »starke körperliche Arbeit«, von der sie, wie er schreibt, die bisherige Gesetzgebung entwöhnt hat. Aber Dohm warnt die Juden, die sich dem pädagogischen Programm nicht fügen: »Jeder Betrug und Hintergehung im Handel müßte den Juden als das schändlichste Verbrechen wider den nun sie mit gleicher Güte umfassenden Staat vorgestellt, und mit den härtesten Strafen und vielleicht mit Ausschließung auf Zeit oder immer von der bewilligten Freiheit geahndet werden.« (1781, 117ff) Dohm erkennt die »gleiche Beschaffenheit der menschlichen Natur« an, aber aus solcher Gleichheit folgt bei ihm gerade nicht die Anerkennung des Anderen. Diese Natur wird als pädagogische Kategorie benutzt. Die Gleichheit verlangt das gleiche Verhalten, nur dann wird sie bestätigt. Lessing feiert solche Gleichheit in seinem Stück *Die Juden*. In ihm gibt sich der aufgeklärte und deshalb anerkannte Jude erst im Laufe des Stückes als Jude zu erkennen. Die darauf folgende Ablehnung kann dadurch lächerlich gemacht werden. Welche Trennung aber gerade damit bestätigt wird, zeigt Lessing selber in der Entgegnung auf eine Kritik seines Stückes, in der solche Bildung bei einem Juden bezweifelt wird: »Freilich muß man, dieses zu glauben, die Juden näher kennen, als aus dem lüderlichen Gesindel, welches auf den Jahrmärkten herumschweift.« (1982, 292) Wie von solchem jüdischen »Gesindel« wurde von den sogenannten Zigeunern fast immer angenommen, daß sie nicht erziehbar waren, sie mußten auf Dauer ausgeschlossen, überwacht und interniert werden.

Vor allem wird die »zweite Natur« in uns selbst bedroht. Gerade deshalb müssen wir uns dauernd selbst beobachten und regulieren. Solches Verhalten wird in der Industriepädagogik meßbar und einem lückenlosen Zeitdiktat unterworfen. Benjamin Franklin hat in seiner Autobiographie den Begriff »industry« entsprechend definiert: »Industry: Loose no time; be always employed in something useful; cut off all unnecessary actions.« (zit. nach Iven 1929, 44) Solche moralische Zeitökonomie entspricht der zunehmenden Formalisierung der Arbeit in den Manufakturen und dann in den Fabriken: Auswechselbarkeit, Verkleinerung der Zeiteinheiten, Standardisierung. Störend wirkt jede Spontanität, die sich solchem Diktat entzieht. In solcher Planung geschieht nichts Unvorhergesehenes. Genauer gesagt: Es soll nichts Unvorhergesehenes geschehen. Carl Lachmann, Lehrer an einer Industrieschule in Braunschweig, beschreibt 1802 seine Erfahrungen mit der entsprechenden Pädagogik: »Die Hände der Kinder sind hier beschäftigt, die Körperkraft hat einen Gegenstand, auf den sie wirket, die Zerstreuung ist verhütet, die Langeweile verbannet! Das Heer der Störungen und Unordnungen, welches die unruhigen Hände, die unbeschäftigte Körperkraft, die Zerstreutheit und die Langeweile, in Schulen zu erzeugen pflegen, ist also hier fremd.« (1973, 147) Außerhalb der Institution allerdings wächst die Gefahr, eindringlich warnt Lachmann davor: »Der sich selbst Überlassene kann draußen Unarten begehen! Wenn Mehrere sich verabreden, so können sie zusammentreffen, und vielen Unfug betreiben. Besonders bekommen die Onanisten Zeit und Gelegenheit, sich und Anderen durch ihr unglückliches Laster zu schaden.« (1973, 155) Die »unruhigen Hände« der Onanisten zeigen mangelnde Selbstbeherrschung, eine fehlende Zeit- und Wunschökonomie. Deshalb wird gemahnt: »Wachet sorgfältig über eure Ohren, eure Augen, Hände und alle Glieder ... Hemme die Phantasie augenblicklich, sobald sie ... sich deiner bemeistern will.« (Oest 1977, 103) So steht es in der *Höchstnöthige(n) Belehrung und Warnung für Jüngliche und Knaben*, der in deutscher Sprache wohl verbreitetsten Schrift gegen die Onanie, 1787 zuerst erschienen, folgten bis 1830 sechs weitere Auflagen. Wie etwa gegen Zigeuner allgemein oder gegen uneinsichtige Juden, wie von Dohm angedroht, muß der Pädagoge auch hier zu direktem Zwang greifen, wenn seine Bemühungen mißlingen. Gegen die Onanie half die »Infibulation«, – ein Draht, der in die Vorhaut operiert, sich über die Eichel spannte und eine Erektion verhindern sollte, eine verbreitete Methode, die auch einige Pädagogen gegen sich selbst anwandten (vgl. Dreßen 1982). Der Körper wird direkt unterworfen, wenn Selbstbeherrschung nicht gelingt. Mit direkter Körperdisziplinierung wird in der ersten Hälfte des 19. Jahrhunderts in den verschiedensten Formen experimentiert: von den schulischen Körperstrafen bis zur Einzelhaft in den Strafanstalten, die den Häftling unmittelbar dem Einfluß des Gefängnispädagogen ausliefern sollte. Diese Disziplinierung verweist darauf, daß die Maschinerie einer industrialisierten Welt noch nicht so weit perfektioniert ist, daß in ihr jede Handlung die verlangte Ordnung notwendig bestätigt. Im Gegenteil. Zwar war die traditionelle, bis dahin unkontrollierbare Vagantenbevölkerung vernichtet oder eingeordnet, aber die Industrialisierung selber schuf eine neue gefährliche Bevölkerung, die Pauper in den städtischen Elendsvierteln. 1821 heißt es in einer Schrift über die *Armenpflege*: »Der Müßiggang füllet die Gassen mit Bettlern, die Bordelle mit Lustdirnen und Wollüstlingen, die öffentlichen Plätze mit Spitzbuben, die Landstraßen mit Räubern. Die schwärzesten Entwürfe werden ausgebrütet im Schoße des Müssigganges, und nie hat man sich mehr vor dem Bösewichte zu fürchten, als wenn er unbeschäftigt ist.« (Reche 1821, 116)

1845 wird diese Gefahr noch zugespitzt: »Diese Gebiete der Subhumanität ... sind ... noch zu entdeckendes Land ... wir bekommen nur eine vorübergehende Ahnung davon, wenn wir etwa in den Zeitungen von den Gräueln von Arbeiteraufständen lesen oder wenn in unserer Nähe ein gräßliches Verbrechen begangen worden ist.« (Völter 1845, 4) »Subhumanität«, das ist ein neuer Begriff, der, auf dem Hintergrund der angestrebten regulierenden Gleichheit, diejenigen als unter- und unmenschlich charakterisiert, die sich solcher »zweiten Natur« nicht einordnen. Die Polizei muß den Pädagogen ersetzen. Ebenfalls 1845 ist in einem Polizeilehrbuch zu lesen:»Die Polizei soll gewissermaßen als fliegende Cohorte den Wirrwarr des neuen Lebens durchdringen; überall gegenwärtig und thätig sein; und beachten, hemmen, zurechtlegen, entdecken, was ihr als regelwidrig aufstößt ... die Polizei besetzt gewissermaßen die Gelegenheiten, wo Unordnung oder Gefahr vorzukommen pflegt ...« (Zimmermann 1845, 161, 403).

*Industrialisierung als Vernichtungsprogramm*

1827 warnte der Arzt Carl A. Weinhold vor der, so der Titel seiner Schrift, *Überbevölkerung in Mitteleuropa und deren Folgen auf die Staaten und deren Civilisation.* Gegen den Pauperismus schlägt er ein Fortpflanzungsverbot vor. Treffen soll dieses Verbot alle Bettler, alle außerhalb der Ehe lebenden verarmten Menschen, Arbeitsunfähige, von Gemeindeunterstützung abhängige Kranke (1827, 61). Hier wird nicht mehr der industrialisierte Arbeiter herangebildet, sondern, wie schon vorher im England von Malthus, eine überflüssige Bevölkerung wahrgenommen. Sie bedroht nicht nur die Nahrungsreserven, sondern kann bei Weinhold auch nicht erzogen werden, ist deshalb überflüssig und gefährlich (vgl. Bergmann 1992, 61). Die Pädagogik sieht ihre Grenze in einer angenommenen Erblichkeit. Mit diesem Wechsel der Blickrichtung wird die Destruktivität innerhalb der Utopie einer kontingenzlosen Welt offen anerkannt. Die verschiedenen Menschen selber bedrohen die kontingenzlose Welt, ihre Leben müssen, wenn nötig, verhindert werden. Zeugung und Geburt dürfen nicht Zufällen überlassen bleiben, die sich jeder Kontrolle entziehen.

Die im 19. und beginnenden 20. Jahrhundert wohl einflußreichste Utopie erschien 1888 in Boston, es handelte sich dabei um ein Werk von Edward Bellamy, *Ein Rückblick aus dem Jahr 2000 auf 1887.* Das Buch wurde bereits 1890 für den sozialdemokratischen Dietz-Verlag ins Deutsche übersetzt. Nicht nur die Verbreitung Bellamys, auch die gleichzeitige Darwinrezeption zeigen, daß der aussondernde Diskurs die politischen Lagergrenzen überschreitet. Klara Zetkin wird den Roman 1914 nach Kriegsbeginn neu herausgeben und als »überlegene Neuordnung der Gesellschaft« loben (in: Bellamy 1983, 292). Industrielle Produktivität wird bei Bellamy zum entscheidenden Kriterium richtigen Lebens. Der Aussonderungsdiskurs bleibt hier der Industrialisierung immanent: Wer sich verlangter Produktivität entzieht, wird, so Bellamy, »aus der Welt ausgeschlossen, von seinesgleichen abgeschnitten ...« (1983, 49). »Ein Mensch, der fähig ist, industriellen Dienst zu tun, sich dessen aber hartnäckig weigert, wird zu Isolierhaft bei Wasser und Brot verurteilt, bis er sich willig zeigt.« (1983, 100) Staatlicher Zwang ersetzt die nicht gelungene Erziehung. Dieses angedrohte und vorgeführte Fremdopfer verdeutlicht, was jeder freiwillig gegen sich selbst zu leisten hat. »Das Heer der Arbeit ist ein Heer, nicht allein durch seine vollkommene Organisation, sondern auch durch den Opfermut, der seine Glieder beseelt.« (1983, 76) Solches Opfer entindividualisiert innerhalb eines behaupteten körperlichen Ganzen; der »Wert eines Menschen«, so Bellamy, »für die Gesellschaft bestimmt seinen Rang in derselben.« (1983, 76) Eine konstruierte Produktionseinheit wird zum Wert an sich, deren Ziel allein in ihrer Funktionalität liegt. Die »Forderung des industriellen

Dienstes« (1983, 105) begründet erst das Lebensrecht. Solche Funktionalität ersetzt bisherige Natur, oder genauer, bringt sie erst zu ihrem Ziel eine vollendete Natur zu sein. Mit den Worten Bellamys: »Idee einer Nation in ihrer Großartigkeit und Vollkommenheit ... als einer Familie, einer inneren Einheit, eines gemeinsamen Lebens, eines mächtigen, zum Himmel aufragenden Baumes ...« (1983, 204). Solche Naturidee hat die bisherige Zufälligkeit überwunden, »von der Stufe eines bloßen Instinkts zu einer vernunftgemäßen Hingabe« (1983, 204). Aus dieser Idealisierung folgt wiederum das notwendige Opfer: »Die Eigenschaften, welche die Menschennatur bewundert, werden erhalten, welche ihr abstoßend sind, werden ausgemerzt.« (1983, 215)

Frauen sollen in dieser Utopie darauf achten, nur mit solchen Männern Kinder zu zeugen, die besonders tüchtig sind und dem Ganzen dienen. Die Frauen sind sich »ihrer Verantwortlichkeit als Hüter der kommenden Welt« bewußt. Die Zukunft ist kopfgezeugt. Die vergangene Welt gefährlicher Differenzen, also die Gegenwart Bellamys zu Ausgang des 19. Jahrhunderts, wird in den Kategorien einer zu überwindenden Natur beschrieben: »Aus den Fenstern schielten Dirnen mit dreisten Mienen. Gleich den hungrigen Rudeln verwilderter Hunde, welche die türkischen Städte unsicher machen, erfüllten Scharen halbnackter, vertierter Kinder die Luft mit Schreien und Fluchen, während sie sich zwischen dem die Höfe bedeckenden Unrat balgten und wälzten.« (1983, 261) Ich habe Bellamy so ausführlich zitiert, weil seine Utopie genau die Forderungen enthält, die auch den wissenschaftlichen Aussonderungsdiskursen entsprechen. Wohl auch deshalb wurde sein Werk zur meistgelesensten Utopie.

Die Resignation der Pädagogen wird in einem Aufsatz Karl Bonhoeffers aus dem Jahre 1901 thematisiert. Damals war Bonhoeffer leitender Arzt einer Beobachtungsstation für »geisteskranke Gefangene«, in seinem Aufsatz schreibt er: »Die Betrachtung unserer Individuen zeigt, daß wir eine nicht geringe Anzahl unter ihnen haben, die überhaupt infolge ihres psychischen Zustandes die Anpassungsfähigkeit an den sozialen Organismus verloren haben« (1901, 60). Moralische Instanzen werden hier als Gesundheit einer behaupteten Natur beschrieben und der behauptete soziale Organismus kann durch individuelle Krankheitszuschreibungen legitimiert werden. Dieser Organismus erhält sich allein durch das dauernde Opfer. Bonhoeffer plädiert für das Aussperrung solcher Kranken, »denn sie sind unheilbar unerziehbar« (1901, 61). Die Definition der Irren wurde den Amtsärzten überlassen, die so zu wissenschaftlichen Agenten der Normalisierungsstrategien wurden, wobei die reale Internierung ihnen nie weit genug ging. Der Sozialdemokrat Alfred Grotjahn forderte 1908 die »Asylierung möglichst aller mit vererbbaren Gebrechen Behafteten« (1921, 147). Über die Vererbbarkeit konnten fremde Menschen allgemein in den Kategorien von »gesund« oder »krank« wahrgenommen werden, und über Begriffe wie »Entartung« oder »moralisch-ethischer Schwachsinn« wurden fremde Menschen so weit außerhalb der Normalität gesehen, daß sie gar nicht mehr in den Bereich einer Natur gehörten (vgl. Bergmann 1992).

Fortpflanzung muß rationalisiert werden, damit sie innerhalb der konstruierten »zweiten Natur« ihre unnatürliche Fremdheit verliert. Darum ging es auch – und dies ist nur *ein* Beispiel – auf dem ersten Internationalen Kongreß für Mutterschutz und Sexualreform im Jahre 1911 in Dresden. In einem Referat über *Entwicklungsgedanken und das menschliche Geschlechtsleben* heißt es etwa: »In der fortschreitenden Sozialisierung seiner Interessen wird der Mensch dazu gelangen, auch Opfer zu bringen, um das Höchstmögliche zu erreichen.« (Rosenthal 1912, 139) Und mit Bezug auf die Darwinsche Entwicklungslehre: »Das Prinzip der Zuchtwahl ... gilt auch für das geistige und sittliche Leben. Der Triumph des Tüchtigen bedingt aber überall den Untergang der Untüchtigen.« Deshalb wird auf diesem Kongreß eine »Ordnung der Geschlechtlichkeit«, eine »Regelung des Trieblebens und der Fortpflanzung« gefordert. Dies heißt u.a.: »Verhinderung der Fortpflanzung erblich schwer Belasteter«. Zusammenfassend formulierte Magnus Hirschfeld auf diesem Kongreß: »Unsere Aufgabe ist es, den Geschlechtstrieb dem Staat und der Gesellschaft nutzbar zu machen.« (zit. nach Rosenthal 1912, 23ff)

Das Opfer verwirklicht das allgemeine Glück und überwindet jedes Leiden. Den Zusammenhang von Schuld, zu überwindender Leidenschaft und der ausstehenden Erlösung spricht auf dem Kongreß Helene Stöcker in ihrem Referat an. Sie feiert die »große Entwicklungsgeschichte der Liebe von einem nackten physischen Begehren zu dem wunderbar harmonischen Zusammenschluß«. In der Zukunft gehe es im Geschlechtsleben nicht um »Zügellosigkeit«, sondern Verantwortlichkeit (zit. nach Rosenthal 1912, 81). Verantwortlichkeit wird gegenüber einem körperlich verstandenen Ganzen, also gegenüber einer »zweiten Natur«, gefordert. In Fachzeitschriften wird offen über die Opferkonsequenzen diskutiert – in Aufsätzen mit Titeln wie etwa: *Die Kastration bei gewissen Klassen von Degenerierten als wirksamer socialer Schutz*. Empfohlen werden »Massenoperation« und »Verbrühungsmethoden«. Die »Unproduktiven« sollten zwar nicht einfach »beseitigt« werden, aber: »Nur ein Minimum von Comfort ist ihnen zu gewähren.«

(Naecke 1900, 70ff) Gelobt werden die gesetzlichen Möglichkeiten der Unfruchtbarmachung etwa in den USA; gelobt wird die Praxis in der Schweiz, wobei Opfer und ihre Unnatur aufgezählt werden:»Krüppel, schwachsinnig.«»Moralisch defekt.«»Sozial unmöglich.«»Trinkerin ... stets sexuell exedierend.«»Trinkerin, sehr erotisch.«»Homosexueller.« (Gruber/Rüdin 1911, 88).

Der Aussonderungsdiskurs reicht weit über den Nationalsozialismus hinaus, wenn auch das Jahr 1933 von den meisten Medizinern als die endlich erreichte Möglichkeit gesehen werden wird, ohne weitere Beschränkungen an der Glücksutopie zu arbeiten. Dieser Aussonderungsdiskurs richtet sich gegen den unproduktiven Rest bis in uns selbst, wobei Produktivität innerhalb einer konstruierten »zweiten Natur« definiert wird. Zivilisierung heißt hier Rationalisierung bis zur möglichen Vernichtungskonsequenz. Solche Vernunft basiert auf dem Opfer, auf Ausschaltung und Ausmerzung, um die kontingenzlose »zweite Natur« selbstverständlich werden zu lassen. Im modernen Opfer wird nicht mehr der Natur zurückgegeben, was ihr geraubt wurde, sondern eine konstruierte »zweite Natur« durchgesetzt: Alles, was nicht produziert ist, trägt den Makel der Unnatur. Nichts darf mehr fremd sein, in diesem Anspruch liegt die Destruktivität der Industrialisierung. Deshalb droht das notwendige Opfer grenzenlos zu werden. Es geht um die, wie Hannah Arendt schrieb,»Transformation der menschlichen Natur selbst.« (1986, 701)

**Destruktion als Erlösung: Der antisemitische Traum und die vernichtete Frau**

Solche Transformation soll endlich die Erlösung erzwingen, die bisherige Religionen nur für die Zukunft oder das Jenseits versprochen haben, ein wahr gewordener Idealismus. In ihm wird wirklich, daß der Mensch, wie Hegel forderte,»seine natürliche Besonderheit des Wissens und Wollens abgearbeitet« hat (1978, Bd. 16, 271). Denn, so Hegel:»Die Natur des Menschen ist nicht, wie sie sein soll; die Erkenntnis ist es, die ihm dies aufschließt.« (1978, Bd. 17, 257) Solche Verwirklichung des Guten als des Allgemeinen blieb bei Hegel noch eine Aufgabe der Pädagogik:»Die Pädagogik ist die Kunst, die Menschen sittlich zu machen: sie betrachtet den Menschen als natürlich und zeigt den Weg, ihn wiederzugebären, seine erste Natur zu einer zweiten geistigen umzuwandeln, so daß dieses Geistige in ihm zur Gewohnheit wird.« (1978, Bd. 7, 302) Wiederum zeigt hier die Gebärmetaphorik deutlich, worum es geht: Ersatz natürlicher Kreativität innerhalb einer »zweiten Natur« durch Produktivität der Vernunft. Das realisierte Geistige, die trieblose Produktion ist plan- und berechenbar. Solche Neuschöpfung macht in der Zukunft wahr, was die christliche Theologie an den Beginn setzte: »Im Anfang war das Wort«. Gegenüber solcher verwirklichten Macht des »Wortes« kann eine Welt, in der zufällig gezeugt, geboren und gestorben wird, die »heterogen« (Bataille) ist, nur als Abfall, Sünde, Widerspruch erscheinen. Die Welt des »Wortes« ist dagegen eine Welt geschlossener »zweiter Natur«. In ihr ist Christus endlich wirklich erschienen, der nicht durch Sexualität, sondern durch das Wort gezeugt wurde. Nichts entscheidend Neues soll mehr möglich sein innerhalb der Linearität einer immer dichter geschlossenen produzierten Welt. Solche Industrialisierung fordert und produziert das Ende von Geschichte. Die verschiedenen Menschen werden reduziert auf die Gleichheit derjenigen, die der behaupteten neuen Naturnotwendigkeit gehorchen. Alle anderen Menschen werden im wörtlichen Sinne unwirklich.

*Opfergeheimnisse*

Ich möchte nun nach dem Antisemitismus innerhalb dieser Weltproduktion fragen. Zunächst scheint hier ein Widerspruch vorzuliegen. Denn die zitierte »bürgerliche Verbesserung« haben die Juden ja inzwischen geleistet. Sie sind nicht mehr fremd, sondern real gleich. Aber Krisen innerhalb der produzierten Welt wurden und werden mit Antisemitismus beantwortet. Denn die Juden seien dafür verantwortlich, so der Vorwurf, daß Leiden trotz aller Selbstopfer noch immer nicht überwunden ist. Der Antisemitismus vieler Wissenschaftler, die nach 1933 endlich ihren Aussonderungsdiskurs umfassend verwirklichen konnten, wirkt auf den ersten Blick erstaunlich. Aber wenn sie nicht selber Juden waren oder politisch links standen, gaben sich fast alle zumindest nach 1933 als Antisemiten zu erkennen. Der Vorwurf eines bloßen Opportunismus greift hier zu kurz. Denn dieser Antisemitismus liegt tiefer – in der Struktur einer biologistischen Normalisierungswissenschaft. Prinzipiell wird in ihr das Ganze höher bewertet als jeder einzelne. Dieses Ganze wird in Körpermetaphern beschrieben. Eine solche Qualifizierung sollte eine Utopie ermöglichen, in der mit Krankheit, mit jedem Leiden auch jede Kontingenz überwunden wäre. Und eine solche Utopie basiert auf Opfer. Denn die Erlösung verlangt von jedem einzelnen Verzicht.

## Destruktion und Erlösung

Diese Erlösung legitimiert direkte Gewalt gegen jeden, der zu solchem Verzicht nicht bereit oder fähig ist. Die Legitimation von Gewalt besitzt zwei Seiten: eine funktionale Seite, die behauptete funktionale Vorrangigkeit des Ganzen, und eine substanzhafte Seite: Das eigene Ganze ist mehr wert als das andere Ganze. Auch diese zur Wissenschaft säkularisierte Heilslehre benötigt eine Letztbegründung, eine nicht hinterfragbare Antwort. Denn von den Leistungsbereiten, den Angepaßten, den gegenüber dem Ganzen Verantwortungsvollen wird ein Selbstopfer gefordert, – und dieses Opfer bedeutet auch Leiden, besonders dann, wenn dieses Opfer nicht mit der Wirklichkeit einer leidlosen Welt belohnt wird. Helfen kann hier die Identifikation bis zur geglückten Selbstaufgabe mit dem eigenen höherwertigen Ganzen, mit der Nation, dem Vaterland, der Rasse. Dann aber formiert sich ein Verdacht: Welche geheimen, geradezu teuflischen Mächte verhindern die Erlösung durch das alltägliche Opfer? Aus der grundsätzlichen Höherwertigkeit des Ganzen gegenüber dem einzelnen ergibt sich, daß auch hier ein geheimes Ganzes sein Werk treiben muß. Diese geheime Macht, die von dem leistungsbereiten, modernisierten Ganzen auch noch profitiert, dieser säkularisierte Teufel, der die Erlösung verhindert, das kann nur, wie es hieß, »der Jude« sein, – gerade nach der Judenemanzipation. Denn »der« Jude profitierte in seiner neuen gesellschaftlichen Stellung und zugleich steht er doch außerhalb des säkularisierten Zusammenhangs von Opfer und Erlösung. Anders als im Christentum und anders als von der Wissenschaft gefordert, wird in seiner Tradition das Opfer gerade abgelehnt, weil er, wie Abraham gezeigt hat, zum Sohnesopfer bereit war und durch diese Verinnerlichung das reale Menschenopfer überwunden hat. Eine Überwindung des Opfers, diese Utopie einer endgültigen Überwindung des Leidens, wird aber bisher doch immer durch die Fremden, die »Entarteten« und durch das Chaos, das Fremde in uns selbst verhindert. Deshalb bleibt das reale Opfer immer noch notwendig. Wenn »der« Jude sogar in der Vergangenheit das reale Opfer für sich selbst bereits abgelehnt hat, aber trotzdem erfolgreich ist, dann muß sich hinter einem solchen Rätsel ein geheim gehaltenes Opfer verbergen. Dann werden wir geopfert, damit »der« Jude zugleich erfolgreich ist und nichts aufgeben muß. Solcher Opferverdacht wurde nicht nur in den Ritualmordvorwürfen um die Jahrhundertwende geäußert. Daß »der« Jude unsere Kinder opfert, unsere Zukunft, daß wir deshalb nicht erlöst sind, trotz aller Anpassung und Leistungsbereitschaft, dieser Verdacht wurde immer wieder vorgetragen. Besonders dann, wenn die Wirklichkeit der Utopie einer leidlosen Welt zu offensichtlich widersprach. So, wenn

Werner Sombart die Juden für den Kapitalismus verantwortlich machte oder wenn die Kälte der Modernisierung allein auf den jüdischen Monotheismus zurückgeführt wurde oder wenn Carl Schmitt die Juden verdächtigte, staatliche Macht zu zersetzen, in seiner Sprache, den Leviathan zu erlegen und auszuweiden. Im übertragenen Sinne wiederholte Carl Schmitt den Ritualmordvorwurf: »Die Juden aber stehen daneben und sehen zu, wie die Völker der Erde sich gegenseitig töten; für sie ist dieses gegenseitige ›Schächten und Schlachten‹ gesetzmäßig und ›koscher‹. Daher essen sie das Fleisch der getöteten Völker und leben davon.« (1938, 18)

Wenn der Jude im Gegenzug geopfert wird, dann folgerichtig unter dem Motto, dem wir uns selbst gebeugt haben: «Arbeit macht frei». Das letzte und wichtigste Opfer auf dem Weg zur Erlösung bleibt »der« Jude. An dieser Stelle liegen die Verbindungslinien zwischen der Moderne, ihrer Wissenschaftsutopie und dem Antisemitismus; keine notwendige, aber mögliche und in Krisen dieser Modernisierung nahe liegende und im Nationalsozialismus realisierte Verbindung.

*Der immer noch störende Rest*

Ich komme jetzt zur aktuellen Diskussion, zum immer noch störenden Rest. Den Grund der fortwirkenden rationalen Utopie zeigt der Mythos der Athene. Ihre Bilder wurden besonders im 19. Jahrhundert populär und schmücken bis heute die Opferstätten staatstragender und wissenschaftlicher Institutionen – bis hin zum Kopf der Pallas Athene über dem Eingang des Forschungsinstituts in Berlin-Dahlem, an das Josef Mengele seine Leichenpräparate aus Auschwitz schickte. Athene errichtet ihre Herrschaft, die Herrschaft einer Kopfgeburt, auf dem Tod der Medusa. Das Schöpferische wird von der ›materia‹ in den Geist verschoben. Athene entspringt dem Kopf des Zeus in voller Rüstung, die Geburt des gepanzerten Subjekts. Das Maternelle, das klaffende Maul der Medusa, die Spalte, das Chaos schreckt nur noch ab: das tödliche Fremde, das geopfert werden muß. Sigmund Freud hat auf diesen Zusammenhang hingewiesen: »Anders ... in den Urzeiten des menschlichen Geschlechts ... , (wo) die Genitalien ursprünglich göttliche Verehrung genossen und die Göttlichkeit ihrer Funktionen auf alle neu erlernten Tätigkeiten der Menschen übertrugen, ... geschah es im Laufe der Kulturentwicklung, daß soviel Göttliches und Heiliges aus der Geschlechtlichkeit extrahiert war, bis der erschöpfte Rest der Verachtung verfiel.« (1960, 166)

Diese Verachtung wird in der Gegenwart zugespitzt. Der »erschöpfte Rest«, von dem Freud schreibt, wird endlich technisch, industriell, wissenschaftlich überflüssig gemacht. Für die Reproduktion, so die Hoffnung der Humangenetiker, wird er verzichtbar. Und solche »zweite Natur« kann und muß auf immer mehr Menschen verzichten, die in ihrer ungemachten Unvollkommenheit den rationalisierten Ablauf nur stören. Das heißt heute: Es geht nicht mehr um eine Pädagogik gegen die Unproduktiven, auch nicht mehr um den Rückgriff auf eine befriedete industrielle Reservearmee, sondern um eine Ökonomie, deren Rationalisierung immer mehr überflüssige Menschen produziert. Peter Singer begründet seine gewaltbereite Ethik auch mit ökonomischen Kriterien. Franco Rest hat diese Ethik in seinem Buch über *Das kontrollierte Töten* kritisiert: »Die Tötung des Fremden ... wird zu einem Lösungsmittel der sozialen Frage: Kann und darf ich mich anderen Menschen zumuten? Ist der Fremde, Behinderte, Pflegebedürftige einer funktionstüchtigen Gesellschaft zumutbar? Die ›Tötung‹ könnte so wieder zum Ordnungsmittel im Zusammenleben gesellschaftlicher Gruppen werden.« (1992, 60)

Solche Wissenschaft versteht sich, so affirmativ in einer Schrift über die *Zukunftschance Gentechnologie*, als »Triumph des Menschen über das Schicksal« (Hütten 1992, 39). Und dieses Schicksal – hier liegt der Kern der Rationalisierung – wird als Geschlechtlichkeit interpretiert und die Erlösung als Aufopferung beider Geschlechter. Arnold Gehlens Schlußsatz aus seiner *Seele im technischen Zeitalter* wird nach den bisherigen unvollkommenen Versuchen endlich wahr. »Eine Persönlichkeit: das ist eine Institution in *einem* Fall.« (1963a, 118) Endlich gelingt, wie es Gehlen verheißt, »die Geburt der Freiheit aus der Entfremdung« (1963b, 232ff). Jede andere Geburt wird wegrationalisiert. Solche Entfremdung wäre heute in einem doppelten Sinne zu verstehen. Wir werden uns selber fremd und wir sind entfremdet: Nichts Fremdes wäre in der vollendeten »zweiten Natur« zu entdecken, weil es real nicht mehr existiert oder weil wir es nur noch als »zweite Natur« wahrnehmen können. Der »erschöpfte Rest der Geschlechtlichkeit« würde innerhalb der »zweiten Natur« vollends frei werden. Die Menschen wären endlich von sich selbst entlastet. »Wo es also keine sogenannten Triebe mehr gibt, dort ist das Triebleben zu der natürlichen Ordnung gekommen.« (Gehlen 1962, 61) In solcher Freiheit wären die bisherigen inneren und äußeren Überwachungsinstitutionen überflüssig. Ein »Zurück zur Natur« würde endlich möglich, weil die konstruierte Natur nichts Fremdes mehr übrig läßt.

Die Diskussionen gehen darum, wie mit denen umzugehen sei, die nicht auf der konstruktiven Höhe der Zeit stehen. Denn sie sind in ihrer Unvollkommenheit nicht einmal mehr als Konsumenten zu gebrauchen. Das Buch über die *Zukunftschance Gentechnologie* von Susanne Hütten, in der die erlöste Welt gefeiert wird, schließt mit den Sätzen: »Bislang hat sich der Technisierungsprozeß auf Umwegen vollzogen: Die Umwelt wurde qua Technik menschengerecht umgestaltet; die naturbedingten Mängel des Menschen wurden kompensiert. Mit der gentechnologischen Anwendung am Menschen wird dieser ungeheure Aufwand überflüssig: der Mensch kann nun seine biologische Konstitution und darüber hinaus ... auch die durch Kultur ihm versehentlich aufgebürdeten Lasten im Selbstgang überarbeiten.« Denn »das Problem scheint nur noch zu sein, auch den Menschen so umzubauen, daß er es mit seinen eigenen Erfindungen aufnehmen kann« (1992, 102).

Carl Schmitt hat dies in seinem Tagebuch prägnanter und zynischer formuliert: »Mit jedem neugeborenen Kind wird eine neue Welt geboren. Um Gottes Willen, dann ist ja jedes neugeborene Kind ein Aggressor! Ist es auch, und darum haben die Herodesse recht und organisieren den Frieden.« (1991, 320)

Widerstand gegen eine solche »zweite Natur« der vollendeten Industrialisierung, das heißt des allgemeinen Opfers, kann auf keinen archimedischen Punkt und auf keine Politik mehr vertrauen. Widerstand kann nur noch, so die Sprache der »zweiten Natur«, unberechenbar sein und unrealistisch.

**Literatur**

Anders, Günther: Die Antiquiertheit des Menschen, Bd. 2: Über die Zerstörung des Lebens im Zeitalter der dritten industriellen Revolution, München 1980.
Arendt, Hannah: Elemente und Ursprünge totaler Herrschaft, München 1986.
Bellamy, Edward: Ein Rückblick aus dem Jahre 2000 auf 1887, Stuttgart 1983.
Bergmann, Anna: Die verhütete Sexualität, Hamburg 1992.
Bonhoeffer, Karl: Ein Beitrag zur Kenntnis des großstädtischen Bettel- und Vagabondentums, in: Zeitschrift für die gesamte Strafrechtswissenschaft, 21/1901.
Brödel, Hermann: Die Industrieschulen in England um 1730, in: Die deutsche Berufsschule, 39. Jg., 1930.
Dohm, Christian Wilhelm: Ueber die buergerliche Verbesserung der Juden, Berlin – Stettin 1781.
Dreßen, Wolfgang: Die pädagogische Maschine, Berlin 1982.
Freud, Sigmund: Eine Kindheitserinnerung des Leonardo da Vinci, in: Ders.: Gesammelte Werke, Bd. VIII, Frankfurt/M. 1960.

Gehlen, Arnold: Der Mensch, Frankfurt/M. 1962.
Ders.: Die Seele im technischen Zeitalter, Reinbek b. Hamburg 1963a.
Ders.: Über die Geburt der Freiheit aus der Entfremdung, in: Ders.: Studien zur Anthropologie und Soziologie, Neuwied–Berlin 1963b.
Grotjahn, Alfred: Krankenhauswesen und Heilstättenbewegung im Lichte der sozialen Hygiene (1908), in: Ders.: Geburts-Rückgang und Geburtenregelung, Berlin 1921.
Gruber, Max von/Ernst Rüdin (Hg.): Fortpflanzung, Vererbung, Rassenhygiene. Katalog der Gruppe Rassenhygiene der internationalen Hygiene Ausstellung 1911 in Dresden, München 1911.
Hegel, Georg Wilhelm Friedrich: Vorlesungen über die Philosophie der Religion, in: Ders.: Werke, Bd. 16, 17, Frankfurt/M. 1978.
Ders.: Grundlinien der Philosophie des Rechts, in: Ders.: Werke, Bd. 7, Frankfurt/M. 1978.
Hütten, Susanne: Zukunftschance Gentechnologie, Hamburg 1992.
Iven, Kurt: Die Industrie-Pädagogik des 18. Jahrhunderts, Berlin 1929.
Lachmann, Carl Ludolf Friedrich: Das Industrieschulwesen, Glashütten i.T. 1973 (zuerst 1802).
Lessing, Gotthold Ephraim: Über das Lustspiel »Die Juden«, in: Ders.: Werke, Bd. III, München 1982.
Naecke, Paul: Die Kastration bei gewissen Klassen von Degenerierten als wirksamer socialer Schutz, in: Archiv für Kriminal-Anthropologie und Kriminalistik, 3/1900.
Oest, Johann Friedrich: Höchstnöthige Belehrung und Warnung für Jünglinge und Knaben, die schon zu einigem Nachdenken gewohnt sind, München 1977 (zuerst 1787).
Reche, J.W.: Evergesia oder Staat und Kirche in bezug auf die Armenpflege, Essen 1821.
Rest, Franco, Das kontrollierte Töten, Gütersloh 1992.
Rosenthal, M. (Hg.): Mutterschutz und Sexualreform, Referate und Leitsätze des I. Internationalen Kongresses für Mutterschutz und Sexualreform in Dresden 28.–30. September 1911, Breslau 1912.
Schmitt, Carl: Glossarium. Der Leviathan, Hamburg 1938.
Ders.: Aufzeichnungen der Jahre 1947–1951, Berlin 1991.
Sextro, Heinrich Philipp: Ueber die Bildung der Jugend zur Industrie, Frankfurt/M. 1968 (zuerst 1785).
Völter, Ludwig: Geschichte und Statistik der Rettungs-Anstalten für verwahrloste Kinder, Stuttgart 1845.
Weinhold, Carl August: Von der Überbevölkerung in Mitteleuropa und deren Folgen auf die Staaten und deren Civilisation, Halle 1827.
Wienecke, Friedrich: Das preußische Garnisonsschulwesen, Berlin 1907.
Zimmermann, Gustav: Die Deutsche Polizei im 19. Jahrhundert, Bd. 1, Hannover 1845.

**Gernot Böhme**

**Natur als Humanum**

Eine Revision

**Das Umweltproblem und die Gefährdung der menschlichen Natur**

Das Umweltproblem hat einen breiten Diskurs zum Thema Natur verursacht. Dabei geht es nicht nur um den konkreten Naturzustand, sondern auch um das Mensch-Natur-Verhältnis, um die Geschichte des Naturbegriffs, um Fragen ethischer und rechtlicher Beziehungen zur Natur. In diesem Diskurs versteht man unter Natur in der Regel die äußere Natur, die natürliche Mitwelt, die Natur, die der Mensch nicht selbst ist. Demgegenüber habe ich vielfach versucht geltend zu machen, daß der Dreh- und Angelpunkt des Umweltproblems gerade in der Abwendung vom Menschen besteht, im Verdrängen der Tatsache, daß der Mensch zur Natur gehört bzw. selbst Natur ist (Böhme 1992). Die zerstörerische, ausbeuterische, instrumentalisierende Haltung zur Natur manifestiert sich auch im Verhältnis des Menschen zu seiner eigenen Natur, zum Leib als der Natur, die wir selbst sind. Daß diese Natur wie die Umwelt gefährdet ist, zeigt sich nicht nur darin, daß der menschliche Leib durch die Umweltzerstörung in Mitleidenschaft gezogen wird, durch die progressive Vergiftung, durch umweltbedingte Krankheiten und die Einschränkung der Lebensmöglichkeiten überhaupt, sondern auch im umgekehrten Verhältnis: Tatsächlich ist die progressive Zerstörung der äußeren Natur erst wirklich auffällig und zu einem nicht verdrängbaren Problem geworden, weil der Mensch die Folgen am eigenen Leibe zu spüren bekommen hat. Das Besinnen auf die eigene Natürlichkeit, mehr noch, ihre Rehabilitation im menschlichen Selbstverständnis ist damit zu einer unumgänglichen Aufgabe geworden. Das würde schon ausreichen, um eine Revision der Rolle von Natur im menschlichen Selbstverständnis zu motivieren. Was mich aber besonders dazu veranlaßt, ist, daß durch die Möglichkeit der technischen Manipulation der Bestand der Natur im Menschen, d.h. das, was an ihm als natürlich akzeptiert wurde bzw. werden mußte, im Schwinden ist, und daß andererseits die Erosion des klassischen Naturbegriffs auch ›Natur‹ als einen Topos im menschlichen Selbstverständnis erfaßt.

Angesichts dieser Situation kann es zunächst nur darum gehen, sich historisch vor Augen zu führen, welche Bedeutung Natur für das Selbstverständnis des Menschen hatte. Erst auf dieser Basis wird es möglich sein, für die Gegenwart ein menschliches Selbstverständnis zu entwikkeln, in dem sich der Mensch angesichts des »Kontingentwerdens der menschlichen Natur« (van den Daele 1985) stabilisieren kann und gegebenenfalls das notwendige Widerstandspotential entfalten kann.

Für das Folgende ist also zu beachten, daß hier nach Natur in einer ganz bestimmten Hinsicht gefragt wird, d.h. weder nach der Natur im ganzen oder der Natur da draußen, noch aber nach Natur im Sinne von Wesen, nach dem jedes Ding ›seine Natur‹ hat. Es wird danach gefragt, welche Rolle der Naturbegriff im menschlichen Selbstverständnis hatte, nach der Natur als Humanum, also als Bestandstück dessen, was den Menschen ausmacht, nach Natur als Bezugspunkt seiner Selbstverortung, kurz als Topos innerhalb der menschlichen Selbstauslegung.

Die Darstellung versteht sich dabei als ein Stück historischer Anthropologie in der Fragestellung nach dem, was im historischen Wandel der Mensch ist, bzw. was zum wesentlichen Bestand des Menschseins gehört. Die Darstellung kann dabei aber nicht chronologisch sein, gerade weil sich die Entwicklung des menschlichen Selbstverständnisses nicht in eine lineare Abfolge oder gar eine Entwicklungslogik bringen läßt. Sie muß deshalb eher paradigmatisch verfahren, d.h. historisch ausgetretene Grundkonstellationen, in denen Natur ein wichtiger Topos ist, darstellen und miteinander in Beziehung setzen.

**Ein Anfang mit Antiphon, dem Sophisten: Natur und Nicht-Natur**

Es mag merkwürdig erscheinen, an den Anfang einer Liste von historischen Konstellationen, in denen sich der Mensch selbst im Verhältnis zur Natur verstand, einen Sophisten des 5. Jahrhunderts v. Chr. zu setzen, von dem kaum etwas überliefert ist. Von Antiphon sind jedoch zwei Sentenzen bekannt, in denen sich einerseits das Denken der Sophistik über Mensch und Natur kristallisierte und die andererseits für die weitere Auslegung dieses Verhältnisses außerordentlich folgenreich waren. Beide setzen einen Unterschied von Natur und Nicht-Natur, indem in dem einen Satz Natur gegen Technik und in dem anderen Natur gegen Satzung (Konvention) abgegrenzt wird. Damit geht die Epoche der frühen Naturphilosophie zu Ende, die Epoche von Anaximander bis Empedokles, für die Natur als Physis immer das Ganze bezeichnete.

Die erste Sentenz des Antiphon findet sich in Aristoteles' *Physik* (B1, 193a, 9). Aristoteles unterscheidet hier das von Natur aus Seiende und das durch Technik Seiende: Das von Natur aus Seiende hat das Prinzip seiner Bewegung in sich, nämlich das Prinzip seiner Entstehung, Regeneration und Reproduktion, während das technisch Seiende dafür auf den Menschen angewiesen ist. Dieser Unterschied wird mit einem Beispiel von Antiphon erläutert: »Wenn man eine Bettstelle vergraben würde und die Fäulnis im Holze Leben gewönne, so würde daraus keine Bettstelle, sondern nur Holz.« (Diels/Kranz, 87 B15)

Die zweite Sentenz entstammt einem längeren Papyrusfragment. Sie lautet: »Es wird also ein Mensch für sich am meisten Nutzen bei der Anwendung der Gerechtigkeit haben, wenn er vor Zeugen die Gesetze hoch hält, allein und ohne Zeugen dagegen die *Gebote* der Natur; denn die der Gesetze sind willkürlich, die der Natur dagegen notwendig; und die der Gesetze sind vereinbart, nicht gewachsen, die der Natur dagegen gewachsen, nicht vereinbart.« (Diels/Kranz, 87 B44)

In beiden Sentenzen wird jeweils der Natur ein anderer Bereich entgegengesetzt: Technik, also Kunst und Handwerk, und Satzung, also menschliche Konvention von der Sprache bis zu den Gesetzen der gesellschaftlichen und politischen Ordnung. Die Konstellation, die damit geschaffen ist, wurde für einige der bedeutendsten Ausprägungen des Selbstverständnisses des europäischen Menschen maßgeblich. Um so wichtiger ist es, sich sogleich klar zu machen, daß diese Konstellation dem Menschen durchaus nicht eindeutig einen Platz zuweist, im Gegenteil seine Verortung in verschiedener Weise zuläßt. Deutlich ist zunächst, daß die Trennung von Natur und Kultur offenbar am Menschen vorgenommen wird. Damit ergibt sich als erste Möglichkeit, ihn an der Grenze von Natur und Kultur anzusiedeln. Das kann verstanden werden, indem man dem Menschen selbst ein doppeltes Wesen zuschreibt: Er ist teils Natur, teils Kultur, oder er ist gar zwei Menschen. Diese Konstellation findet sich etwa schon bei Aristoteles, indem er dem Menschen zu seinen natürlichen Seelen, die für Wahrnehmung, Ernährung, Reproduktion zuständig sind, also die Materie zum Organismus organisieren, noch eine unsterbliche Geistseele zuordnet. Diese Konstellation findet sich auch im Christentum, wenn in Analogie zu den zwei Naturen Christi, der irdischen und der himmlischen, auch von einem zweifachen Menschen, einem alten und einem neuen Adam gesprochen wird. Sie findet sich ebenso bei Descartes in der Rede von der *res extensa* und *res cogitans*, die zusammen den ganzen Menschen ausmachen, oder bei Kant in der Rede vom Menschen als Naturwesen und dem Menschen als intelligibles Wesen. Die Zweiheit kann aber auch als gefügte Einheit verstanden werden, wie in der großen Tradition der Definition des Menschen als *animal rationale.* Schließlich kann der Mensch sich selbst als Grenzlinie der beiden Reiche von Natur und Kultur oder Natur und Geist verstehen, als Horizont, wie es bei Thomas von Aquin[1] heißt. Die Möglichkeiten der Konstellation sind damit aber noch nicht erschöpft. Es ist nämlich durchaus möglich, den Menschen ganz auf die Seite der Natur zu ziehen und die Kultur als sein natürliches Produkt anzusehen: Kultur auszubilden ist die menschliche Natur, so wie es zur Schnecke gehört, ein Schneckenhaus zu bilden. Man kann also den Menschen einseitig auf die Naturseite ziehen, wie im Naturalismus, oder sein Eigentliches gerade in der Loslösung und Verabschiedung von der Natur erkennen: Damit wäre der Mensch Schöpfer seiner selbst, ein Kulturprodukt.

Die geschichtliche Innovation des Antiphon besteht aber nicht nur in der Schaffung der Konstellation von Natur und Kultur, sondern darüber hinaus darin, beide in ein normatives Verhältnis zu setzen. Die Konstellationen, die dabei möglich sind, erwiesen sich in der Geschichte als vielfältig. Bei Antiphon selbst dominiert noch ziemlich eindeutig der Vorrang der Natur. Die menschliche Ordnung wird kritisiert, weil sie gegen die Natur ist. »Das Zuträgliche ist, soweit es durch die Gesetze freigesetzt ist, Fessel der Natur, soweit dagegen durch die Natur, frei.« (Diels/Kranz, 87 B44) Auf dieser Linie liegt dann die These, daß die menschlichen Gesetze nur gemacht seien, um die Schwachen zu schützen und das Starke zu domestizieren. Von Platons *Kallikles* bis zu Nietzsches *Genealogie der Moral* läßt sich die Linie dieser Interpretation verfolgen. Umgekehrt ist aber die Kritik menschlicher Satzung durch die Berufung auf Natur auch zu einem Ursprung universalistischen Denkens in Moral und Recht geworden. Gegen die Unterschiede der Herkunft und die Abwertung des Fremden aus ethnozentrischer Perspektive steht Antiphons Satz: »Von Natur sind wir alle in allen Beziehungen gleich geschaffen, Barbaren wie Hellenen.« (Diels/Kranz, 87 B44) Hier sind sowohl die Ursprünge des späteren Naturrechtsdenkens wie auch die Idee der einen Menschheit, insoweit sie sich auf die Naturausstattung gründet, zu suchen. Noch einmal Antiphon: »Atmen wir doch alle insgesamt durch Mund und Nase in die Luft aus ...«

Der Gedanke eines Vorrangs der Natur vor der Kultur sollte später in der Nachahmungsthese (Auerbach 1988, Gebauer/Wulf 1992) ausgearbeitet werden: Kunst wie Technik ahmen die Natur nach und finden ihre Vollendung darin, so zu sein wie Natur. Das gilt für die Theorie der Kunst nach Kant in seiner *Kritik der Urteilskraft* und für die Theorie der Technik von Ernst Kapp Ende des 19. Jahrhunderts. Freilich lag in der Konstellation von Natur versus Kultur auch der Keim zu einer anderen Lesart:

Gegenüber einer unvollständigen und zufälligen Natur konnte die Kultur als deren Vollendung gedacht werden, als Eroberung eines Raumes von Möglichkeiten, in dem die faktische Natur nur ein Aspekt war –, und schließlich als die gänzliche Loslösung und das Übertreffen der Natur. Historisch gesehen kann man sagen, daß dieses Naturverständnis das erwachende Selbstbewußtsein des prometheischen Menschen spiegelt, das Bewußtsein, daß er in Kunst, Handwerk und gesellschaftlicher Ordnung seine eigene Welt schafft. Der Naturbegriff, der diesem Selbstbewußtsein entspricht, trägt noch deutlich die Reminiszenz an eine Natur, die ursprünglich das Ganze war, und deren Ordnung als Dike den Menschen mitumfaßte. Aber sie wird nun zum unbestimmten Hintergrund, von dem sich der Mensch abstößt. Soweit sie dann explizit gedacht wird, geschieht das in Analogie zum Werk und Ordnung schaffenden Menschen, als *arché* (Herrschaftsordnung), als Prinzip der Bewegung und schließlich dann auch als *techné*, Technik der Natur.

**Der kosmische Mensch**

Das vorsokratische Erbe bestimmt auch eine andere bleibende Figur menschlichen Selbstverständnisses: Der Mensch gehört zum Ganzen der Natur, und er ist selbst Natur. Diese Auffassung kann auch als Entsprechung verstanden werden: Wie das Ganze der Natur ist, so auch der Mensch, und wie der Mensch, so ist auch die Natur im Ganzen. Sie gewinnt Kontur, je mehr das Ganze als ein geordnetes Ganzes, d.h. als Kosmos begriffen wird. Es handelt sich dann nicht bloß darum, daß der Mensch aus demselben zusammengesetzt ist wie das Ganze, sondern daß er auch dieselbe Struktur, Gliederung, dieselben Bewegungsformen hat. Diese Mikrokosmos-Makrokosmos-These ist stets von zwei Seiten lesbar: Der Mensch kann als ein Kosmos im kleinen verstanden werden, der in sich die Ordnungsstrukturen der Natur im ganzen wiederholt. Oder aber das Ganze der Natur kann vom Menschen her verstanden werden als ein großer Mensch: Makanthropos. Das Entsprechungsverhältnis von Mensch und Natur qua Kosmos hat weitreichende ethische, medizinische, aber auch mystische Konsequenzen, wie sie aus der kosmischen Anthropologie Platons und dann aus der astrologischen des Paracelsus hervorgehen.

Für Platon ist der Kosmos, d.h. die sichtbare Natur im ganzen ein großes Lebewesen. Als solches ist er beseelt. Alle drei Grundbestimmungen von Natur, das Kosmische, Leben und Seele, hängen aufs engste zusammen. Denn Kosmos ist die Natur im ganzen als schöne Ordnung, und diese besteht primär in der rhythmischen Selbstbewegung, die sich in den Planeten manifestiert. Die Seele des Ganzen ist unsterblich im Sinne ewiger Bewegung. Die Lebewesen im Kosmos, einschließlich des Menschen, haben sterbliche Seelen, d.h. ebenfalls Selbstbewegung, die aber nur zu einer unvollständigen und vorübergehenden Ordnung in dem jeweils ihnen zugeordneten Körper führt. Außer der sterblichen Seele hat der Mensch aber auch eine unsterbliche, häufig auch mit Vernunft oder Logos gleichgesetzt. Diese hat die Aufgabe, die Bewegungen im Lebewesen Mensch in eine Entsprechung zu den Bewegungen des Ganzen des Kosmos zu bringen. (Die Entsprechung zwischen Mikrokosmos und Makrokosmos ist zwar nach Platon »natürlich«, aber sie ist nicht einfach gegeben, sondern muß überhaupt erst erreicht werden. Dieses Erreichen ist teils ein Prozeß der Reifung, teils ein pädagogisch-ethisches Programm.)

Für die Wirkungsgeschichte ist an Platons Konzept dieser Entsprechung entscheidend, daß sie nicht einfach mit der empirischen Existenz des Menschen gegeben ist. Dadurch tritt ein Riß auf zwischen dem wahren Menschsein, dem Menschen, wie er eigentlich sein sollte und seiner faktischen Existenz. Da die kosmische Ordnung ferner in einem Teil des Menschen repräsentiert ist, nämlich im unsterblichen Anteil der Seele, dem Logistikon, geht dieser Riß durch den Menschen selbst hindurch. Die Forderung, der Mensch solle den kosmischen Ordnungen entsprechen, wird zur Forderung, daß der Logosanteil im Menschen den ganzen Menschen beherrsche. Wo immer man dagegen nicht mehr wie Platon die Vernunft im Makrokosmos realisiert sieht, schlägt auch im Selbstverständnis des Menschen das Verhältnis von Vernunftordnung und Natur ins Gegenteil um: Dann werden als Natur die chaotische Tendenz des menschlichen Leibes, seine Affektionen und Begierden gesehen und der Vernunft als dem Nichtnatürlichen entgegengesetzt.

Bei Platon ist die Entsprechung zwischen Mensch und Kosmos eher eine normative Forderung als eine faktische Feststellung. Gerade an diesem Punkt unterscheidet sich das Mikrokosmos-Makrokosmos-Konzept des Paracelsus radikal von dem Platons. Auch für Paracelsus ist der Kosmos im ganzen ein Lebewesen, besser gesagt ein Organismus. Aber für Paracelsus ist – wohl als Folge des christlichen Hintergrundes – der Kosmos kein unsterbliches Lebewesen mehr, die Ordnung des Ganzen deshalb nicht unerschütterlich. Vielmehr kann auch der Himmel krank sein. Und dessen Krankheiten, konkret gesprochen, klimatische Störungen, Witterungsverhältnisse, ungewöhnliche Konstellationen sind sogar eine der Hauptursachen der Krankheiten des Menschen. Die Entsprechung zwischen Mensch und Kosmos wird bei Paracelsus viel konkreter und struktureller gesehen; er scheut sich nicht, direkte Zuordnungen zwischen Planeten und Organen vorzunehmen. So entspricht dem Jupiter die Leber, dem Mond das Hirn, der Sonne das Herz, dem Saturn die Milz, dem Merkur die Lunge, der Venus die Niere, dem Mars die Galle. Diese Zuordnungen sind medizingeschichtlich vor allem deshalb wichtig, weil sie den Übergang bilden von einem Konzept, nach dem Gesundheit und Krankheit sich als das Mischungsverhältnis der vier Säfte im Körper darstellte, zu einem Konzept der Organfunktion, ihres Zusammenspiels und ihrer möglichen Störungen.

Die menschliche Existenz, verstanden als alchimistischer Prozeß, bleibt auf den ständigen Austausch mit den Elementen angewiesen – auf die Erde als Nahrung, auf das Wasser als Getränk, auf die Luft als Medium des Atmens und auf das Feuer als Medium des Geistes (des geistigen Leibes, wie es besser mit Paracelsus heißen sollte). Diese Mikrokosmos-Makrokosmos-Entsprechung bedeutet also, daß der Mensch den Einflüssen aus dem Kosmos ausgeliefert ist, und daß sich der Zustand des Ganzen immer wieder in seinem eigenen Zustande niederschlägt. Die Konsequenz aus dieser Einsicht ist die diätetische Regulierung des Austausches mit der Außenwelt und die Tendenz, ihr gegenüber sich abzuschotten, um sich vor schädlichen Einflüssen zu bewahren. Diese Tendenz bleibt ambivalent, da Leben eben doch nur möglich ist im Durchzug der Elemente.

Für Paracelsus ist der Mensch im radikalen Sinne ganz Natur, insofern er auch noch als geistiges Wesen leiblich ist, nämlich elementhaft: Der geistige Leib des Menschen wird durch das Element Feuer gebildet und bedarf des Feuers zur »siderischen« Nahrung. Seine Mikrokosmos-Makrokosmos-Entsprechung ist von der griechischen dadurch unterschieden, daß der Makrokosmos keinen normativen Rang mehr hat, sondern wie der Mensch *natura rapta*, gefallene Natur ist. Die Entsprechungsverhältnisse werden dagegen sehr viel detaillierter und konkreter gedacht, so daß der Arzt geradezu den Menschen draußen, d.h. in einer himmlischen Anatomie studieren kann und ihm vielfältige Möglichkeiten der Einwirkung auf den menschlichen Leib durch die Entsprechungsverhältnisse vorgezeichnet sind. Gerade die Entsprechung der inneren Organisation zwischen Makrokosmos und Mikrokosmos macht aber ihre Wechselwirkung prekär und ist Anlaß, sich strikten diätetischen Regeln zu unterwerfen. Gerade weil der Mensch mit Paracelsus im radikalen Sinne Natur ist, kann sein Sein in der Natur nicht natürlich bleiben.

In der Mikrokosmos-Makrokosmos-Vorstellung werden der Mensch und die Natur im ganzen zwar in einer wesentlichen Beziehung gedacht, es wird damit aber dem Menschen für den Kosmos keine notwendige Funktion zugeschrieben. Der Kosmos könnte sein, was er ist, auch ohne den Menschen. Eine darüber hinausgehende Tendenz deutete sich lediglich in der Idee der Quintessenz an, nach der, was der Kosmos im ganzen ist, im Menschen eine besondere und gesteigerte Ausprägung erfahren könnte. Ein Selbstverständnis des Menschen, nach dem er sich selbst für das Ganze eine wesentliche Funktion zuschreibt – und entsprechend natürlich dem Kosmos eine Ausrichtung auf ihn hin –, stellt deshalb einen deutlich anderen Typus des »kosmischen Menschen« dar. Es scheint, daß diese Selbstauslegung sich nur auf dem Hintergrund der christlich-jüdischen Religion hat entwickeln können. Jedenfalls ist mit der Schöpfungsgeschichte dieser Gedanke bereits im Kern angelegt: Hier weist Gott dem Menschen innerhalb der Schöpfung, indem er ihn damit beauftragt, den geschaffenen Kreaturen Namen zu geben (1. Mos. 2,19). Das daraus resultierende Selbstbewußtsein brauchte sich nur noch zu verbinden mit der griechischen Definition des Menschen als *zoon logon echon*, des Menschen als sprachfähiges Wesen, damit daraus die Vorstellung entstehen konnte, die Schöpfung werde erst vom Menschen vollendet, indem er sie zur Sprache bringt.

Freilich war dazu noch der ketzerische Gedanke notwendig, die Schöpfung sei nicht bereits vorgeschichtlich vollendet worden, sondern dauere an und manifestiere sich im Weltprozeß selbst. Es war Jakob Böhme, der das Geschehen in der Natur als fortgesetzte Schöpfung begriff und diese als Selbstgeburt Gottes. Böhmes Gedanke erreichte über Franz von Baader Schelling.[2]

Schellings Naturbegriff ist von der alten Unterscheidung zwischen *natura naturans* und *natura naturata* geprägt. *Natura naturata* ist die faktische und empirisch erfahrbare Natur. Diese wird aber gedacht als eine bloße Erscheinungsform bzw. ein Produkt, indem sie auf eine hervorbringende Natur, die *natura naturans*, hin denkend überschritten wird. Wenn Schelling damit Natur als Evolution denkt und damit auch zum Vorläufer naturwissenschaftlicher Evolutionstheorien wird, so muß allerdings beachtet werden, daß die Schellingsche Evolution der Natur sich nicht in der Zeit vollzieht: Alles, was von der Natur in der Zeit faßbar ist, ist *natura naturata*. Die Evolution der Natur vollzieht sich gewissermaßen senkrecht zur Zeitachse. In dieser Evolution der Natur erhält nun aber der Mensch eine wesentliche Funktion. In ihm kommt Natur zum Bewußtsein (vgl. Schelling 1976, 307). Über die Manifestationen in

Materie, Licht und Organismus hinaus vollendet sich die Selbstproduktion der Natur erst im Bewußtsein. Die Natur wird also bei Schelling als in sich unabgeschlossener Werdeprozeß gedacht, der Mensch korrelativ dazu als das Wesen, das in seinem Bewußtsein und seiner künstlerischen Kreativität die Natur vollendet. Zu beachten bleibt, daß auch diese Vollendung der Natur nach Schelling kein Prozeß in der Zeit ist, sondern gewissermaßen senkrecht zur »Geschichte der Natur« steht. An diesem Punkt unterscheiden sich die Versionen dieses Typus des kosmischen Menschen von denen, die auf der Basis naturwissenschaftlicher Erkenntnisse der Evolution und der Theorien der Selbstorganisation entstanden sind. Hier ist an Teilhard de Chardin (1963) und Ernst Jantsch (1979) zu denken. Bei beiden wird der Mensch mit seiner kulturellen Produktion, also Kunst, Wissenschaft, Technik und Staatenbildung als eine Phase in der natürlichen Evolution gesehen. Beide betrachten die Evolution als einen Prozeß der Herausbildung immer höherer Einheiten von Komplexität. Dabei sieht Teilhard de Chardin mit dem Auftreten des Menschen eine qualitativ neue Phase der Evolution eingeleitet, nämlich die Bildung der Noossphäre. »Der Mensch, zunächst eine bloße Spezies, aber schrittweise – durch seinen ethnisch-sozialen Zusammenschluß – darüber hinauswachsend, wird allmählich zu einer in ihrer Art völlig neuen Hülle dieser Erde. Er ist mehr als ein bloßer zoologischer Zweig, ja mehr als ein ganzes Reich; er ist nichts weniger als eine ganze ›Sphäre‹, die Noossphäre (ohne die Sphäre des Denkens), welche die Biosphäre in ihrer ganzen Ausdehnung, doch ungleich geschlossener und homogener überlagert.« (1963, 86) Die Herausbildung der Noossphäre durch den Menschen führt zu einer immer dichter werdenden Integration bei gleichzeitiger Ausdifferenzierung des ganzen Globus. In diesem Prozeß, der nach Teilhard de Chardins Vorstellungen auf einen Zielpunkt, den Omegapunkt, zusteuert, wird auch der Mensch sich biologisch, aber mehr noch durch seine wachsende Integration in ein Ganzes, evolutiv verändern und zum »Ultramenschen« (1963, 116) werden.

Die kosmische Funktion des Menschen, die in der Tradition von der Genesis bis Schelling eine geistige war, wird also auf der Basis naturwissenschaftlicher Evolutionstheorien zu einer konkreten naturgeschichtlichen. Dabei wird bei Teilhard de Chardin noch nicht klar die Möglichkeit ins Auge gefaßt, daß der Mensch die Evolution durch genetische Manipulation ›kulturell‹ fortsetzen könnte. Der Mensch setzt sie vielmehr durch sich selbst fort, wodurch er den Rang des Vollenders der Evolution verliert und selbst zu einem bloßen Übergang wird. Teilhard de Chardin wiederholt hier mit den Worten naturwissenschaftlicher Extrapolation Nietzsches Satz, der Mensch ist »sein Übergang«, »eine Brücke zum Übermenschen«.[3]

**Animal rationale**

Die wirkungsmächtige Formel des Menschen als *animal rationale* enthält in sich jene Dichotomie von Natur und Nicht-Natur, die wir bei Antiphon fanden. Der Mensch ist ein Lebewesen, das sich aber durch den Besitz der Vernunft von allen anderen unterscheidet und sich über seine eigene Natürlichkeit, seine Animalität erhebt. Dort jedoch, wo diese Formel zum erstenmal zur Definition des Menschen auftritt, nämlich in Aristoteles' *Politik* wird sie keineswegs so verstanden. Wenn es im 1. Buch der Politik (1253a) heißt, der Mensch sei ein *zoon politicon* oder ein *zoon logon echon*, so ist das Politischsein wie auch die Sprachfähigkeit des Menschen etwas, das zu seiner Naturausstattung gehört. »*Zoon*« heißt bei Aristoteles nicht allgemein Lebewesen, sondern Tier. Der Mensch wird mit seinen politischen Fähigkeiten der Klasse der anderen herdenweise und staatenbildend lebenden Tiere eingeordnet. Und unter diesen ist er nur »in weit höherem Maße als die Bienen« politisch. Das »*logon echon*« meint in diesem Zusammenhang seine Sprachfähigkeit, und diese findet sich auch bei anderen Tieren. Der Mensch ist auch hier nur eine Steigerungsform im Rahmen der Natur, insofern er nicht nur das Angenehme und Unangenehme, sondern auch das Nützliche und Schädliche und das Gerechte und Ungerechte artikulieren kann. Der Mensch ist also bei Aristoteles als staatenbildendes und sprachfähiges Wesen durchaus Natur, bzw. Aristoteles sieht Natur so, daß die Ausbildung dieser Fähigkeiten durchaus in ihrer Reichweite liegt. Wir haben allerdings gesehen, daß Aristoteles den Menschen durch Teilhabe an der ewigen Vernunft durchaus erhaben sieht über all das, womit er qua Lebewesen ausgestattet ist.

Daß die Ausstattung mit der Fähigkeit zu Politik, Technik und Sprache nicht nur eine Steigerung seiner animalischen Ausstattung ist, sondern den Menschen fundamental von allen Tieren unterscheidet und ihn im Prinzip auch in Gegensatz zu seiner eigenen Animalität bringt, war schon zuvor von den Sophisten formuliert worden. Dieses Selbstverständnis tritt uns kompakt als die Auffassung des Protagoras in Platons gleichnamigen Dialog entgegen. Protagoras erzählt dort einen Mythos, nach dem der Halbgott Epimetheus die Aufgabe erhalten hat, die Tiere mit Kompetenzen auszustatten. Da Epimetheus nicht recht nach Plan vorgeht, hat er, als er zur Gattung des Menschen kommt, bereits alle Kompetenzen, die dem Überleben dienen, zum Nahrungserwerb, zum Schutz, zur Flucht usw. vergeben, so daß ihm der Mensch nackt, nicht nur im wörtlichen Sinne, übrig bleibt. Der Mensch, von Natur aus ein Mängelwesen, dieser Gedanke, so von Arnold Gehlen in unserem Jahrhundert formuliert, hat hier seinen Ursprung. Abhilfe bringt im Mythos Prometheus, der Bruder des Epimetheus. Er raubt den Göttern Hephaistos und Athene deren Künste, d.h. *techné* im Sinne von Handwerk und Kunst, und die Wissenschaft. Auch ausgestattet mit diesen Möglichkeiten ist der Mensch noch nicht überlebensfähig. Er kann sich zwar ein angenehmes Leben einrichten, sich aber noch nicht zur Abwehr von Gewalt (oder auch zur Ausübung von Gewalt) zu Gemeinschaften organisieren. Diese Fähigkeit wird dann den Menschen von Zeus selbst verliehen. Es ist die *politike techné*, deren Kern an dieser Stelle mit der Formel »*aidos kai dike*«, Scham und Recht oder Sittlichkeit und Rechtsgefühl, definiert wird.

In diesem Mythos wird der Mensch als Mensch in einem radikalen Gegensatz zu den anderen Naturwesen, speziell den Tieren gesehen. Der fundamentale Unterschied wird bereits als ein Unterschied der Herkunft der jeweiligen Fähigkeiten formuliert. Die für den Menschen entscheidenden Kompetenzen sind nicht von Natur, sondern sie sind Gaben der Götter. Dieser Unterschied wird durch die Einbettung des Mythos in eine Kontroverse zwischen Sokrates und Protagoras noch einmal, und zwar ganz unmythologisch verdeutlicht. Gegen Sokrates versucht nämlich Protagoras zu beweisen, daß die *politike techné* etwas ist, das zwar allen Menschen zukommt, gleichwohl aber lehrbar ist und gelernt werden muß. Sein Argument besteht darin, daß man dem einzelnen zumutet, die bürgerliche Tugend (*politike techné*) entwickelt zu haben, und das heißt umgekehrt, ihn dafür verantwortlich macht, wenn er hierin fehlt. Er folgert daraus, »daß sie (die Menschen) ... nicht glauben, man habe sie (die *politike techné*) von Natur oder sie komme ganz von selbst, sondern sie sei allerdings lehrbar und durch Fleiß habe sie jeder erlangt, der sie erlangt habe« (Platon, Protagoras 323c). An der Formulierung sieht man sehr deutlich, wie in diesem Selbstverständnis des Menschen Natur und Nicht-Natur zum Definitionsraster wird. Alles, was Natur ist, ist »von selbst«. Es muß nicht durch Lernen, Training, Tradition erworben werden. Der Mensch ist Mensch, gerade insofern als seine Naturausstattung für sein Leben unzureichend ist, und er sich überhaupt erst zu dem machen muß, was ihn auszeichnet. Dazu zählt Staatenbildung, Technik, Wissenschaft.

Die anthropologische Position von Arnold Gehlen ist dadurch bestimmt, daß im Zuge der neuzeitlichen Wissenschaft, insbesondere der Darwinschen Theorie der Mensch in radikalerer Weise wieder als Naturwesen betrachtet werden mußte. Bei Gehlen tritt die klassische Liste der Mängelausstattung des Menschen wieder auf: »Es fehlt das Haarkleid und damit der natürliche Witterungsschutz; es fehlen natürliche Angriffsorgane, aber auch eine zur Flucht geeignete Körperbildung; der Mensch wird von den meisten Tieren an Schärfe der Sinne übertroffen, er hat einen geradezu lebensgefährlichen Mangel an echten Instinkten, und er unterliegt während der ganzen Säuglings- und Kinderzeit einer ganz unvergleichlich langfristigen Schutzbedürftigkeit. Mit anderen Worten: Innerhalb natürlicher, urwüchsiger Bedingungen würde er bodenlebend inmitten der gewandtesten Fluchttiere und der gefährlichsten Raubtiere schon längst ausgerottet sein.« (1962, 33)

Gehlen versteht aber die Mängelausstattung, insbesondere die frühkindliche Unfertigkeit, als Selektionsvorteil. Daß der Mensch eine »physiologische Frühgeburt« ist, ermöglicht gerade die Selbstbildung, die Weitergabe von Erfahrungen und die Anpassung an unterschiedliche Lebensbedingungen. Die Instinktarmut und die Freiheit von der strikten Instinktleitung ermöglichten die Weltoffenheit und machten den Menschen zu einem handlungsfähigen Wesen. Gerade weil der Mensch das »riskierte Tier« ist, ist er zugleich »das Tier, das versprechen kann«,[4] das sich zu sich selbst verhält, Voraussicht entwickelt (1962, 32). Gehlens Anthropologie versteht sich als biologische, obgleich sie zugleich Kulturanthropologie ist. »Die Kultur ist also ›zweite Natur‹[5] – will sagen: die menschliche, die selbsttätig bearbeitete, innerhalb derer er allein leben kann.« (1962, 38)

Die Konzeption einer schlechten Naturausstattung des Menschen führt zwangsläufig dazu, daß er das eigentlich Menschliche in dem sieht, was ihn über die Natürlichkeit erhebt, oder wodurch er sich über die Natürlichkeit erhebt. Es konnte nicht ausbleiben, daß unter dem Gesichtspunkt einer moralischen Bewertung die Natur im Menschen als das Schlechte und zu Überwindende, Kultur und Zivilisation als das Gute, zu Erreichende verstanden wurden. Die moralische Bewertung dieser Konstellation findet sich besonders im 18. Jahrhundert. Damit stellte sich die Frage, ob der Mensch ›von Natur‹ gut sei oder schlecht. Hobbes vertrat die These, daß der Mensch ursprünglich, also von Natur, roh, gewalttätig und asozial sei: Der Mensch ist dem Menschen ein Wolf. Deshalb müsse er durch Kultur, Gesetz und Staat gezähmt werden. Die umgekehrte Auffassung findet sich bei Rousseau.

Von Rousseau stammt jenes Selbstverständnis des Menschen, nach dem er in »Natürlichkeit« sein eigentliches Gutsein, seine wahre Menschlichkeit sieht. Diese Konzeption ist sicherlich auch zeitbedingt und ein Resultat der Erfahrungen, die Rousseau, aus einfachen bürgerlichen Kreisen stammend, mit der Spätentwicklung der höfischen Gesellschaft machte. Seine Sicht der Beziehung zwischen Natur und Kultur im Menschen hat gleichwohl paradigmatische Bedeutung. Natur erscheint in diesem Paradigma als das Usrpüngliche und Echte, Kultur dagegen als das Abgeleitete und Künstliche. Entwicklung wird nicht gesehen als ein Prozeß auf ein Ziel hin, sondern als Abfall von einem Ursprung. Die Entwicklung weg von diesem Ursprung sieht Rousseau als Verlust der Naivität, der Friedfertigkeit und Zufriedenheit bei Erfüllung elementarer Bedürfnisse. Der Fortschritt sei die Differenzierung von Tugend und Laster, Vervollkommnung im Sinne von Verfeinerung und Steigerung der Begierden. Rousseau ist nicht so naiv, den Zustand der Natürlichkeit als einen historisch irgendwie greifbaren Anfang anzunehmen; er ist ein hypothetisches Konzept, um die Richtung der zivilisatorischen Entwicklung charakterisieren zu können (1978, 81). Aber dieser hypothetische Anfang dient gewissermaßen als Angelpunkt für das von Rousseau ausführlich formulierte Selbstverständnis des Menschen. Rousseau akzeptiert die Fähigkeit, sich zu vervollkommnen, als Unterscheidungsmerkmal gegenüber den Tieren (1978, 108 f). Er sieht nur den Maßstab, an dem sich diese Vollkommenheit zu messen hat, in dem ursprünglich guten Zustand des Menschen. »Die Menschen sind schlecht. Eine traurige und lange Erfahrung enthebt uns des Beweises. Jedoch der Mensch ist von Natur gut, wie ich bewiesen zu haben glaube. Was ist es also, was ihn bis zu diesem Grade verdorben haben kann, wenn nicht die unvermerkt eingetretenen Veränderungen seiner Lebensweise, die Fortschritte, die er gemacht, und die Kenntnisse, die er erlangt hat.« (1978, 111) Dieses ursprünglich gute Wesen bleibt aber im Prinzip auch dem zivilisierten Menschen erhalten, und er kann sich darauf zurückbeziehen und es als Korrektiv seiner Entwicklung nutzen. Insbesondere aber lebt im Menschen die einzige ursprüngliche Tugend, die Rousseau auch dem Naturzustand zuweist, fort, nämlich das Mitleid (*piété*). Diese Fähigkeit der Teilnahme am Leiden anderer ist auch die natürliche Basis von Gesellschaftlichkeit. Sie kontrastiert allerdings mit der konventionellen Konstitution von Gesellschaftlichkeit, nämlich dem Gesellschaftsvertrag, der durch die Institution des Privateigentums notwendig wird.

Die Wirkung von Rousseaus Konzept der Natur als dem ursprünglich Guten ist bis heute außerordentlich groß. Sie hat in immer wieder neuen

Wellen zur romantischen Kulturkritik geführt, sie hat in Literatur und Alltagspraxis eine Bewegung des *revenons à la nature* ausgelöst, und insbesondere hat sie eine Pädagogik begründet, die gegenüber den gesellschaftlichen Umgangsformen Authentizität betonte und gegenüber der intellektuellen Ausbildung Arbeit und Sinnlichkeit. Sowohl die Entwicklung des einzelnen Menschen als auch die von Völkern wurde unter der Perspektive einer notwendigen Entwicklung von der Natur zur Zivilisation gesehen. Die kulturkritische Perspektive führte in der Ethnologie zum Konzept des »guten Wilden«, in der Pädagogik zur Aufwertung der Kindheit und im Geschlechterverhältnis zu der ambivalenten Achtung der Frau als dem Geschlecht, das der Natur näher ist.

Bei Kant hat das Selbstverständnis des Menschen als *animal rationale* seine deutlichste und zugleich komplexeste Ausprägung erfahren. Die beiden Anteile, Animalität und Rationalität, treten radikal auseinander und sind zugleich unlösbar aufeinander bezogen. Das erweist sich schon im Kantischen Naturbegriff. Natur ist bei Kant nicht das Selbständige und Selbsttätige, sondern Erscheinung. Sie ist nur, was sie ist, in bezug auf den Menschen, sie ist, wie es in Kants Schrift *Metaphysische Anfangsgründe der Naturwissenschaft* heißt, im materialen Sinne der Inbegriff aller Dinge vor dem äußeren Sinne.

Daß Natur relational zum Menschen gedacht wird, heißt nun aber nicht, daß in dieser Relation der Mensch selbst als Natur vorkäme. Der Terminus ad quem für die Natur als Erscheinung ist nicht »der ganze Mensch«, sondern das erkennende Subjekt. Was am Menschen Natur ist, sein Leib, ist dem Menschen qua Subjekt auch nur Erscheinung. Der Mensch qua Subjekt ist jenseits der Erscheinung, gehört zum Bereich der intelligiblen Wesen oder der Dinge an sich. Dieser Status ist zugleich die Basis seiner Freiheit und damit seiner Existenz als moralisches Wesen. Freiheit wird gedacht als Unabhängigkeit vom Naturzusammenhang. Da der Begriff der Kausalität nur Gültigkeit hat für Natur, also die Erscheinung, so ist der Mensch als intelligibles Subjekt Kausalitätszwängen nicht unterworfen.

Der Riß zwischen Natur und Nicht-Natur, dem Empirischen und dem Intelligiblen geht nun durch den Menschen mitten hindurch. Seine Wesensdefinition als *animal rationale* wird verstanden als Ausdruck dieser Dichotomie. Der Mensch kann, insofern er Lebewesen ist, also zur Natur gehört, nicht vernünftig sein, er kann nicht zur Natur gehören, insofern er vernünftig ist. Diese Konstellation wird noch dadurch verschärft, daß Kant genau genommen den Menschen nicht als *animal rationale*, sondern *animal rationabile* versteht. Die radikale Dichotomie von Natur und intelligiblem Wesen könnte zu der Vermutung Anlaß geben, daß der einzelne quasi von einem transmundanen, einem jenseitigen Standpunkt die Natur erkennen könnte und frei wäre im Sinne einer Spontaneität, die von einem solchen jenseitigen Standpunkt ihren Ausgang nähme. Tatsächlich ist aber das Konzept des Menschen als *animal rationabile* von der Art, daß Kant den empirischen Menschen radikal als Natur ansieht, damit aber verlangt, daß er sich sowohl in seinem theoretischen als auch in seinem praktischen Verhalten diszipliniert, sich quasi nach Vernunftprinzipien ›in Form bringt‹. Kants Anthropologie trägt dementsprechend den Titel *Anthropologie in pragmatischer Hinsicht*. Diesen Typ von Anthropologie versteht Kant im Gegensatz zur Anthropologie in physischer Hinsicht. Während die Anthropologie in physischer Hinsicht beschreibt, was der Mensch von Natur aus ist, geht es in der Anthropologie in pragmatischer Hinsicht darum, was er aus sich machen kann. Es handelt sich dabei um die radikale Durchdisziplinierung des empirischen Menschen auf dem Wege der Zivilisierung, Kultivierung und Moralisierung.

Die Kantische Auffassung des Menschen als *animal rationale* enthält im Grunde zwei Möglichkeiten, die in der Folge auch auseinandertreten sollten. Der Gedanke, daß das Lebewesen Mensch durch Disziplinierung wenigstens der Form nach vernünftig werden könne, sowohl im Denken wie auch im Handeln, entspricht dem Programm der Aufklärung, einer Realisierung der Vernunft. Das Produkt dieser Realisierung der Vernunft ist auf der einen Seite die Wissenschaft als professionalisiertes, kollektives Unternehmen zur Erzeugung objektiver Erkenntnis und auf der anderen Seite der moderne Verkehrs- und Berufsmensch. Auf beiden Zweigen ist durch innere Disziplinierung und äußere Kontrolle eine Ablösung von der Animalität gelungen, die gleichwohl individuell, teilweise bis zur Unkenntlichkeit verdrängt, erhalten bleibt. Die andere Möglichkeit der Auslegung des *animal rationale* ist in der Dichotomie von Natur qua Erscheinung und intelligibler Welt vorgezeichnet. Sie besteht in der Möglichkeit des Menschen, sich als Geistwesen zu verstehen und das Bewußtsein, auch einer anderen, bloß denkbaren Welt anzugehören, zu seinem Eigentlichen auszubauen.

Diese Möglichkeit ist von Max Scheler auf den Begriff gebracht worden. Schelers Anthropologie hält im Grunde nicht, was ihr Titel *Die Stellung des Menschen im Kosmos* darzustellen verspricht. Weder vermag er dem Menschen im Kosmos eine Funktion noch eine Aufgabe zuzuweisen. Nur einmal macht er den zögernden Versuch, ihn im Sinne einer Entwicklungslogik des Kosmos zu integrieren: »Ist das nicht, als gäbe es eine Stufenleiter, auf der ein nur urseiendes Sein sich im Aufbau der Welt immer mehr auf sich selbst rückbeugt ...?« (1978, 43) Scheler, der das Wesen des Menschen im Geist sieht, versteht dieses Prinzip aber als Abkehr von aller Natürlichkeit und geradezu als Negation des Lebendigen: »Das neue Prinzip steht außerhalb alles dessen, was wir ›Leben‹ im weitesten Sinne nennen können. Das, was den Menschen allein zum ›Menschen‹ macht, ist nicht eine neue Stufe des Lebens – erst recht nicht nur eine Stufe der einen Manifestation dieses Lebens, der ›Psyche‹ –, sondern es ist ein allem und jedem Leben überhaupt, auch im Menschen entgegengesetztes Prinzip.« (1978, 37f) Damit wird die Möglichkeit des Selbstmordes zu dem, was den Menschen eigentlich zum Menschen macht. In der ursprünglich von Antiphon formulierten Dichotomie setzt Scheler den Menschen ganz auf die Seite der Nicht-Natur: »Der Mensch (ist) der ›Neinsagenkönner‹, der ›Asket des Lebens‹.« (1978, 55) Da der Geist ein außerweltliches Prinzip ist, ist er nach Scheler als solcher machtlos. Er kann in der Welt nur wirksam werden durch Koalition mit materiellen Mächten. Scheler zögert sogar, diese indirekte Macht des Geistes im Lebendigen als Leitung oder Lenkung zu bezeichnen. Er bezieht sich deshalb auf die Vermittlung der Einbildungskraft, die den materiellen Triebkräften Bilder und Ideen vorhält, die sie im Sinne des Geistes organisieren (1978, 67, 69f).

**Naturalismus**

Die naturalistische Formel, wonach der Mensch »nichts als Natur« sei, hat allerdings etwas Täuschendes, weil ihr pejorativer Klang gerade von der Unterstellung lebt, daß es eben doch mehr gibt als bloße Natur. Die naturalistische Auffassung des Menschen ist dagegen, wie auch die Mikrokosmos-Makrokosmos-Auffassung, ein Abkömmling der vorsokratischen Naturphilosophie, in der Physis das Sein im ganzen nennt. So ist denn auch die erste und paradigmatische Ausformulierung einer naturalistischen Auffassung des Menschen auf dem Hintergrund vorsokratischer Philosophie, insbesondere des Empedokles und der Atomisten zu sehen. Es ist die epikureische Auffassung, die uns in der Form des Lehrgedichtes des Lukrez *De rerum natura* überkommen ist.

Die naturalistische Auffassung des Menschen hat seit der naturwissenschaftlichen Erforschung des Menschen, d.h. insbesondere seit der Evolutionstheorie Darwins und der naturwissenschaftlichen Physiologie Müllers im 19. Jahrhundert, eine Renaissance erfahren und an Überzeugungskraft gewonnen. In gewissem Sinne kann man sagen, daß sie heute die landläufige Selbstauffassung des Menschen im Rahmen eines naturwissenschaftlichen Weltbildes bestimmt. Daß Empfindungen Reizzustände der Nerven sind, daß Denken eine Tätigkeit des Gehirns ist, scheint trivial. Die detaillierte Ausführung dieser Auffassung führt allerdings in die Probleme entweder des Reduktionismus oder des Emergentismus. Wie schon bei Lukrez ist die eigentliche Aufgabe naturalistischer Auffassung des Menschen, die Erklärung seelischer Phänomene einerseits und kultureller Gebilde andererseits im Rahmen von Prinzipien, die auch der außermenschlichen Natur zugeschrieben werden. Dabei ist es dann natürlich auch möglich, dem Menschen im Naturganzen eine Sonderform der Lösung von Überlebensproblemen oder aber eine besondere Entwicklungsstufe in der natürlichen Evolution zuzuweisen. Insofern tragen etwa die Konzepte von Arnold Gehlen und Teilhard de Chardin auch naturalistische Züge. Problematisch bleibt dabei immer, ob die Möglichkeit zur Reflexion, der Selbstthematisierung und Objektivierung nicht doch einen Bruch in der Natürlichkeit des Menschen darstellt und ihn wieder in Natur und Nicht-Natur zerreißt.

Den Versuch, eine Balance zwischen beiden Möglichkeiten zu halten, dürfte Helmuth Plessners Konzept der Exzentrizität darstellen. Plessners Anthropologie könnte man ebensogut als eine Version des *animal rationale* vorstellen wie auch als eine besondere Form des Naturalismus. Von der antiphonischen Grundkonstellation her gesehen läßt er den Menschen in die Mitte der Natur und Künstlichkeit, wobei es ihm wichtig ist, daß er nicht in die beiden Hälften zerfällt, wie es bei Descartes oder bei Kant geschieht, sondern die konfliktträchtige Mitte selbst ist. Der Mensch ist »naturgebunden und frei, gewachsen und gemacht, ursprünglich und künstlich zugleich« (1981, 71). Plessner redet von einem Existenzkonflikt, ohne den der Mensch eben nicht Mensch ist. Er setzt sich die Aufgabe, diesen Doppelaspekt des Daseins »aus einer Grundposition« zu begreifen (1981, 71). Mit dem Festhalten dieser konfliktträchtigen Mittelstellung hat Plessner gegenüber der Tradition des *animal rationale* durchaus noch ein besonderes Selbstverständnis des Menschen entwickelt. Das trifft ebenso zu, wenn man ihn als Naturalisten liest. Denn charakteristisch für die Naturalisten ist, daß sie sich, was Natur ist, von der Naturwissenschaft vorgeben lassen (bzw. von der Naturphilosophie in den Perioden als Naturwissenschaft und Naturphilosophie noch eins waren).

Plessners Ideen sind nun durchaus von der Biologie des frühen 20. Jahrhunderts angeregt, aber seine Anthropologie ist keineswegs eine Extrapolation naturwissenschaftlichen Wissens, vielmehr ist sie eher als eine geisteswissenschaftliche Biologie zu bezeichnen. Es geht ihm darum, was ein Organismus ist, anschaulich zu begreifen und dann um den Menschen als eine besondere Art von Organismus. Entscheidend sind dabei die Begriffe der Grenze und der Position. Mit diesen Begriffen wird Organismus und insofern auch der Mensch essentiell in seinem »In-der-Welt-Sein« (Heidegger) gedacht, d.h. situiert und in Austausch mit seiner Umwelt. Ein Organismus ist ein Ding, das sich selbst gegen seine Umwelt abgrenzt, und zwar so, daß die Grenze selbst zu ihm gehört. Plessner unterscheidet dann zwei Zweige der Entwicklung von Organismen, den pflanzlichen und den tierischen. Pflanzen sind offene Organismen, deren Beziehung zur Umwelt direkt und flächlich über den ganzen Organismus verteilt ist. Tiere sind Organismen, die geschlossen sind. Dieses Geschlossensein verlangt die Bildung eines Zentrums, das den ganzen Organismus repräsentiert (Plessner denkt hier wohl an das Gehirn, obgleich er das in der Regel nicht sagt). Dadurch wird der Austausch mit der Umwelt indirekt, und der ganze Leib ist Vermittlungsorgan zur Umwelt. Schon hier, d.h. beim Tier, muß man sagen, daß es sein Leib nicht nur ist, sondern ihn auch hat.

Das Tier ist in seiner Position zur Umwelt also zentriert. Der Mensch ist ein Tier, in dem dieses In- oder Aus-einer-Mitte-Sein explizit wird. »Es steht im Zentrum seines Stehens.« (Plessner 1981, 362) »Sein Leben aus der Mitte kommt in Beziehung zu ihm, der rückbezügliche Charakter des zentral repräsentierten Körpers ist ihm selbst gegeben.« (1981, 362f) Die dadurch entstehende Positionalität nennt Plessner »exzentrisch«.

Der Begriff der Exzentrizität ist nun durchaus für ein Selbstbewußtsein des Menschen charakteristisch und geistesgeschichtlich prägend gewesen. Verwandt ist beispielsweise Sartres Verständnis des Menschen als »Für-sich-Sein« und seine Formulierung, daß der Mensch nicht sei, was er sei, und sei, was er nicht sei. Es ist aber fraglich, ob Plessner wirklich mehr hat formulieren können als das, was immer schon mit dem Begriff der Reflexivität und der Distanz zu sich dem Menschen attribuiert wurde. Denn was Plessner durch die anderen »Stufen des Organischen« jeweils zeigen kann, daß nämlich jede Veränderung der Positionalität ein *fundamentum in re*, d.h. eine Basis in organischer Bildung selbst hat, das gelingt ihm beim Menschen nicht: Für Lebewesen überhaupt ist die Herausbildung der Membran als organisierter Grenze charakteristisch, für das Tier das Gehirn als Zentrierung – worin aber ist Reflexion und Bewußtsein fundiert? Der Naturalismus Plessners bleibt auch als geisteswissenschaftlicher unvollständig. So scheint er im Ergebnis sich Schelers Verständnis des Menschen wieder anzunähern: »Ihm (dem Menschen) ist der Umschlag vom Sein innerhalb des eigenen Leibes zum Sein außerhalb des Leibes ein unaufhebbarer Doppelaspekt der Existenz, ein wirklicher Bruch seiner Natur.« (Plessner 1981, 365)

**Schluß**

Blicken wir auf diese Übersicht zurück, so ist die Bedeutung von Natur im Selbstverständnis des Menschen sehr eindrucksvoll, ja überwältigend, ihre Funktion aber keineswegs eindeutig. *Was* die Natur für den Menschen bedeutet, kann man also nicht klar beantworten. Aber daß sie für ihn in seinem Selbstverständnis, jedenfalls soweit es sich in der europäischen Kulturgeschichte ausgelegt hat, zentral ist, dürfte unzweifelhaft sein. Aber was dieses Faktum – einerseits über die Natur, andererseits über den Menschen – aussagt, ist sehr schwer zu beantworten. Das würde erst gelingen, wenn man den Modellen des Selbstverständnisses des Menschen, die wir uns vor Augen geführt haben, solche entgegensetzen könnte, in denen die Natur keine Rolle spielt. Vielleicht würde man solche in den großen asiatischen Traditionen finden. In Europa dürfte es schwer sein, eine solche Alternative zu benennen. Interessant ist immerhin, daß in Heideggers Fundamentalontologie Natur kein wesentlicher Topos ist. Was das bedeutet, ist bedenkenswert. Immerhin findet man für die klassische, auf Antiphon zurückgeführte Dichotomie eine Entsprechung in der Spannung von Faktizität und Entwurf. Deshalb ist nicht klar, ob Heideggers Konzept des Menschen wirklich eine Alternative zur großen europäischen Tradition ist.

Die Rolle der Natur im Selbstverständnis des Menschen wird auffällig, weil Natur im heutigen Menschen als dieser tragende Grund nicht mehr zweifelsfrei zur Verfügung steht. Er ist in seiner technischen und medizinischen Praxis schlechterdings nicht mehr bereit, etwas als gegeben anzuerkennen. Es fehlt in seiner Lebenseinstellung die Haltung, sich etwas gegeben sein zu lassen. Ein charakteristisches Beispiel für beides ist das Konzept der programmierten Geburt. Der Vorgang der Geburt wird dabei nicht als ein natürlicher Vorgang, der vielleicht der Unterstützung und Sicherung bedarf, angesehen, sondern als ein Normprozeß, dem die durchschnittliche Selbsttätigkeit der Natur gerade nicht entspricht. Für den modernen Menschen ist in der Natur oder als Natur auch keine vorfindliche Ordnung mehr erkennbar. Das liegt zum Teil daran, daß die für ihn relevante äußere Natur, d.h. das Ökosystem der Erde, bereits nicht mehr etwas ist, was von selbst da ist, sondern durch die historische Aktivität des Menschen wesentlich mitbestimmt: Es ist sozial und historisch konstituierte Natur (Böhme/Schramm 1985). Es fehlt aber auch hier überhaupt die Grundeinstellung, vorhandene Ordnung, wenn sie noch als gegeben erkennbar sein sollte, als maßgeblich zu akzeptieren. Schließlich ist festzustellen, daß für den modernen Menschen, und das heißt jetzt im engeren Sinne den Menschen in den fortgeschrittenen Industrienationen, das Vertrauen in die Selbsttätigkeit der Natur, die wir selbst sind, also des eigenen Organismus, weitgehend verlorengegangen ist. Die Techniken der Kontrolle und der Steuerung der eigenen Lebensvollzüge, die moderne Diätetik dienen zum Teil dazu, diesen Vertrauensschwund zu kompensieren, teils sind sie gerade dessen Ursache.

Menschliches Selbstverständnis muß von der erschreckenden Tatsache ausgehen, daß Natur als Orientierungsrahmen und tragender Grund nicht mehr zur Verfügung steht. Aber was heißt das? Wie soll man nun Menschsein verstehen? Ist Menschsein heute und in Zukunft durch die endgültige Kündigung des Naturzustandes bestimmt? Woran soll sich der Mensch jenseits dieses Ereignisses orientieren? Ob es überhaupt einen anderen Orientierungsrahmen gibt, ist offen. Immerhin kann man eine Neuorientierung beobachten. Etwa im Sinne einer Fluchtbewegung oder Steigerungstendenz, wie sie sich in Nietzsches Begriff des »Übermenschen« ausdrückt. Oder einer forcierten Selbstschöpfung oder freischwebenden Orientierung in sich, wie sie im Existentialismus formuliert wurde. Eine Art Restituierung vorsokratischen Denkens, jenseits der von Antiphons Differenzierung von Natur und Kultur stellt Heideggers Einordnung des Menschen ins Seinsgeschick dar. Nicht mehr Natur, sondern das Sein ist der Orientierungshorizont für menschliches Selbstverständnis. Von dort her erfährt der Mensch seine Würde als Sprachwesen und Hüter des Seins.

Auf der anderen Seite zeichnet sich aber gerade im Gegenzug zum drohenden Verlust der Natur ein neues Verständnis des Menschen als Natur ab. Das deutlichste Signal in diese Richtung ist der sich ausbreitende Konsensus darüber, daß die Würde des Menschen nicht primär im Person-Sein oder seiner Vernünftigkeit zu verorten ist, sondern gerade in seiner Leiblichkeit. Gegenüber Folter, Genmanipulation, Reproduktionsmedizin, Euthanasie und technisierter Sterbehilfe erweist sich die Natur, die wir selbst sind, der Leib, gerade als der Ort, an dem es die menschliche Würde zu wahren gilt.

## Anmerkungen

1 Vgl. zur Anthropologie von Thomas die Beiträge von J. A. Aertsen und A. Zimmermann, in: Zimmermann/Speer (1991).
2 Siehe meinen Artikel über Jakob Böhmes Naturphilosophie, in: Gernot Böhme (Hg.) (1989).
3 Vgl. Nietzsches Werk (1964) Also sprach Zarathustra (Von den Verächtern des Leibes und Vorrede 4).
4 A. Gehlen greift hier Formulierungen Friedrich Nietzsches auf.
5 Zur Geschichte des Ausdrucks »zweite Natur« vgl. Historisches Wörterbuch der Philosophie (1984, Bd. 6, Sp. 484ff). Danach ist der Ausdruck nach griechischen Vorläufern explizit zuerst bei Cicero in der Form der *altera natura* zu finden.

## Literatur

Aristoteles: Politik, hgg. von U. Wolf (übersetzt von F. Susemihl), Reinbek b. Hamburg 1994.
Auerbach, Erich: Mimesis. Dargestellte Wirklichkeit in der abendländischen Literatur, Stuttgart 1988.
Böhme, Gernot (Hg.): Klassiker der Naturphilosophie, München 1989.
Ders.: Natürlich Natur. Über Natur im Zeitalter ihrer technischen Reproduzierbarkeit, Frankfurt/M. 1992.
Böhme, Gernot/Engelbert Schramm (Hg.): Soziale Naturwissenschaft, Frankfurt/M. 1985.
Daele, Wolfgang van den: Mensch nach Maß. Ethische Probleme der Genmanipulation und Gentherapie, München 1985.
Diels, Hermann/Walther Kranz: Die Fragmente der Vorsokratiker, Zürich – Berlin 1964.
Gebauer, Gunter/Christoph Wulf: Mimesis. Kultur – Kunst – Gesellschaft, Reinbek b. Hamburg 1992.
Gehlen, Arnold: Der Mensch. Seine Natur und seine Stellung in der Welt, Frankfurt/M. 1962.
Historisches Wörterbuch der Philosophie, Bd. 6, Basel 1984.
Jantsch, Erich: Die Selbstorganisation des Universums. Vom Urknall zum menschlichen Geist, München 1979.
Kant, Immanuel: Werke in sechs Bänden, hgg. von W. Weischedel, Darmstadt 1963.
Lukrez: De rerum natura. Welt aus Atomen, lateinisch und deutsch (übersetzt von K. Büchner), Stuttgart 1973.
Nietzsche, Friedrich: Also sprach Zarathustra, Stuttgart 1964.
Plessner, Helmuth: Die Stufen des Organischen und der Mensch. Gesammelte Schriften IV, Frankfurt/M. 1981.
Rousseau, Jean Jacques: Schriften zur Kulturkritik. Die zwei Diskurse von 1750 und 1755 (übersetzt von K. Wiegand), Hamburg 1978.

Scheler, Max: Die Stellung des Menschen im Kosmos, München 1978.
Schelling, Friedrich Wilhelm Joseph: Ausgewählte Werke, Darmstadt 1976.
Teilhard de Chardin, Pierre: Die Entstehung des Menschen (Le groupe zoologique humain), München 1963.
Zimmermann, Albert/Andreas Speer (Hg.): Mensch und Natur im Mittelalter, 2 Bde., Berlin 1991.

# II. Zugriffe

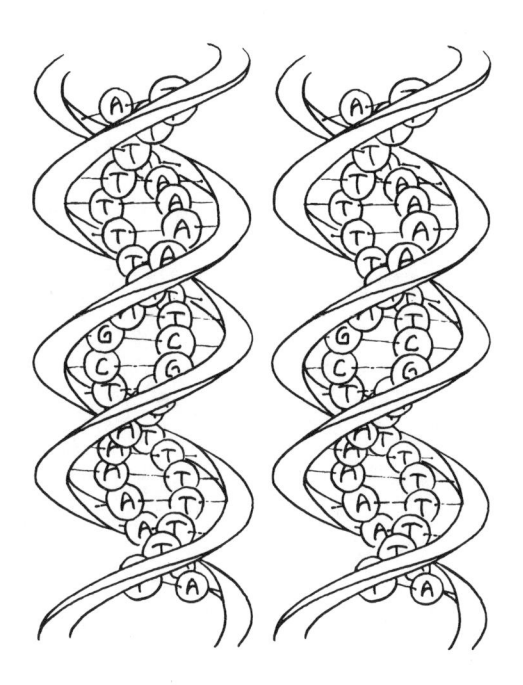

**Barbara Duden**

# »Das Leben« als Entkörperung
**Überlegungen einer Historikerin des Frauenkörpers**

In wenigen Jahren hat sich im Alltagsbewußtsein etwas eingebürgert, was wir vor einiger Zeit erst in Umrissen zu beobachten meinten, nämlich die Umdeutung der schwangeren Frau in ein uterines Versorgungssystem für den Fötus, die Neudefinition von Schwangerschaft als Produktion von Leben und die Beschwörung von Leben im Bauch der Frauen (vgl. Duden 1991). Verwirrt und entsetzt stehen wir vor der Geschwindigkeit, mit der zu einer Wirklichkeit wird, was uns vor wenigen Jahren bloß in bezug auf die Zukunft geängstigt hat. Es gibt eine Serie von öffentlichen Ereignissen in Deutschland, wie die Debatte um die Regelung des Schwangerschaftsabbruchs, das Erlanger Menschenexperiment, der Urteilsspruch zum Paragraphen 218, die meiner Meinung nach von einer fortdauernden Verschiebung der Sprech- und Erlebnisweisen in Hinblick auf Schwangerschaft zeugen. Wenn ich heute mit Studentinnen diskutiere oder auch mit Vertreterinnen von »Pro Familia«, dann merke ich, daß auch radikale und kritisch denkende Frauen die technogene, d.h. die aus Technik hervorgegangene Konstruktion des Lebens oft nicht mehr durchschauen, daß sie Leben im Leib schwangerer Frauen für eine Naturtatsache halten. Daß sie die verrückte Zumutung an Schwangere, sich das Idol des Lebens einzubürgern, nicht mehr begründet zurückweisen können. Nicht nur die öffentlichen Sprechweisen sind immer dichter von den neuen Wirklichkeiten durchwirkt, auch die persönliche Orientierung von Frauen wird zunehmend davon angekränkelt. Nicht nur der Tatsachenherstellung in Labor und Klinik gegenüber sind wir weitgehend ohnmächtig, wir können uns oft auch ihres symbolischen Schattens auf unser Verständnis von Alltag, Wirklichkeit, Frauenkörper nicht entziehen.

## Biologisierung des Rechts: Die Frau als Doppelwesen

Meine Überlegungen zentrieren sich im folgenden um die Biologisierung des Rechts in der Diskussion über den Schwangerschaftsabbruch und die damit verbundene Entkörperung der Frau. Ich möchte zeigen, wie durch die Worte, mit denen wir heute sprechen, unter der Hand unser aller Begriff von dem, was Schwangerschaft heißt, umgemünzt wird. Dazu werde ich auf die Situation in Deutschland eingehen. Ich habe mich mit der Debatte im Deutschen Bundestag 1992 zur Reform des Paragraphen 218 befaßt, ich habe genau und distanziert zugehört und war verblüfft über die Naivität, mit der heute Volksvertreter über eine Sache sprechen, die sie gesetzlich ordnen sollen, nämlich den Beginn einer Schwangerschaft.

Im Bundestag unterscheiden sich die politischen Orientierungen der Redebeiträge und sehr unterschiedlich sind die Register, in denen die Sprecher ihre Anteilnahme an der von Schwangerschaft befallenen Bevölkerungsklasse tönen. Aber für Parlamentarier von rechts bis links handelt es sich dabei um eine Sonderklasse, die sich in eine Konfliktsituation begeben hat. Die Härte, mit der das Recht zugreifen soll, wird natürlich unterschiedlich gesehen, ob rechts oder links, ob mehr Strafrecht oder mehr Zwangspädagogik. In der Sache aber sprechen Richter wie Abgeordnete – ungeachtet der Parteizugehörigkeit – über einen Sachverhalt, den man heute ohne weiteres als Schwangerschaft bezeichnet. So kritiklos wie von Zeitungslesern wird auch vom Richter Schwangerschaft heute als ein Zustand verstanden, der mit der Einnistung eines befruchteten Eis in die Gebärmutterschleimhaut einsetzt. Dieser Vorgang konstituiert in der Diktion von rechts und links das Auftauchen einer fötalen Existenz und damit den Beginn eines ›Lebens‹.

Mit der Einnistung in ihrem uterinen Gewebe wird aus der Frau umstandslos ein Doppelwesen. Im Bonner Diskurs gibt es jetzt auf einmal ein zwiefältiges Rechtssubjekt, das der schützenden Hand des Rechts bedarf.[1] Redner (auch aus der SPD) haben im Bundestag gefordert, »die singuläre Symbiose zwischen Mutter und Kind« zur Rechtssache zu machen und in ihrer Urteilsbegründung haben die Richter es für gut befunden, diese bisher dem Recht fremde substantive Synergie als juristisches Subjekt im Grundrecht zu verankern. Das Verfassungsgericht in dem Urteil zum Schwangerschaftsabbruch spricht von einer »Zweiheit in Einheit«, die mit der Einnistung gegeben ist. So wird die Frau gleichsam biojuristisch in die Verantwortung dem noch ungreifbaren Pol dieser Zweiheit gegenüber hineindefiniert.

Nun, die Abgeordneten sprechen vom »ungeborenen Leben«, vom »Embryo«, vom »Fötus«, oft sprechen sie auch vom »Kind«. Es ist sehr merkwürdig, wie gleichgültig es bei der Wahl des Wortes ist, ob der Referent eine Plastula meint oder ein Kind, das sich gerade zur Geburt stellt. Wie immer der symbiotische Partner einer Frau aber auch genannt wird, sei es Zygote oder Mensch – eine nur durch ein diagnostisches

Verfahren verifizierte biologische Beziehung zu einer Staatsbürgerin macht diese zur ›Mutter‹. So wie die Redner sich in Parlament und Kammer stundenlang zu dem Thema auslassen, gewinnt eine Zuhörerin den Eindruck, daß dieses Subjekt in die Sphäre des Naturgegebenen gehört. Es ist so, als ob es nichts zu reden, geschweige denn zu streiten gäbe darüber, daß im Moment der biologisch wahrscheinlichen Einnistung einer befruchteten Zelle juristisch Mutterschaft postuliert werden kann. Einnistung wird als ein rechtswirksamer Vorgang besprochen, obwohl der Richter in der Begründung ausdrücklich anerkennt, daß dieser Vorgang dem Gericht selbst nicht wahrnehmbar, offenbar jenseits der Geschichte sinnlicher Wahrnehmung ist: Der Staat sieht sich vor die Aufgabe gestellt, Leben zu schützen, von dessen Existenz er nichts weiß. Der Einnistung, die nur durch Experten und entsprechende Verfahren überhaupt bekannt sein kann, wird hier nicht nur eine überhistorische Tatsächlichkeit, sondern auch noch eine metaphysische Bedeutung zugeschrieben, die zu einem Paradox führt. In der Begründung betonen nämlich die Richter ausdrücklich, daß es hier um eine konservative Entscheidung geht, und sie verwurzeln sie auch in der Geschichte des Rechts, sie gehen zum Beispiel auf das Allgemeine Landrecht der Preußischen Staaten von 1794 zurück. Gerade im Schatten einer betonten Ehrfurcht vor einer Tradition wird heute das Urteil des Biologen zum entscheidenden Kriterium des Rechtsschutzes durch die Verfassung gemacht. Sehr wenige Stimmen haben sich gemeldet, diese juristische Schimäre zu einem historischen Verständnis von dem, was Schwangerschaft einstens war, in Beziehung zu setzen und vielleicht aus dem Schatten der Geschichte heraus noch einmal etwas über die Einzigartigkeit dessen zu sagen, was hier zugemutet wird. Was die Volksvertreter als »Natur der Sache« – nämlich Schwangerschaft – voraussetzen, ist bei genauem Hinsehen ein Phantom, das zum Schein der Naturhaftigkeit geronnene Resultat von technischen Verfahren, molekularbiologischen Theorien und populärwissenschaftlichen Mißverständnissen.

Es gibt heute überall in Europa einen ähnlichen Frontverlauf im Konflikt um den Schwangerschaftsabbruch. Der Stellungskrieg zum Schwangerschaftsabbruch läuft heute offenbar zwischen einerseits konservativen Lebensschützern, die sich hinter Tradition und Theologie verschanzen, und den sogenannten liberalen Frauenrechtlern einer Pro-choice-Fraktion auf der anderen Seite, die den schwangerschaftsanfälligen Bürgerinnen größte Initiative einräumen. Diese Frontlinie zwischen konservativ einerseits und liberal/pro-choice andererseits hat sich wirklich ins Bewußtsein eingegraben und ist offenbar die Front, entlang der der Konflikt heute wahrgenommen wird. So sehr monopolisiert dieser Frontverlauf die Debatte um den Schwangerschaftsabbruch, daß die für den Bereich des Erlebnisses von Frauen entscheidende Alternative kaum mehr zur Sprache kommen kann.

**Technologische Schwangerschaftspolitik**

Der entscheidende Widerspruch, dem ich zu Wort verhelfen will, liegt ganz wo anders. Dieser Widerspruch verläuft zwischen einer biokratischen und einer historischen Sicht auf die Schwangerschaft. Es sind für mich zwei entgegengesetzte Wirklichkeitsperspektiven, die ich auch so charakterisieren könnte, daß die eine von einem technisch verwalteten Verständnis des Vorgangs ausgeht, während die andere von einem ethischen Verständnis des Menschseins ausgeht und auch schwangeren Frauen das Recht gibt, auf eigenen Füßen zu stehen und bei Sinnen zu bleiben. Nicht die weltanschaulichen Positionen, also Lebensschutz oder Frauenfreiheit, sind in diesem Gegensatz unvergleichbar, sondern die Körper, über die im einen oder anderen Fall befunden wird. Das sinnliche A-priori, die sinnliche Voraussetzung der Sprechenden und damit, wie sie körperliche Wirklichkeiten wahrnehmen, scheidet meiner Meinung nach heute die entscheidenden Positionen, um die es ginge. In der Wahrnehmung des Körpers als Gegenstand des Rechts liegt die neue Bruchlinie, die eine inhumane, modernisierende, technokratische Politik von etwas wie demokratischem Humanismus trennen würde. Es sollte um eine Verlagerung der Diskussionsfront gehen, vom biotechnischen Scheingefecht in die Dimension widersprüchlicher Körper.

Zu den Regeln der neueren Schwangerschaftspolitik scheint es zu gehören, ungeborenes Leben wie eine Tatsache zu manipulieren, die immer dann vorliegt, wenn eine Frau durch einen Hormontest stigmatisiert worden ist. Das Karlsruher Gericht töpfert intrauterin zwar nicht aus Lehm wie Jehova, sondern aus dem Grundgesetz leibhaftige Menschen, denn es bestimmt nach dem Strafgesetzbuch Schwangerschaft »vom Abschluß der Einnistung des befruchteten Eis in die Gebärmutter bis zum Beginn der Geburt.« Und weiter: »In der so bestimmten Zeit der Schwangerschaft handelt es sich bei dem Ungeborenen um individuelles, in seiner genetischen Identität und damit in seiner Einmaligkeit und Unverwechselbarkeit bereits festgelegtes, nicht mehr teilbares Leben ...« Mit normierender Majestät nimmt das Gericht sich heraus, wissenschaftliche Tatsachen aus dem Bereich der Molekularbiologie mit juristischer Theorie zu verschmelzen, um einem neuartigen Wesen Existenz zu verleihen, das man jetzt ›ein Leben‹ nennt. Dieses so vom Verfassungsgericht gezimmerte, hypostasierte Leben wird wie ein Wechselbalg der Frau in den Leib gelegt. Und dieses Leben ist noch sehr jung. Seine politische Zeugung fällt mit der zweiten Hälfte meiner eigenen akademischen Laufbahn zusammen. Da ich seit langem danach forsche, wie Frauen früher den Zustand des Schwangergehens erlebt haben (vgl. Duden 1987), habe ich die kurze Laufbahn dieses neuen Lebens im Bauch von Frauen mit Distanz und Verwunderung beobachten können.

**Körpergeschichte**

Wie wurde früher der Beginn einer Schwangerschaft vorgestellt, wie hat man es sich gedacht und wahrgenommen? Nach den Lehren der antiken Ärzte konnte angenommen werden, daß die Empfängnis stattgefunden hat, wenn die Frau von einem Schauer im Beischlaf berichtet. Noch im 18. Jahrhundert sträuben sich die Ärzte gegen die Vorstellung, daß eine Frau ohne Lust zu einem Kinde kommen kann. Frauen meinten, daß sich ihr Leib fest verschloß, wenn sie empfangen hatten. Ob mit der Empfängnis in der *Matrix* wirklich ein Kind Gestalt annahm, darüber gab es bis in das späte 19. Jahrhundert hinein nur Vermutungen und eine pedantische Kasuistik, die durchgehend dekliniert, woran eine wahre Schwangerschaft von anderen Schwangerschaften oder anderen Aufschwellungen des Leibes unterschieden werden kann. Wissen konnte es monatelang niemand, weder die Frau noch der Arzt. Denn Blutstockung und das Rumoren im Leib mochten auch von einer falschen, einer öden oder windigen Empfängnis stammen, und Unnützes mochte die Frau in sich haben. Erst nach der Geburt wußten alle, was es vorher gewesen war. Das einzige Zeichen, das mit einiger Gewißheit auf das Vorhandensein eines Kindes hindeutete, war, daß die Frucht sich geregt hatte.

Wenn in alten Texten vom Ungeborenen als Kind gesprochen wird, dann bezog sich dieses Wort auf ein gestaltloses Etwas, das über neun und manchmal noch etliche Monate mehr, insbesondere bei Witwen, unsichtbar und verborgen wurde. Man darf nicht vergessen, daß die ersten Herztöne aus dem Mutterleib erst um 1830 entdeckt wurden.

Schwangerschaft bedeutete einen Zustand, in dem die Frau guter Hoffnung ist. Der moderne Arzt kennt sie nicht. Er diagnostiziert das Auftauchen eines Risikos ab ovo, im Moment der Einnistung. Die erste Vermutung einer Frau schwanger zu gehen, kam mit der Hoffnung auf ein Sprossen in ihr, daß vielleicht einmal ein Du werden kann. In der frühen Neuzeit vergingen viele Monate, bevor aus dem Gespür etwas wiederum nur ihr selbst Faßbares unter dem Herzen wurde. In einer etwas altmodischen Ausdrucksweise könnte man sagen: Mutterschaft dämmerte. Sie kam nie auf einen Schlag mit der Post aus dem Labor. Acht Tage nach dem Beischlaf bietet sich heute der Urintest an und mit ihm der Scheinbeweis eines Zustandes, den der Gerichtshof als Schwangerschaft in die Sphäre des Rechts erhebt. Bald danach zeigt der Vaginalscanner der vor den Schirm zitierten Frau einen Schatten, den ihr der Gynäkologe als vorkindlichen Umriß des Menschen deutet. Aus der Perspektive ihrer symbolischen Wirkungsmacht gesehen, ist die pränatale Vorsorge ein Ritual, das auf die Zerstörung des historischen Schwangerschaftserlebnisses angelegt ist.

Noch im 18. Jahrhundert bestaunten Medizinprofessoren von Halle die Gebärmutter für diese Potenz, alles Mögliche hervorzubringen. Nicht alles, was aus den Geschlechtsteilen einer Frau kommt, ist ein Mensch, wußte man damals noch. Eine Mutter konnte auch eine nicht-menschliche Frucht, eine Mole, in sich tragen. Auf diese falschen Früchte ist weder der Urintest noch das Ultraschallgerät kalibriert. Der Test ist eine indirekte Spurensuche nach dem neuen Menschen. Er zeigt aber nicht ihn, sondern eine Reaktion des Frauenkörpers, die wohl charakteristisch ist, aber nicht eindeutig Einnistung signalisiert. Noch sieht die Frau im Digitalbild einer Beschallung einen menschlich proportionierten Körper, innerhalb der Geschichte der Proportionalität. Was der Frau als Entwicklungsstadium vorgeführt wird, wurde durchwegs bis in das 18. Jahrhundert notwendig als Abortus gesehen. Es hatte nämlich einen großen Kopf und war deshalb kein richtiges Menschlein.

### »Leben« als technisches Phantom

Nach den neuen Richtlinien des Gerichtes und nach dem Bundestag sollen die Verfahren der pränatalen Vorsorge jetzt auch noch durch Zwangsberatung angereichert werden. Das heißt, heute soll eine ideologische Beratung eingesetzt werden, um den Rahmen festzulegen, in dem Frauen die technischen Verfahren der Vorsorge verstehen, vor allen Dingen sie sich zuschreiben und verinnerlichen sollen. Nun müssen wir aber festhalten, daß das Faktum Mensch oder gar Leben durch keines dieser Verfahren technisch festgestellt, sondern daß es nur rituell hergestellt wird. Das Verfahren dient dazu, das Mythologem eines menschlichen Lebens als technisches Phantom der Frau einzufleischen. Nur Phantasten setzen einen Ein- und Mehrzeller einem Menschen gleich. Trotzdem haben der Papst, die Richter und die Abgeordneten keine Bedenken, von einem neuen menschlichen Leben ohne Hand und Fuß zu sprechen. Sie gehen dabei von der popularisierten neuen Embryologie aus, nach der im befruchteten Ei eine Charakteristik auftaucht, die sich in keiner anderen Zelle des Frauenkörpers findet – die Definition einer beginnenden Schwangerschaft. Es gibt heute verschiedene Theorien darüber, ob das ein genetisch codiertes Informationsprogramm ist, oder ob es mehr komplexe Rückkopplungssysteme sind. Das Modell, in dem das begriffen wird, wäre sozusagen ein fachwissenschaftlicher Stil der früheren oder jetzt der mittleren neunziger Jahre. Wie auch immer verschiedene wissenschaftliche Denkstile die embryogenetische Mode im Lauf der letzten 20 Jahre verschoben haben, eines wird klar: Der Embryologe erhebt seinen Kompetenzanspruch, sobald die soeben genannte Charakteristik in einer Zelle wissenschaftlich beobachtet wird. Der Genetiker spricht vielleicht von heterogenem Programm, der Zytologe von einer Varianz in der Ökologie des Plasmas, der Immunologe spricht heute von einer Zelle, die auf den Frauenleib als etwas Fremdes reagiert und so ihr biologisches Selbst behauptet. Jede dieser Aussagen lassen den Embryologen zu einer Metapher greifen und dann vom Entstehen eines neuen Lebens sprechen. Denn das hält der Biologe für das Subjekt seiner Disziplin.

Diesem Kompetenzanspruch der Biologie hat sich jetzt das Gericht angeschlossen und in ihrer Sprechweise auch die übermäßige Mehrzahl der Parlamentarier. Die Richterschaft nimmt die metaphorische Aussage eines interdisziplinären Gespräches als zureichenden Grund dafür, diese eine Zelle, den Zygoten, nun zu einer Rechtstatsache eines neuen Lebens zu machen. Ausdrücklich beruft sich das Gericht auf das individuelle, in seiner genetischen Identität festgelegte, nicht mehr teilbare Leben. An diese Verwandlung einer populärwissenschaftlichen Metapher in eine hochrichterliche Ausdeutung des Grundgesetzes schließt sich eine Serie von Rechten und Ansprüchen an, die die befruchtete Zelle in den Status des Rechtssubjektes erhebt, ihm Menschenwürde, Recht auf Leben, Schutzanspruch zuspricht. Was mich daran entsetzt, ist ein nahtloser Übergang von genetischer Heterogenität zu substantivem Leben und schließlich zum Menschen; weiters ein Sprung von genetischem Chromosomensatz zu Identität. Und schließlich die Verwandlung einer hormonell diagnostizierten Frau – das tut der Schwangerschaftstest – zu einer Mutter, die noch nicht einmal in anderen Umständen gewesen sein muß, um Mutter zu sein. Diese nahtlosen Übergänge entsprechen offenbar so sehr einem mediengerechten Denkstil, daß das Monströse in diesen Sinnverschiebungen und Vermischungen von Sphären gar nicht mehr wahrgenommen wird.

In mehrfacher Hinsicht ist das Urteil zum Schwangerschaftsabbruch ein Skandal, dessen ich mich schäme. Erstens, weil hier das oberste deutsche Gericht ein unübertroffenes Beispiel dafür liefert, wie im kulturellen Klima der neunziger Jahre der Staat die Zuschreibung von Menschenwürde und Rechtsschutz auf biologischen Kriterien gründet. Zweitens, weil es wirklich erstaunlich ist, wie wenig gegen diese Biologisierungen des Menschen, über den das Grundgesetz von 1949 handelt, protestiert wird. Und drittens, weil die richterlich unterstützte Verwandlung der Schwangerschaft von einer kulturell erlebbaren zu einer diagnostizierten, unsinnlichen Tatsache eine Verquickung von ganz verschiedenen Wirklichkeitsbereichen bedeutet. Nicht nur, daß heute im Grundgesetz verankert werden soll, daß Frauen so spüren sollen, sondern jetzt soll auch noch durch Beratungszwang die Verwissenschaftlichung des eigenen Selbst und ihres Körpers zur Pflicht gemacht werden.

**Konfliktlinien**

In der Wahrnehmung der Schwangerschaft haben wir hier eine Verschiebung vor uns, von einem persönlichen Erlebnis zu einem diagnostizierten Konflikt. In früheren Debatten über den Schwangerschaftsabbruch standen im Kern der Sache noch Frauen. Wenn in der Vergangenheit in bezug auf den Schwangerschaftsabbruch von einem Konflikt gesprochen wurde, dann lag der Konflikt vor dem Abbruch, er lag im Gewissen der Frau oder im Streit mit dem Großvater, der ein Enkel wollte. Es ging um eine biographische Krise, es ging um Lust, um Moral, um Nachkommenschaft oder Erbschaft. Die Auseinandersetzung fand zwischen Frauen und Ärzten oder Frauen und Männern statt. Die Natur des früheren Konfliktes in bezug auf Schwangerschaftsabbruch stand in der erlebten Zeit und Hoffnung auf Zukunft von Seiten der Frau. Extrem ausgedrückt stehen wir heute vor etwas ganz anderem: vor dem Kampf ums Dasein von zwei aneinandergeketteten Immunsystemen, denen hypostasierte Substantivität zugeschrieben worden ist. Wir stehen heute im Recht vor einer polemischen Konstruktion zwischen potentiellen Widersachern, nämlich hier die Frau, und dort der Fötus oder der Embryo. Amerikanische Juristinnen sprechen von der gegensätzlichen Konstruktion des Abbruches heute, wobei in diesem Interessenskonflikt das Gericht Vormundschaft beansprucht. Die Frau ist nach dem Wortlaut der Urteilsbegründung heute eine Dritte, gegen die der Staat einen Mündling zu schützen hat. Ich meine, daß sich die Kritik an dem Urteil weitgehend mit den richterlichen Vorurteilen zugunsten des neuen Lebens beschäftigt hat, zugunsten des Embryos oder des Fötus. Die Kritik hat sich viel zu sehr mit der Gewichtung des Vorurteils eines Partners, und nicht mit der Wahl dieser Front überhaupt beschäftigt, daß der Konflikt heute in dieser Form gefaßt wird. Kaum wurde darauf aufmerksam gemacht, was die potentielle Hypostasierung einer Zelle in ihrem Inneren der Frau antut. Die Kritiker des Urteils erörtern zu wenig, daß die Konstruktion dieses neuartigen Konfliktes zwangsläufig die Frau entkörpert und entwürdigt.

Frauen waren guter Hoffnung, und wenn sie schwanger gingen, dann hatten sie nicht, sondern dann erwarteten sie ein Kind. Wenn ein Kind geboren haben, wurden sie zur Mutter. Und Mutter war ein großes, starkes Wort. Der Funken, an dem für Dante das Du sich entzündet. Stark im Guten wie im Bösen. Jetzt soll, grundgesetzlich sanktioniert, die Landung einer genetisch fremden Zelle in der Schleimhaut des Uterus die Initialzündung für Mutterschaft sein. Nicht weil die Frau ein Du auf die Welt bringen kann, sondern weil ihr Immunsystem die qualifizierte Fremdheit des Implantates erkennen und tolerieren kann, wird Frau heute zur Mutter. Weiter kann es die Frauenfeindlichkeit nicht treiben, als es einem provisorisch symbiotischen Fremdkörper zu überlassen, die Person zu einer Mutter zu stempeln.

Was man vormals Mutter nannte, ist heute wohl eine Lebensproduzentin. Was die Frauen in den Schatten des Konfliktes stellt, und was sie durch eine Reaktion, eine Immunreaktion umstandslos, sozusagen ohne eine Schwangerschaft durchlaufen zu haben, zur Mutterschaft verpflichtet, wird zunehmend als ›neues Leben‹ bezeichnet. Was ist das? Nichts. DNA, Genom, Basensequenzen, Chromosomen, das sind alles Fachwörter. Ludwik Fleck (1980) nannte solche Termini Chiffren für wissenschaftliche Tatsachen. Ein Leben hat nichts in dieser Wortkategorie zu tun. Selbst in der um 1800 entstandenen Lebenswissenschaft, der Biologie, hat das Wort Leben seit der Mitte des 19. Jahrhunderts keinen fachlichen Stellenwert mehr. Es kommt in der Entwicklungsbiologie (Developmental Biology), die früher Embryologie hieß, im Gespräch von Fachwissenschaftlern, nicht vor. Nur in der Öffentlichkeit, als Experte vor dem Bundestag, gelingt es dem Biologen sich dadurch wichtig zu machen, daß er sich als Fachmann über das Leben stilisiert. In seinem

Fach wird von Strukturen und Funktionen, Systemen und Reaktionen gesprochen, nicht von Leben. Wissenschaftliche Termini sind Konventionen, die umso brauchbarer sind, je eindeutiger sie etwas bezeichnen und alles, was mitschwingt, ausschließen. Das Wort Leben, ›ein Leben‹, ›neues Leben‹ tut aber genau das Gegenteil. Das Wort bezeichnet nicht, aber es konnotiert absoluten Wert. Im Deutschen Bundestag hatte nicht ein Volksvertreter den Anstand, Mut oder Verstand, auf dieses Paradox aufmerksam zu machen. Denn er wäre das Stigma des potentiellen Mörders wohl vielleicht nicht losgeworden in dem Klima, in dem offenbar die Diskussion verläuft. Das Wort »Leben« ist von Predigt, Ökologie und Bundestagsdebatte aufgeblasen worden, über die Talkshow hat es Prestige gewonnen. Rituelle, öffentliche Sprechakte haben ihm den Anschein hinreißender Konkretheit verliehen. Jetzt stehen wir vor der Tatsache, daß die Mehrzahl der Menschen in bezug auf eine Zelle zum Beispiel denkt, wir haben es hier mit »Leben« zu tun. Das heißt, rituelle öffentliche Sprechakte erzeugen etwas, es geht nicht um den Schutz des Lebens, sondern es geht um die Herstellung dieser Scheinkonkretisierung. Die Verfassungsrichter sind natürlich auch nur Menschen und Männer, sie sind genauso abhängig und deshalb sprechen sie eben genauso in ihrer Wortwahl des Urteils. Sie ersetzen das Wort Mensch, ein wichtiges Wort, heute durch »Leben«. Wie konnte es zu dieser Anfälligkeit des gesunden Menschenverstandes im Richtertalar kommen? Ich stelle die Frage als Historikerin, deren Thema das weibliche Körpererlebnis ist. Ich frage mich, ob wir das Karlsruher Urteil nicht als ein Dokument der deutschen Geschichte interpretieren müssen. Denn das Verfassungsgericht ist die Instanz, die beauftragt ist, dem Grundgesetz immer neuen, nachvollziehbaren Sinn zu geben. In dieser Mission spricht das Gremium einer wissenschaftlichen Tatsache, das heißt einer Tatsache ohne Hand, Fuß und Kopf, die Würde des Menschen zu. Gerade zu dem Zeitpunkt, zu dem in Deutschland die volle Menschlichkeit von sichtbaren, greifbaren Einwanderern, Krüppeln und Sterbenden auf dem Spiel steht, fordern die Richter die Anerkennung der Ebenbürtigkeit des Ungeborenen, ja des Zygoten. Wie trifft diese biologistisch begründete Anerkennung das Personenverständnis von uns allen? Diese Frage ist dadurch tabuisiert worden, daß wir unentwegt gewarnt werden. Es heißt, ohne den Schutz des ungeborenen Lebens stünde das Lebensrecht der Alten, Sterbenden und Behinderten auf dem Spiel. Ich habe mich davon überzeugt, daß diese Behauptung auf einem Irrtum beruht.

Die verpflichtenden Sprechakte, in denen biologische Organisationsstadien mit konkreten Menschen unter dem Abstraktum substantiven

Lebens gleichgestellt werden, schaffen überhaupt erst ein öffentliches Klima, in dem Richter und Gesetzgeber auf biologischer Grundlage entscheiden können, ob die Erlanger Mutter oder der zur Organernte ausersehene Hirntote noch menschliche Leben sind, die den Schutz der Verfassung genießen. Unsere Gesellschaft schafft sich mit diesem Leben, in dem der Mensch ausgelöscht ist, ein Objekt und eine Ressource, auf die man zurückgreifen kann. Wie kommt es dazu, daß diese Inhumanität, die mit dem substantiven Leben und der Hypostasierung dieses Lebens auftritt, nicht Proteste auslöst, wie früher die Substantivierung von Blut? Mir scheint dieser bruchlose Übergang von jedem und Menschen zu einem Leben, den hier der Urteilsspruch immer wieder aus dem Grundrecht herausliest, dadurch bedingt zu sein, daß es quer durch die Gesellschaft im Laufe dieser letzten Jahre zu einer vormals undenkbaren Entkörperung des Erlebens gekommen ist. Die entkörperte Wahrnehmung des eigenen Organismus wird mehr und mehr zu einer Grundcharakteristik unserer Epoche. Kein Wunder, daß auch für unsere Richter das Körpererlebnis von Frauen aus einer unmittelbaren sinnlichen Wahrnehmung zu einem instrumentell ablesbaren Faktum werden kann. »Wie geht es ihnen heute?«, habe ich kürzlich einen Krebskranken gefragt, und als Antwort gab der mir zurück: »Das kann ich ihnen erst morgen sagen, wenn mir das Labor den Befund schickt.« Wem es so geht, wer nur weiß, wie er sich selbst fühlt, wenn er seine aus technischen Verfahren ablesbaren Parameter kennt, für den kann dann auch das leibhaftige Faktum Mensch zum Resultat eines Laborergebnisses werden.

Nur aus diesem Verlust an Körperecho in Alltag, Moral, Ethik und Gesetz kann ich es mir erklären, wie das oberste juristische Gremium die Biologisierung des Grundrechtes nach 45 Jahren seiner Gültigkeit mit solch unwidersprochener Selbstverständlichkeit betreiben konnte. Nur so konnte es geschehen, daß das eigentlich Skandalöse, nämlich das auf Technik basierende Axiom im Zustandekommen einer Rechtssache nicht einmal als etwas Fragwürdiges in die Diskussion gekommen ist. Nur so kann ich es mir erklären, daß Frauen, die aus Schwangeren zu Lebensproduzentinnen geworden sind, sich durch die neue Synonymik zunehmend beeindrucken lassen. In Deutschland ist ja die meiste Tinte des Urteils darüber geflossen, wie die »Beratung zum Leben« institutionell und rechtlich organisiert werden soll. Es ist viel diskutiert worden, wie das überhaupt gehen kann. Ich betrachte diese »Beratung zum Leben«, auch wenn sie ergebnisoffen oder anonym geführt werden mag, als etwas ganz Schlimmes. Denn aus der hier ausgeführten Perspektive ist Beratung über diese sozusagen wissenschaftlichen Tatsachen die

Chiffre für die gesetzliche Verankerung der Entkörperung im Erlebnis der Schwangeren. Und mehr noch: Sie zeugt vom politischen Willen, heute die Schwangere zum gesellschaftlich wirksamen Symbol eines neuen Wirklichkeitsverständnisses zu machen. Dagegen möchte ich gerne protestieren und das einsetzen, was ich zu diesem Protest beitragen kann, nämlich die Geschichte des Leibes, des Fleisches und des leibhaftigen Erlebnisses des Selbst. Das heißt, ich möchte als eine Frau protestieren, die bei ihrem Körper, bei ihren Sinnen bleiben will.

**Anmerkung**

1  Die folgenden Zitate sind meinen persönlichen Notizen und Aufzeichnungen entnommen.

**Literatur**

Duden, Barbara: Geschichte unter der Haut. Ein Eisenacher Arzt und seine Pazientinnen um 1730, Stuttgart 1987.
Diess.: Der Frauenleib als öffentlicher Ort. Vom Mißbrauch des Begriffs Leben, Hamburg – Zürich 1991.
Fleck, Ludwik: Entstehung und Entwicklung einer wissenschaftlichen Tatsache, Frankfurt/M. 1980.

**Ludger Weß**

# Die Träume der Genetik

1923 veröffentlichte der britische Genetiker John Burdon Sanderson Haldane ein kleines Bändchen mit dem Titel *Daedalus, oder Wissenschaft und Zukunft*, in dem er sich mit der Bedeutung der Wissenschaft und der Rolle des Forschers für die weitere Entwicklung der menschlichen Gesellschaft auseinandersetzte. Haldane wählte zur Charakterisierung die griechische Sagengestalt des Daedalus – für ihn der Prototyp des ehrgeizigen Wissenschaftlers und Erfinders und des modernen Menschen schlechthin.

Daedalus, in der griechischen Mythologie ein begnadeter Bildhauer, schuf als erster realistische Statuen, darunter eine mit täuschend echten Bewegungen. Aber er hatte auch seine dunklen Seiten: Aus Angst vor Konkurrenz ermordete er seinen ebenfalls hochbegabten Neffen und Lehrling, indem er ihn von Klippen ins Meer hinabstieß. Vor seinen Verfolgern nach Kreta geflohen, arrangierte er dort die Paarung zwischen Pasiphae, der Frau des König Minos, und dem Kretischen Stier. Dem entstandenen Ungeheuer Minotaurus – für Haldane der erste Erfolg auf dem Gebiet der experimentellen Entwicklungsbiologie – erbaute Daedalus das Labyrinth. Als er auch in Kreta in Ungnade fiel, brachte er seinem Sohn Ikarus und sich selbst das Fliegen bei. Bei dem Fluchtversuch über das Meer kam Ikarus um. Der rastlose Daedalus ließ sich in Sizilien nieder, wo er schließlich den König Minos, der ihn dort aufstöberte, unter Verletzung der Gebote der Gastfreundschaft in einer Art Gaskammer beim Baden ermordete. Trotz aller Morde und frevelhaften Erfindungen haben die Götter den Daedalus indessen nicht gestraft – ein einmaliger Vorgang in der griechischen Mythologie.

Für Haldane hat Daedalus damit »als erster den Beweis geliefert, daß der Naturwissenschaftler mit den Göttern nichts zu schaffen hat« (1923, 41). Dieser zwielichtigen Gestalt, die sich ungestraft über alle Ethik und Moral hinwegsetzen kann, wird seiner Meinung nach die Zukunft gehören: »Der Wissenschaftler der Zukunft wird immer mehr der einsamen Gestalt des Daedalus gleichen, in je höherem Maße er sich seiner furchtbaren Mission bewußt und stolz auf sie sein wird.« (1923, 78)

Die Zukunftsaufgabe seines eigenen Fachs, der Biologie, bestand für Haldane ausschließlich in der Entwicklung von Technologien, mit deren Hilfe Pflanzen, Tiere, Menschen und schließlich sogar die menschliche Psyche zum Wohle der Menschheit verändert und gesteuert werden müßten. In seiner Vision wird eine »biologische Revolution« den Menschen zu ungeahntem Wohlstand und einem Leben ohne Krankheit verhelfen. Die Ektogenese, d.h. die Zeugung und Reifung von Embryonen im Labor, wird die Frauen von den Lasten der Schwangerschaft und Geburt befreien und dadurch vollständige Gleichberechtigung ermöglichen; gleichzeitig soll die wissenschaftlich kontrollierte Reproduktion zur Erzeugung von Menschen mit größerer Intelligenz, Kreativität und sozialem Verantwortungsbewußtsein eingesetzt werden.

### Eine »neue Biologie«

Haldane war mit seinem Fortschrittsoptimismus und seinem technizistischen Denken ein typischer Vertreter der »neuen Biologie«, die etwa um die Jahrhundertwende in den USA entstanden war. Sie wurde unter dem Einfluß von Jacques Loeb (1859–1924) eine beherrschende Strömung in den neuen biologische Disziplinen, wie etwa der Physiologie und der Genetik. Ihre Vertreter entwickelten einen an Physik und Chemie orientierten, experimentellen Forschungsstil und waren überzeugt, daß alle Lebensvorgänge sich letztlich auf klare, einfache und beherrschbare Zusammenhänge zurückführen lassen würden: »Der ›Inhalt des Lebens‹ von der Wiege bis zur Bahre«, so Loeb (1911, 40), »sind Wünsche und Hoffnungen, Bestrebungen und Kämpfe und leider auch Enttäuschungen und Leiden. Und dieses innere Leben soll der Metaphysik entreißbar und der physikalisch-chemischen Analyse zuführbar sein? Trotz der Kluft, die uns von einem solchen Ziele noch trennt, glaube ich doch, daß dasselbe erreicht werden wird.«

Der Traum der Vertreter dieser »neuen Biologie« war die Entwicklung einer »biologischen Ingenieurskunst«, einer »Technik der lebenden Wesen«. Die Kontrolle und Umformung des Lebens sollte sich dabei nicht bloß auf die Zurichtung von Pflanzen und Tieren beschränken, sondern aus der Biologie auch Maßstäbe für das Zusammenleben der Menschen und die Organisation der menschlichen Gesellschaft ableiten. Dieser Wunsch bestimmte maßgeblich die Enstehung und Entwicklung der Genetik und war die treibende Kraft bei der Suche nach der Struktur der Gene.

# Die Träume der Genetik

»Es sei daran erinnert«, schrieb der amerikanische Genetiker und Nobelpreisträger Hermann Joseph Muller 1936 in seiner Autobiographie, »daß der Ursprung meines Interesses an der Genetik meine langgehegte Idee der Kontrolle der menschlichen Evolution durch den Menschen selbst gewesen ist. Mit Absicht habe ich mich jedoch zunächst der Erforschung der allgemeinen Genetik zugewandt, in der Überzeugung, daß dies eine verläßlichere Grundlage und Stütze für eine spätere Inangriffnahme speziellerer Probleme des Menschen abgeben würde.«[1] Muller, einer der Begründer der klassischen Genetik, war der wohl konsequenteste Verfechter dieses reduktionistischen und an technologischer Beherrschung orientierten Ansatzes in der Vererbungsforschung. Folgerichtig entwickelte er unter Einbeziehung der Physik Techniken zur Erzeugung von künstlichen Erbänderungen (Mutationen), die zur Produktion von immer neuen Variationen der Fruchtfliege Drosophila, dem ›Haustier‹ der Genetiker, eingesetzt werden konnten. Die von Muller vorangetriebene Integration von physikalisch-chemischen Ansätzen in die Genetik war schließlich erfolgreich, als sich eine Reihe von Physikern, darunter Francis Crick, der Genetik zuwandten und diesen Weg konsequent weiter verfolgten. Auch Muller träumte von der genetischen Zurichtung des Menschen und der biologischen Verbesserung der Gesellschaft. Er plädierte in seinem 1935 erschienenen Buch *Out of the Night* für die künstliche Befruchtung von Frauen mit ausgewähltem Spendersamen und gründete später eine Nobelpreisträgersamenbank, um überragende Intelligenz und Gesundheit zu einem »Geburtsrecht für alle« (vgl. Muller 1939, 521f) zu machen.

Die Apologeten der »neuen Biologie« sahen sich selbst vor allem als Techniker und Konstrukteure des Lebendigen. Jacques Loeb betrachtete Lebewesen – den Menschen eingeschlossen – als Maschinen und sah die Hauptaufgabe der »neuen« Biologen in der Herausbildung eines biologischen Ingenieurswesens. Hermann Joseph Muller kam diesem Ziel bereits sehr nahe: Seine Mutationsauslösung durch Röntgenstrahlen lieferte der Genforschung unzählige Lebewesen, deren chromosomale und äußerliche Verstümmelungen als Werkzeuge in immer neuen Kreuzungsversuchen dienen.

Mit dieser bis heute fortdauernden Ausrichtung verknüpft ist ein beispielloses Streben nach technologischem Erfolg, der in der Kontrolle von allmählich allen Lebensvorgängen einschließlich der, wie Muller (1935, 68) es ausdrückte, »inneren Welt« des Menschen gesehen wird. Die Atomphysik ist dabei schon früh zum Orientierungspunkt für die Visionen von der Herrschaft über die Lebens- und vor allem die Vererbungsprozesse geworden, und zwar sowohl in wissenschaftlich-technischer Hinsicht als auch in Hinblick auf die Machtfülle, die die Freisetzung der Kernenergie Wissenschaft und Gesellschaft verleiht. Genetik und Atomphysik sollten, so Muller, die »Grundpfeiler unserer Regenbogenbrücke zur Macht« (1916, 17) abgeben. Die Genetiker machten sich auf die Suche nach der Struktur des »Atoms der Biologie«, dem Gen als kleinster Einheit der Vererbung. Als die Zusammenarbeit von Atomphysik und Genetik schließlich in den fünfziger Jahren sehr eng geworden war, führte dies zum Durchbruch bei der Aufklärung der Genstruktur.

**Das Weltbild der modernen Molekularbiologie**

Dieses auf das Gen als den archimedischen Punkt fixierte Denken ist heute bestimmend in Biologie und Medizin. »Jetzt können wir den Menschen definieren. Genotypisch besteht er jedenfalls aus einer 180 Zentimeter langen bestimmten molekularen Folge von Kohlenstoff-, Wasserstoff-, Sauerstoff-, Stickstoff- und Phosphoratomen – das ist die Länge der DNS, die im Kern des Ursprungseis und im Kern jeder reifen Zelle zu einer dichten Spirale gedreht ist, die fünf Milliarden gepaarte Nukleotide lang ist«, jubelte Joshua Lederberg (1966, 292), Anfang der sechziger Jahre, als die Biologen erstmals über schlüssige Theorien für die Struktur und Funktionsweise des genetischen Materials, der DNS, verfügten. Für die Molekulargenetiker gelten seither zentrale »Geheimnisse des Lebens« als aufgeklärt; man habe gezeigt, daß das Leben von »erstaunlicher Einfachheit« sei. Die Evolution habe ihren Anfang aus chemischen Bausteinen genommen, alles Leben sei einheitlichen Ursprungs und einheitlicher Struktur und folge einheitlichen Zielen. Diese Schlüsse waren der Auftakt für eine Revolution des Menschenbildes der Biologie. Auf die zentralen Fragen menschlicher Existenz – Wer sind wir? Welchen Sinn hat unser Leben? Warum sind wir da? – geben seither auch die heutigen Exponenten der Molekulargenetik einfache Antworten: Die Essenz des Menschen sei nichts weiter als knapp zwei Meter eines einfach aufgebauten, fadenförmigen DNS-Moleküls, der Sinn seines Daseins läge in seiner Vermehrung, und er existierte, weil sich aus einer einfachen Molekülsuppe durch puren Zufall komplizierte genetische Programme entwickelten. Der Mensch sei letztlich die Realisierung eines dieser genetisch vorgegebenen Programme: »Es gibt uns, weil wir uns durch einen Prozeß der natürlichen Selektion aus einfachen chemischen Bausteinen entwickelt haben«, meinte Francis Crick (1966, 93). Molekularbiologen wie Crick, Lederberg, Jacob (1972), Monod (1971) und andere haben seit den sechziger Jahren immer wieder betont, daß die kulturelle Entwicklung des Menschen und damit unser Denken und Verhalten durch Gene gelenkt und begrenzt wird. Kultur wird so reduziert auf Biologie, Verhalten auf Gene, Geist auf Materie und Organismen auf Programme. Mit dem Durchbruch dieser reduktionistischen und deterministischen Weltsicht wurde der bis dahin geltende Konsens von Biologen, Philosophen und Sozialwissenschaftlern aufgekündigt, wonach der Mensch etwas Einzigartiges sei, weil seine kulturelle und biologische Evolution seit dem Zeitpunkt getrennt verlaufen sei, wo die geistigen Fähigkeiten und die große Flexibilität des Verhaltens des Menschen erstmals entwickelt waren. Der natürlichen Selektion wird nunmehr eine zentrale Rolle in der Ausbildung unseres Verhaltens und unserer Gesellschaft zugesprochen. Sie habe, so die Behauptung, solche psychische Strukturen und moralische Prinzipien begünstigt, die auch der biogenetischen Fitness ihrer Anhänger dienten (vgl. Monod 1971). Der Biologie falle die Aufgabe zu, unsere Verhaltensweisen und gesellschaftlichen Strukturen darwinistisch zu ergründen und aufzuzeigen, wo unsere kulturellen Ansprüche und unsere Moral unserer biologischen Natur widersprechen. Die menschliche Kultur müsse dann unter Anleitung der Wissenschaft so modifiziert werden, daß sie an die Biologie gebunden bleibe. Erst dann sei die »Darwinistische Revolution« vollendet. In dem Maße, wie der Mensch sich in der Vergangenheit von den biologischen Notwendigkeiten entfernt habe, sei auch die Menschheit in Gefahr geraten: Überbevölkerung, atomare Bedrohung, Umweltzerstörung, soziale Unruhen und Informationsüberflutung bedrohen unseren Fortbestand, weil unsere grundlegenden Werte noch immer aus einer überkommenen christlich-jüdischen Tradition bezogen werden. Falsche Vorstellungen über Individualität, Selbstbestimmung, Willensfreiheit und Heiligkeit des Lebens verhinderten »rationale« Lösungen. Notwendig sei stattdessen eine »Ethik der Erkenntnis«, die sich nur von der Vernunft, d.h. den Prinzipien der Naturwissenschaft leiten läßt (vgl. Monod 1971). Angesichts der globalen Krise stellen dann die Molekularbiologen, in den Worten von Joshua Lederberg, konsequent die Frage: »Verschwenden wir nicht ... auf sündhafte Weise einen Schatz des Wissens, wenn wir die schöpferischen Möglichkeiten genetischer Verbesserung vernachlässigen?« (1966, 293) Schon die Beschreibung des Lebens in den Abhandlungen zur Molekulargenetik läßt ahnen, daß es hierbei keine Skrupel gibt. Wenn Organismen nichts weiter sind als »chemische Maschinen«, die von »genetischen Programmen« gesteuert werden, warum dann nicht an diesen Maschinen herumbasteln und die Programme umschreiben und so das Überleben sichern? Da die Molekularbiologie gezeigt habe, daß es einen Schöpfungsplan weder außerhalb noch innerhalb der Natur gibt, könne der Mensch sich auch nicht dagegen versündigen. Nachdem der Darwinismus erkannt habe, daß die belebte Natur bloß ein Experimentierfeld des Zufalls sei, könne auch der Mensch diese Natur als Experimentierfeld nutzen. Nach diesen Auffasssungen ist Gentechnik nichts Unnatürliches – nicht unnatürlicher jedenfalls als Autos und geheizte Wohnungen.

**Genetischer Determinismus**

Anfang der siebziger Jahre ist mit der Entdeckung der sogenannten Restriktionsenzyme die von Loeb, Muller, Lederberg und anderen herbeigesehnte und vorbereitete »biologische Ingenieurskunst« vollends Wirklichkeit geworden: In der Gentechnik kann das genetische Material aller Organismen seither nach Plan zerschnitten und beinahe nach Belieben neu kombiniert werden. Angespornt durch diese technologischen Erfolge und fixiert auf das Ingenieursideal, ist die krasse Selbstüberschätzung der Wissenschaft ein Charakteristikum auch der zeitgenössischen Molekularbiologen. Genforscher möchten noch immer den Hunger der Welt besiegen, als wenn dies ein technisches Problem wäre; sie möchten die Fortpflanzung optimieren und die Menschheit von Krankheit, Gebrechen und Alter befreien, als wenn dies jemals möglich wäre. Sie versprechen auch Abhilfe für alle gesellschaftlichen Übel – ob Drogensucht, Obdachlosigkeit oder Kriminalität. Das Gen bzw. die DNA ist zum determinierenden Bezugspunkt von Biologen und Medizinern geworden; ein Molekül bestimmt angeblich unser Sein und unser Bewußtsein.

Anfang des nächsten Jahrtausends, so will es das weltweit koordinierte Projekt zur Entschlüsselung des menschlichen Genoms, das *Human-Genome-Project,* werden die etwa drei Milliarden Bausteine der menschlichen DNS in einer Reihe aufgeschrieben sein. Was wird dieses ehrgeizigste Projekt der Biologiegeschichte uns dann enthüllen? Die Antwort lautet: Wir werden dann wissen, wie unser Leben funktioniert, wir werden unsere Anatomie, unseren Stoffwechsel und unser Verhalten endlich erschöpfend beschreiben können, und selbstverständlich wird auch erwartet, daß dann das menschliche Selbstverständnis wissenschaftlich definiert werden kann (Kevles/Hood 1992). Dazu einige Stimmen zeitgenössischer Molekularbiologen.

* James Watson: »Sicherlich sind wir hinter Alkoholismus her ... Das ist eine Krankheit, die definitiv einen starken genetischen Einfluß hat. Wir wüßten gern, warum manche Leute besonders anfällig für Alkohol sind, und die Ergebnisse unseres Genom-Projektes werden da der Menschheit helfen.« (zit. nach Greffrath 1990, 26)
* George F. Cahill, Vizepräsident des Howard Hughes Medical Institute: »Es gibt noch immer Leute, die glauben, wir entwickelten unsere psychische Störungen wegen unserer Umwelt oder aufgrund von Kindheitserfahrungen. Eben der alte Freud-Aspekt. Dabei ist es keine Frage, daß Schizophrenie und manische Depression, wahrscheinlich sogar Wut und Aggressivität erblich bedingt sind. Kennen wir erst einmal die zugrundeliegenden chemischen Reaktionen, werden wir das alles viel rationaler angehen können. Die Psychiatrie wird geradezu explodieren.« (zit. nach Greffrath 1990, 24)
* Orri M. Friedman: »Der eigentliche Markt liegt bei der sogenannten Risiko-Abschätzung. Das ist die Fähigkeit, festzustellen, ob jemand eine genetische Anfälligkeit für eine Zivilisationskrankheit besitzt. Darunter fallen die meisten Formen von Krebs, Herzerkrankungen, mentale Störungen, Bluthochdruck, Diabetes, Alkoholismus und so weiter ... Das ist ein enormer Markt, denn wir reden jetzt von der genetischen Durchleuchtung der gesamten Bevölkerung, von Massenuntersuchungen. Ein einziger Gentest dieser Art wäre allein in diesem Land ein Geschäft in Multimillionen-Dollarhöhe.« (zit. nach Greffrath, 1990, 23 )

Konkret erhofft man sich von dem Projekt eine neue Ära der Medizin: Diagnosen könnten direkt aus der genetischen Beschaffenheit des Patienten gestellt werden, und zwar bereits bevor eine Krankheit zum Ausbruch käme. Krankheitseintritt und -verlauf, wären dann sehr frühzeitig beeinflußbar. Für eine Vielzahl von Krankheiten wären Ursachen und Mechanismen angebbar und damit neue Therapien und ›Reparaturmöglichkeiten‹ in Aussicht. Möglicherweise, so schwärmen Humangenetiker, wird dann auch die Gentherapie drastisch vereinfacht, also die Korrektur genetischer Defekte direkt am genetischen Material.

Wenn es aber an den Genen liegt, daß jemand verrückt, süchtig oder gewalttätig wird, in die Armut abrutscht oder nicht lesen kann, dann sind Gesellschaft, Familie und Politik von aller Verantwortung für erniedrigende Lebensumstände befreit. Möglicherweise helfen dann auch billige Pillen statt teurer Reformen und langwieriger Therapien. Hat man die Gene identifiziert, kann die Prävention ansetzen – am besten so frühzeitig, daß die Betreffenden gar nicht erst das Licht der Welt erblicken.

**Anmerkung**

Hermann J. Mullers Autobiographie von 1936 steht als bislang unveröffentlichtes Manuskript zur Verfügung: Manuscript Department, Lilly Library, Indiana University, Bloomington.

**Literatur**

Crick, Francis: Of Molecules and Men, Seattle 1966.
Greffrath, Matthias: Der lange Arm von Chromosom Nr. 7, in: Transatlantik, Dez./1990.
Haldane, John, B. S.: Daedalus, oder Wissenschaft und Zukunft, München 1923.
Jacob, François: Die Logik des Lebenden. Von der Urzeugung zum genetischen Code, Frankfurt/M. 1972.
Kevles, Daniel J./Leroy Hood (Hg.): The Code of Codes. Scientific and Social Issues in the Human Genome Project, Cambridge – London 1992.
Lederberg, Joshua: Die biologische Zukunft des Menschen, in: Robert Jungk/Hans Mundt (Hg.): Das umstrittene Experiment: Der Mensch. Siebenundzwanzig Wissenschaftler diskutieren die Elemente einer biologischen Revolution, München 1966.
Loeb, Jacques: Das Leben, Leipzig 1911.
Monod, Jacques: Zufall und Notwendigkeit. Philosophische Fragen der modernen Biologie, München 1971.
Muller, Hermann J.: Applications and Prospects (unveröffentl. Manuskript, aus: Manuscript Department, Lilly Library, Indiana University, Bloomington), 1916.
Ders.: Out of the Night. A Biologist's View of the Future, New York 1935. (Dt.: Aus dem Dunkel der Nacht, teilweise abgedruckt in: Ludger Weß (Hg.): Die Träume der Genetik. Gentechnische Utopien von sozialem Fortschritt, Nördlingen 1989.
Ders.: Social Biology and Population Improvement, in: Nature, Bd.144/1939.

**Maria Mies**

## Patente auf Leben

**Darf alles gemacht werden, was machbar ist?**

Der »Verband der Chemischen Industrie« veranstaltete im Sommer 1993 einen kostspieligen Werbefeldzug mit ganzseitigen Anzeigen in den großen deutschen Zeitungen unter dem Titel »Pro-Gentechnik«. Diese Kampagne wurde nicht nur von interessierten Wissenschaftlern, wie etwa Professor Ernst-Ludwig Winnacker, Vizepräsident der deutschen Forschungsgemeinschaft und selbst Gen-forscher, und den Spitzen der Industrie- und Arbeitgeberverbände, Klaus Murmann, Tyll Necker und Hans Peter Stihl, unterstützt, sondern auch von Vertretern der Kirchen, wie etwa dem Theologen Dietrich Rössler, Mitbegründer des Tübinger Zentrums für Ethik in den Wissenschaften, und sogar vom Vorsitzenden der Deutschen Bischofskonferenz, von Bischof Kurt Lehmann. Veranstaltet wurde diese Kampagne, um Restriktionen des bestehenden Gentechnikgesetzes so aufzuweichen, daß Investitionen für die Bio-Industrie attraktiver würden. An diesem Beispiel zeigt sich, inwiefern gesetzliche Einschränkungen von risikoreichen Technologien jederzeit wieder aufgehoben werden können, wenn es keine kritische und wachsame Öffentlichkeit gibt. Gerade mit dieser kritischen Öffentlichkeit, die in einer Demokratie selbstverständlich sein müßte, hat aber die Bio-Industrie große Probleme.

Der riesige Public Relations-Aufwand und die Mobilisierung von Prominenten, einschließlich sogenannter ethischer Experten, zur Unterstützung der Gentechnik macht aber vor allem eines deutlich: Die Gentechnik hat Probleme mit der Akzeptanz. Viele Menschen, die diese Technologie kaufen sollen, lehnen sie ab, weil sie nicht einsehen, wozu sie nötig ist, weil sie ethische Bedenken gegen diesen massiven Eingriff in die Natur, gegen die Manipulation alles Lebendigen nach dem Willen einiger Wissenschaftler hegen, weil sie Angst vor den Langzeitwirkungen und Risiken dieser Technologien haben, deren Ergebnisse nicht mehr rückholbar sind. Nach den negativen Erfahrungen mit der Atomtechnologie, deren Müll auf Jahrtausende nicht zu entsorgen ist, weigern sich die Menschen, an die Segnungen einer Technologie zu glauben, die noch radikaler als die Atomtechnik in den Haushalt der Natur eingreift und sie verändert. Die bisherigen Errungenschaften der Gentechnik – etwa die Produktion transgener Pflanzen und Tiere – ruft eher Abwehr als Begeisterung über den technischen Fortschritt hervor. In einer freien Marktwirtschaft, die angeblich nur das produziert, was die Menschen wünschen, sollte man erwarten, daß eine Technologie nicht weiter betrieben wird, wenn sie auf solch massive Vorbehalte unter den Konsumenten trifft, sodaß sie durch millionenteuere Kampagnen zur ›Akzeptanz‹ überredet werden müssen. Wenn Akzeptanzförderung dieser Art nötig ist, dann muß etwas zutiefst problematisch sein mit dieser Technologie. Daß die interessierten Betreiber – Wissenschafter und Industrie – sogar Ethik-Experten wie Theologen und Bischöfe engagieren müssen, um die Ängste und ethischen Bedenken der Menschen zu zerstreuen, ist selbst schon ein ethisches Problem, das mit dieser Technik verbunden ist: Diese Technologie verspricht Lösungen von Problemen, die selbst erst noch gefunden werden müssen.

Die Genforscher forschen zunächst einmal – staatlich unterstützt – ins ›Blaue‹ hinein und gemeinsam mit der Industrie müssen sie dann, in Erwartung großer Geschäfte, die Gentechnik als *die* Zukunftstechnologie, die Lösung für alle großen Menschheitsprobleme darstellen, z.b. die Beseitigung des Hungers in der »Dritten Welt«, die Heilung von Krankheiten wie Aids und Krebs, gegen Umweltzerstörung usw. Bis heute haben sich diese Versprechungen als Flops erwiesen. Viele Menschen glauben ihnen nicht; ihr Mißtrauen, ihre Kritik und ihre Ablehnung der Gentechnik wird aber von den Betreibern meist als uninformiert, unbegründet oder irrational abgetan. Das heißt, die Konsumenten dieser Technologie sollen einer immer kleiner werdenden Elite von Experten glauben, denn überprüfen können nicht einmal die Experten selbst, ob diese Technik nicht später katastrophale Langzeitauswirkungen hat.

Die Tatsache, daß Gentechniker und Industrie eine solch aufwendige Kampagne zur Akzeptanzförderung für die Gentechnik starten müssen, ist ein Skandal in einer Demokratie. Dieser Skandal ist auch nicht dadurch zu mindern, daß sich prominente Ethik-Experten für die Unbedenklichkeit dieser Technologie aussprechen. Im Gegenteil: Das ethische Dilemma dieser sogenannten Zukunftstechnologie besteht m.E. einmal darin, daß die Ethik-Experten, einschließlich der Theologen, selbst das positivistische Wissenschaftsparadigma unterschreiben, das der Gentechnik wie der gesamten modernen Wissenschaft zugrunde liegt, nämlich, daß sie objektiv, wertfrei, frei von Interessen sei. Für eine wertfreie Wissenschaft aber stellen sich moralische Bedenken nicht in der Grundlagenforschung, sondern erst bei der Frage der Anwendung, wenn das neue technische Produkt das Labor verläßt. Vorher ist alles erlaubt, was machbar ist. Die herrschende Wissenschaft ist von ihrem Selbstverständnis her *a-moralisch*. Die ethische Frage, ob alles gemacht werden darf, was machbar ist, überläßt sie den Politikern und eben den sogenannten Ethik-Experten. Diese können aber immer erst nachher entscheiden, ob eine Technik angewandt werden soll oder nicht, und das bedeutet: zumeist nach erfolgten Katastrophen. Wie uns die Reaktionen nach Tschernobyl gezeigt haben, schoben Wissenschaftler die Verantwortung auf die Politiker.

Wissenschaftler verhalten sich gegenüber den Folgen, die die Anwendung der Gentechnik nach sich ziehen kann, meist wie Professor Starlinger. Als er bei einem Vortrag über *Risiken und Chancen der Gentechnik* in der Fachhochschule Köln gefragt wurde, wo er denn die Grenzen für die Genforschung sehe, ob er nicht befürchte, einmal dasselbe wie der Atomforscher Oppenheimer sagen zu müssen, nämlich daß es besser wäre, wenn die Forscher die Atomspaltung nicht erfunden hätten, entgegnete er:»›Ja, um das sagen zu können, müssen wir das doch erst einmal gemacht haben‹. Im Rahmen dieses Paradigmas kann also im voraus nie gesagt werden, wo die Grenze beginnen soll, wo eigentlich aufzuhören wäre. Denn es muß weitergeforscht werden bis zu dem Punkt, an dem die schlimmsten Resultate vorliegen. Erst dann können wir sagen: Es war falsch. Dieser Wissenschaft fehlen ganz offensichtlich die Kriterien und Kategorien zur Beantwortung ethischer Fragen, sie ist nicht in der Lage, sich selbst in Frage zu stellen.« (Mies 1992, 117)

Nach dem herrschenden Wissenschaftsverständnis kann Ethik immer nur auf die Ergebnisse der Forschung reagieren. Die durch moderne Technologie verursachten Umweltzerstörungen lehren uns aber, daß wir eine solch reaktive Ethik ablehnen müssen und, daß wir die ethischen Fragen nicht mehr sogenannten Ethik-Experten oder Ethik-Kommissionen überlassen dürfen. Da die Folgen dieser Technologieentwicklung von uns allen und den zukünftigen Generationen von Pflanzen, Tieren und Menschen getragen werden müssen, ist zu fragen, ob wir uns nicht alle in diese Ethik-Diskussion einschalten müssen. Und zwar nicht erst post festum, sondern vorher, bereits bei den Fragen nach den Forschungsprioritäten. Dazu gehört das, was Jeremy Rifkin die »einfühlende Voraussicht« genannt hat (1986, 225), die den heutigen Wissenschaftlern allgemein fehlt. In meinem Aufsatz *Wissenschaft-Gewalt-Ethik* habe ich einige der Prinzipien, wie etwa das Rückgängigmachen von Fehlentwicklungen oder Respekt vor der Würde jedes Wesens, einer solch vorausschauenden und einfühlenden Ethik formuliert, ohne die wir die Frage, ob alles gemacht werden darf, was gemacht werden kann, gar nicht beantworten können (vgl. Mies 1992,

122ff). Die Medien haben m.E. eine große Verantwortung, eine solch neue Wissenschaftsethik zu befördern. Ethik ist nicht eine Frage einer neuen wissenschaftlichen ›Priesterschaft‹ von Experten, vielmehr ist Ethik eine Frage des demokratischen Prozesses.

**Patentierung von Leben – Patente als Geschäft**

Als wir Feministinnen 1985 in Bonn den Kongreß *Frauen gegen Gen- und Reproduktionstechnik* durchführten, habe ich in meinem Vortrag *Wozu brauchen wir das alles?* schon gesagt, daß es bei diesen neuen Biotechnologien eigentlich nicht um die Beseitigung von Krankheit, Hunger, Armut, Kinderlosigkeit usw. geht, sondern um die Erschließung neuer Investitionsterritorien und neuer Märkte für die Wirtschaft. Neue technologische Erfindungen werden als *die* Motoren für immer neues Wirtschaftswachstum angesehen. Damals wurde diese Kritik an der Verquikkung von Geschäft und Forschung noch als ›emotional‹ und übertrieben denunziert. Der inzwischen erfolgte Run aller möglichen Genforscher und Chemie-Konzerne auf Patente für angeblich genetische Erfindungen hat die Öffentlichkeit und selbst die Wissenschaftler eines Besseren belehrt: Bei der Hektik, mit der ›Patente auf Leben‹ angemeldet werden, geht es ums Geschäft. Es wird nicht einfach gemacht, was machbar ist, sondern es wird erforscht und gemacht, wovon man sich Profit erhofft.

Im Juni 1980 hatte der amerikanische Supreme Court, das höchste Gericht der USA, dem Molekularbiologen Ananda Chakrabarty und der Firma General Electric das Patent auf ein gentechnisch manipuliertes, ölverdauendes Bakterium erteilt. Hiermit war erstmals ein Lebewesen zu einer menschlichen ›Erfindung‹, zu ›geistigem Eigentum‹ erklärt worden, dessen kommerzielle Nutzung für einen festgelegten Zeitraum das Monopol der Patentinhaber ist. Nach Andrew Kimbrell bekam Chakrabarty das Patent, obwohl er selbst zugegeben hatte, daß er nur Gene herumgeschoben und Bakterien verändert habe, die schon existierten (Kimbrell in: Shiva/Moser 1995, 272). Die Folge dieser Entscheidung war eine Flut von Anträgen auf Patente für gentechnisch manipulierte Organismen, Bakterien, Pflanzen, Tiere bis hin zu menschlichen Genen.

Als Reaktion auf den internationalen Widerstand gegen die Patentierung von Lebewesen beteuerten zunächst die Patentbehörden, es würden keine Patente auf »höhere Lebewesen« ausgestellt. Doch bereits drei Jahre nach der »Chakrabarty-Entscheidung« wurde die sogenannte Krebsmaus patentiert. Sie war von dem an der Harvard-Universität arbeitenden Gentechniker Philip Leder so manipuliert worden, daß sie an Krebs erkranken mußte. Der Chemie Multi DuPont hatte die Forschung finanziert und meldete das Patent an. 1988 wurde es erteilt. Ein Jahr darauf beantragten die Betreiber auch die Patentierung der Krebsmaus beim Europäischen Patentamt (EPA) in München. Dieser Antrag wurde zuerst abgelehnt, weil das Europäische Patentübereinkommen die Patentierung von Tierarten verbietet. Nach einem Protest der Harvard-Universität vollzog das EPA jedoch eine Kehrtwendung, indem es einfach eine Umdefinition vornahm: Es begründete seine positive Entscheidung für das Patent damit, daß es sagte, eine Tierart sei nur eine Unterabteilung einer Tiergattung. Die Patentanmeldung von Harvard bezöge sich aber auf Tiergattungen, nämlich auf alle Säugetiere. Damit erstreckt sich nun das Patent für die Krebsmaus, das im Mai 1992 unter der Nummer 169.672 erteilt wurde, auf alle »entsprechend manipulierten Säugetiere, von der Maus bis zum Elefanten – mit Ausnahme des Menschen« (Meichsner/Odenwald 1993, 21). Doch auch diese Beteuerung ist nichts weiter, als der übliche Etikettenschwindel, der in der Biotechnologie immer dann praktiziert wird, wenn eine weitere Grenze überschritten, ein weiteres Tabu und der Widerstand der KritikerInnen gebrochen und bestehende Gesetze umgangen werden sollen. Es wird einfach eine andere »wissenschaftliche« Definition eingeführt. So definierten z.B. die englischen Reproduktionsingenieure einen zweiwöchigen Embryo einfach als »Prä-Embryo«, um das Verbot der Experimente an Embryonen zu umgehen (Mies 1992, 121). Anstatt von Tieren sprachen die Gen-Ingenieure hinfort von »lebenden Systemen«.

Wie die Initiative »Kein Patent auf Leben« festgestellt hat, ist die Schranke, keine Patente auf menschliches Leben zu erteilen, bereits überschritten, obwohl »der Körper des Menschen oder Teile davon«[1] in Europa nicht patentiert werden dürfen. Clevere Patentanwälte umgehen dieses Gesetz, indem sie Gene, die in Bakterien eingebaut sind, die sich im menschlichen Körper befinden, nicht als »Teile des menschlichen Körpers« erklären. Dieser löst sich in seine Bestandteile auf, die alle von einander isoliert, patentiert, privatisiert und monopolisiert werden können (Mies 1992, 99ff). Das EPA erteilte einem australischen Institut 1991 das Patent, d.h. das geistige Eigentum an der genetischen Information für das Hormon Relaxin im Körper schwangerer Frauen (Meichsner/Odenwald 1993, 25). Auch das Gen für zystische Fibrose ist bereits patentiert, es beinhaltet Diagnose, Therapie und chirurgisches Verfahren. Ärzte, die mit diesen Verfahren arbeiten, müssen Lizenzgebühren zahlen. 1991 meldete der Genforscher Craig Venter vom staatlichen Gesundheitsforschungszentrum in den USA Patente auf 2.000 Genfragmente aus menschlichen Gehirnzellen an. Nach diesem Antrag gab es eine Flut von Anträgen verschiedenster Genlabors auf Patente für ihre »Erfindungen«. Das EPA hat auch die Anträge von Craig Venter nicht grundsätzlich abgelehnt, sondern aus formalen Gründen. Es hat die Anträge von Ernst-Ludwig Winnacker, Genzentrum München, angenommen und positiv entschieden. Professor Winnacker hat sich das »geistige Eigentum« auf Gensequenzen der Aminosäuren für menschliches Interferon patentieren lassen. Patentinhaber ist die Firma Hoechst. Damit wird menschliches Erbgut grundsätzlich als patentierbar angesehen, es wird zur Ware. Der Patentinhaber hat ein Monopol auf die Herstellung dieser Ware, und alle Käufer/Konsumenten müssen Lizenzgebühren zahlen.

Es zeigt sich deutlich, daß die Konkurrenz um Patente und Profite das eigentliche Motiv für diese Bio-Ingenieure ist, und daß die Gentechnik nicht verstanden werden kann, wenn sie von diesem wirtschaftlich-sozialen Zusammenhang losgelöst betrachtet wird. Erst jetzt scheint einigen Wissenschaftsgläubigen klar zu werden, daß dieser Run auf Patente nicht nur die sogenannte Freiheit der Wissenschaften gefährdet, sondern auch zu höchst gefährlichen Entwicklungen führen kann, wie das Wettrennen um die Atombombe bewiesen hat. Noch nach dem Bombenabwurf stritten sich die gefangenen deutschen Atomforscher darüber, ob es nicht besser gewesen wäre, wenn sie die ersten gewesen wären. Es ist Zeit, daß wir begreifen, daß dieses Konkurrenzsystem Teil der modernen Wissenschaft und Technologie ist und nicht etwas ihr Äußerliches. Die Konkurrenz der Wirtschaft auf dem Weltmarkt wird die Regierungen geneigt machen, auch ethische Bedenken gegenüber der Patentierung von menschlichem Leben hintanzustellen. Die Geschichte der Patentvergabe für gentechnisch manipulierte Lebewesen sollte uns jedenfalls mißtrauisch machen gegenüber Beteuerungen und selbst Gesetzen, die vorgeben, bestimmte Grenzen zu respektieren. Der Genforschung und der Bio-Industrie geht es um die umfassende Kontrolle über und die profitable Vermarktung von allem Lebendigen, von Pflanzen, Tieren und Menschen.

**Was ist an »Patenten auf Leben« ethisch bedenklich?**

Man mag nun fragen, was denn an der Patentierung von Leben, einschließlich menschlichen Lebens, so verwerflich sei? Die Betreiber dieser Technologie – die Genforscher und vor allem die chemische Industrie – versuchen dem Publikum klarzumachen, daß wir schon längst lebende Wesen zu Waren gemacht haben, mit ihnen Handel treiben und Profite machen. Die KritikerInnen der Genforschung, insbesondere jene der Patentierung von Lebewesen, sehen in dieser Patentierung einen qualitativ neuen Schritt. Meines Erachtens ist jedoch die Patentierung von Lebewesen keineswegs etwas qualitativ Neues in der Naturwissenschaft, sondern entspricht ihrer Logik von Anfang an. Diese Logik ist die des *Teile und Herrsche*, nicht nur bei der Frage der Anwendung, sondern schon bei der Grundlagenforschung. Ehe DNA, Gensequenzen etc. manipuliert, patentiert und so angeeignet werden können, müssen sie aus dem lebenden Organismus isoliert werden. Sie müssen von der Symbiose, dem lebendigen Zusammenhang, getrennt und zu bloßem seelenlosen, subjektlosen Bio-Rohstoff erklärt werden, der willkürlich zu neuen, auch transgenen Bio-Maschinen kombiniert wird. Dieses *Teile und Herrsche* bedeutet auch, daß andere soziale, politische, ökonomische Zusammenhänge aus dem Bewußtsein des Forschers ausgeblendet werden. Wenn er z.B. an Pflanzen forscht, sagt er, das habe ja nichts mit Tieren oder gar Menschen zu tun. Wenn es um das Patent für die Krebsmaus geht, wird beteuert, Menschen würden nicht patentiert. Wenn es um Reproduktionstechnik geht, wird gesagt, das hätte nichts mit Gentechnik zu tun.

Wenn wir aber ethische Fragen stellen, dann können wir diese Teile-und-Herrsche-Logik nicht mehr länger akzeptieren. Ethik muß sich immer auf die gesamten Zusammenhänge beziehen, sonst ist sie keine Ethik, sondern nur die Legitimierung von Eigeninteressen. Für unser Thema bedeutet das, daß wir eine der herrschenden Wissenschaftslogik entgegengesetzte Methode anwenden müssen. Wir müssen das wieder zusammenfügen, was durch das Teile-und-Herrsche-Prinzip aus dem lebendigen Zusammenhang herausgerissen wurde. Wir können uns nicht darauf beschränken zu fragen, ob Patente für Pflanzen, Tiere und dann eventuell für höhere Tiere oder gar Menschen erlaubt sein sollen. Wir müssen viel grundsätzlicher fragen, ob Pflanzen, Tiere, Menschen – kurz das LEBEN – patentiert, d.h. aus Profitstreben zur Ware deklariert und privat angeeignet und monopolisiert werden darf, und zwar nicht nur hier, sondern auch in der »Dritten Welt«. Die reaktive Ethik fragt aber immer nur, ob eine Technik im konkreten Einzelfall angewandt werden soll, z.B. im Fall einer bestimmten Krankheit. Sie fragt nicht, wie eine solche Krankheit verhindert werden könnte.

Um die ethischen Dimensionen der Biotechnik zu verstehen, ist es notwendig, über den eigenen Gartenzaun hinauszublicken. Die Initiative »Kein Patent auf Leben« meint, daß die Erteilung von Patenten auf Erbinformationen, auf Mikroorganismen, Pflanzen, Tiere, Menschen die »Landkarte des Lebens« neu schreibe, daß dadurch eine neue »Geographie des menschlichen Genoms« entworfen würde, die in Ländereien mit Landesgrenzen und Zollrechten aufgeteilt werde. »Die Landkarte wird in einzelne ›Claims‹ aufgeteilt. Dabei ist die Gentechnologie Urheberin dieser neuen Geographie. Zugleich ist sie aber auch Instrument im Verteilungskampf der neuen Ländereien. Die Beschreibung von neuen Landkartenabschnitten (Gensequenzen, M.M.) und ihre Inbesitznahme fallen in ein Moment zusammen. Nicht eine Erfindung, sondern lediglich die erstmalige Beschreibung in dieser speziellen Terminologie genügt, um Besitzrechte zu erhalten. Das gab es nie zuvor.«[2] Doch das gab es schon zuvor. Und das gibt es heute. Was in dem Faltblatt durch die Metapher »die Landkarte des Lebens neu schreiben« ausgedrückt wird, ist die alte und neue Methode des Kolonialismus. Die Kolonisatoren haben immer schon Eroberung, Raub, Piraterie als Entdeckungen und Erfindungen deklariert, wobei sie die Gewalt, die sie anwandten, verschwiegen und die Gebiete, die sie so aneigneten zur *terra nullius*, zum leeren oder Nicht-Land erklärten, das erst durch die Eroberer einen Namen und eine eigene Identität bekam. In der Gentechnik wird dieselbe Methode angewandt. Teile (Gensequenzen) werden gewaltsam aus dem lebendigen Zusammenhang gerissen, der niemand gehört, Gemeingut aller ist (Commons) und privat angeeignet wird. Dieser Raub wird dann »Erfindung« genannt und soll durch Gesetze wie das Patentrecht, das Gesetz zum »Schutz geistigen Eigentums«, vor anderen ›Claims‹ gesichert werden. Die Patentbehörden in Europa, das EPA, legitimieren diesen Raub, diesen Bio-Kolonialismus und seinen Etikettenschwindel. Das gibt implizit selbst die Bundesärztekammer zu, die ansonsten keineswegs zu den Kritikern der Gentechnik gehört. In ihrer Stellungnahme zur Patentierung des Hormons Relaxin heißt es: »Die vom Europäischen Patentamt bereits ausgesprochenen Patente für die genetische Information des Hormons Relaxin in schwangeren Frauen sowie die von Biologen des National Institute of Health gestellten Patentanträge auf potentielle »neue menschliche Gene«[3] dokumentieren einen Bruch mit der gegenwärtigen Patentierungspraxis: Es werden eindeutig Entdeckungen patentiert, die jeglicher Erfindung entbehren. Die politische Entscheidung, für Gene und Gensequenzen Patente zu vergeben, weist darauf hin, daß es hierbei um wirtschaftliche Interessen geht und nicht nur um den berechtigten Schutz einer Erfindung.«[4]

Bei diesem neuen Bio-Kolonialismus geht es aber nicht nur um Raub, Piraterie, private Aneignung und Legitimierung dieser Aneignung, sondern es geht bei der Patentierung von Genen und Gensequenzen um die Absicherung von Monopolen. Das Patent auf die Krebsmaus z.B. bedeutet, daß alle gentechnisch mit diesem Verfahren behandelten Säugetiere und die daraus eventuell entwickelten Medikamente, Therapien etc. lizenzpflichtig werden, daß allein die Patentinhaber das Recht zur Produktion besitzen (vgl. Baur/Maier-Spohler 1993).

Daß es sich bei der bio-kolonialen Neuverteilung der »Geographie des Lebens« jedoch keineswegs nur um eine Metapher handelt, sondern um tatsächlichen Neo-Kolonialismus, weist Vandana Shiva durch ihre Recherchen in Indien nach, wo sich Chemie- und Saatgut-Multis darum bemühen, durch Patente die Kontrolle über das genetische Erbgut dieser Region zu bekommen. Im Namen der Entwicklung der Landwirtschaft versuchen sie, die gesamte genetische Vielfalt in ihre Hände zu bekommen. Vandana Shiva (1993) nennt das, was sich in Indien in bezug auf Patentierung in der Landwirtschaft zur Zeit abspielt, »Bio-Imperialismus«. Gestützt auf die GATT-Bestimmungen, heute die World Trade Organisation (WTO), die Weltbank, die US-Handelsgesetze versuchen die multinationalen Konzerne, Kontrolle über die genetische Vielfalt dieser Region zu gewinnen (Shiva 1993, 78ff). Das geschah z.B. durch direkten Raub von Genmaterial (z.B. von Reissorten), das von indischen Forschern in eigenen Genbanken gesammelt worden war. Durch Betrug und Korruption wurde dieses Genmaterial außer Landes geschafft und in die Genbanken des Reis-Research-Institute (IRRI) auf den Philippinen gebracht. Dieser große Genraub war aber nur der Anfang der räuberischen Aneignung der genetischen Vielfalt dieser Tropenregion. Heute erfolgt der Zugriff des internationalen Kapitals auf die biologische Vielfalt, vor allem der Tropenländer, wo der größte Teil der genetischen Ressourcen zu finden ist, durch die WTO, die US-Handelsgesetze und nicht zuletzt durch die UNCED-Konventionen zum Schutze der Artenvielfalt. Wie Vandana Shiva (1995, 65) betont, sind dies Versuche des Nordens, die Besitzrechte, die Kontrolle und die Verwertungsmöglichkeiten der Artenvielfalt zu globalisieren, den Industrieländern freien Zugang zu den biologischen Ressourcen der Tropenländer zu geben, um diese dann als Rohmaterial für ihre neue Bio-Industrie nützen zu können.

Es geht erstens darum den lokalen Gemeinwesen, den Bauern, die bisher die Artenvielfalt durch ihr Wissen und ihre Praxis erhalten und geschützt haben, die Kontrolle über dieses Wissen und ihre genetische Vielfalt selbst zu entziehen und in die Hände multinationaler Konzerne und Institutionen überzuführen. Dies geschieht u.a. dadurch, daß die Artenvielfalt zum »gemeinsamen menschlichen Erbe« erklärt wird.

Zweitens wird behauptet, nur die Biotechnologie könne dieses gemeinsame Erbe vor der Vernichtung schützen. Dabei sind es dieselben Chemie-Multis, die bisher durch ihre Pestizide, Herbizide und höchstertragreichen Sorten im Rahmen kapitalistischer Land- und Forstwirtschaft die größten Zerstörer der Artenvielfalt waren. Diese Konzerne schwenken nun auf Biotechnologie um, entwickeln durch Gentechnik Pflanzen, die gegen ihre eigenen Herbizide und Pestizide resistent sind. Damit tragen sie zur Homogenisierung der Artenvielfalt, nicht zu ihrem Schutz bei. Die Artenvielfalt selbst wird zum bloßen Rohmaterial für die Bio-Industrie, hat keinen intrinsischen Wert mehr.

Drittens wird das vor allem durch die von der USA in das GATT-Abkommen eingeführten Patentrechte für intellektuelles Eigentum erreicht. Wenn die genetischen Ressourcen der Tropenländer gentechnisch manipuliert worden sind, sind sie nicht mehr das Eigentum der lokalen Gemeinwesen oder gar der Nationen, wo sie vorkommen, sondern das intellektuelle – und das heißt kommerzielle – Eigentum der Patentinhaber: meist der Konzerne und Bio-Ingenieure im Norden. Damit ist nicht nur die Souveränität der Staaten des Südens beeinträchtigt, sondern vor allem die Kontrolle der lokalen Gemeinwesen über ihre eigene Pflanzen- und Tierwelt. Das wird die tropische Landwirtschaft in eine neue koloniale Abhängigkeit von einigen multinationalen Chemie- und Bio-Konzernen wie Ciba Geigy, Sandoz, Upjohn, Monsanto, Cargill, Shell, Pioneer HiBred US, Hoechst, Bayer u.a. bringen.

Die Patentierung, Privatisierung und Vermarktung von Lebensformen aus dem Süden wird mit allen Mitteln von den multinationalen Konzernen, den US-Handelsvertretungen, der Weltbank und vor allem im Rahmen der WTO vorangetrieben, wo es den internationalen Kapitalinteressen darum geht, ein einheitliches, globales Patentrecht durchzusetzen. So schrieb z.B. ein Vertreter von Monsanto: »Es ist die größte Aufgabe für die Wissenschaftler der Gentechnik und Genfirmen sowie für die nationalen Regierungen, daß sie uniforme, weltweite Eigentumsrechte unterstützen« (zit. nach Shiva 1993, 121). Diese Patentierung und Privatisierung von Pflanzen und Tieren durch Gentechniker und Bio-Industrien bedeutet dann, daß die Bauern der »Dritten Welt« das, was vorher ihr kostenloses Gemeineigentum war, als Waren von den multinationalen Saatgut- und Bio-Firmen kaufen müssen. Es bedeutet die Transformation aller Lebensformen in Waren. Fassen wir die Etappen dieses neuen Bio-Imperialismus noch einmal zusammen:

1. Raub des genetischen Materials des Süden.
2. Globalisierung. Die genetische Vielfalt der Tropen wird zum »gemeinsamen Menschheitserbe« erklärt, d.h. Enteignung der lokalen Kommunen und Entwertung ihres jahrtausendealten Wissens über Pflanzen und Tiere, Enteignung ihrer unabhängigen Reproduktionsfähigkeit.
3. Übertragung des Schutzes der Artenvielfalt an die Gentechnik und Bio-Industrie des Nordens.
4. Private Aneignung durch Patentierung gentechnisch manipulierter Organismen.
5. Monopolisierung der Bio-Waren in Landwirtschaft und Medizin und koloniale Abhängigkeit der Konsumenten.

Zu diesem Vorgehen bemerkt Vandana Shiva: »Von einem Dritte-Welt-Standpunkt aus ist es höchst ungerecht, die Bio-Diversität des Südens als das ›gemeinsame Menschheitserbe‹ zu behandeln und andererseits den Rückfluß der patentierten, mit Preisen versehenen biologischen Waren als Privateigentum der Konzerne des Nordens zu behandeln.« (1993, 91)

Die ökonomischen, kulturellen und vor allem ethischen Implikationen dieses neuen Bio-Imperialismus möchte ich nun an zwei Beispielen demonstrieren, nämlich erstens an der Neem-Kampagne und zweitens an dem Saatgut-Krieg in Indien. In beiden Fällen sind die ethischen Fragen vor allem von lokalen Bewegungen aufgeworfen worden, die um ihre eigene, vom internationalen Kapital unabhängige Reproduktionsfähigkeit kämpfen.

**Die Neem-Kampagne**

Das US-Patentamt hat Robert Larson das Patent dafür erteilt, daß er aus dem Neem-Samen eine Komposition »erfunden« habe, die Nahrungsmittel und andere Feldfrüchte vor Schädlingsbefall schützt. Dieser Neem-Samen-Extrakt enthält 4.000 ppm Azadirachin und hat einen pH-Wert von 3,5 bis 6,0». Neem wurde auch für Dr. James Klocke in den USA patentiert. Die Neem-Kampagne in Indien, die gegen diese Patentierung kämpft, schreibt: »Larsons Behauptung (einer Erfindung, M.M.) ist natürlich eine Lüge. Die schädlingsbekämpfenden Eigenschaften des Neem-Baumes, sind seit Jahrtausenden in Indien bekannt und genutzt worden. Aufgrund dieser Tatsache hat das indische Central Insecticides

Board Neem-Produkte nie unter dem Insektizid-Gesetz von 1968 registriert. Erst nach der Patentierung in den USA erfolgte diese Registrierung 1991.« (Flugblatt der Neem-Kampagne)
Larson hat die Lizenz für sein Produkt der Firma W.R. Grace & Co in Florida übertragen, die in Zusammenarbeit mit P.J. Margo Pvt. Ltd. von Tumkur »die erste kommerzielle Produktion von Bio-Pestiziden auf Neem-Basis« beginnen wollen. Hier wird wieder Etiketten-Schwindel betrieben. Neem-Forschung und Neem-Produkte gibt es in Indien seit tausenden Jahren, meist durch kleine Firmen hergestellt und für den lokalen Gebrauch bestimmt. Neem-Blätter und -Zweige sind überall frei verfügbar, selbst in Städten wächst der Baum. Viele Menschen benutzen Neem-Zweige als Zahnbürste, Neem-Blätter werden zur Verdauung gekaut, Neem wird in Zahnpaste und Seife verarbeitet, Neem-Öl gilt als Kontrazeptivum, die Bauern benutzen Neem zur Schädlingsbekämpfung.

Mit der Patentierung von Neem in den USA wird das Gemeineigentum an kostenlosem Neem zerstört, und Neem wird zur Ware. Darüber hinaus beanspruchen die Patentinhaber das Monopol über die Produktion von Neem-Produkten und über ihren weltweiten Verkauf. Sie erhoffen sich gerade jetzt, wo Grüner Kapitalismus zur Lösung der Umweltprobleme propagiert wird, große Profite. Neem soll die schädliche Chemie zur Insektenbekämpfung ersetzen. Dazu schreibt die Neem-Kampagne: »Die Patentierung von Neem, dem kollektiven Eigentum der Inder, durch eine US-Person, die in den USA lebt und ein globales Patent-Monopol repräsentiert, ist nur ein weiterer Ausdruck der Arroganz und der Verachtung, die der Norden für das traditionelle Wissen und die Wissenschaft des Südens zeigt.«[5]

Die Patentierung von Neem ist daher ein Raub am intellektuellen Eigentum eines ganzen Volkes und der Versuch der Kommerzialisierung einer bisher für alle freien Naturressource. Es ist daher in keiner Weise einsehbar, wie diese Patentierung dem indischen Volke von Nutzen sein soll. Die Neem-Kampagne fordert daher:
– Zurücknahme des Patents für Robert Larson und James Klocke
– Eindeutige Zurückweisung des US Patent-Gesetzes durch die indische und andere Dritte-Welt-Regierungen
– Zurückweisung der GATT-Vereinbarungen über handelsbezogene intellektuelle Eigentumsrechte (Trade Related Intellectual Prosperty Rights, TRIPs)
– Schutz der Bio-Diversität in der Dritten Welt und des (traditionellen) Wissens der Dritten Welt durch eine effektive Interpretation und Anwendung der UN-Konvention über Artenvielfalt.[6]

## Der Saatgut-Krieg in Indien

Der neue Bio-Imperialismus betrifft aber nicht nur einzelne Pflanzenarten in den Tropen, sondern die Unabhängigkeit der ganzen Landwirtschaft eines Landes, und damit die Nahrungsmittelversorgung der Bevölkerung. In Indien kämpfen Bauernorganisationen gegen die GATT-Bestimmungen, vor allem gegen die Patentierung von Lebewesen und genetischem Material. Nach dem indischen Patenrecht von 1970 können »keine Patente gegeben werden für landwirtschaftliche oder gärtnerische Methoden, oder für medizinische, chirurgische, heilende, prophylaktische oder andere Methoden der Behandlung von Menschen, oder für eine ähnliche Behandlung von Pflanzen oder Tieren, um sie frei von Krankheiten zu machen oder ihren ökonomischen Wert zu steigern, oder den ihrer Produkte.«[7]

Artikel 27 der GATT-Vereinbarung (Dunkel-Entwurf) behandelt die Trade Related Intellectual Property-Rechte (TRIPs). Nach diesen Bestimmungen müßte das indische Patenrecht dem amerikanischen angepaßt werden. Das würde für die indischen Bauern vor allem bedeuten, daß sie die Kontrolle über die Produktion, Modifizierung und den Verkauf des eigenen Saatgutes verlieren würden. Multinationale Saatgutfirmen, wie z.B. die US-Firma Cargill-Seeds (India), versuchen mit Gentechnik und GATT im Rücken das Monopol über die gesamte Saatgutproduktion in die Hand zu bekommen. Wenn die Bestimmungen über intellektuelles Eigentum akzeptiert werden, bedeutet das, daß z.B. Cargill Patente auf und damit Eigentumsrecht am gesamten indischen Saatgut besitzen kann. Das heißt, daß kein Bauer mehr sein eigenes Saatgut züchten und weiterverkaufen darf. Das gentechnisch modifizierte Saatgut müßte immer wieder neu von Cargill-Seeds gekauft werden.

Gegen diese Enteignung ihres eigenen Saatguts, seiner autonomen Selbstregeneration, ihres traditionellen Wissens, ihrer Nahrungsmittelunabhängigkeit kämpft u.a. die südindische Bauernorganisation »Karnataka Rajya Ryota Sangha« (KRRS). Sie hat nach dem Vorbild Gandhis eine »Seed-Satyagraha« gestartet, bei der es vor allem um die Verhinderung der Patentierung von Lebewesen und des Eindringens multinationaler Saatgut-Konzerne, wie Cargill-Seeds, in die indische Landwirtschaft geht. Diese »Seed-Satyagraha« begann am 29.12.1992 damit, daß die Bauern das Regionalbüro des amerikanischen Saat- und Lebensmittel-Multis Cargill-Seeds India Pvt. Ltd. in Bangalore stürmten. Sie protestierten damit gegen die GATT-Bestimmung über die Patentierung von Lebensformen und genetischem Material und demonstrierten so, daß die Bauern auf ihrem Recht bestehen, Saatgut selbst zu produzieren, zu modifizieren und zu verkaufen. Auf dem Flugblatt nach dieser Aktion ist zu lesen: »Die KRRS-AktivistInnen verlangen die Aufrechterhaltung des indischen Patengesetzes von 1970, das das Patentieren aller landwirtschaftlichen, gärtnerischen und fischhalterischen Methoden untersagt und den multinationalen Gesellschaften das Eindringen in den indischen Saatgutsektor verbietet.«

Cargill-Seeds ist ein indo-amerikanisches Joint-venture. Nach der KRRS-Aktion im Büro des Multis in Bangalore protestierte die amerikanische Regierung formell beim indischen Außenministerium. Der Präsident von KRRS, Dr. M.D. Nanjundaswamy, erwiderte, daß Cargill nach dem indischen Fabriksgesetz registriert sei. Was in Bangalore geschehen sei, sei eine Sache zwischen indischen Bauern und einer indischen Firma. Es gäbe keine Veranlassung für diplomatische Schritte. Die indische Regierung sollte dies nicht dulden und sollte sich vor allem nicht entschuldigen. Auch andere multinationale Saatgutfirmen in Karnataka wurden von der KRRS gewarnt und aufgefordert, ihre Tätigkeit in diesem Bundesstaat einzustellen. Ansonsten würde sie die »Seed-Satyagraha« weiter verschärfen. Sie handelte nicht nur aus ethischen Erwägungen heraus, sondern auch aus Sorge um das Überleben von Millionen Menschen, die durch diese neue kapitalistische Offensive im Agrarsektor ohne Alternative arbeitslos werden: »In Indien wird diese Vertreibungs-Politik der Bauern im Jahre 2000 zu den erwarteten 10 Millionen Arbeitslosen noch eine Million hinzufügen ... Millionen von Bauern werden weiter verarmen.« (Flugblatt der KRRS)

Nach einem zehntägigen Workshop, den der KRRS im Juli 1993 zusammen mit Vandana Shiva über die Konsequenzen der Gentechnik in der Landwirtschaft und die Patentierung von Lebewesen durchführte, formulierte dieser Verband, der 10 Millionen Mitglieder hat, eine Selbstverpflichtung, wonach sie nicht mehr für den Weltmarkt produzieren wollen, sondern nur für die eigene nationale Selbstversorgung, die eigene Subsistenz. Die Bauern sahen einen engen Zusammenhang zwischen ihrer eigenen Kultur, ihrer Selbstversorgung und Souveränität und der ihres Landes. Die Aktion der indischen Bauern deckte deutlicher als alles andere die Menschen- und Naturverachtung der profitsüchtigen Gen-Ingenieure und der Bio-Industrie auf. Unter dem Vorwand, den Fortschritt zu fördern und den Hunger zu beseitigen, berauben sie Millionen von Menschen ihrer unabhängigen Lebensgrundlagen, und zwar durch den simplen Trick des Patentrechts.

Diese Enteignung und Zerstörung der unabhängigen Reproduktionsfähigkeit von Kommunen, die Monopolisierung und Kolonisierung des gesamten Lebens ist m.E. der größte ethische Skandal, der mit der Gentechnik und der Patentierung von Lebensformen gegeben ist. Daneben gibt es freilich noch eine Liste anderer mehr partieller ethischer Bedenken, wie etwa die Einwände der Tierschützer, die einen eigenen Wert für Tiere fordern. Oder den Einwand, es handle sich bei den sogenannten Erfindungen im Genbereich lediglich um einen Etikettenschwindel. Es seien Entdeckungen, aber keine Erfindungen. Zu kritisieren ist vor allem auch der Mangel an Demokratie und Partizipation, der alle diese Machenschaften begleitet. Kleine Eliten von Forschern und wenige Konzerne bekommen plötzlich ein Monopol über das Leben, auch *unser* Leben als Konsumenten, in die Hand. Es wäre wichtig zu verstehen, daß diese ethischen Fragen nicht einen Luxus-Diskurs darstellen, sondern daß es dabei buchstäblich ums Überleben geht – nicht nur *anderer* Lebewesen, sondern auch um unser eigenes.

**Anmerkungen**

1 Vgl. Faltblatt »Patente, Gentechnologie und Medizin« der Initiative »Kein Patent auf Leben«, München 1995.
2 Ebda.
3 Gemeint sind damit die Anträge Craig Venters.
4 Brief an MdEP Hiltrud Breyer, 19.10.1992, zit. im o.a. Faltblatt (wie Anm. 1).
5 »Bija«, 1.6.1993, hgg. von der Research Foundation for Science, Technology and Natural Resource Policy, New Delhi, Newsletter, Nr. 5.
6 Ebda.
7 Background Paper prepared for National Consultation on Farmer's Rights. Intellectual Property Rights and Biodiversity, Research Foundation for Science, Technology and Natural Resource Policy, New Delhi 6.3.1993, 7.

**Literatur**

Bauer, Wolfgang/Gabriele Maier-Spohler (Hg.): Von Mäusen und Forschern. Kann Leben patentiert werden?, München 1993.
Meichsner, Irene/Michael Odenwald: Erst kommt die Maus und dann der Mensch, in: Natur, 8/1993, 18–26.
Mies, Maria: Wider die Industrialisierung des Lebens. Eine feministische Kritik der Gen- und Reproduktionstechnik, Pfaffenweiler 1992.
Rifkin, Jeremy: Genesis zwei. Biotechnik – Schöpfung nach Maß, Reinbek b. Hamburg 1986.

Shiva, Vandana: Monocultures of the Mind: Biodiversity, Biotechnology and the Third World, Penang (Malaysia) 1993.
Diess.: Captive Minds, Captive Lives. Ethics, Ecology and Patents on Life, New Delhi 1995.
Shiva, Vandana/Ingunn Moser (Hg.): Biopolitics. A Feminist and Ecological Reader on Biotechnology, Penang (Malaysia) 1995.

# III. Mythen

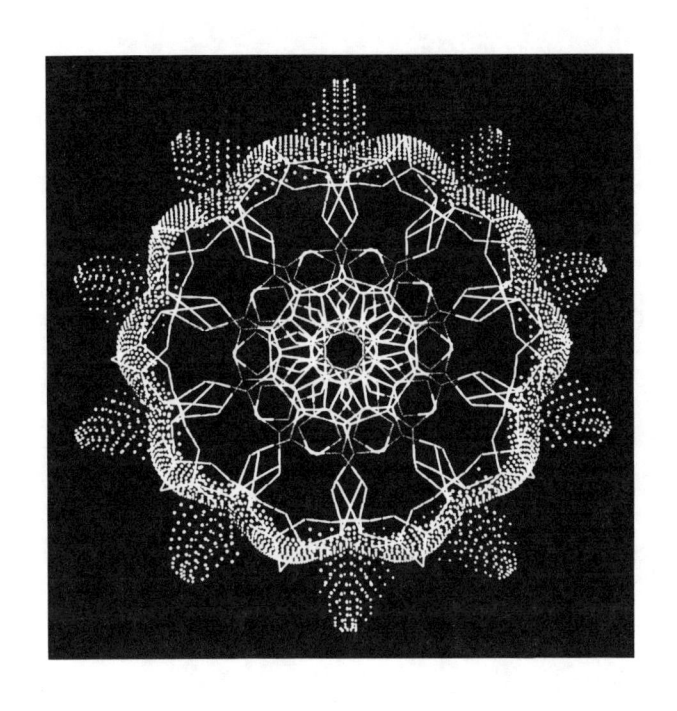

Regine Kollek

## Metaphern, Strukturbilder, Mythen
### Zur symbolischen Bedeutung des menschlichen Genoms

Im Zuge der Verwissenschaftlichung der Welt werden die Phänomene der Natur analytisch durchdrungen und von vorwissenschaftlichen Interpretationen und Zuschreibungen befreit. Dieser Prozeß der ›Entzauberung‹ einer vormals mythischen Welt hat jedoch auch gegenläufige Tendenzen: Im sprachlichen und symbolischen Gebrauch werden wissenschaftlich konstruierte Gegenstände mit Bedeutungen versehen, die sich nicht allein aus ihren erkennbaren Funktionen erklären lassen, und auch nicht auf sie zu reduzieren sind. Besonders anfällig für solche sekundären Mystifizierungen scheinen paradoxerweise gerade diejenigen Bereiche moderner Wissenschaft zu sein, in denen bisherige Vorstellungen über die menschliche Natur am radikalsten in Frage gestellt werden.

Angesprochen ist die moderne Molekularbiologie, die mithilfe der Gentechnik heute in der Lage ist, das Erbmaterial von Lebewesen bis in seine kleinsten Bausteine hinein zu analysieren und zu verändern. Mit dieser Weiterentwicklung wissenschaftlich-technischer Möglichkeiten verbindet sich die Hoffnung, zu einem neuen Verständnis von Krankheitsprozessen kommen und Erbkrankheiten nicht nur erkennen, sondern auch heilen zu können. Aber nicht nur die Grundlagen biologischer Prozesse, sondern auch die biochemische Basis menschlichen Verhaltens und kognitiver Fähigkeiten sollen erkannt, und eines Tages vielleicht sogar beeinflußbar werden. Ein entscheidender Schritt auf diesem Weg ist das Projekt der Gesamtanalyse des menschlichen Genoms, das sogenannte Genomprojekt. In seinen Rahmen sollen die drei Milliarden Bausteine des menschlichen Erbmaterials entschlüsselt und ihre Reihenfolge festgelegt werden. Schon heute liegt eine vergleichsweise detaillierte Landkarte der 23 Chromosomenpaare vor, auf die die genaue Lage von über 7.000 spezifischen Sequenzen markiert ist. Von diesen Orientierungspunkten aus erfolgt die Feinanalyse des Erbmaterials, an deren Ende eine genaue Verortung sowie Struktur- und Funktionsbestimmung aller menschlicher Erbanlagen – der Gene – stehen soll, deren Zahl heute auf circa 100.000 geschätzt wird.

Im Diskurs der Molekularbiologie und in der auf die Öffentlichkeit zielenden Vermittlung der Inhalte und Ziele des Genomprojekts werden dem menschlichen Genom – und diese These soll hier plausibilisiert werden – Bedeutungen zugeschrieben, die weit über seine unmittelbaren Funktionen bei Vererbungs- und Entwicklungsprozessen hinausreichen. Diese Bedeutungen lassen sich durch eine Analyse der Bilder und Metaphern erschließen, die in der sprachlichen und bildlichen Vermittlung des Genomprojekts verwendet werden, und auch aus den Begriffen der Wissenschaftssprache selbst.

**Symbolik wissenschaftlicher Formen und Objekte**

Zum Erkennungszeichen derjenigen, die sich im Rahmen des Genomprojekts oder außerhalb davon der Erforschung des menschlichen Genoms widmen, ist die Doppelhelix geworden. Dabei handelt es sich um die graphische Darstellung der dreidimensionalen Struktur der Desoxyribonukleinsäure (kurz: DNS), die als Träger der Erbinformation gilt. Das doppelspiralige Modell dieses Makromoleküls wurde nach seiner Beschreibung im Jahre 1953 weltberühmt. Grundlage für die Konstruktion dieses Modells waren Röntgenstrukturanalysen, die in der entscheidenden Qualität vor allem im Laboratorium von Rosalind Franklin durchgeführt worden waren (Sayre 1975).

Bei den mithilfe der Röntgenstrukturanalyse gewonnenen Bildern handelt es sich um die fototechnische Fixierung von Signalen die entstehen, wenn isolierte und in bestimmter Weise präparierte DNS Röntgenstrahlen ausgesetzt wird. Das Muster der aufgenommenen Signale ist kompatibel mit einer Doppelhelix, die seit ihrer Postulierung durch Watson und Crick allgemein als Struktur der Erbsubstanz gilt. Sie vereinbart die beiden grundlegenden Eigenschaften der DNS, die der Replikation und die der Instruktion. Als Replikation wird der Prozeß der identischen Verdoppelung des DNS-Stranges bezeichnet, der die Voraussetzung für die Weitergabe des Erbmaterials auf die Tochterzellen bzw. auf die nachfolgenden Generationen ist. Die instruktiven Eigenschaften des Makromoleküls liegen in der Reihenfolge seiner Bausteine, die einen Code bilden, der durch die Leistungen der Zelle in Genprodukte (Proteine) übersetzt werden kann. Die Struktur der Doppelhelix kann somit auch als *Konzept* verstanden werden, das eine Verbindung zwischen der replikativen und der instruktiven Eigenschaft der DNS herstellt. Obwohl heute von der Realität dieser Struktur ausgegangen wird, ist letztlich nicht bekannt, in welcher Konformation das Erbmaterial in der Zelle tatsächlich vorliegt. Da sie sich der direkten

Wahrnehmung entzieht, ist sie ohne physikalisch-technische Hilfsmittel und die dadurch gegebene apparative Zurichtung des Objekts nicht darstellbar.

In schematisierter Form erscheint die Doppelhelix auf praktisch allen Ankündigungen oder Berichten, die im Zusammenhang des Genomprojekts veröffentlicht werden. Sie schmückt die Namenschildchen von Konferenzteilnehmern und dient so als Logo der Genomforscher, als Erkennungszeichen und als gemeinschaftsstiftendes Symbol. Dies ist jedoch nicht der einzige Hinweis darauf, daß mit dieser Struktur Bedeutungen verbunden werden, die über die biologische Funktion des Makromoleküls hinausgehen. 1988 verschickte beispielsweise ein wissenschaftlicher Verlag Weihnachtskarten, auf denen ein sternförmiges Gebilde zu sehen war. Beim Lesen des Erläuterungstextes entpuppte sich das Weihnachtssymbol als ein Bild der DNS, das entsteht, wenn ein sogenanntes Nuklear-Magnetic-Resonance-Spektrum der Erbsubstanz angefertigt wird. Anfang der 90er Jahre erschien darüber hinaus in verbreiteten wissenschaftlichen Zeitschriften wie *Science*, *Nature* und *Bio/Technology* sporadisch ein bestimmter Typus von Werbegraphiken, in deren Kontext die Doppelhelix in überhöhter Weise dargestellt wurde. Im Gegensatz zu den ansonsten in diesen Zeitschriften üblichen, eher sachlich informativen Annoncen wurde bei diesen Anzeigen das zu verkaufende Produkt – dabei handelte es sich meistens um Feinchemikalien oder technische Geräte, die im Zusammenhang mit der Genomforschung eingesetzt werden – mit einer mystifizierenden Darstellung der Doppelhelix versehen, die das Produkt offensichtlich in einem durch diese Struktur symbolisierten Projekt oder Programm zuordnen sollte.

Auch sprachliche Metaphern verweisen auf Bedeutungen des menschlichen Genoms, die mit seinen unmittelbaren biologischen Funktionen kaum etwas zu tun haben. Walter Gilbert, Nobelpreisträger und einer der Initiatoren und vehementesten Protagonisten des Genomprojekts, bezeichnete die Sequenz des menschlichen Genoms als »Heiligen Gral der Humangenetik« (vgl. Lewin 1986, 1600). Dieser Vergleich mit dem »mysteriösesten aller Objekte des mittelalterlichen Christentums«[1] wurde als Symbol für die Gesamtsequenz des menschlichen Genoms nicht nur von Analytikern der Wissenschaftsentwicklung zitiert (Kevles 1993), sondern in der Folgezeit auch von anderen Molekularbiologen aufgegriffen.[2] Gilbert selber fand soviel Gefallen an ihm, daß er einen Essay, in dem er seine Vorstellungen zur Entwicklung und zum Potential des Genomprojekts darlegt, mit der Überschrift *The*

*Vision of the Holy Grail* versah.³ Inzwischen trägt sogar ein kommerziell vertriebenes chemisches Verfahren zur DNA-Analyse die Produktbezeichnung »GRAIL«, dessen Ergebnisse mit einem Software-Programm namens »GRAIL-genQuest« analysiert werden sollen.⁴

Auch wenn die Herstellung einer Verbindung zwischen einem wissenschaftlichen Projekt und einem Menschheitsmythos in erster Linie als Werbestrategie gewertet werden muß, die einer gewissen Ironie nicht entbehrt, so ist sie doch nicht nur das. Und es ist sicher nicht allein die chemische Struktur des Erbmaterials oder seine unmittelbare Funktion als Träger genetischer Information, die Wissenschaftler, wie Walter Gilbert, zu einem derart starken Symbol greifen und andere, wie David Baltimore, beim Gedanken an die Genomsequenz erschaudern lassen.⁵

Die mit der DNS oder dem menschlichen Genom verbundenen Bedeutungen lassen sich durch eine genauere Analyse ihrer bildlichen und sprachlichen Repräsentationsformen erschließen. Anhaltspunkte für ein solches Vorgehen finden sich beispielsweise in Ernst Cassirers Aufsatz *Das Symbolproblem und seine Stellung in der Philosophie* (1985). Vor dem Hintergrund der Erfahrung der intensiven Verbindung zwischen Technik und Mythos im Totalitarismus untersucht Cassirer hier, wie wissenschaftliche und technische Objekte über verschiedene Wahrnehmungsschritte eine symbolische Bedeutung bekommen können. Danach ist nur der erste Schritt der Wahrnehmung eines Objekts quasi ›reine‹, interpretationslose Betrachtung.⁶ Schon die erste formale Umsetzung des Wahrgenommenen beispielsweise in eine mathematische bzw. chemische Formel (2. Schritt) ist eine Leistung des menschlichen Geistes, in die sinnliche Einflüsse und intellektuelle Leistungen gleichermaßen einfließen. In einem zweiten Transformationsakt (3. Schritt) kann das dargestellte Objekt, besonders wenn es räumliche Strukturen hat, zum ästhetischen Gebilde werden und den Charakter eines Ornaments bekommen. Ein Ornament ist aber immer auch Ausdruck einer künstlerischen Sprache, das in jeder kulturellen Epoche unterschiedlich wahrgenommen, interpretiert und bewertet werden kann. In einer weiteren Wandlung der Betrachtungsform (4. Schritt), die in einer intensiven Beschäftigung und gedanklichen Auseinandersetzung mit dem Objekt sowie in einer Suche nach Bedeutung und Sinn bestehen kann, kann sich das Ornament als Träger einer mythisch religiösen Bedeutung enthüllen, «so daß es von einem magischen Zauberhauch umwittert» erscheint. Es wirkt nicht mehr nur als ästhetische Form, sondern wie eine »Offenbarung aus einer anderen Welt«. (Cassirer 1985, 6ff)

## Der Mythos vom Gral[7]

Anhaltspunkte für mythisch-religiöse Bedeutungen, die mit der DNS assoziiert werden, finden sich im Mythos des Grals, in dessen Zusammenhang Gilbert das Genomprojekt gestellt hat. Der Gralsmythos tauchte zum ersten Mal gegen Ende des 12. Jahrhunderts in einem Roman von Crétien de Troyes in der europäischen Literatur auf. Er ist mit der Geschichte des jungen Parzival verbunden, der an den Hof von König Artus geht, um zum Ritter geschlagen zu werden. Nach einer ganzen Reihe von Abenteuern begegnet er eines Tages einem »Fischerkönig«, der an den Geschlechtsteilen verletzt ist und weder ein Kind zeugen, noch sterben kann. Während seines Aufenthalts in der Burg des Königs erscheint Parzival der Gral. Er verläßt die Burg jedoch, ohne die entscheidende Frage nach dem Gral, seiner Herkunft und seinem Daseinsgrund zu stellen. Später erfährt er, daß er selber ein Mitglied der Gralsfamilie ist, und daß sich hinter dem Fischerkönig niemand anderer als sein Onkel verbirgt. Nach weiteren Abenteuern des Helden wird der Fischerkönig von seinem Fluch befreit und kann endlich sterben. Daraufhin tritt Parzival seine Nachfolge als Herr der Gralsburg an.[8]

Während Gestalt, Funktion oder Auftrag des Grals zunächst unbekannt blieben, deutete Robert de Boron ihn in seinem Parzival-Epos einige Zeit später zu einem spezifisch christlichen Symbol um und bringt ihn mit dem Karfreitagsgeschehen in Zusammenhang. Dabei liefert er als erster eine genauere Definition des mythischen Objekts. Danach ist der Gral die Schale, in der bei der Kreuzigung das Blut Jesu aufgefangen wurde. In einem weiteren, von einem anonymen Autor geschriebenen Roman *Perlesvaus* hat der Gral mehrere Bedeutungsebenen: Unter profanem Aspekt könnte er als ein Gefäß interpretiert werden, als Becher, Schale oder Kelch. Im übertragenen Sinn könnte er auch ein Stammbaum sein oder für bestimmte Abkömmlinge dieses Stammbaums stehen. Ganz offensichtlich scheint er jedoch eine Erfahrung ganz besonderer Art zu vermitteln, eine gnostische Erleuchtung.

In dem zwischen 1197 und 1210 entstandenen Gralsepos von Wolfram von Eschenbach ist der Gral der »Inbegriff paradiesischer Vollkommenheit, Anfang und Ende allen menschlichen Strebens!« Er übertrifft »alle Vorstellungen irdischer Glückseligkeit« und: »Wer ihn hütete, mußte unberührt und makellos sein.« Unter anderem erscheint der Gral auch als eine Art »Füllhorn irdischer Köstlichkeiten«, das alles liefert, wonach einen verlangt. Auch wird er als ein sehr mächtiger, makelloser, reiner Stein dargestellt, dessen Wunderkraft enorm ist. »Erblickt ein todkranker Mensch diesen Stein, dann kann ihm in der folgenden Woche der Tod nichts anhaben. Er altert auch nicht, sondern sein Leib bleibt wie zu der Zeit, da er den Stein erblickte ... Der Stein verleiht dem Menschen solche Lebenskraft, daß der Körper seine Jugendfrische bewahrt. Diesen Stein nennt man auch Gral.« (zit. nach Lincoln et al. 1982, 277f)

**Der Genom-Gral als Goldmine**

Hier beginnt sich anzudeuten, was der moderne Gralsritter Gilbert im Sinn gehabt haben könnte, als er vom menschlichen Genom als dem »heiligen Gral« der Humangenetik sprach. Denn die im Rahmen des Genomprojekts zu entschlüsselnden menschlichen Gene können als Blaupause zur gen- und biotechnischen Erzeugung von Genprodukten, sprich Proteinen, verwendet werden. Da die Anzahl menschlicher Gene bis zu 100.000 geschätzt wird, liegt darin ein enormes Potential für die Herstellung neuer, »humanidentischer«, pharmazeutischer Wirkstoffe und damit so weitgehender ökonomischer Gewinnchancen, daß die Gentechnik für Industrie und Politik zur unverzichtbaren ›Zukunftstechnologie‹ geworden ist. Aus dieser Perspektive ist das Genom ein *claim*, in dem nach Goldgräberart *gene-digging* betrieben werden kann. Hier zu investieren bedeutet, sein Vermögen in wenigen Jahren vervielfältigen zu können. Die aus dem Dunkel der Zellen in das Licht der Gensequenzierungsmaschinen gehobenen Erbinformationen werden durch Patentierung geschützt, das menschliche Genom entfaltet seine Produktivkraft nunmehr auf den Aktienmärkten. «Cloning gold rush turns basic biology into big business – cloning a gene can help you raise 50 Million Dollars«, heißen dann auch die Schlagzeilen selbst in nüchternen wissenschaftlichen Zeitschriften.

Die Jagd auf neue Genressourcen bezieht sich jedoch nicht nur auf menschliche Gene, sondern auch auf die von Tieren, Pflanzen und Mikroorganismen. Damit möchte man die synthetisierenden Fähigkeiten lebender Zellen nicht nur nutzen, sondern sie optimieren und die Produkte auf die Bedürfnisse der entsprechenden Anwender in Industrie und Wissenschaft zuschneiden. Die matschfreie Tomate, das fettarme Schwein oder Sojabohnen mit Nußproteinen sollen die Produktion erleichtern und neue Märkte erschließen. So gesehen ist das Genom der Gralsstein, der seinen auserwählten Besitzern zumindest die Hoffnung auf großes irdisches Glück verheißt. Durch seine Entschlüsselung und gentechnische Indienstnahme wird es zu einer schier unerschöpflichen

Quelle, zur Ressource und Produktivkraft für Wissenschaft und Industrie. Derjenige, der diesen Gral nicht nur in einer Vision erblickt, sondern auch in die Hände bekommt, kann das Programm des Lebens selber in den Dienst nehmen.

**Der Gral als weiblicher Schoß**

In ihrer geometrischen Gestalt erinnert die Doppelhelix an Symbole, die auf prähistorischen Schmuckstücken oder Gräbern zu finden sind: an Spirale, Doppelspirale oder Labyrinth. Sie stehen u.a. für Tanzplätze, auf denen Mondfeste, Fruchtbarkeits- und Initiationsriten stattfanden. Die Doppelspirale wird auch als Sinnbild der Mondgöttin gedeutet, die scheinbar spiralenförmig linksherum um die Erde wandert, bis sie voll und rund im Zenit steht, und sich dann rechtsherum wendet, bis sie in Sonnennähe als Neumond verschwindet. In der Mythologie repräsentiert die Mondgöttin den Lebenszyklus und die weibliche Fruchtbarkeit. Sie zeigt an, daß das Leben im Frühjahr geboren wird, im Sommer blüht, im Herbst altert und vergeht, und im Winter in Todesstarre verharrt, um dann im nächsten Frühjahr wieder neu zu entstehen. Dieser Zyklus ist an den Ablauf des Jahres, an Materie und Zeit gebunden. Er steht für Geborenwerden und Sterben, für Leben und Tod.[9]

Erste Darstellungen von einfachen Spiralen stammen vermutlich aus dem Paläolithikum (ca. 13.000 v.u.Z.). Die historischen Darstellungs- und Verwendungsformen dieses Symbols sind ebenso vielfältig wie seine heutigen Deutungen. Sie werden jedoch häufig mit Übergängen in Verbindung gebracht, die am Anfang und Ende menschlichen Lebens stehen. In einer Sage aus Ceram wird die (einfache) Spirale als Weg ins Totenreich, als gefährliche Reise ins Jenseits interpretiert, in deren Mitte das Grab liegt, aus dem dann wieder die Auferstehung erfolgen kann. Labyrinthe, wie sie sich z.B. in Knossos auf dem Boden finden, gelten als elaborierte Form der Spirale. Wenn in der Nähe keine Überreste von Gebäuden gefunden werden, gehen Archäologen davon aus, daß es sich dabei um Tanzplätze handelt. Eventuell markieren solche spiral- oder labyrinthförmigen Gebilde auf der Erde Orte, an denen Initiations- oder andere Rituale stattfanden, bei denen es um Tod, Auferstehung und Wiedergeburt ging. (Kern 1983)

Ähnliche Darstellungen und Riten waren auch Bestandteile vorchristlicher Fruchtbarkeitskulte und der ursprünglich heidnischen Gralssagen. In der zweiten Hälfte des 12. Jahrhunderts erfuhren diese jedoch einen höchst bedeutsamen und subtilen Wandlungsprozeß, in dessen Verlauf heidnische Elemente mit christlichen Traditionen verschmolzen wurden. Diese Entstehungsgeschichte führt zu einer weiteren Bedeutung des Grals, die auch in der gnostischen Überlieferung zu finden ist, in deren Kontext die Gralssagen historisch verortet werden. In dieser Bedeutung repräsentiert der Gral die generative Kraft des weiblichen Schoßes. Es ist unbekannt, ob Walter Gilbert als Mitglied der neuzeitlichen, sich um das menschliche Genom herum versammelnden Gralsgemeinschaft diese Interpretation des Grals vor Augen hatte, als er seine Vision artikulierte. Aber unabhängig davon wird der DNS als moderner Form der Doppelspirale im Kontext des molekularbiologischen und genetischen Diskurses eine Art generativer Kraft zugeschrieben, denn in der Theorie der molekularen Genetik spielt sie eine wichtige, wenn nicht die entscheidende Rolle bei der Reproduktion der Lebensprozesse, die durch sie programmiert und in ihrer Entwicklung vorangetrieben werden. Für den Molekularbiologen und Nobelpreisträger Renato Dulbecco ist sie deshalb »the hidden ruler of life« (1987, 7), und die systematische Totalsequenzierung des menschlichen Genoms ist ein Muß, da »die Sequenz der menschlichen DNA die Realität der gesamten Spezies ist, und alles, was in der Welt passiert, von ihr abhängt« (1986, 1056).

**Die Zähmung des Schoßes**

Anders als die archaische, weiblich konnotierte Spirale oder Doppelspirale ist die moderne Doppelhelix jedoch linear. In Abbildungen hat sie weder Anfang noch Ende, sondern kommt aus dem Unendlichen und verläuft darin. Sie verweist demzufolge nicht auf die Zyklizität des Lebens, die in Geburt, Tod und Wiedergeburt ihren Ausdruck findet, sondern auf Endlosigkeit und Unsterblichkeit. Im Kontext der molekularen Genetik erfährt das uralte Fruchtbarkeitssymbol also eine entscheidende Transformation. In dem nunmehr in linearer Form auftretenden Symbol der Doppelhelix wird die Zyklizität der Lebensprozesse überwunden und durch die Vision abgelöst, das Leben in immer gleicher Form endlos perpetuieren zu können. Angesichts der Möglichkeit, in das Programm des Lebens eingreifen zu können, nimmt die Bereitschaft, die Kürze der menschlichen Lebensspanne hinzunehmen, rapide ab. So wird dann auch das Phänomen der Langlebigkeit zum Forschungsgegenstand, und schon wurden Fliegen konstruiert, die sehr viel älter werden als ihre antiquierten Artgenossen. Dieser Versuch der Verdrängung des Todes findet nicht nur in konkreten Forschungsprojekten seinen Ausdruck, sondern auch in der molekularbiologischen Begrifflichkeit selber, die Tod und Sterben kaum kennt. »Apoptosis«[10] heißt dann auch das neue Zauberwort, das – übersetzt als »programmierter Zelltod« – den Prozeß des Sterbens zu einem wissenschaftlich sezierbaren und von daher auch kontrollierbaren und manipulierbaren Programm macht.

In dem Begriff der »Selbstreplikation« deutet sich darüber hinaus an, daß es nicht nur um die Überwindung der Endlichkeit menschlichen Lebens geht, sondern auch um die seines Ursprunges im geschlechtlichen Zeugungsakt und im weiblichen Schoß. Mit diesem Begriff wird der DNS eine autonome Teilungs- und Vermehrungsfähigkeit zugeschrieben, die sie de facto nicht besitzt, denn der Prozeß der identischen Verdopplung der Erbinformation vollzieht sich nicht kraft einer ihr immanenten Fähigkeit, sondern es sind dafür die Syntheseleitungen der Zelle und des Zytoplasmas erforderlich. Der sich in dem Begriff der »Selbstreplikation« sprachlich andeutende Versuch der Überwindung der Abhängigkeit der identischen »Selbst«-Herstellung von einem zellulären Substrat wird noch deutlicher am Begriff der »genetischen Information«. Die DNS besteht aus vier Bausteinen, deren Anordnung die Reihenfolge der Aminosäuren in den Proteinen bestimmt. Da Proteine für den Aufbau von Organismen unverzichtbar sind, erscheint manchen Wissenschaftlern die Essenz eines Lebewesen durch diese vier Zeichen codiert. Bereits 1954 schrieb G. Gamow: »Thus heriditary properties of any given organism could be characterized by a long number written in a four-digit system.« (318) Der Organismus als mathematisierbares und formalisierbares System, das mithilfe leistungsfähiger Großcomputer berechnet und bearbeitet werden kann. Im Informationsbegriff wird zumindest gedanklich die Gebundenheit der Lebensprozesse an die Materie überwunden, denn »Information« ist letztlich im geistigen, und nicht mehr im Materiellen – in der Mater – verankert, einer Daseinsform, die dem Mythos zufolge dem Weiblichen zugeordnet wird (List 1993, 98f). In logischer Fortsetzung dieses wissenschaftlichen Verdrängungsprozesses kann der Physiker und Kosmologe Stephen Hawkins dann auch postulieren, daß Computer-Viren lebendig sind (zit. nach Flam 1994).

Walter Gilberts Vergleich der menschlichen Genomsequenz mit dem Gral zeigt also an, daß die generative Kraft – der Gral – nun nicht mehr im Schoß der Frau verortet wird, sondern in der Doppelhelix und darin niedergelegten Information, und damit in den Reagenzgläsern der Molekularbiologen. Waren im prä-genetischen Zeitalter Geburt und Vererbung unkontrollierte und unkontrollierbare Prozesse, die immer die Gefahr von Vererbungsfehlern (sprich Erbkrankheiten) mit sich trugen, verheißt das genetische Zeitalter die kontrollierte, fehlerfreie Geburt aus der Retorte, und damit aus dem Geist, der in der europäischen Kultur als männlich identifiziert wird. Auf der symbolischen Ebene steht die genetische Information deshalb für die maskuline Schöpferkraft, die – Körperlichkeit und Materialität transzendierend – dennoch mit der Fähigkeit zur Selbstreplikation (sprich Selbstherstellung) begabt ist. »So muß der Mensch mit seinen großen Gaben doch künftig höhern, höhern Ursprung haben« – als den Schoß einer Frau.

**Die Ankündigung eines neuen Zeitalters**

Auf der eingangs erwähnten Weihnachtskarte erscheint die DNS als Weihnachtsstern, der den Kunden des Verlages die besten Wünsche für das neue Jahr übermitteln soll. Theologisch gesprochen bricht mit dem Weihnachtsstern ein neues Zeitalter an. Das neue Zeitalter, dessen Anbruch durch das Genomprojekt und das Symbol der Doppelhelix angekündigt wird, ist nicht nur durch die Indienstnahme einer neuen biotechnischen Produktivkraft und neue Heilungschancen für die Menschheitsgeißeln Krebs oder Aids gekennzeichnet, sondern auch durch die Vision einer möglichen, fundamentalen Veränderung des Menschen.

Ausgangspunkt einer solchen Veränderung ist ein sich in der Entwicklung befindliches Verfahren – die sogenannte Gentherapie –, in deren Zusammenhang isolierte Gene in den menschlichen Organismus transplantiert werden, beispielsweise um geschädigte Erbanlagen zu korrigieren oder Krebserkrankungen zu therapieren. Zukünftig wird es aber nicht nur um die Therapie von Krankheiten, sondern vielleicht auch darum gehen, Menschen neue Widerstandskräfte gegen Erkrankungen aller Art, und eines Tages vielleicht auch zur Verlangsamung des Alterungsprozesses einzupflanzen. Neben Genen, die für Erbkrankheiten verantwortlich sind, hofft man auch solche zu finden, die menschliches Verhalten, Intelligenz oder andere Persönlichkeitsmerkmale beeinflussen. Am Ende der Suche nach dem Genom-Gral liegt dann das, was übereifrige Propagandisten des Genomprojekts heute schon versprechen: die Vermeidung und Heilung von Krankheiten, die Kontrolle von Alterungsprozessen und Demenzen, und die Kontrolle kognitiver Leistungen, also Jugend, Gesundheit, Intelligenz und langes Leben.

Wer über die Möglichkeiten verfügt, die Sequenz des Genoms zu verändern, kontrolliert die dadurch codierten Lebensprozesse. Ähnlich wie durch die Manipulation der Buchstaben des Wortes «Leib» die «Lieb» oder das «Beil» werden kann, kann die Veränderung der Reihenfolge der Buchstaben der DNS zur Veränderung der durch sie codierten Information führen. Dieses Bild der Kontrolle zentraler Lebensprozesse durch die Manipulation von Buchstaben oder Wörtern erinnert an die Golemssage, die zum ersten Mal in der talmudischen Zeit (200-500 u.Z.) auftaucht. Danach und in späteren Formen der Sage ist ein Golem ein vom Menschen aus Lehm geschaffener künstlicher Helfer, dem durch magische Praktiken Lebendigkeit verliehen werden kann. Zu diesen Praktiken gehört u.a. das Rezitieren von Buchstabenkombinationen. Weil «in den Buchstaben alles enthalten ist», gewinnt der Mensch daraus die Kraft ein Geschöpf zu machen, das seinem Willen bedingungslos unterworfen ist (Völker 1994, 431). Als Strafe dafür, daß der Mensch es dem Schöpfergott gleichtun wollte, entgleitet der Golem allerdings später der Kontrolle seines Konstrukteurs, den er noch im Moment seiner letztlich doch erfolgenden Vernichtung schwer verletzt oder tötet. Die Golemssage taucht gegen Ende des 12. Jahrhunderts, also ungefähr um die gleiche Zeit wie die Gralssagen in Mitteleuropa auf. Anders jedoch als letztere, die in den vorchristlichen Formen eindeutig auf die weibliche Schöpferkraft verweisen und zumindest in der gnostischen Variante noch die Erinnerung an weibliche Generativität in sich tragen, verweist die judaische Golemserzählung auf die Schöpferkraft eines transzendenten männlichen Gottes. Aber darüber hinaus enthält sie auch eine Warnung. Zwar kann der Mensch mit seinen Buchstabenmanipulationen eigene Kreaturen schaffen, doch die Strafe für diese Anmaßung bleibt nicht aus: Wer gegen Gottes Monopol verstößt, erzeugt Golems, die sich am Ende gegen ihren menschlichen Schöpfer wenden.

Symbole sind die verhüllte und abgewandelte Form, in der verdrängte Bewußtseininhalte, Affekte oder Triebkräfte wiederkehren. Sie entfalten ein Eigenleben, dessen Dynamik durch die vielfältigen Bedeutungen gespeist wird, die ihm im Laufe der Jahrtausende zugeschrieben wurden. Vor dem Hintergrund der Bedeutungen, die heute mit dem menschlichen Genom verbunden werden (vgl. Nelkin/Lindee 1995), vermittelt die Doppelhelix auf der symbolischen Ebene einen komplexen Sinnzusammenhang, der gemeinsam mit der Symbolik, die in den Techniken der künstlichen Befruchtung zum Ausdruck kommt, als ein neuer Schöpfungsmythos gelesen werden kann. In diesem Mythos nimmt das Erbgut eine zentrale Funktion ein. Seine Interpretation und Manipulation werden zur rituellen Handlung, die nur Eingeweihten möglich ist. In ironischer Spiegelung wird dieser Mythos aber nicht nur bei denen wirksam, die mit der DNS die Lebensprozesse in den Griff bekommen wollen, sondern auch bei denen, die das Genom für so sakrosankt halten, daß jede Manipulation daran tabuisiert werden muß. Die Tatsache, daß der neue Mythos zwar die Kontrolle der Vererbung verspricht, die meisten in seinem Zeichen vollbrachten Schöpfungen aber solche Monstren wie arthritische Schweine, Krebsmäuse oder nicht faulende Tomaten sind, ist nur eine seiner Pointen. Eine andere wird im Lichte der neuesten Ergebnisse der Klonierungsforschung sichtbar. Danach sieht es so aus, daß identische Klone eines Schafes allein dadurch erzeugt werden können, daß der Kern einer normalen Zelle in eine (vorher entkernte) Eizelle transferiert wird. Angesichts dieses Befundes stellte ein Londoner Experte für Reagenzglas-Befruchtung betreten fest: «Das männliche Lebewesen ist für die Fortpflanzung überflüssig.»[11] Der Versuch, eine neue Version der Schöpfungsgeschichte zu schreiben, wird also durch die Erfolge dieses Projekts selber unterlaufen. Vielleicht ist es die geheime Furcht vor solchen ›Erfolgen‹ wissenschaftlichen Handelns, die das Bemühen antreibt, die Herstellung von Lebewesen zumindest auf der symbolischen Ebene zu einem androzentrischen Schöpfungsprogramm werden zu lassen, das in der Sprache der molekularen Genetik und der Reproduktionsmedizin geschrieben werden kann.

**Die Zurichtung des Leibes und die neue soziale Ordnung**

Auch die Objekte und Phänomene der wissenschaftlichen Welt sind also mit Bedeutungen behaftet, die kulturelle, ästhetische und metaphorische Qualitäten umfassen können. Sie sind Träger symbolischer Kultur (Hörnig 1985) und müssen nicht nur in ihren funktionalen, sondern auch in ihren symbolischen Qualitäten ernst genommen werden. Sie enthüllen die mythisch-religiöse Bedeutung, als deren Träger sie Ernst Cassirer bereits sah. Die Tatsache, daß mythische und religiöse Inhalte im Mantel wissenschaftlicher Begriffe und Bilder wieder auftauchen weist darauf hin, daß der neuzeitliche Bruch zwischen Wissenschaft, Mythos und Religion nicht so klar und eindeutig ist, wie häufig angenommen wird. Symbole sind ein zentrales Element der Selbstinterpretation einer Gesellschaft, durch die Ordnungsnetze über eine chaotisch oder bedrohlich erscheinende Welt gelegt werden. Sie sind Mittel zur Legitimation von Handlungen und sie entfalten ihre strukturierende Kraft in alltäglichen, politischen oder professionellen Bereichen, die sie in subtiler und oft diffuser Weise durchdringen. Sie sind nicht nur einfach Ergebnis von

Eigenschaften, die den Objekten zu eigen sind, sondern sie bringen Zusätzliches hinzu. Insofern können Symbole bzw. Symbolsysteme nicht nur Modelle von, sondern auch Modelle für Wirklichkeit sein. (Geertz 1987)

Die Symbolik, die in den Begriffen, Praktiken und Metaphern der molekularen Genetik und der Reproduktionsmedizin zum Ausdruck kommt, steht nicht nur für neue Produktivkräfte oder Chancen für die Medizin, sondern auch für den Wunsch nach Neuschöpfung und Vervollkommnung des Subjektes. Dieser scheint sich nahtlos in das gesellschaftlich vorgeprägte und erwartete *self management* einzufügen, das nicht nur die Planung des Terminkalenders, sondern auch die der Körperfunktionen und der Gesundheit umfaßt. In Zeiten vielfältiger Forderungen nach unbegrenzter Leistungsfähigkeit der Individuuen einerseits und des Abbaus sozialer Sicherheiten andererseits wird der Wert von Gesundheit und optimaler ›Funktionsfähigkeit‹ unermeßlich. Über die zunehmende Manipulierbarkeit nicht nur einzelner physiologischer Reaktionen, sondern der gesamten Lebensfunktionen einschließlich Geburt und Tod verändert sich so Schritt für Schritt das Verständnis der physischen Basis der menschlichen Existenz. Der Körper mit seinen Organen (einschließlich des Gehirns) und Funktionen wird in nie gekanntem Ausmaß verfügbar. Er erscheint als Projekt, als technisch herzustellendes und aus dem Geist planvoll zu gestaltendes Produkt, das dem menschlichen Willen bedingungslos unterworfen ist, und so zum stofflichen Träger subjektiv realisierbarer Selbstentwürfe transformiert wird. Der Körper wird zum – vom bewußten Selbst abgespaltenen – Handlungsfeld des Individuums. (Sting 1991) Im Zeichen der Doppelhelix versinnbildlichen die neuen Techniken die medizinische und gesellschaftliche Selbstverpflichtung auf einen Fortschritt, dem nicht nur die äußere Natur, sondern auch die physische Basis des menschlichen Dasein unterworfen wird.

Je weiter die technischen Möglichkeiten reichen, desto mehr wird die Handlungskompetenz für diesen Bereich der Biomedizin übereignet, da die meisten Individuen nicht über die erforderlichen technischen Möglichkeiten und Fertigkeiten verfügen. Der subjektive Wunsch nach Heilung und Hilfe bei Krankheit ist dabei sicher eine der wichtigsten Triebkräfte. Dennoch erklärt dies nicht vollständig, warum der Körper zu einem nahezu unbegrenzten Handlungsfeld der naturwissenschaftlichen Medizin werden konnte und kann. Eine Spur findet sich in der Analyse der Herausbildung des modernen Subjektes. In historischer Rekonstruktion kann sie auch als ein Prozeß der Abstraktion des Selbstbewußtseins vom Sein beschrieben werden. Mit der Aufkündigung des Naturzustands und mit der von Elias (1976) beschriebenen Domestizierung des Leibes über seine Einpassung in soziale Riten und Umgangsformen spaltete sich das Bewußtsein zunehmend vom Körper und seinen unmittelbar erfahrbaren Prozessen und Verrichtungen ab. In der Selbstwahrnehmung des modernen Subjektes hat es sich nahezu vollständig vom Körper gelöst, der dadurch zur Manövriermasse in der individuellen Lebensgestaltung wird, aber selbst kein Gestaltungsrecht hat. Er wird zum passiven Objekt zweckgerichteten Handelns, zum Objekt, das selbst zweckfrei ist und deshalb darauf wartet, die Zwecke in sich aufzusaugen, die ihm von den Individuen und der Gesellschaft vorgegeben wurden.[12] Der beseelte Leib wird zum modernen, von den Prozessen des Geistigen abgespaltenen Körper und damit zum naturhaften Residuum, das dem menschlichen Willen und der menschlichen Vernunft subordiniert werden kann und muß.

Nur in dieser Abgespaltenheit kann der Körper zum Objekt der Ordnungsbemühungen der naturwissenschaftlichen Medizin werden, deren Logik bis in das Innere des Körpers hinein verlängert wird. In diesem Prozeß wird er analytisch durchdrungen und theoretisch neuformuliert, materiell nachgebessert und neukonstruiert. So zugerichtete Lebewesen werden, wie Donna Haraway es formuliert, zu »Kyborgs«, zu kybernetischen Organismen, bei denen sich die Grenze zwischen Naturhaftem und technisch Hergestelltem auflöst (1995, 33ff). Die menschliche Natur wird als künstliche, als hergestellte und herzustellende neu konzipiert.

Angesichts der weitreichenden Durchdringung des gesellschaftlichen Bewußtseins mit einem Fortschrittsbegriff, der nicht nur auf die Beherrschung der Natur, sondern auch auf die des Subjektes selbst zielt, ist davon auszugehen, daß die Verwissenschaftlichung der Lebensprozesse und ihre gesellschaftliche Neukonstitution kaum noch rückgängig gemacht werden kann. Haraway interpretiert diese eher resignativ konnotierte Feststellung jedoch als Aufforderung, kreativ an der Auflösung der eindeutigen und einengenden Beschreibungen der (menschlichen) Natur mitzuarbeiten. Die historisch ohnehin kontingenten Grenzziehungen zwischen Natur und Technik müssen ihrer Auffassung zufolge neu markiert, existierende Dualismen aufgelöst und die Aufteilungen und Zuschreibungen von Körper und Geist verflüssigt werden. Obwohl Haraways Perspektive im Grundsatz zuzustimmen ist, liegt die Problematik ihres Vorschlags darin, daß sie den Blick für die Historizität nicht nur der sozialen, sondern auch der stofflichen Existenz des Menschen verliert und damit – radikal zu Ende gedacht – letztlich der totalen Manipulierbarkeit der menschlichen und außermenschlichen Natur Tür und Tor öffnet. Diese Aporie muß überwunden werden, ohne dabei überholte naturwissenschaftlich-ontologische Konzepte zu reaktivieren oder gar normativ zu wenden. Eine Möglichkeit, auf die Stephen Sting (1991) hingewiesen hat, besteht in dem Beharren auf der Differenz zwischen Begriff und Erscheinungsbild, also zwischen der wissenschaftlichen Anmaßung, die Essenz des Lebens begrifflich gefaßt zu haben, und einer sinnlich subjektiven Erfahrung des Selbst. Im hartnäckigen Bestehen auf dieser Differenz liegt die entscheidende Perspektive des Widerstands gegen eine totale Kolonisation des Subjektes durch die Anmaßungen der neuen Technologie. Und das bedeutet auch, gegen die – an die immer neuen Hoffnungen und Perfektionsvorstellungen der modernen Körper appelierenden – Zumutungen der Biomedizin.

**Anmerkungen**

1 So bezeichnete es der Populationsgenetiker Richard Lewontin (1992) in einem kritischen und ironischen Essay zum Genomprojekt.
2 Beispielsweise beschrieb Stephen Friend die Entdeckung eines Gens, dem eine zentrale Rolle bei der Krebsentstehung zugeschrieben wird, als »close to finding the Holy Grail« der Krebsforschung, vgl. Science 16.12.1993, 1644. Andere Wissenschaftler distanzieren sich von der Verwendung der Gralssymbolik. Sie befürchten von seiner Verwendung einen negativen Einfluß auf die öffentliche Diskussion, so z.B. Winnacker (1993, 304).
3 In der deutschen Übersetzung (Gilbert 1993) wird die Gralsmetapher allerdings nicht verwendet, sondern durch Umschreibungen ersetzt.
4 Vgl. »GRAIL. DNA Sequence Analysis System«, Prospekt der Firma APOCOM Inc. Knoxville, 1994.
5 Auch David Baltimore gehört zu den Nobelpreisträgern und Pionieren der molekularen Genetik, vgl. Lewin (1986).
6 Es ist fraglich, ob eine solche interpretationslose Wahrnehmung überhaupt existiert. Vermutlich wäre sie durch Unverständnis gekennzeichnet, denn jedes Verstehen setzt die Existenz eines interpretativen Rahmens voraus.
7 Einige Passagen aus diesem Abschnitt wurden bereits in einem früheren Aufsatz veröffentlicht, vgl. Kollek (1994).
8 Zum Gralsmythos, seiner Geschichte und seinen Bedeutungen vgl. Lincoln et al. (1982).
9 Zu Fruchtbarkeitsriten und zum Mythos der Mondgöttin vgl. Göttner-Abendroth (1984).
10 »Apoptosis« bedeutet im Griechischen Dahinwelken, Vergehen. Mit diesem Begriff wird ein Prozeß beschrieben, der verschiedene Schritte beinhaltet und letztlich zum Absterben von Zellen führt.
11 Zit. nach einem Bericht anläßlich des Erfolgs einer neuen Klonierungsmethode, Hamburger Abendblatt, 8.3.1966, 1.

12 Dieser Gedanke wurde von Stephen Sting (1991) entwickelt, der den Prozeß der Abstraktion des Selbstbewußtseins vom Sein detaillierter beschrieben hat, als das hier möglich ist.

**Literatur**

Cassirer, Ernst: Symbol, Technik, Sprache. Aufsätze aus den Jahren 1927-33, Hamburg 1985.
Dulbecco, Renato: A turning point in cancer research: sequencing the human genome, in: Science, 231/1986, 1056.
Ders.: The Design of life, Cambridge 1987.
Elias, Norbert: Über den Prozeß der Zivilisation. Soziogenetische und psychogenetische Untersuchungen, 2 Bde., Frankfurt/M. 1976.
Flam, Faye: Artifical-Life Researchers Try to Create Social Reality. (Meeting briefs about the fourth conference on Artificial Life, 5 to 8 July 1994 in Boston), in: Science, 265/1994, 868f.
Gamow, G.: Possible Relation between Deoxyribonucleic Acid and Protein Structures, in: Nature, 173/1954.
Geertz, Clifford: Dichte Beschreibung. Beiträge zum Verstehen kultureller Systeme, Frankfurt/M. 1987.
Gilbert, Walter: The Vision of the Holy Grail, in: Kevles, Daniel/Leroy Hood: The Code of the Code. Scientific and Social Issues on the Genome Project, Cambridge/Mass. 1992.
Ders.: Das Genom – Eine Zukunftsvision, in: Daniel J. Kevles/Leroy Hood: Der Supercode. Die genetische Karte des Menschen, München 1993, 95–108.
Göttner-Abendroth, Heide: Die Tanzende Göttin. Prinzipien einer matriarchalen Ästhetik, München 1984.
Haraway, Donna: Die Neuerfindung der Natur. Primaten, Cyborgs und Frauen, Frankfurt/M. 1995.
Hörnig, Karl H.: Technik und Symbol. Ein Beitrag zur Soziologie alltäglichen Technikumgangs, in: Soziale Welt, 2/1985, 186-207.
Kern, Hermann: Labyrinth. Erscheinungsform und Deutungen, München 1983.
Kevles, Daniel J.: Die Geschichte der Genetik und Eugenik, in: Daniel J. Kevles/Leroy Hood (Hg.): Der Supercode. Die genetische Karte des Menschen, München 1993, 13-47.
Kevles, Daniel J./Leroy Hood: Der Supercode. Die genetische Karte des Menschen, München 1993.
Kollek, Regine: Der Gral der Genetik. Das menschliche Genom als Symbol wissenschaftlicher Heilserwartungen des 21. Jahrhunderts, in: Mittelweg 36, Hamburg 1/1994, 5-14.
Lewin, Roger: Proposal to sequence the human genome stirs debate, in: Science, 232/1986, 1598-1600.
Lewontin, Richard: The dream of the human genome, in: The New York Review of Books, 28.5.1992, 31-40.

Lincoln, Henry/Michael Baigent/Richard Leigh: Der Heilige Gral und seine Erben, Bergisch-Gladbach 1984.
List, Elisabeth: Die Präsenz des Anderen. Theorie und Geschlechterpolitik, Frankfurt/M. 1993.
Nelkin, Dorothy/Susan M. Lindee: The DNA Mystique. The Gene as a Cultural Icon, New York 1995.
Sayre, Anne: Rosalind Franklin & DNA, New York 1975.
Sting, Stephen: Der Mythos des Fortschreitens. Zur Geschichte der Subjektbildung, Berlin 1991.
Völker, Klaus: Künstliche Menschen, Frankfurt/M. 1994.
Winnacker, Ernst L.: Am Faden des Lebens. Warum wir die Gentechnik brauchen, München 1993.

Christina von Braun

## Virtuelle Triebe
### Der Einfluß der neuen Medien auf die »natürliche Ordnung« der Geschlechter

Der Zugriff aufs Leben hat nicht nur etwas mit den (rational erkennbaren) Entwicklungen der Naturwissenschaften, mit den enormen Fortschritten in der Erkenntnis der physiologischen Zusammenhänge zu tun – Fortschritte, die sich in den letzten zweihundert Jahren ständig zu beschleunigen scheinen –, der Zugriff aufs Leben offenbart uns auch etwas über die weniger genau zu berechnenden Mächte, die ein Zeitalter und eine Gesellschaft vorantreiben. Hinter den wissenschaftlichen Errungenschaften und den Konsequenzen, die sie hervorbringen, steht eine treibende Kraft, die verständlich machen könnte, warum keine andere Kultur einen solchen ›Fortschrittsglauben‹ entwickelt und in die Wirklichkeit umgesetzt hat wie die christlich-abendländische. Vor diesem Hintergrund werde ich versuchen, die Mechanismen dieser ›treibenden Kraft‹ an medientechnischen Entwicklungen und einigen mit ihnen einhergehenden Geschlechterbildern zu analysieren. Eine ähnliche Entwicklungsspur ließe sich gewiß auch an anderen Linien verfolgen, aber mir erscheint die Spur der Medientechnologie besonders geeignet für eine Analyse der Phantasien verschiedener Zeitalter, vor allem der Gegenwart. Sind doch die Medien, laut McLuhan, nicht nur Träger ihrer Botschaften, sondern auch die Botschaften selbst. Allerdings werde ich den Inhalt dieser Medien-Botschaften auf etwas andere Weise zu interpretieren versuchen, als McLuhan das vor nun bald dreißig Jahren getan hat, namentlich unter Berücksichtigung der symbolischen Rollen, die den Geschlechtern zugewiesen werden. Dabei stellt die Geschlechtersymbolik ihrerseits eine der Schnittstellen dar, an der sich Medientechnologie und Gentechnologie kreuzen. Beide spielen eine zentrale Rolle bei der Entwicklung der postindustriellen Gesellschaft; und bei beiden geht es um zentrale Begriffe wie »Reproduktion«, »Simulation« oder »Inkarnation«. Natürlich werden diese Begriffe in sehr unterschiedlichem Sinne benutzt. Dennoch zeigen sich bei näherem Hinsehen bemerkenswerte Parallelen zwischen der Heilsbotschaft der Medien und der Heilsbotschaft der Gentechnologie, so daß man versucht sein könnte zu sagen: Auf diesen Forschungs- und Praxisgebieten sind ähnliche Kräfte am Werke.

**Wandel des kollektiven Imaginären**

Bekanntlich wurde Frauen noch Ende des letzten Jahrhunderts der Zugang zur Universität und zu geistig anspruchsvollen Berufen verwehrt – und zwar mit physiologischen Begründungen. Mal mußte das Gewicht des weiblichen Gehirns herhalten, ein anderes Mal die weibliche Gebärfähigkeit, die die Frau für geistige Arbeit untauglich mache. In wieder einem anderen Fall war es die erotische Anziehungskraft, die unter der weiblichen Bildung und Intelligenz zu leiden hatte. Über diese Frage entbrannte um die Jahrhundertwende in Deutschland, das von allen Ländern am längsten zögerte, den Frauen den Zugang zur Universität zu eröffnen, eine heftige Diskussion, an der sich alle angesehenen Wissenschaftler der Zeit beteiligten. Einer von ihnen, Georg Lewin, schrieb: »Bei der Vorstellung einer Medizinstudentin laufen mir Schauder über den Rücken. Eine Frau, die über die Anatomie der Geschlechtsteile nicht nur der Frau sondern auch des Mannes orientiert ist, und über das Mysterium des Geschlechtsakts ohne Erröten sprechen kann, wird den Mann immer kalt lassen, wenn nicht abstoßen.« (zit. nach Kirchoff 1897, 73 ) (Auf dieses Ideal des Errötens komme ich noch zurück. Es taucht nicht zufällig in diesem Kontext auf.) Er wurde sekundiert vom Münchner Professor der Anatomie Theodor L.W. von Bischoff, der die Annahme, daß »der wahre Geist der Naturwissenschaften ... dem Weibe stets verschlossen bleibe« (zit. nach Dohm 1982, 188), auch damit begründete, daß ihre Stimme höher, ihre Magen kleiner und ihre Beine nicht so lang seien wie die des Mannes. Dennoch bevölkern Frauen inzwischen die Universitäten, machen sich als Ärztinnen, Anwältinnen oder Geisteswissenschaftlerinnen einen Namen, so daß man wohl konstatieren muß: Entweder hat die biologische Beschaffenheit der Frau in weniger als hundert Jahren eine radikale Mutation erfahren – oder aber das Hirn der ›Naturwissenschaftler‹, die diese Theorien nun nicht mehr vertreten. Oder es gibt einen Wandel des »kollektiven Imaginären«, der dieser Mutation der Geschlechterrollen zugrunde liegt.

Dazu möchte ich einige Thesen formulieren, in deren Zentrum der Übergang von einem Gedächtnis, das von den Gesetzen der Schriftkultur bestimmt ist, zu einem Gedächtnis, das den Rezeptionsmustern einer visuell bestimmten Kultur unterliegt, steht. Ein Übergang, der zum Wandel von Selbst- und Fremdbildern geführt hat, denn jede Identität konstituiert sich durch das, was das Gedächtnis ihr als Kontinuitätsmöglichkeit anbietet.[1] Im Laufe dieses Wandels übt dabei das »kollektive Imaginäre« einen prägenden Einfluß auf die individuelle Erinnerung wie auch Selbstwahrnehmung aus – ein Vorgang, der wiederum prägend für die Geschlechterbilder ist.

Zunächst zum Begriff des »kollektiven Imaginären«. Er hat nichts mit den von C.G. Jung entworfenen »Archetypen« zu tun, die sich durch Unveränderbarkeit auszeichnen. Noch ist damit das kollektive Unbewußte gemeint, in das sich die Spuren einer gemeinsamen kulturellen Tradition oder die Traumata einer Nation eingraben. Der Begriff des »kollektiven Imaginären« ist eher dem verwandt, was Walter Benjamin als »Wunschbilder« oder »Bilder« bezeichnet hat, die »einer bestimmten Zeit angehören« (1982 V/2, 1226) und denen eigen ist, »daß (sie) erst in einer bestimmten Zeit zur Lesbarkeit kommen«. (1982 V/1, 577) Das kollektive Imaginäre, so würde ich es formulieren, besteht aus den historisch *wandelbaren* Leitbildern oder Idealentwürfen, die jede Epoche hervorbringt und die dazu beitragen, das Selbstbild und Gesicht der Gesellschaft dieser Epoche zu prägen. Dabei sind den unterschiedlichen Idealentwürfen des kollektiven Imaginären drei Charakteristika gemeinsam. Erstens: Auf die eine oder andere Weise transportieren sie immer eine Heilsbotschaft, die die Aufhebung menschlicher Versehrtheit beinhaltet und in der die Sehnsucht nach einer Auslöschung der Vergänglichkeit ihren Ausdruck findet. Zweitens: Anders als eine individuelle Phantasie oder eine gesellschaftliche Utopie, deren imaginäre Qualitäten unbestritten sind, werden die phantasmischen Entwürfe des kollektiven Imaginären von ihren Trägern als Wirklichkeit begriffen; sie bleiben also unlesbar. Drittens: Da aber das Kollektiv über kein körperlich abgeschlossenes ›Ich‹ verfügt, bleiben seine phantasmischen Entwürfe dennoch eine Imagination. So bedarf das imaginäre kollektive ›Ich‹ zu seiner Selbstdefinition der Abgrenzung gegen ein Fremdbild, z.B. gegen ›das andere Geschlecht‹ oder ›die andere Rasse‹.

Die neuen Medien haben nun einen erheblichen Wandel bei der Entstehung der Selbst- und Fremdbilder des kollektiven Imaginären bewirkt. Das Netz der modernen Kommunikationsmöglichkeiten eröffnet einerseits den vielfältigen Austausch von Informationen untereinander, verleitet andererseits aber auch zur Schöpfung eines Spiegelbildes, das sich unabhängig von den Reflektionen der anderen Gemeinschaften entfaltet. Paradoxerweise schuf so das moderne Kommunikationsnetz, das die einzelnen Gemeinschaften miteinander verbindet, zugleich die Möglichkeit (wenn auch nicht die Notwendigkeit), sich dem Austausch mit den anderen zu entziehen. Mit anderen Worten: Die neuen Medien – oder genauer: die phantasmatische Welt, die sie entstehen lassen – erlauben die kollektive Herstellung eines selbstgeschaffenen Anderen, in dem das kollektive Ich sein Gegenbild sehen und mit diesem zugleich seine Omnipotenzphantasien befriedigen kann.

Die unsichtbare Religion der Moderne ist eine Religion der Sichtbarkeit – und sie verkündet ihre Heilsbotschaft auf sehr unterschiedliche Weisen. Im deutschen Sprachraum fand sie u.a. in der Entwicklung der antisemitischen Rassenlehren ihren Ausdruck. Durch die Abgrenzung gegen das Gegenbild eines physiologisch definierten »Juden« versuchten die Rassentheoretiker, dem »arischen Volkskörper« – also dem phantasmatischen Selbstbild – den Anschein biologischer Wirklichkeit zu verleihen (vgl. Braun 1990). Statt einer geistigen und religiösen, wiesen sie dem Feindbild des »Juden« eine rassische – also sichtbare – Andersheit zu. Das geschah in einer Zeit, in der dank der Assimilation alle sichtbaren Merkmale jüdischer ›Andersheit‹ – wie der »gelbe Fleck« oder der Kaftan ihrerseits verschwunden waren oder verschwanden. In anderen Ländern, vor allem Frankreich, trug die neue Religion des Sichtbaren eher zur Entwicklung der technischen Sehgeräte bei. Mit anderen Worten: Es scheint kein Zufall zu sein, daß das kollektive Phantasma eines »nationalen Volkskörpers« oder das einer »arischen Rasse« in eben jenem historischen Moment auftauchte, in dem auch die Fotografie geboren wurde (vgl. Green 1985). In dieser Epoche entsteht in allen nachchristlichen Gesellschaften ein Kult des Sichtbaren, der auf die eine oder andere Weise die Erbschaft des Christentums antritt. Für die antisemitischen Rassenlehren ist das evident. Daß es auch für die Entwicklung der modernen Sehtechnologien gilt, werde ich darzustellen versuchen.

Die Selbst- und Fremdbilder des kollektiven Imaginären üben einen prägenden Einfluß auf das Selbst- und Fremdbild des einzelnen aus; zunächst deshalb, weil sich das individuelle Ich nur in der Erkenntnis von der Existenz des anderen als existent (damit freilich auch als unvollständig) erfährt. So bieten die Bilder des kollektiven Imaginären vom ›Wir‹ und von den ›Anderen‹ dem Individuum die Möglichkeit, das eigene, als sterblich erlebte Ich in ein anderes, imaginäres und eben deshalb unsterbliches Ich einzubinden. Die Möglichkeit einer Überlagerung von Ich und Wir hat sich mit den neuen Medien verstärkt, weil diese andere Formen psychischer Einbindung des einzelnen in das kollektive Ich schufen.

Zwischen dem Subjekt und den Phantasmen des kollektiven Imaginären besteht eine ähnliche Wechselwirkung, wie Lacan sie für die Individualpsychologie beschrieben hat. Lacan unterscheidet zwischen den Strukturen des »Imaginären« und des »Symbolischen«. Mit dem Imaginären bezeichnet er das Verhältnis des Individuums zur Umwelt, in dem es keinen Unterschied zwischen dem Ich und dem Du macht; das sprachlose Kleinkind identifizierte sich mit der Gestalt des anderen – zumeist der Mutter –, die es deshalb auch gar nicht als ›verschieden‹ wahrnehme. Nun besteht, laut Lacan, die Faszination des Ichs für den anderen aber gerade in dessen ganzheitlicher körperlicher Geschlossenheit: Die eigene ganzheitliche Geschlossenheit, die als Gefühl von Unversehrtheit oder Allmacht erfahren wird, findet im anderen einerseits ihr Spiegelbild, wird von diesem andererseits aber auch in Frage gestellt. In der Ganzheitlichkeit des anderen wird die eigene Unvollständigkeit sichtbar – eine Erfahrung, die auch der Erkenntnis der Geschlechterdifferenz eignet. Zu einem sexuellen Subjekt – zu einem Subjekt überhaupt – kann das Individuum, laut Lacan, deshalb erst werden, wenn es die eigene Endlichkeit (in jedem Sinne des Wortes) anzunehmen fähig ist – ein Prozeß, der niemals vollständig gelingt und der nur dank der Sprache ertragen werden kann. Lacan spricht deshalb vom Eintritt in die »symbolische Ordnung«.

In der modernen Kommunikationsgesellschaft erscheint das Verhältnis des Individuums zum kollektiven Imaginären wie eine Reaktivierung dieser primären Bindungs- und Trennungserfahrung. Um Subjekt zu werden, muß das Individuum unterscheiden lernen zwischen dem kollektiven und individuellen Selbst- und Fremdbild. Diese Unterscheidung fällt umso schwerer, als das moderne kollektive Ich nicht immer als imaginäres Konstrukt zu erkennen ist. Das liegt an den Bildmedien selbst, die Anspruch darauf erheben, die Wirklichkeit selbst abzubilden. Es liegt aber auch an dem Anschein körperlicher Geschlossenheit der modernen Gemeinschaften, die – sei es in den primären Bildern des »Volkskörpers« oder in den subtilen Bildern des sozialen Wohlfahrtsstaates mit seinem engmaschigen Netz von Kommunikationsfäden – eine scharfe Grenze zwischen denen drinnen und denen draußen ziehen. Indem dieses Kollektiv die leibliche Beschaffenheit oder das leibliche Wohl derer, die drinnen sind, ins Zentrum seines Interesses rückt, verschafft es seiner Geschlossenheit den Anschein von Leiblichkeit. Das Kollektiv nimmt die Rolle einer ›phantasmatischen Mutter‹ an – einer omnipotenten Mutter, die eben deshalb auch nie gelernt hat, den Mangel oder die Trennung zu ertragen. So entsteht nicht durch Zufall zeitgleich mit dem modernen Wohlfahrtsstaat (und anderen Erscheinungsformen dieser phantasmatischen Mutter) der Hungerstreik als Waffe der innenpolitischen Auseinandersetzung. Durch den Hungerstreik wird der kollektiven Mutter eben jenes Fürsorgerecht verweigert, dessen sie zu ihrer Belebung bedarf. Gegen diese Ablösung erscheint sie machtlos. Denn das

Kommunikationsnetz, das sie zusammenhält, wird zugleich zum Träger des Protestes. Der Hungerstreik, die Waffe des Verschwindens, bedarf und bedient sich der optischen Medien, um wirksam zu werden. (vgl. Braun 1991) Es ist übrigens interessant, daß der Hungerstreik zeitgleich mit der großen »Frauenkrankheit« der Moderne – den Eßstörungen – auftaucht, in denen sich dieser Konflikt auf individueller Ebene widerspiegelt und deren Aufkommen engstens mit der Entwicklung der technischen Sehgeräte zusammenhängt. (vgl. Braun 1985)

## Schrift

Die Entstehung der neuen Heilsbotschaft und deren christliche Herkunft ist nur aus der Geschichte der Schrift zu verstehen. Das ihr inhärente Phantasma der Unversehrtheit ist schon in der Schriftkultur verankert und von ihr gleichsam vorgegeben. Unsere Alphabet-Schrift, bei der Phoneme in Zeichen übertragen werden (die also keinen Bezug zur sichtbaren Wirklichkeit herstellt), schuf eine Denkstruktur im christlichen Abendland, die sich in zwei Richtungen bewegte. Die eine Richtung bestand in der Abstraktion vom Sichtbaren, die andere in einer Belebung oder Sichtbarmachung des Abstrakten. Ich möchte diese Denkstruktur mit sechs Punkten charakterisieren, die in verschiedenen Epochen von unterschiedlicher Bedeutung waren:
1. Das Denken in einer Sprache, die für ihre Vermittlung keines lebendigen Leibes, keines sprechenden Körpers bedarf. In diesem Sinne nennt Werner Sombart die Schrift »die Sprache des Abwesenden« (zit. nach Weibel 1989, 97);
2. der eng damit verbundene Glaube an die Existenz eines unsterblichen Geistes;
3. die davon abgeleitete Hoffnung auf menschliche Unsterblichkeit. Will der Mensch die Sterblichkeit überwinden, so muß er werden wie die Schrift: Er muß zum Abwesenden werden und einen verklärten Leib annehmen.
4. Das Phantasma eines unsterblichen Geistes führte zur Vorstellung einer Überlegenheit des Geistes über die sichtbare, sinnlich wahrnehmbare Wirklichkeit. Von diesem Phantasma leitet sich die für das Abendland charakteristische Dichotomie zwischen Geist und Materie, Kultur und Natur ab.
5. In dieser Dichotomie wurde die Frau zur Symbolträgerin menschlicher Naturbestimmung, damit aber auch der Vergänglichkeit. Das

Mensch-Sein wurde gleichsam zweigeteilt. Auf der einen Seite die sterbliche ›Materie‹, verkörpert durch die Frau; auf der anderen der unsterbliche ›Geist‹, verkörpert durch den Mann. Die Gegensätzlichkeit von Geist und Materie, die vorschriftlichen Gesellschaften fremd ist, sucht in der sichtbaren Geschlechterdifferenz ihr Spiegelbild und eine Anbindung an die Wirklichkeit. Die Geschlechterdifferenz, der ohnehin die Erfahrung des Mangels eignet, wurde gleichbedeutend mit der Dichotomie von Leben und Tod. (Dieser Aspekt spielt, in verwandelter Form, auch in den Foto- und Filmtheorien eine wichtige Rolle).

6. Durch die Schrift entstand schließlich auch das Phantasma, daß die Heilsbotschaft der Vergeistigung ihre Erfüllung finden wird, wenn die sichtbare Wirklichkeit nach den Gesetzen des Logos, die die Unberechenbarkeit und den Zufall ausschließen, gestaltet ist – wenn also das göttliche Wort »Fleisch geworden« ist. Technische Sehgeräte sollten diesen Aspekt einer Belebung des Abstrakten erheblich verstärken. »Die Fotografie,« so hat es Flusser (1991, 16) ausgedrückt, »wurde als erstes technisches Bild im 19. Jahrhundert erfunden, um die Texte wieder magisch zu laden.«

Während einige der zuerst genannten Charakteristika auch auf andere Schriftkulturen zutreffen, erscheint mir dieser letzte Aspekt, der sich auch als Verwirklichung der Utopie umschreiben ließe (vgl. Braun 1984), bezeichnend für das Christentum. Keine andere Kultur ist diesem mit der Schrift einhergehenden Phantasma so bedingungslos gefolgt wie die christlich-abendländische. Nur hier ist das entstanden, was Aleida Assmann eine »volle Schriftkultur« nennt.[2] Von der Entstehung dieser »vollen Schriftkultur«, die sich auch als Sichtbarwerdung der Schriftgesetze definieren läßt, leitet sich wiederum die für die Neuzeit charakteristische Dominanz des Auges über die anderen sinnlichen Wahrnehmungsformen ab.

Bevor ich näher darauf eingehe, möchte ich zum Vergleich noch kurz auf die Entwicklung in anderen Schriftkulturen hinweisen. Natürlich gab es und gibt es auch andere hochentwickelte Kulturen, deren Entstehung engstens mit der Schrift zusammenhängt. Dennoch steht nicht das Phantasma menschlicher Unsterblichkeit in deren Mittelpunkt. Das antike Ägypten zum Beispiel zeichnete sich durch eine ganz bedeutende Schriftkultur aus, aber das Phantasma einer Erlösung durch die Entleibung des Geistes war ihr fremd. Dabei spielte die Schrift gerade im Totenkult eine wichtige Rolle. »Das Grab« (mit seinen Inschriften), so schreibt Jan Assmann, »hat dem Verstorbenen zur ewigen Ruhestätte zu dienen, es hat aber vor allem diese Ewigkeit zuallererst zu ermöglichen, indem es das Andenken an den Verstorbenen wachhält.« (1983, 66) Es handelte sich also um einen Gedächtniskult, bei der die Vorstellung von Ewigkeit eng an die physische Existenz nachkommender Generationen gebunden war. Ein Kult, der sich natürlich von der zyklischen Zeitvorstellung nicht-schriftlicher Kulturen – mit ihrer Ritualisierung von Untergang und Wiederkehr – zutiefst unterschied, dem aber das Phantasma einer Unsterblichkeit durch Vergeistigung gleichermaßen fremd war. Dieser Kultcharakter hing eng mit dem Schriftsystem selbst zusammen. Anders als das griechische Alphabet, von dem sich die lateinische Schrift ableitet, entsprach die Schrift des antiken Ägyptens keiner rein phonetischen, abstrakten Zeichensetzung. Vielmehr bestand sie aus Lautsilben-Zeichen, denen Piktogramme beigegeben wurden, die den Zeichen erst ihre inhaltliche Bedeutung verliehen. Es handelte sich also um eine Schrift, die eine Anbindung an die sichtbare Wirklichkeit einforderte. So ist in diesem Schriftmodell kaum Platz für ein Unsterblichkeitsphantasma, das die Entkörperung voraussetzt.

Ein anderes prägnantes Beispiel ist die hebräische Schriftkultur. In der hebräischen Schrift werden die Vokale nicht geschrieben. Die hebräische Schrift kann nur lesen, wer sie auch laut zu sprechen vermag. Diese Schriftform spiegelt sich in der jüdischen Religion selbst wieder, die durch das gekennzeichnet ist, was der Judaist Arnold Goldberg das »Dogma einer mündlichen Tora« (1983,124) nennt. Auch wenn die geschriebene Form unverändert bleibt, und jede Schriftrolle bis ins kleinste Detail mit den anderen identisch ist, muß die Tora laut gelesen werden: »Sofern die Rezeption nicht ein bloßes Auswendiglernen ist,« so Goldberg, »kann der Text nur produktiv rezipiert werden.« (1983, 133) Dementsprechend vollzieht sich das Vortragen und das Verstehen des Textes nicht in individueller Lektüre, sondern öffentlich, in der Synagoge oder im Gespräch mit einem Lehrer. Die hebräische Schriftform und die aus ihr hervorgegangene Religionsform vermittelt also nicht das Phantasma einer Sprache ohne Sprecher, eines zur reinen Schrift gewordenen, entleibten Geistes. Unter diesem Aspekt müssen auch einige jüdische Ritualgesetze gesehen werden, wie etwa die Beschneidung, die sich als symbolische Einschreibung der menschlichen Versehrtheit in den männlichen Körper interpretieren läßt, d.h. als Einschreibung der Sterblichkeit in den Körper, dem die Religion zugleich die Verkündung der Schrift anvertraut.[3] Der unsichtbare Gott der hebräischen Bibel offenbart sich einzig durch die Schrift – aber die hebräische Schrift und die mit ihr einhergehende religiöse Vorstellungswelt sind so beschaffen, daß der Gläubige kaum auf den Gedanken kommen kann, durch Vergeistigung und Entleibung die Vollständigkeit Gottes zu erringen.

Anders die Rolle der Schrift im Abendland. In dem Maße, in dem sich die christliche Gesellschaft zu einer »vollen Schriftkultur« entwikkelte (und Europa wurde mit der Erfindung der Druckerpresse zu einer »vollen Schriftkultur«), hielt eine neue Religion der Sichtbarkeit ihren Einzug, die zugleich den Untergang der Heilsbotschaft der Schrift beinhaltete.

Die Kritik an der Schrift setzt schon in der frühen Neuzeit ein. Sie verstärkt sich im Laufe der folgenden Jahrhunderte und führt um 1800 – also praktisch zeitgleich mit der Einführung der Schulpflicht und der allgemeinen Alphabetisierung – zu einer regelrechten Schriftlichkeitsdebatte, deren Einzelheiten ich hier nicht weiter ausführen kann. Bemerkenswert an den unterschiedlichen Schriftkritiken ist die immer wiederholte Gleichsetzung der geschriebenen Sprache mit dem Tod, mit Zersetzung und Unheil. Im Laufe der allmählichen Durchsetzung der vollen Schriftkultur im säkular-christlichen Abendland vollzieht sich ein Paradigmenwechsel, bei dem die Schrift, die am Ursprung eines Phantasmas von Unversehrtheit stand, für die Verletzlichkeit des Menschen zunehmend verantwortlich gemacht wird. Diese Vorstellung wirkt sich auch auf den politischen Diskurs aus. So klagt Anfang des 19. Jahrhunderts der Staats- und Gesellschaftstheoretiker Adam Müller, daß die schriftliche Kommunikation die Entstehung einer nationalen Gemeinschaft, die durch Einheit und Einheitlichkeit gekennzeichnet sei, verhindere. Die »gegenwärtige Gesellschaft« sei »zersplittert in sich selbst«; und das sei der Schrift zu verdanken, deren »Charakterlosigkeit« darin läge, Abwesenheit und Mangel zu verkörpern (1983, 31). Die Diffamierung der Schrift wird gegen Ende des 19. Jahrhunderts mit der Entstehung des Schimpfworts »Intellektueller« ihren Höhepunkt erreichen – vor allem in Deutschland, wo der Begriff »Intellektueller« in allen politischen Lagern[4] Konnotationen annimmt, die ihn zur Gefahr für die »Einheit« (des Volkes, der Rasse oder der Klasse) stempeln: disziplinlos oder wankelmütig, heimatlos, charakterlos, identitätslos, blutleer, steril, und schließlich sogar krankhaft und zersetzend.[5] Der »Intellektuelle« – Verkörperung der Schrift und des unsterblichen Geistes – wurde zum versehrten Menschen bzw. zum Träger von Versehrtheit erklärt. Es wurde ihm mit der Moderne jene Weiblichkeit zugeschrieben, die im Schriftdenken des Abendlandes mit dem Mangel und der Sterblichkeit gleichgesetzt worden war. Gegen Ende des 19. Jahrhunderts vollzieht sich also ein Paradigmenwechsel: Geist und Männlichkeit sind nicht mehr identisch; und der entleibte Geist, der einst Unsterblichkeit verhieß, wird mit der Konnotation des Mangels und der Versehrtheit behaftet.

Parallel zu diesem Paradigmenwechsel setzt sich aber ein neues Phantasma der Unverletzlichkeit durch, das sich ebenfalls in den Geschlechterrollen widerspiegelt. Dieses Phantasma hängt engstens mit der Entstehung der technischen Sehgeräte und Bilder zusammen. Es ließe sich an den neuen elektronischen Medien darstellen, seine Grundstruktur tritt aber schon in den ›klassischen‹ Bildträgern Film und Fotografie zutage. Ich werde seine Struktur deshalb auch an Theoriebildungen aus diesen beiden Medienbereichen darzustellen versuchen – wobei es zugegebenermaßen schwer zu entscheiden ist, ob eine Theorie das Phantasma analysiert oder überhaupt erst produziert.

**Fotografie**

Eine grundlegende Theorie über die Fotografie, die in verschiedenen Varianten auftaucht, besagt, daß das Auge des Betrachters immer ein »herrschendes« sei. Seine »Aktivität« und »Wirklichkeitsmacht« äußere sich in zwei Hinsichten: Auf der einen Seite nehme es den anderen in sich auf. Es verschlinge ihn »mit Haut und Haaren«, um sich seiner zu bemächtigen – eine Form von optischer Aneignung, auf die schon Otto Fenichel in seinem Aufsatz von 1935 *Schautrieb und Identifizierung* hingewiesen hat: »das gesehene Objekt fressen, ihm ähnlich werden (es nachahmen müssen), oder umgekehrt es zwingen, einem selbst ähnlich zu werden« (1972, 149). Das »gefräßige Auge« (Mattenklott 1982) findet also gleichsam durch die visuelle Einverleibung des anderen seine Unversehrtheit oder Vollständigkeit – eine Erlösungsmetapher, bei der sich eine Verlagerung der christlichen Eucharistie auf die Augen zu vollziehen scheint: Ißt der Christ den Leib des Herrn, um das Ewige Leben zu erringen, so verschafft sich der säkulare Christ die Unsterblichkeit, indem er sich den anderen ›mit den Augen‹ einverleibt. (Einige der medientheoretischen Debatten über die virtuellen Realitäten weisen übrigens bemerkenswerte Ähnlichkeit mit den kirchlichen Disputationen über die Lehre der »Transsubstantation« auf.)

Das fotografische Auge bemächtigt sich des anderen auch, indem es dessen Zeit zum Stillstand bringt. Eben deshalb verbieten einige Kulturen das Abbilden von Menschen, für die Leben mit fortlaufender Zeit identisch ist. Roland Barthes erscheint deshalb das Fotografiertwerden wie »im kleinen das Ereignis des Todes ... Wenn ich mich auf dem aus der Operation hervorgegangenen Gebilde erblicke, so sehe ich, daß ich GANZ UND GAR Bild geworden bin, das heißt der TOD in Person.« (1985, 22f) Zugleich vermittelt die Fotografie dem Fotografierenden die Vorstellungen einer Herrschaft über den Verfall – vergleichbar der Dorian Gray-Parabel von Oscar Wilde, die nicht durch Zufall in dieser Epoche entstand. So phantasiert sich das fotografische Auge auch als ›Erzeuger‹ des oder der anderen: ein Phantasma, das den selbstgeschaffenen Anderen des kollektiven Imaginären widerspiegelt. Auf der Fotoplatte oder dem Zelluloidstreifen schenkt es dem anderen die Unsterblichkeit und macht ihn (für immer) reproduzierbar.

Natürlich entstand die Phantasie einer zeugenden Macht des Blicks schon lange vor der Geburt der Fotografie – im perspektivischen Blick der Renaissance, der eine Neuordnung der Welt aus der Sicht des allmächtigen Subjektes herstellt, zeigt sie bereits ihre Wirkungsmacht –, aber die Verlagerung der Phantasie zu Phantasma vollzieht sich erst mit der Entstehung der technischen Bilder. Die Auswirkungen dieser zeugenden Macht des Blicks auf die Geschlechterrollen möchte ich darstellen am Wandel des Begriffs der »Scham« – ein Begriff, der engstens sowohl mit dem Sehen wie mit der Geschlechterordnung zusammenhängt.

Ursprünglich bezeichnet das Wort »Scham« die sichtbaren Geschlechtermerkmale beider Geschlechter. Das Gefühl der Scham leitete sich von dem Bedürfnis ab, die sichtbaren Geschlechtermerkmale unsichtbar werden zu lassen: hinter Kleidungsstücken oder durch eine Körpersprache, die Zurückhaltung signalisiert. Das Erblicken der weiblichen Scham versetzte den Mann in einen Zustand der Ohnmacht, hieß es – ein Bild, in dem sich auch die Vorstellung vom »bösen Blick« der Frau oder dem tödlichen Blick der Medusa widerspiegelt.[6] Allmählich trennt sich aber das Schamgefühl von der realen Scham. Ab der Renaissance nimmt das Sehen selbst eine zunehmend sexuelle Bedeutung an, die männliches »Eindringen« und die »Penetration« konnotiert. Das Sehen wird zunehmend mit »Unzucht« gleichgesetzt (Kleinspehn 1989, 109).

In der zweiten Hälfte des 18. Jahrhunderts (also mit der allgemeinen Verbreitung der Schriftkritik und dem Übergang zum Glauben ans Sichtbare) nimmt die »Scham« jedoch eine neue Bedeutung an, die auf einen Wandel des Blicks im Geschlechterverhältnis verweist. Der Wandel zeigt sich besonders deutlich bei Jean-Jacques Rousseau, der in seinem Erziehungsroman *Emile* die Schamesröte zu einem Zeichen von Weiblichkeit und dem einzig zulässigen Symptom weiblichen Begehrens erklärt.[7] Für Rousseau, dem an der Frau nichts anziehender erscheint als eben diese Scham, tritt in gewisser Weise das sichtbare Erröten der Frau an die Stelle ihrer sichtbaren Geschlechtsmerkmale.

Das Erröten der Frau, so Rousseau, wird aber erst durch die »eindringlichen« Blicke des Mannes erzeugt. Hatte sich also schon in den vorhergehenden Jahrhunderten ein »normativer Blick auf die Frau« durchgesetzt, der »ihren Körper im Kern als eine Inszenierung männlicher Phantasien erscheinen« ließ (Kleinspehn 1989, 123), so führt Rousseau diese Phantasie weiter: Bei ihm offenbart sich eine Interpretation des Blicks, die den Mann dazu befähigt, mit seinen Augen die weibliche Scham – und damit ihre sichtbare Geschlechtlichkeit – zu erzeugen.[8]

Parallel zu diesem Wandel des Begriffs der »weiblichen Scham« vollzieht sich ein Wandel in der Vorstellung von der »männlichen Scham«, die sich nun ebenfalls von den sichtbaren Geschlechtsmerkmalen fort und hin zum Blick verlagert. Für den Mann besteht, laut Rousseau, die »Scham« darin, beim Sehen ertappt zu werden. In seinen *Bekenntnissen* beschreibt er seine Verehrung für eine junge Frau, an der er »mit gierigen Augen alles verschlang, was er unbemerkt sehen konnte«. Er folgt ihr heimlich in ihr Zimmer, wo er entdeckt wird. »Tief beschämt« sinkt er auf die Knie. Dieses Schamgefühl hindert ihn jedoch nicht daran, den Moment in lustvoller Erinnerung zu behalten: »Vielleicht«, so schreibt er, »hat sich gerade darum das Bild dieser liebenswürdigen Frau meinem Herzen so reizvoll eingeprägt.« (1981, 77f) Kurz: Der Wandel der »Scham« – und die unterschiedlichen Zuschreibungen des Begriffs an das männliche und weibliche Geschlecht – offenbaren, daß sich mit der Aufklärung eine von den Augen bestimmte Ordnung im Verhältnis der Geschlechter durchgesetzt hat: eine Ordnung, bei der der Sexualakt durch das Sehen und Betrachtetwerden ersetzt zu werden scheint und gleichsam in der Erzeugung der Weiblichkeit – oder Andersheit – besteht.

**Film**

Solchen theoretischen Überlegungen über die Wirkungsweise der Fotografie, in denen sich die ›Herrschaft‹ des Betrachters mit der Ohnmacht des oder der Betrachteten paart, stehen Theorien über den Film gegenüber, die in gewisser Weise genau das Gegenteil behaupten. Sie leiten sich zum Teil aus psychoanalytischen Erklärungsmustern ab, die im übrigen zeitgleich mit dem Film entstehen. Zur Darstellung dieser Theorien zitiere ich aus Hans-Thies Lehmanns Aufsatz *Das Kino und das Imaginäre*, in dem er folgendes über die Ich-Erfahrung des Betrachters im Kino schreibt:

»Der Zuschauer, dessen Blick in den imaginären Raum fällt, verfällt dem Geschehen. In einer faszinierenden, Lust und Angst mischenden Bewegung erfährt der Blick in Travelling, Zoom oder Schnitt passiv ohnmächtig und lustvoll diesen Raum. Die Kamera, das Instrument, das beherrscht und gesteuert wird, kann der Zuschauer kaum vom eigenen Blick unterscheiden. Die Herrschaft, die ein anderer ausübt (der Regisseur, der Kameramann) wird als eigene erfahren, das technische Gerät wird zur Realfigur des menschlichen Blicks. Man kann das wesentliche Kennzeichen jener Wunschbefriedigung, die das Filmbild vorspie(ge)lt, in einer ›ambivalenten Allmachtserfahrung‹ erblicken. Hier liegt jedoch zugleich das Kernproblem des Kinos, denn der Allmachtstraum ist potentiell aggressiv, da er die ihm widersprechenden Realitäten fortwährend unterdrücken und ausschließen muß. Das Phantasma der Allmacht ist kindlicher Kompensation radikaler Ohnmacht entsprungen, und das Subjekt neigt dazu, zwanghaft zu verleugnen, was an Abhängigkeit erinnert, an einen Bruch im Ich, an jede Form von Spaltung, an alles, was in uns Schwäche ist, ohnmächtige Ausgeliefertheit, kurzum: an Tod.« (1990, 78)

Das Kino ist also zugleich Ort der Allmachts- *und* der Ohnmachtserfahrung: Dabei paare sich das Gefühl von Herrschaft, das durch die Identifizierung mit dem Blick der Kamera entsteht, mit einem Gefühl von Ohnmacht, weil der Blick der Kamera von einem anderen bestimmt wird. In ihrem Aufsatz *Schaulust und masochistische Ästhetik* führt die amerikanische Filmtheoretikerin Gaylyn Studlar diesen Gedanken weiter, sagt aber, daß die Erfahrung der Passivität keineswegs verleugnet werde. Im Gegenteil: Das Lusterlebnis im Kino bestehe gerade darin, daß der Zuschauer und die Zuschauerin die Möglichkeit haben, Macht und Ohnmacht zu erfahren. Diese Möglichkeit werde ihnen nicht nur durch die Identifizierung mit dem Kamerablick eröffnet, sondern auch durch die freie Wahl der Identifizierung mit den männlichen und den weiblichen Rollen. Tatsächlich sei die »aktiv-allmächtige« Rolle keineswegs immer an die männliche Hauptfigur gebunden, ebensowenig wie die passiv-ohnmächtige an die weibliche. Studlar führt als Beispiel die klassischen Filme von Josef von Sternberg an, in denen Marlene Dietrich den »aktiven Blick«, ihre männlichen Partner aber das Muster der Passivität verkörpern. Die Attraktivität dieser Filme – und des Mythos um Marlene Dietrich –, so sagt sie, bestand in eben diesem Undeutlichwerden der geschlechtlichen Muster und der Möglichkeit, die sie Männern wie Frauen boten, beliebig in die Rolle des einen oder des anderen Geschlechts hineinzuschlüpfen. (1985, 15, 35)

Laut dieser Filmtheorie besteht die Anziehungskraft des bewegten Bildes also darin, in der Ohnmacht selbst die Allmacht zu verspüren und dabei die Grenze zu überschreiten, die die symbolische Ordnung zwischen den Geschlechtern gezogen hat. Nun hat die symbolische Ordnung der Schrift dem einen Geschlecht aber die Rolle zugewiesen, »verschieden« zu sein (in jedem Sinne des Wortes: anders und verstorben). Sich freiwillig in die Rolle der Ohnmacht oder des Betrachtetwerdens – kurz: der Weiblichkeit – zu versetzen, hieße demnach: sich der Erkenntnis der eigenen Sterblichkeit auszusetzen. Diese Theoriebildung impliziert also, daß die Zuschauer im Kino genau den Mangel erfahren, den der fotografische Blick zu überwinden vorgibt.

Aus der Perspektive des Ich-Bildes gesehen, widersprechen sich die beiden Theoriebildungen allerdings keineswegs so sehr, wie das auf den ersten Blick erscheinen mag. Denn wenn das Subjekt beliebig zwischen der Identifizierung mit dem Mann oder der Frau, zwischen der Erfahrung der Unversehrtheit und der des Mangels wählen kann, so stehen dahinter nur unterschiedliche Phantasmen von Vollständigkeit: Vermittelt die Fotografie das Phantasma einer Allmacht über die Auslöschung der Erzeugung des anderen, so offenbart sich hier eine Vorstellung von Vollständigkeit, die dem Ich alle Seinsmöglichkeiten zugesteht: die Möglichkeit, Subjekt und Objekt, Ich und Du, Leben und Tod, Mann und Frau zu sein.

**Virtuelle Versehrtheit**

Mit dem filmischen Vollständigkeitsphantasma eröffnet sich eine zusätzliche Perspektive auf die neue Heilsbotschaft: Wenn sich das Subjekt im Kino beliebig mit der Ohnmacht identifizieren kann, so doch nur deshalb, weil es diese Erfahrung nicht als reale Gefährdung, sondern als Fiktion wahrnimmt. Das heißt die Berührung mit der Angst und die Erfahrung der eigenen Sterblichkeit gehen mit der beruhigenden Gewißheit einher, daß »das alles gar nicht wahr ist«.[9] Der Mensch der modernen Medien kann sich im Kino – und erst recht in den seine Wahrnehmung noch tiefer einschließenden Welten des Cyberspace – als Opfer oder als Täter, als ›untergehend‹ oder als ›auferstehend‹ phantasmieren:

Die Tatsache, daß es sich um ein Medium handelt, erlaubt es ihm, solche Gefühle ohne Schuld und ohne tiefgehende Bedrohung zu erfahren: Die eigene Verletzlichkeit (und die der anderen) werden zu einem Nervenkitzel, zu einer lustvollen »Selbstentzweiung«.[10] Um die religiöse Dimension dieser Erfahrung deutlich zu machen, könnte man auch sagen: Die Psyche tritt zu einem transzendenten Erlebnis an, bei dem sie die eigene Zerstörung und Erneuerung durchläuft. Sie macht die dionysische Erfahrung der Zerstückelung – und kommt dennoch ungeschoren davon. Daß es sich wirklich um ein religiöses Phantasma handelt, zeigen Visionen wie die des Bewußtseinsforschers Stanislav Grof: Grof sieht in den durch die Elektronik ermöglichten virtuellen Realitäten die revolutionäre Möglichkeit, mit technischen Mitteln den »anderen Bewußtseinszustand« zu erlangen. Im Gegensatz zu anderen Kulturen habe das christliche Abendland der Erfahrung der Mystiker oder Esoteriker immer eine große Skepsis oder gar Ängstlichkeit entgegengebracht. Dank der neuen Medien könne nun aber auch der abendländische Mensch zum Mystiker werden.[11] Mit anderen Worten: Dank einer Technik, die er den Anstrengungen seines Bewußtseins (Berechnung, Planung) verdankt, kann der abendländische Mensch es nun fertigbringen, den Zustand des wachen Bewußtseins zu verlassen. Die in diesem Zustand erfahrene Verletzlichkeit wird also als technisch beherrschbar und damit auch letztlich als Zeichen der eigenen Allmacht begriffen.

Nun könnte man einwenden, daß sich der Einfluß der neuen Medien auf das Selbst- und Fremdbild des einzelnen vielleicht im Spielfilm oder in den virtuellen Realitäten der Elektronik zeigt, – für die optische Darstellung der sozialen und politischen Wirklichkeit aber ohne Bedeutung bleibt. Tatsächlich überträgt sich aber die Wahrnehmungsweise, die im Spielfilm die Überschreitung aller Grenzen erlaubt, auch auf den Dokumentarfilm – und hier zeigt sich die Bedeutung dieses Unversehrtheitsphantasmas vielleicht besonders deutlich. Auch im Dokumentarfilm werden die Abbildungen des Realen als Bilder wahrgenommen und damit auch ihres Bezugs zur Wirklichkeit enthoben. Das galt schon für die ersten Filmstreifen der Lumières, die Szenen aus dem Alltagsleben wiedergaben – und eben deshalb ihr Publikum faszinierten: Nicht der gewohnte Anblick von Arbeiterinnen, die die Fabrik verlassen, fesselte die Menschen, sondern die Tatsache, daß dieser Vorgang verewigt und damit in ein Bild verwandelt worden war. (vgl. Zielinski 1989, 78) Auch der Dokumentarfilm stellt beim Betrachter keineswegs das Phantasma der eigenen Unversehrtheit in Frage – im Gegenteil: Er verstärkt noch das Gefühl, daß die Wirklichkeit nur eine ›Als-ob-Wirklichkeit‹ sei. Die

Annäherung von Dokumentation und Spielfim wird von vielen Regisseuren sogar bewußt vorangetrieben. Das zeigt der zunehmende Einsatz von Stilmitteln, die aus dem Dokumentarfilm übernommen sind. Es zeigt sich aber etwa auch daran, daß Steven Spielberg insistierte, seinen Film *Schindlers Liste* am Originalschauplatz Ausschwitz zu drehen. Die Präsenz des tatsächlichen Lagers verschuf seinem Film den ›Mythos des Realen‹ – aber es ist schon jetzt der Tag absehbar, an dem dieser Ort des realen Grauens in der Erinnerung einiger Zuschauer zur Kulisse fiktiver Schreckerlebnisse geworden ist.

Daß sich mit den neuen Medien überhaupt ein Wandel der Wahrnehmungs- und Erinnerungsfähigkeit vollzieht, hat der Golfkrieg deutlich gezeigt. Es lag nicht nur an der Medienpolitik der amerikanischen Armee, daß sich vom Golfkrieg eher die ›simulierten Bilder‹ als die Dokumentaraufnahmen der Erinnerung eingeschrieben haben. Gewiß, es gab in diesem Krieg überhaupt sehr wenige Bilder von den Zerstörungen und den Vernichtungen, die die Bombardements anrichteten. Aber alleine die Bilder, die am 13. Februar 1991 vom zerbombten Zivilschutzbunker und den verkohlten Leichen gezeigt wurden, hätten genügen können, das Auge zu treffen – das innere Auge, das wahrnehmende, ›mitleidende‹ Auge. Daß sich diese Bilder dem Gedächtnis *nicht* eingruben, zeigt die Untersuchung des Stuttgarter Soziologen Franz Willich. Er führte im Frühsommer 1991 eine Befragung unter zwanzig Studenten durch, die während der Kriegswochen mindestens 120 Stunden vor dem Fernseher verbracht hatten (wie hunderttausende Menschen auch). Er stellte fest, daß sich alle ganz genau an den in der ersten Kriegswoche gezeigten Videofilm der Amerikaner erinnerten, der durch ein Fadenkreuz hindurch den Zielflug einer lasergesteuerten Bombe vorführt, die zentimetergenau ein ebenso abstraktes Ziel trifft. Keiner hingegen habe die Bilder von dem Luftschutzbunker in Bagdad erwähnt (zit. nach Haller 1991). Ähnliches berichtete auch die US-Fernsehanstalt NBC acht Wochen nach Kriegsende, als die Bilder von den Kurden-Massakern um die Welt gingen. »Den meisten war das Grauen, das der Krieg unter der Zivilbevölkerung angerichtet hatte, irgendwie entfallen. Doch praktisch jeder konnte sich an die High-Tech-Videos der amerikanischen Waffenkunst erinnern.« (zit. nach Haller 1991) Offenbar schreibt sich der Wahrnehmung – und damit auch der Erinnerung – eher das ein, was der Bestätigung der Unversehrtheitsphantasmen dient und nicht das, was diese in Frage stellt. Das bedeutet aber, daß die Erinnerung, der konstituierende Faktor unserer Identitätsbildung, nach Bildern sucht, die sich der Erinnerung von Realität, und damit auch der Konstitution eines Ichs, widersetzen.

Nun könnte man natürlich sagen: Wozu brauchen wir die Wirklichkeit, wenn es auch so schön ohne sie geht? Können wir nicht auch ohne Wahrnehmung unserer Verletzlichkeit leben? Ohne eine Erinnerung auskommen, die die Traumata der Vergangenheit in Fiktionen verwandelt? Tatsache ist jedoch, daß die menschliche Verletzlichkeit die einzige unbestreitbare Gewißheit ist, über die wir verfügen. So definiert Vilém Flusser »Wirklichkeit« als das, »wogegen wir auf unserem Weg zum Tod stoßen«. (1991, 77) Auf diese Gewißheit verzichten, hieße auf den Eintritt in die symbolische Ordnung verzichten, auf dem nicht nur die Subjektwerdung, sondern auch jegliches Begehren und jegliche Form ethischen Verhaltens beruht: Nur wer seine eigene Verletzlichkeit kennt, wird Rücksicht auf die der anderen nehmen können.[12] Es geht also letztlich um die Gefahr eines Verlustes von Wirklichkeit, der durch die Aufhebung der Unterscheidung zwischen den Geschlechtern, zwischen dem Ich und Du, und schließlich zwischen Kollektiv und Individuum entsteht.

So stellt sich heute die Frage, ob und wie es möglich ist, daß sich ein Subjekt konstituiert, das seinen Mangel ›erträgt‹ – namentlich die schwer zu ertragende Tatsache, zwischen den individuellen Repräsentationen des Ichs und den phantasmatischen Selbstbilderm des kollektiven Imaginären unterscheiden zu müssen. Daß das Überleben eines solchen unvollständigen Subjektes keine Frage der individuellen Willensentscheidung sein kann, versteht sich von selbst. Wenn es sich dennoch konstituiert, so deshalb, weil die Bilder und damit auch die Heilsbotschaft des kollektiven Imaginären ihrer Lesbarkeit zugeführt werden. Das bedeutet freilich nicht die Rückkehr zur Schrift oder die Verschriftlichung der Bilder (wie es die Medientheorie heute im großen und ganzen noch tut). Der Weg zurück in die Schriftlichkeit ist schon deshalb verschlossen, weil die Schriftkultur selbst am Ursprung der neuen Heilsbotschaft stand. »Die technischen Bilder«, so Flusser, sind nichts als »Abstraktionen dritten Grades ... : Sie abstrahieren aus Texten, die aus traditionellen Bildern abstrahieren, welche ihrerseits aus der konkreten Welt abstrahieren. Historisch sind traditionelle Bilder vorgeschichtlich und die technischen ›nachgeschichtlich‹.« (1991, 13)

Aber dieses Paradoxon gibt auch Anlaß zur Zuversicht. Denn so wie der Prozeß einer allgemeinen Verbreitung des Schriftdenkens zugleich den Untergang des Mythos der Schrift mit sich brachte – also den Übergang zur Verwirklichung der Utopie, zur Belebung der Schriftgesetze und damit zur Aufhebung der reinen Abstraktion – dürfte auch die neue Religion des Sichtbaren die Werkzeuge zur eigenen Dekonstruktion gleich mitliefern. Es ist ein Paradoxon, das der christlichen Religion überhaupt eigen ist: Keine andere Religion der Welt hat die Erkenntnisse der Wissenschaft so erbittert bekämpft und keine andere soviele Wissenschaftler und wissenschaftliche Neuerscheinungen hervorgebracht wie diese. Daß sich auch die Heilsbotschaft der neuen Medien auf einem ähnlichen Weg befindet, darauf verweist schon die Medientheorie selbst, die sich auf einer permanenten Gratwanderung zwischen Mission und Entzifferung der neuen Heilslehre befindet und die mit der Verbreitung der technischen Bilder auch die Alphabetisierung des Blicks vorantreibt.

So bleibt die Frage nach der Form, in der sich die Dekonstruktion der visuellen Konstrukte durch die visuellen Medien vollziehen wird. Um nur einige denkbare Beispiele aus dem Bereich des Films zu nennen: Marguerite Duras, die in ihren Filmen die »Wirklichkeit der Dinge über den Mangel« beschreibt, sagt (und so filmt sie auch): »Man zeigt das Licht über das Fehlen von Licht, das Begehren über den Mangel an Begehren, die Liebe über das Fehlen von Liebe.«[13] Bei ihr dient das Bild der Abwendung des Blicks vom Bild und der Hinwendung zu dem, was man vielleicht die inneren Bilder nennen könnte. Auf eine völlig andere Weise werden die Bilder in den Filmen von Peter Greenaway ihrer Lesbarkeit zugeführt: Hier erschlägt der Bilderreichtum den Zuschauer, wenn er sie nicht zugleich auf einer zweiten Ebene – einer philosophischen, politischen, kunstgeschichtlichen Ebene – liest, also gerade durch den Bilderreichtum zur Abstraktion gezwungen wird. Daß nicht nur das intellektuelle Kino einer Duras oder eines Greenaway ein solches Subjekt zu konstituieren vermag, hat die Filmetheoretikerin Theresa de Lauretis am Beispiel der Hollywood soap opera *Voyager Now* dargestellt. Sie stellte dar, wie sich die Gespaltenheit der Hauptdarstellerin, die durch Distanzierung vom eigenen Ich ihre »Rettung« findet, in den Rezeptionsmustern des Zuschauers wiederholt.[14]

Interessanterweise, und das halte ich nicht für einen Zufall, deckt sich das Pseudonym der Hauptfigur des Films, Miss Beauchamp, mit dem Namen eines berühmten psychiatrischen Falls der Jahrhundertwende: Bei der Miss Beauchamp aus den Psychiatriebüchern handelte es sich um eine junge Frau, die an einer Ich-Spaltung litt. Bei ihrer Behandlung trat eine dritte Ich-Figur zutage, die die Inszenierungen der beiden anderen Ichs beobachtete und durch diese Distanzierung das Ich vor dem Absturz in die psychotische Katastrophe bewahrte. Der Fall wurde zum klassischen Beispiel für den Borderline: Hätte es sich bei Miss Beauchamp um eine schizophrene Persönlichkeit gehandelt, so wäre kein drittes Ich, kein Beobachter zum Vorschein gekommen.

Um diesen Beobachter – oder diese Triangulation der Ich-Wahrnehmung – geht es aber in den Filmen und Kunstwerken, die die Bilder ihrer Lesbarkeit zuführen: »Genau dies ist ein Merkmal moderner Individualität«, so schreibt Luhmann (1991,71) in seinem Aufsatz über *Wahrnehmung und Kommunikation an Hand von Kunstwerken,* »sich selbst als Beobachter beobachten zu können.«

**Anmerkungen**

1 Der Begriff »Identitätsverunsicherung« wurde zum ersten Mal im 2. Weltkrieg benutzt, um die psychischen Störungen von Menschen zu beschreiben, denen das Gefühl abhanden gekommen war, in einer kulturellen Kontinuität zu stehen.
2 Vgl. Aleida Assmann: Schrift und Gedächtnis – Allianz oder Rivalität?, Vortrag im Kulturwissenschaftlichen Institut Essen, 4.5.1992.
3 Auch die Ritualgesetze, die sich auf den weiblichen Körper beziehen – etwa im Zusammenhang mit Menstruation und Geburt –, sind keineswegs nur als ein Sinnbild für die Herabsetzung des weiblichen Geschlechts zu deuten (wie das heute, gerade von feministischer Seite, oft geschieht). Vielmehr sind sie als Ausdruck der rituellen Zuordnung zu dem *einen* Geschlecht zu verstehen. Frauen könnten versucht sein, in ihrer Gebärfähigkeit, Männer in der Überbewertung der Geistigkeit die Grundlage für ein Phantasma der Vollständigkeit zu suchen. Die Ritualgesetze – beim Mann die Beschneidung, bei der Frau die Reinheitsgesetze – betonen jedoch die Geschlechterdifferenz auf symbolischer Ebene und stärken somit auch das Bewußtsein der eigenen Unvollständigkeit und Sterblichkeit.
4 Die Geschichte des Begriffs »Intellektueller« beginnt 1895 mit der Dreyfus-Affäre und nimmt in Frankreich und Deutschland einen sehr unterschiedlichen Verlauf, vgl. Bering (1978).
5 Zu den sexuellen Implikationen dieser Umschreibungen des »Intellektuellen« vgl. Christina von Braun (1993).
6 Zum »bösen Blick« vgl. Thomas Kleinspehn (1989, 42f). Waren es zunächst die Frauen, denen unterstellt wurde, mit ihren Blicken zu töten, so verlagert sich mit der Renaissance diese Machtphantasie auf den Blick des Mannes. Mit den technischen Sehgeräten, die die Unmöglichkeit eines Blicks zurück einführen, geht diese Phantasie in den Bereich des Realen – oder Phantasmatischen – über. Dabei vollzieht sich auch ein anderer Paradigmenwechsel: Hinter der Vorstellung vom tödlichen Blick oder Anblick der Frau steht die Angst vor der Ohnmacht, die das Wahrnehmen der Geschlechterdifferenz beinhaltet; die Fotografie hingegen vermittelt die Vorstellung einer (männlichen) ›Herrschaft‹ über Leben und Tod.
7 Emiles und Sophies Verlobung vollzieht sich nach folgendem Muster: »Kaum hat sie ihn geküßt, als der entzückte Vater in die Hände klatscht und *noch einmal, noch einmal* ruft, und Sophie, ohne sich bitten zu lassen, ihm sofort

zwei Küsse auf die andere Wange gibt; aber fast im gleichen Augenblick flieht sie in die Arme der Mutter und birgt ihr von Schamröte entflammtes Gesicht an diesem mütterlichen Busen, erschreckt über alles, was sie getan hat.« Jean-Jacques Rousseau (1980, 880f).

8   Die sogenannten »Schwangerschaftsmerkmale« haben hohen Kurs in dieser Zeit (vgl. Kleinspehn 1989, 170f). Sie sind ein Zeichen dafür, daß der weibliche Körper als »durchsichtig« phantasiert wird; die Blicke dringen in ihn ein.

9   »Die Welt selbst«, so schreibt Niklas Luhmann, »wird in den Nachrichten nur als Kontingenz aktuell, und zwar als eine dreifache Negation: als Bewußtsein, daß die übermittelten Ereignisse gar nicht hätten passieren müssen; und als Bewußtsein, daß sie gar nicht hätten mitgeteilt werden müssen; und als Bewußtsein, daß man gar nicht hinhören braucht und es gelegentlich, zum Beispiel in den Ferien, auch nicht tut.« (1972, Bd. III, 315)

10  Nietzsche hat den Zustand des Bayreuth-Pilgers als »wunderbare Selbstentzweiung« umschrieben. Norbert Bolz, der in Richard Wagner den eigentlichen Erfinder dieses medialen Erlebnisses sieht, schreibt dazu: Das Individuum »inkarniert sich in anderen Leibern, schüttelt seine bürgerliche Vergangenheit, seine soziale Stellung ab; es genießt die ›wunderbare Selbstentzweiung‹ dessen, dem Zerstörung zum Luxus, Schmerz zur Lust und der Untergang zum Genuß des ersten Ranges wird.« (1990, 36)

11  Vgl. Stanislav Grof: Consciousness, Research and Electronic Media, Vortrag auf dem Symposion »Expedition 92«, München 10./11.9.1992.

12  Ein Teil der neueren rechtsradikalen Gewalt scheint mir auf dem Bedürfnis zu beruhen, den Tod und die Verletzlichkeit als Wirklichkeit zu erfahren: als Wirklichkeit, die dem ›Anderen‹ zugefügt wird, versteht sich. Das erklärt vielleicht, warum sich diese Gewalt vor allem gegen die richtet, die eine reale existentielle Bedrohung in der Vergangenheit erfahren haben oder heute erfahren – die Juden in den nationalsozialistischen Vernichtungslagern, Asylsuchende heute: Hier wird das, was Flusser als »Wirklichkeit« definiert hat, am ehesten greifbar; diese Bedrohung hat nichts mit simulierter oder virtueller Realität zu tun. Es bleibt sogar zu befürchten, daß ausgerechnet diese Bedrohung zu einer neuen Form von Antisemitismus nach Auschwitz führt – ein Judenhaß, der vom Neid auf die Wirklichkeit (im Sinne von Verletzlichkeit) jüdischer Existenz getragen wird.

13  Aussage im Dokumentarfilm *Duras filme* von Jérome Beaujour und Jean Mascolo über die Autorin und die Dreharbeiten zu ihrem Film *Agatha*.

14  Vgl.Theresa de Lauretis, Vortrag im Kulturwissenschaftlichen Institut Essen, 14.12.1992.

## Literatur

Assmann, Jan: Schrift, Tod und Identität. Das Grab als Vorschule der Literatur im alten Ägypten, in: Aleida Assmann/Jan Assmann/Christof Harmdeier (Hg.): Schrift und Gedächtnis. Beiträge zur Archäologie der literarischen Kommunikation, München 1983.

Barthes, Roland: Die helle Kammer. Bemerkungen zur Photographie, Frankfurt/M. 1985.
Benjamin, Walter: Gesammelte Schriften, hgg. von Rolf Tiedemann/Hermann Schweppenhäuser, Bd. V/1; V/2, Frankfurt/M. 1982.
Bering, Dietz: Die Intellektuellen. Geschichte eines Schimpfwortes, Stuttgart – Berlin – Wien 1978.
Bolz, Norbert: Theorie der Neuen Medien, München 1990.
Braun, Christina von: Von Wunschtraum zu Alptraum. Zur Geschichte des utopischen Denkens. Filmessay, München 1984.
Diess.: Nicht ich. Logik Lüge Libido, Frankfurt/M. 1985.
Diess.: ... Und das Wort ist Fleisch geworden, in: Christina von Braun/Ludger Heid (Hg.): Der Ewige Judenhaß, Stuttgart – Bonn 1990.
Diess.: Die Angst der Satten. Über Hungerstreik, Hungersnot und Überfluß, Filmessay, Köln 1991.
Diess.: Der Mythos der »Unversehrtheit« in der Moderne. Zur Geschichte des Begriffs »die Intellektuellen«, in: Rudolf Maresch (Hg.): Zukunft oder Ende. Standpunkt, Analysen, Entwürfe, München 1993.
Dohm, Hedwig: Die wissenschaftliche Emanzipation der Frau, Zürich 1982 (zuerst 1874).
Fenichel, Otto: Psychoanlayse und Gesellschaft, Frankfurt/M. 1972.
Flusser, Vilém: Für eine Philosophie der Fotografie, Göttingen 1991.
Goldberg, Arnold: Der verschriftete Sprechakt als rabbinische Literatur, in: Aleida Assmann/Jan Assmann/Christof Harmdeier (Hg.): Schrift und Gedächtnis. Beiträge zur Archäologie der literarischen Kommunikation, München 1983.
Green, David: Velins of Resemblance. Photography and Eugenics, in: The Oxford Art Journal, 2/1985, 5-16.
Haller, Michael: Das Medium als Wille und als Vorstellung, in: Die Zeit, 28.6.1991.
Kirchoff, Arthur (Hg.): Die Akademische Frau. Gutachten hervorragender Universitätsprofessoren, Frauenlehrer und Schriftsteller über die Befähigung der Frau zum wissenschaftlichen Studium und Berufe, Berlin 1897.
Kleinspehn, Thomas: Der flüchtige Blick. Sehen und Identität in der Kultur der Neuzeit, Reinbek b. Hamburg 1989.
Lehmann, Hans-Thies: Das Kino und das Imaginäre, in: Kino und Couch. Zum Verhältnis von Psychoanalyse und Film, Arnoldshainer Filmgespräche, Bd. 7, Frankfurt/M. 1990.
Luhmann, Niklas: Soziologische Aufklärung, Bd. III, Opladen 1972.
Ders.: Wahrnehmung und Kommunikaton an Hand von Kunstwerken, in: Harm Lux/Philip Ursprung (Hg.): Stillstand switches. Ein Gedankenaustausch zur Gegenwartskunst, Shedhalle Zürich, 8.-24.6.1991.
Mattenklott, Gert: Das gefräßige Auge oder: Ikonophagie, in: Ders.: Der übersinnliche Leib. Beiträge zur Metaphysik des Körpers, Reinbek b. Hamburg 1982, 78-102.

Müller, Adam: Zwölf Reden über die Beredsamkeit und deren Verfall in Deutschland, hgg. von Jürgen Wilke, Stuttgart 1983.
Rousseau, Jean-Jacques: Emile oder Über die Erziehung, hgg. von Martin Rang, Stuttgart 1980 (zuerst 1762).
Ders.: Die Bekenntnisse (1782-89), München 1981.
Studlar, Gaylyn: Schaulust und masochistische Ästhetik, in: Frauen und Film, Heft 39, Frankfurt/M. – Basel 1985.
Weibel, Peter: Territorium und Technik, in: Ars Electronica (Hg.): Philosophien der Neuen Technologien, Berlin 1989.
Zielinski, Siegfried: Audiovisionen, Kino und Fernsehen als Zwischenspiele in der Geschichte, Reinbek b. Hamburg 1989.

Gerburg Treusch-Dieter

## Geschlechtslose WunderBarbie
Oder vom Phänotypus zum Genotypus

**Angeschlagenes Fleisch**

Wandersagen über das Fleisch gehen um. Durch Killerbakterien und -menschen werde es zerfressen, zerschnitten, von außen und innen. Einen Täter gebe es nicht. Nie wurde einer gefaßt. Was da zerfrißt und zerschneidet, sei anonym. Hier schmilzt das Fleisch in Sekunden, dort verschwand es vor Stunden. Ein Tod bei lebendigem Leib. Nur daß X. seitdem eine Maske trägt, hinter der nichts ist. Während XX. wie in allen Wandersagen auf einer Parkbank mit einer Narbe gefunden wurde. Und einer Lücke da, wo das Gedächtnis war. Auch in Wohnungen wandern sie ein, diese Sagen, und in Wildnisse aus. Dort wie hier desorganisieren sich die Organe, insbesondere die Geschlechtsorgane, männliche scheiden unverhütet in After und Münder von Säuglingen aus, weibliche, die verhüten, ins Clo. Doch die Mißbrauchs-Effekte entsprechen sich, ob sie von Spermien herrühren oder von Östrogenen. Allerdings seien es diese, nicht jene, die zunehmend zur Verweiblichung von Fisch-, Alligatoren- und ›höheren Männchen‹ führen. Im Fernsehen wird beides, Inzest und Verweiblichung, hautnah an Säuglingen demonstriert.

Raubende und geraubte Körper, wohin man blickt, ohne daß Menschen und Mikroben in dieser entsetzlichen Zersetzung des Fleisches noch zu unterscheiden sind. Folgt man den Wandersagen, dann rückt der Körper, je mehr er sich zurückzieht, desto mehr auf den Leib, der ihm nicht mehr gewachsen ist. Als ob er veraltet sei. Als ob er unter sich selbst zusammenbricht. Seine Teile und Teilchen werden durch Bilder und Sätze der an seine Fersen sich heftenden Sagen portionen- und partikelweise in Umlauf gebracht.

Wie bekannt steht es in einem Land, wo viel von Freiheit geredet wird, schlecht um die Freiheit. Explodieren jedoch wie heute die Körper-Diskurse, dann wird ein Anschlag auf das Fleisch verübt. Kein Täter ist faßbar, weil das in Anschlag Gebrachte unfaßbar ist. Wer immer dagegen auf Waldwegen die ›Natürlichkeit‹ des Körpers repetiert oder in Fitneß-Studios seine ›Machbarkeit‹ perfektioniert, er läuft, er tritt ins Leere. Kein Training hat einen Angriffspunkt.

Das Schattenboxen von Millionen, die täglich dem Rückzug des Körpers begegnen oder vor seinem Näherkommen die Flucht ergreifen, eine permanente Re- und Neukonstruktion, die den veralteten Körper auf Trab, auf die Höhe der Zeit bringen soll, hält die Entstrukturierung und Entsymbolisierung des Fleisches nicht auf. Seine biologische Uhr läuft ab, während sein genetischer Code zu ticken beginnt. Er definiert sich nicht mehr über den Transport von organischen Teilen und Teilchen, sondern über den Transfer von DNS-Abschnitten und ihr *Stop and Go*. Auch »springende Gene« sind dabei.

**Klaffender Schnitt**

Im Gegensatz zu jenen Bildern und Sätzen, die in den Wandersagen als epidemische Zeichen organischer Ansteckung zirkulieren, funktioniert der genetische Code als organ- und zeichenlose Information, die sich selbst repliziert. Mag die äußere Erscheinung des Körpers ein Zifferblatt gewesen sein, von dem abzulesen war, was die innere Uhr geschlagen hatte, die Lesart des genetischen Codes rekurriert weder auf körperlichen Schein, noch auf körperliches Dunkel. Sagen von einer Maske, hinter der nichts ist, von leeren Körperhüllen und einer Narbe, die keine Erinnerung mehr wachruft an den als Gedächtnislücke klaffenden Schnitt, kündigen diese Lesart an. Aber, daß ihre symbolische Leere von toxischen Spermien und Östrogenen wimmelt, dies verweist darauf, daß die Geschlechts-Identitäts-Zeichen selbst zur Seuche geworden sind. Ihr gewesenes Wesen verwest. Als ob es immer nur eine Verkleidung aus Hautfetzen war, löst es sich ab.

Zurück bleibt das bloße Fleisch sich neutralisierender Körper, die, obwohl sie ihre ›Natürlichkeit‹ repetieren und ihre ›Machbarkeit‹ perfektionieren, in der Wildnis ihrer Wohnungen auf den Horrortrip gehen. Dort werden Muttermale allmorgend- und allabendlich als Melanome gezählt. Daß es der Sex gewesen sein soll, der noch kürzlich ein Leben vor dem Tod versprach, das glaubt heute von Millionen keiner mehr, der als Schatten gegen den Tod im Leben kämpft.

Tödliches kriecht aus allen Ecken und Enden. Als Ort des Anschlags auf das Fleisch öffnet sich aber, beileibe, kein Sündenpfuhl mehr. Es öffnet sich der Genpool, der leiblos ist. In ihm wird das Fleisch nicht mehr veranschlagt, das außerdem einem Bombardement aus dem All und durch alles unterliegt. Die Krankheitspropaganda dringt in Poren, Zellen, Zellkerne. Sie folgt den Adern- und Nervenbahnen, geht durch

Mark und Bein. Ihr neuester Schlager sind Knochenerweichung und -schwund.

**Geschlechtliche Ausscheidung**

Einstmals stank es zum Himmel, das Fleisch. Einstmals holte es zum Gegenschlag aus, der selbst dann noch aus dem hellen Wahnsinn moderner Emanzipationen brach, als Himmel und Sündenpfuhl durch das Wissen vom Sex abgeschafft waren, der heute erstmals ein Fehlschlag ist. Erstmals fehlt ihm, was ihn einstmals durchschlagend machte, das Geschlecht. Es ist in der gegenwärtigen Diskurs-Explosion des Körpers mitexplodiert. Übrig geblieben sind Nukleotide.

Eine Zeichen-Dämmerung graut, in der die Bedeutung des Geschlechts verglimmt. Sein Fallout wird geoutet. Wie immer das Geschlecht ausscheidet, es verschmutzt. Was immer es ausscheidet, es verseucht. Wo immer es ausscheidet, es ist deplaziert. Die einstmals mit der Mischung der Körper verbundene Wärme der Verschmelzung erkaltet. Schon werden Ei- und Samenzellen eingefroren. Schon sind die Geschlechtsorgane mit Mißbrauch identisch geworden.

Was sie bedeuteten, gehört der sexuellen Vergangenheit des Körpers an. Von ihr trennt er sich zugunsten einer asexuellen Gegenwart, die ihn mit ihrem genetischen Jenseits im Diesseits durchdringt. Schon wird die toxische Konfusion der Geschlechts-Identitäts-Zeichen digitalisiert. Schon trat an die Stelle der Zellkernverschmelzung die Zellkernspaltung, an die der Mischung des Fleisches die Teilung der Moleküle, an die des körperlichen Kontakts die körperlose Information. Was gegen alle Verwesung die geschlechtliche Reproduktion gewesen sein sollte, das wird zur unverweslichen, genetischen Selbstreplikation. Der Weg vom sexuellen Subjekt zum geschlechtslosen Selbst (Hegener 1992) ist als Weg der Moderne zur Postmoderne zurückgelegt. Unter der Bedingung der Technologisierung von Fortpflanzung und Sex führte er bis hin zur Entdifferenzierung der Geschlechterdifferenz, die sich heute auf die Befruchtungstechnik ohne Körper ebenso verlassen kann, wie auf die Körpertechnik ohne Befruchtung. Noch während die sexuelle Referenz der Geschlechts-Identitäts-Zeichen durch ihre genetische Referenz ersetzt wird, zirkuliert schon das aktuelle »Subjekt«, folgt man Jean Baudrillard (1992), als potentieller »Klon«.

Im Klon ist jede Metapher des ›Anderen‹ exterminiert, das bereits auf dem Weg vom sexuellen Subjekt zum geschlechtslosen Selbst das

›Gleiche‹ wurde. Das Ende des hellen Wahnsinns moderner Emanzipationen, das »Ende der Orgie« ist angesagt. Schluß mit ihrem Gestank, ihrer Hitze, ihren Ausscheidungen. Das ›Gleiche‹ hat das ›Andere‹ absorbiert. Die organ- und zeichenlose Transparenz des Fleisches konvergiert mit der Opakheit seines viralen Gewimmels. Ihm sei eine Bezeichnungspraxis entgegenzusetzen, die ihrerseits viral sein müsse, so Baudrillard. Denn nur dann werde der Virus zum Zeichen eines Antikörper, der jenseits von HIV-positiv und -negativ selbst das radikal Andere sei.

**Leibhaftiges Nichts**

Also müßte der Virus als Zeichen sich selbst als organ- und zeichenloser Virus bannen, der den Körper an einer Immunschwäche absorbierter Oppositionen krepieren läßt, die nicht nur ihn erfaßt, sondern die Materialität der Zeichen insgesamt, ihre körperlichen Repräsentationen. Doch dieser Virus als bannendes Zeichen würde aus derselben symbolischen Leere auftauchen, wie sein organ- und zeichenloser Antikörper, der nur durch Verneinung positiviert werden kann. Denn er ist kein Widergänger des Verdrängten des Körpers, kein Doppelgänger, der ihm als Schatten- oder Lichtgestalt folgt.

Sein Nichts hebt die Erscheinung und das Dunkel des Körpers auf, ohne daß das eine von außen beleuchtet oder das andere von innen erleuchtet wäre. Statt dessen wird beides durchstrahlt, als ob es nicht sei. Umgekehrt wird dieses Nichts leibhaftig. Es haftet am Leib, zehrt ihn aus, leert ihn aus, bricht aus Zellkernen, schwimmt durch Zellplasmen, durchstößt Zellwände, durchgleitet Blut- und Nervenbahnen, erschüttert Mark und Bein bis zum Knochenerweichen, je multipler es sich durch Teilung mit sich selbst multipliziert.

Als ob es für eine Information ohne Form noch ein bannendes Zeichen gäbe, das sich nicht ›als ob‹ verhält. Denn der Name, mit dem dieses Zeichen das Körperlose benennt, kann nur als Hypothek auf den Körper aufgenommen werden, dessen Erscheinung gegenüber dem, was ohne ihn nicht zur Erscheinung käme, in Grundschuld gerät. Der Leib ist haftbar für das, was an ihm haftet. Er wird, leibhaftig, in Haft genommen. Wenn also der Name für dieses Körperlose »Genotypus« ist, dann leiht sich dieser Name vom »Phänotypus« die Erscheinung, als ob er selbst es sei.

## Kassierte Jammergestalt

Währenddessen belastet der Genotypus den Phänotypus mit einer Hypothek, die nicht abzutragen ist, außer um den Preis, daß der Phänotypus Genbaustein um Genbaustein abgetragen wird. Denn dem Genotypus wird keine Anleihe auf den Phänotypus genügen, der jetzt schon seine Grundschuld immer weniger entrichten kann. Der Genotypus wird seine zunehmende Jammergestalt DNS-Abschnitt um DNS-Abschnitt kassieren, indem er ihm, der unaufhaltsam veraltet, eine ›ewige Jugend‹ verspricht, die keine bisherige Codierung des Körpers leisten kann.

Bei dieser Codierung ging es bisher um Inkarnation, ob Sätze des Himmels in Fleisch und Blut zu übersetzen waren, oder solche des Wissens vom Sex. Immer hatte sich der Phänotypus entsprechend einer Information zu formieren, die auf eine Fleischwerdung des ›Worts‹ abzielte. Jetzt aber geht es um Exkarnation. Denn die genetische Information ohne Form impliziert die Verwörtlichung des Fleisches. Im Gegensatz zur Fleischwerdung des ›Worts‹ ist dabei der Befreiung des Geschlechts keine Negierung mehr vorausgesetzt, wie sie mit der Inkarnation verbunden war. Denn die Verwörtlichung des Fleisches impliziert, das Geschlecht ist exkarniert. Ei- und Samenzellen sind endgültig befreit. Als solche sind sie fest in der Hand der Befruchtungstechnik ohne Körper, die für die Körpertechnik ohne Befruchtung durchaus Sterilisierung empfiehlt.

Der Phänotypus wird auf die Asexualität des Genotypus und die ihn, DNS-Abschnitt um DNS-Abschnitt verwörtlichende Information mit der Perspektive der Klonung reduziert, die, folgt man Baudrillard, »das letzte Stadium in der Geschichte der Körpermodellierung (ist), das Stadium, in dem das auf seine abstrakte genetische Formel reduzierte Individuum zur seriellen Demultiplikation bestimmt ist ... Das Original ist verloren ...; die Dinge sind von Anfang an auf ihre grenzenlose Reproduktion hin angelegt.« (1992, 136f) Sie ist es, welche die versprochene ›ewige Jugend‹ garantiert.

## Gebenedeite Barbie

Barbie, das Idol aller grenzenlosen Reproduktion, nimmt dieses letzte Stadium in der Geschichte der Körpermodellierung durch ihre ›ewige Jugend‹ vorweg. Sie ist schön, hart, glatt. Millionen greifen nach ihr, als sei sie die Form gewordene, genetische Information, auf die jede und jeder ein Anrecht hat, sollte die Grundschuld des Phänotypus gegenüber dem Genotypus einst abgetragen sein. Sie ist der Antikörper schlechthin, angesichts dessen die Doppelhelix zum Rosenkranz wird, pro Nukleotid ein Stoßgebet zu ihr, die vor dem Entsetzen der Zersetzung des Fleisches bewahrt.

Barbie wird nicht von Bakterien zerfressen werden, denn ihre Oberfläche ist dicht. Sie wird nicht ausgeraubt werden, denn sie hat keine Organe. Sie wird nicht mißbraucht werden, denn sie hat keine Öffnung. Sie wird nichts verseuchen, den sie scheidet nichts aus. O WunderBarbie ohne Geschlecht, die sich dennoch für Millionen millionenfach vermehrt, bitte für uns. Sei für uns deine grenzenlose Reproduktion, deine eigene Selbstreplikation.

O du transsexueller Klon, der Geschlechtsidentität nur mehr mimt als Imitat ohne Original, führe uns durch deine Form, durch ihre Norm jenseits der Geschlechterdifferenz, jenseits von Geburt und Tod, zu einer Unsterblichkeit, die an dir plastisch wird. Gebenedeit, denn du bist abwaschbar. Gebenedeit, denn du bist steril. Gebenedeit, denn du bist immun. Du bist auf der Höhe der Zeit. Du performierst den Genotypus als Phänotypus. Du bist euphänisch, o WunderBarbie, bitte für uns.

**Idolisiertes Phantasma**

Man könnte dieses Stoßgebet Judith Butlers *Unbehagen der Geschlechter* (1991) zuschreiben. Im Gegensatz zu Baudrillard zielt sie nicht auf den Virus als bannendes Zeichen, sondern auf das phantasmatische Zeichen als Virus. Indem dieses phantasmatische Zeichen alle anderen Zeichen befällt, die noch immer als Metaphern der Geschlechterdifferenz fungieren, enthüllt es diese Metaphern als Parodie, die Barbie allerdings, ohne daß sie von Judith Butler beachtet würde, längst offenbart: »that the original gender identity ... itself is itself an imitation without origin« (zit. nach Nicholson 1990, 238).

Barbies grenzenlose Reproduktion, in der »das Original verloren ist«, wie Baudrillard feststellt, träte bei Judith Butler ins Stadium semiotischer Selbstreplikation. Denn jene »imitation without origin« ist ein Imitat, das sich analog zur genetischen Information selbst nachahmt, selbst kopiert. Dementsprechend wird dieses Imitat nachträglich als Ersatz für etwas hervorgebracht, was nie existierte, zugleich aber in Barbie vorweggenommen ist. Wirklich schade, daß Judith Butler Barbie nie beachtet hat. Denn dieses »Mannequin« oder »kleine Männchen« ist das plastische Phantasma ihrer Begehrens-Konzeption. Indem dieses Begehren durch die Geschlechterdifferenz der Zwangsheterosexualität als indifferentes oder »homosexuelles« Begehren hervorgebracht wird, wird es ebenso verdrängt. Es bewegt sich in und außerhalb der Geschlechterdifferenz, bezeichnet ihr parodiertes Diesseits und ihr Jenseits, wo es als »homosexuelles« Begehren ein homogenes Begehren ist, was keine Heterogenität mehr kennt. Es ist also ein Begehren nach dem Selben oder nach einer Selbstreplikation, wie es Barbie entspricht.

Soweit Barbie aber als »Imitat ohne Original« eine grenzenlose Reproduktion idolisiert, die heute ins Stadium der Technologisierung der Fortpflanzung übergegangen ist, gilt von diesem produzierten und negierten, »homosexuellen» Begehren, daß es ein Begehren nach Klonung ist, wie es nicht nur die Befruchtungstechnik ohne Körper, sondern auch die Körpertechnik ohne Befruchtung aufs Virulenteste bestimmt. Befruchtung im Glas (IVF) oder Safer Sex, sicher aber Cybersex, sind der Weg dahin.

**Schrankenloser Durchbruch**

Ausgehend davon, daß dieser Weg aus dem Sündenpfuhl zum sexuellen Subjekt, über das geschlechtslose Selbst heute zur Klonung führt, ist einzubeziehen, daß sein schrankenloser Durchbruch bisher durch das Inzestverbot eingeschränkt wurde. Zwar war die Überschreitung des Inzestverbots bei der intrakorporalen Befruchtung bisher unumgänglich, doch um den Preis, daß die so entstandenen ›Früchtchen‹ auch als männliche mit weiblichem Fleisch behaftet waren, das jahrhundertelang zum Himmel stank oder im Wissen vom Sex der helle Wahnsinn war.

Angesichts dieses Wahnsinns, der als dunkler Wahnsinn vor allem mit dem Inzestverbot verbunden war, gilt für das Wissen vom Sex auch das Gegenteil. Es war für die weibliche Emanzipation unverzichtbar, weil es die Frauen, die als ›Andere‹ Gleiche sein wollten, von Gestank, Wahnsinn und allem Kontagiösen des Kontakts mit weiblichem Fleisch befreite. Judith Butler, die das Inzestverbot »umbeschreibt«, zieht daraus die Konsequenz entsprechend dem, daß das Inzestverbot innerhalb der Zwangsheterosexualität das produzierte und negierte Begehren reguliert. Sein Verbot würde demnach den Inzest oder dessen neueste Version eines Begehrens nach Klonung erlauben; und sein Verbot würde den Inzest oder dieses Begehren nach Klonung untersagen. Dort wie hier wäre vorausgesetzt, daß dieses Begehren nach Inzest oder Klonung durch die Zwangsheterosexualität im Stadium ihrer Technologisierung als Erlaubtes hervorgebracht, als Untersagtes verdrängt wäre, beides reguliert durch das Inzestverbot. Würde also das Inzestverbot aufgehoben, würde die Klonung produziert; bliebe es in Kraft, bliebe sie negiert. In der Tat, diese »Umbeschreibung« des Inzestverbots beschreibt, nolens volens, was Sache ist.

**Kloniertes Früchtchen**

Denn da die Herausnahme der Lebensentstehung aus dem weiblichen Körper die Bedingung der Technologisierung der Fortpflanzung ist, ist inzwischen jedes ›Früchtchen‹ als Klon oder als eine durch Teilung sich vermehrende, totipotente Zelle definiert, deren Genotypus vom mütterlichen Phänotypus unabhängig ist. Dieser Phänotypus ist durch die Herausnahme der Lebensentstehung einerseits vollständig enttabuisiert, das heißt: das Inzestverbot ist aufgehoben. Andererseits ist es nicht aufgehoben, das heißt: es funktioniert, insofern die extrakorporale Befruchtung das Inzestverbot bis hin zur Sterilität dieses Phänotypus realisiert.

An Barbie, die zwar WunderBarbie für Singles, ebenso aber Lernmittel für die Restfamilie ist, läßt es sich demonstrieren. Denn eine Serie ihrer Klone ist der Form nach schwanger, obwohl dies ihrer Norm nach ausgeschlossen ist. Da Barbie den geborenen und sterblichen Körper hinter sich gelassen hat. Soweit sie allerdings eine sterile, und eine enttabuisierte Schwangere ist, kann ihr Bauch aufgeklappt und das ›ungeborene Leben‹ herausgeholt werden, wobei Bauchdeckel und -vertiefung wie zwei Eihälften im Längsschnitt funktionieren.

**Ungeborenes Schwarzes**

Das aus der hellen Bauchvertiefung von Millionen millionenfach herauszuholende, ›ungeborene Leben‹ ist schwarz. Das direkt Perverse von Barbies Schwangerschaft erscheint am Kind, in dem sich die Schwärze des Mutterschoßes – sein Gestank, als ob es ein Teufelskind, sein Wahnsinn, als ob es ein Idiot, seine Seuche, als ob es verpestet sei – zusammengezogen hat. Barbie und dieses ›Früchtchen‹, was niemals das ihre sein kann, stehen sich entsprechend der faktischen Trennung von Mutter und Kind durch die Gen- und Reproduktionstechnologie als Antikörper gegenüber. Soweit Barbie eine sterile Schwangere war, ist das Kind immun. Soweit ihre helle Bauchvertiefung, von welcher der Bauchdeckel abzuheben war, als sei er selbst die Aufhebung des Inzestverbots, jedoch eine enttabuisierte ist, ist das Kind nicht immun. Es ist schwarz. Die Immunschwäche, zu der die Schwangerschaft unter der Bedingung der Befruchtungstechnik ohne Körper geworden ist, haftet am Leib des Kindes, was in jedem Fall, wäre es nicht ein Demonstrationsobjekt, »pränatal hätte abgespritzt werden müssen«. Verweist es doch darauf, daß das »fötale Umfeld die gefährlichste Umgebung« geworden ist, in der ein Mensch leben kann. Denn die Schwangerschaft ist in Umkehrung der gen- und reproduktionstechnologischen Aufhebung des Inzestverbots zum Inzest schlechthin, zur endgültigen Blutschande geworden. Das Kind ist ›pfui‹. Die Spuren des Mißbrauchs männlicher und weiblicher Geschlechtsorgane sind an ihm nicht getilgt. Eben deshalb können Pappi und Mammi in der Restfamilie lernen, daß Sterilität besser ist. »Eine Revolution in der Verhütung kündigt sich an. Männer kriegen die Anti-Baby-Spritze, Frauen werden gegen Schwangerschaft geimpft« (*Die Woche*, 37/1994), wobei Männern empfohlen wird, ihren Samen vorher auf die Samenbank zu tragen, während Frauen durch die Mobilisierung ihrer körpereigenen Abwehrkräfte an sich selbst als Eizellenbank fungieren. Sie werden durch sich selbst, gegen sich selbst, immun. Sie werden clean. Kinder aber lernen, daß Mammi noch so clean sein kann, sie kommen doch verschmutzt heraus. Am besten also, sie bleiben draußen, um auch später alles extrakorporal zu praktizieren.

**Laufende Sanduhr**

Der Antikörper des Genotypus ermöglicht eine Wendung, durch die dem geborenen und sterblichen Leben nicht mehr der Tod, sondern das Leben selbst als Drohung vorausgesetzt ist. Jedes geborene und sterbliche Leben wird, bezogen auf diese Drohung, ein Leben nach dem Leben sein. Sein Leben ist vorbei, noch bevor es begonnen hat. Und es hört nicht auf, selbst wenn es zu Ende ist. Denn dieses Leben erhält sich unabhängig vom Phänotypus als Information ohne Form, die jeden überleben kann, selbst wenn er schon gestorben ist. Ein Stadium, das nach Baudrillard jedes Individuum zur »seriellen Demultiplikation« bestimmt, zur grenzenlosen Reproduktion.

Der Fortschritt dieser Lebensproduktion, die auf eine endgültige Eliminierung des Todes drängt, ist mit dem Problem konfrontiert, daß das Leben zwar machbar geworden ist, doch der Fortschritt des Todes wurde nicht mitproduziert. Der Tod vagiert. Er haftet am veralteten Körper. Mitten im Leben wird er, wie die Wandersagen berichten, zum Raub von Killerbakterien und -menschen. Obwohl X. oder XX. keineswegs Zigaretten, sondern Müsli holen gingen. Der Tod schlampt herum. Nichts, was vor ihm sicher ist, vom Yoghurt bis zum Smog.

Die Sanduhr des PC, an der die Wendung von der Todes- zur Lebensdrohung ihrerseits abzulesen ist, da sie im Gegensatz zu ihrer Bedeutung den laufenden, nicht den ablaufenden PC anzeigt; diese Sanduhr annonciert, der tägliche Tod muß unter der Drohung des Lebens plan- und machbar werden, dessen Fortschritt im Stadium der grenzenlosen Reproduktion nur in der Selbstabschaffung der Individuen bestehen kann.

Dem entspricht, daß Oswalt Kolle in einer Wendung vom Sexual- zum Todesaufklärer Millionen *Bild*-Leser wissen läßt: »Wenn es so weit ist, bitte ich um die gnädige Spritze meines Arztes.« Die Wendung ist perfekt, insofern das »Gnädige« dieser Spritze den Fortschritt der Selbstabschaffung zum äußersten treibt. Denn durch dieses »Gnädige« der Spritze wird die Selbstabschaffung, um die gebeten wird, gleichzeitig verdeckt. Millionen werden sich mit Oswalt Kolle, durch den sie »leben lernten«, überlegen, ob sie nicht schon, bevor sie gestorben sind, sich spur- und schmerzlos beseitigen.

**Durchblutete Leiche**

Mit der Selbstabschaffung wird der Tod auf die Höhe der Zeit und in Relation zu einer Lebensproduktion gebracht, die Fortpflanzung des Phänotypus war, und nun, durch die Herausnahme der Lebensentstehung aus dem weiblichen Körper, Reproduktionstechnologie unter der Bedingung einer genetischen Information ohne Form geworden ist, die jede Form, jede körperliche Repräsentation, die äußere Erscheinung insgesamt, in Frage stellt.

Damit ist die Ausgangslage bezeichnet, von der aus heute über einen Gesetzesentwurf zur »Entnahme und Übertragung von Organen« verhandelt wird. Wird in diese Ausgangslage einbezogen, daß das Inzestverbot durch die Herausnahme der Lebensentstehung aus dem weiblichen Körper einerseits reproduktionstechnologisch realisiert, andererseits aber aufgehoben ist, dann wird klar, warum diese Verhandlungen über ein »Organbeschaffungs-Gesetz« mit dem Ziel, »immer mehr Organe mittels organisatorischer Maßnahmen zu organisieren«, überhaupt möglich sind.

Die Organe des Körpers, das Pflanzliche an der Fortpflanzung, liegt bloß. Soweit dieses Pflanzliche am veralteten Körper hing, war er bezogen auf alle geborenen Körper auch als männlicher stets ein ›weiblicher‹ Körper. Mit der Herausnahme der Lebensentstehung aus dem weiblichen Körper sind alle Körper enttabuisiert. Folglich kann zu ihrer ›Transpflanzung‹ oder Transplantation übergegangen werden. Nicht zuletzt darum, weil in weiterer Perspektive die Befruchtungstechnik ohne Körper den Fortschritt der Lebensproduktion übernimmt. Indem aber das Fleisch vom Fleische der Frau nach dem Motto, »eine Leiche kann nicht vererbt werden«, preisgegeben wird, erhält sie, diese Leiche, obwohl sie eine »gut durchblutete Leiche« ist, keinen Preis. Sie wird zum geraubten Körper von raubenden Körpern. Denn die propagierte ›Verteilungsgerechtigkeit‹ des Transplantationsgesetzes schließt kein Recht des Verteilten oder ›Ausgeschlachteten‹ ein, weil sie ausschließlich im Recht, verteilt zu werden, besteht. Den Erlös des Arztes zahlt der jeweils Nächste, von ihm Erlöste, indem er die Grundschuld der beerbten Leiche – ihre Grundschuld, daß sie Körper, daß sie ›weiblicher Körper‹ ist – mit dem verpflanzten Organ in seinen Körper aufnimmt.

Eine Umverteilung von Schuld und Schulden mittels einer ›Verteilungsgerechtigkeit‹, die jedem, aufgrund seines Rechts verteilt zu werden, analog der »gnädigen Spritze« des Arztes gewährt wird, damit der Raub gedeckt, spur- und schmerzlos bleibt, von dem die Wandersagen berichten. Doch da die ausgeschlachtete Leiche häufig genug zum Hautsack wird, könnte es wirklich X. gewesen sein, der auf einer Parkbank gefunden wurde mit einer Narbe, die auf einen als Gedächtnislücke klaffenden Schnitt verweist. Es könnte aber auch XX. gewesen sein, dessen Gesicht während des Ausschlachtens abgedeckt wurde. Obwohl er die Maske, hinter der nichts ist, nicht deshalb trägt.

**Literatur**

Baudrillard, Jean: Transparenz des Bösen, Berlin 1992.
Butler, Judith: Das Unbehagen der Geschlechter, Frankfurt/M. 1991.
Hegener, Wolfgang: Das Mannequin, Tübingen 1992.
Nicholson, Linda J. (Hg.): Feminism/Postmodernism, New York – London 1990.

# IV. Simulationen

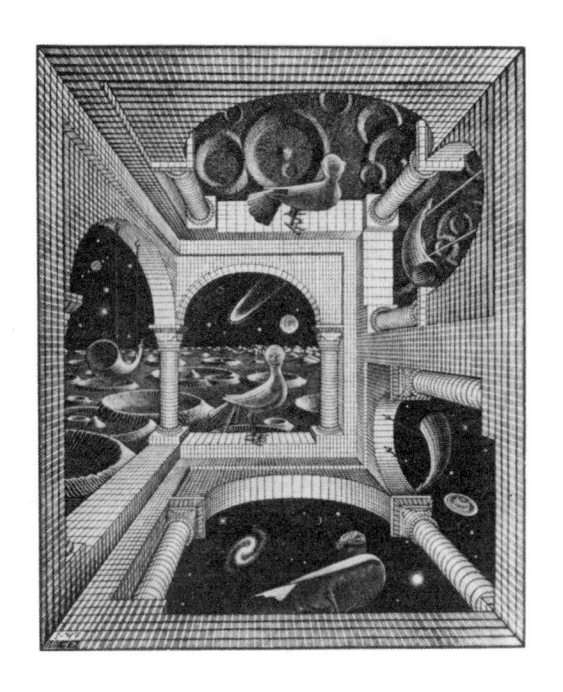

Elisabeth List

# Der Körper, die Schrift, die Maschine
## Vom Verschwinden des Realen hinter den Zeichen

Ein dichtes Netz kommunikativer Systeme, verdrahtet oder via Satellit, überzieht den Planeten. Ein Erdbeben auf den Philippinen, eine Straßenschlacht in Los Angeles, Bomben über Somalia, die Geburt von IVF-Zwillingen in Australien – in Bruchteilen von Sekunden ersteht gewissermaßen die ganze Welt in Zeichen und Botschaften vor unseren Augen, auf unseren Bildschirmen. Alles ist im Blick, im Griff: das Wißbare und Sichtbare mit den Mitteln der Informationstechnololgie, die Mikrobiologie unserer zellularen Innenwelt durch die Gentechnik, die molekularen Feinstrukturen unserer materialen Objektwelt durch die Nanophysik, unsere Denk- und Gefühlswelt durch autogenes Training, neurolinguistisches Programmieren, kurz durch ein alles umfassendendes Management, und letztlich durch den Fortschritt der Wissenschaften.

Gibt es also nichts mehr, was sich den Dispositiven der informationellen Kontrolle entzieht? Laurie Andersons *Big Science* beantwortet diese Frage mit einer Klang gewordenen, die Beklemmung hörbar machenden Ahnung, als Sound-Dreck einer Welt in Kontrolle, einer Mischung von smarter High-Tech und unterkühlter Trauer. Für eine Meditation über den Körper, die Schrift, die Maschine liefern die Arbeiten und Performances von Laurie Anderson gutes Anschauungsmaterial: Ihre leibhaftige Präsenz, ihr Körper in Geste, Stimme und Bewegung, ihr Text, als Wort und Schrift, beides schon modelliert von und integriert in eine audiovisuelle Maschinerie, die sich High Fidelity versprechend den Markt erobert hat.

Ist noch Zeit für eine solche Meditation, und wozu ist sie gut? Vielleicht, um dem Selbstverständlichen und unaufhaltbar Fortschreitenden seine Geschichte – seine Lebens- und seine politische Geschichte zurückzugeben. Das Geschehene, Vergangene zu vergegenwärtigen – mehr noch, seinen Ausgangspunkt, den es niemals ganz verlassen hat, wieder sichtbar zu machen, durch eine Meditation über das Verschwundene, Vergessene.

## Die Geschichte vom Körper, der Schrift, der Maschine

Eine Geschichte von den Anfängen der Formen menschlichen Selbstausdrucks, als Schöpfungsbericht: als Erzählung der Selbstschöpfung der Spezies Mensch? Nicht ganz so kann es gemeint sein: Ich spreche also lieber von der Geschichte der Selbstentdeckung und Selbstvermittlung der Spezies durch die Erfindung der Medien, der Medien des Ausdrucks, der Mitteilung, der Kommunikation. Und wenn schon nicht Selbstschöpfung, so ist die Technik immer eine Form der Selbstveränderung.

Körper, Schrift, Maschine sind zugleich, erkenntnistheoretisch gesehen, Medien und Quellen für Wissen, Erkenntnis und Erfahrung. Wie bestimmen also Körper, Schrift und Maschine den Spielraum der Erfahrung und die Reichweite des Wissens? Ich stelle hier nicht mit der Glaubensgemeinschaft der Wissenschaftskultur die Frage nach der Meßbarkeit des Fortschritts. Denn wenn die Erkenntnis fort-schreitet, dann ist auch die Frage erlaubt, wohin und wovon sie fortschreitet. Jenseits utilitaristischer Doktrinen erscheint dieser Fortschritt nicht unbedingt als ein Gewinn von Einsicht, und unter Umständen sogar als eine Form der Blindheit und Verblendung. Die Moral von der Geschichte, die hier zu erzählen ist, deutet nicht auf das Versprechen eines besseren Wissens. Vielleicht ist die beste Einsicht, die zu gewinnen ist, diese: Daß es keine Erkennnis gibt, ohne ein bestimmtes Maß an Verkennung. Ein Spielraum des Denkens, aber auch des Erkennens, des Erkennens von etwas? Die Antwort darauf setzt eine Ordnung des Seins und des Seienden, eine Ontologie also, immer schon voraus. Deshalb sei hier eine Unterscheidung getroffen, was diese Ordnung betrifft. Eine Unterscheidung zwischen dem Realen, als dem Sein, das vor und unabhängig vom menschlichen Bewußtsein besteht, und das von Lacan und seinen Schülern folgerichtig mit dem Unbewußten gleichgesetzt wird. Wovon zumeist die Rede ist – oder zumindest bisher meistens war, das ist nicht das Reale in diesem Sinne, sondern die Realität innerhalb der Ordnung des Symbolischen, in den Worten Kants das, was uns im Rahmen unserer Sinnenerfahrung und unserer Verstandesbegriffe gegeben ist. Und schließlich ist heute, im Zeitalter des Konstruktivismus, die bestimmende ontologische Instanz die Realisation, das, was Baudrillard (1978) Hyperrealität nennt, oder Simulation, besonders gut belegbar im Bereich der neuen audiovisuellen Massenmedien, wo es um die mediale Erzeugung sozialer Wirklichkeit geht.

Die genannten drei Dimensionen der Seinsordnung kennzeichnen drei Modelle des semiotischen Bewußtseins, die wiederum idealtypisch mit dem Körper, der Schrift und der Maschine – oder dem Kalkül – in Zusammenhang gebracht werden können: In der körperlichen Geste bilden Zeichen und Gezeigtes eine ungeschiedene Einheit, in ihr ›zeigt sich‹ das Reale als vorsprachlich und vorbegrifflich. Die Schrift, das Wort präsentieren sich als Garanten, besser: als das Versprechen einer Realität hinter dem Zeichen, und die Maschine, der Computer und die Apparatur des wissenschaftlichen Experiments prozessieren Zeichen als Simulate einer Realität. Hier erscheint die Realität nicht mehr als abgebildet in der Ordnung der Zeichen, sondern die Zeichen selbst als Konstruktion und Simulation des Wirklichen. Seinserkenntnis hört auf, sich durch den Bezug auf eine Realität hinter den Zeichen zu legitimieren.

**Schreiben und Lesen: Die Ordnung der Schrift**

Meine Geschichte beginnt nicht dort, wo die großen Erzählungen beginnen: am Anfang. Denn dort, wo sie beginnen kann, ist der Anfang immer schon gewesen. Stattdessen beginne ich mit einigen Überlegungen zur Schrift, deren Entstehung erst Geschichtlichkeit als Bewußtseinsform, in der Form von Tradition und (schriftliche) Überlieferung ermöglicht.

Worin bestehen die auszeichnenden Merkmale, die Besonderheiten der Schrift als Medium des Ausdrucks, der Artikulation menschlicher Selbstwahrnehmung und welches Weltbild legt sie nahe? Die Antwort auf diese Frage könnte indirekt auch Auskunft geben über die anderen beiden Pole der Medialität, zwischen denen die Schrift liegt – über den Ort des Körpers und der Maschine im Kontext des semiotischen Netzwerks von Zeichenwelten.

Dazu einige geordnete Gedanken aus semiotischer, erkenntnistheoretischer und gesellschaftsgeschichtlicher Sicht: Was ist Schrift, semiotisch definiert? Ein System von Zeichen, dessen Ursprung zurückverweist auf das Graphem, als eine mit der Hand oder mittels eines passenden Gerätes (Stahlstift, Feder, Griffel) in ein dauerhaftes Oberflächenmedium eingravierte Gedächtnisspur. Die phonetische Schrift wäre also der Sonderfall eines Graphismus, der allein dazu dient, die gesprochene Sprache Laut für Laut linear aufzuzeichnen; der Buchstabe wäre dann tatsächlich der Signifikant eines Signifikanten oder, wie Aristoteles sagt, Zeichen eines Zeichens, ein Zeichen zweiter Ordnung. Die phonetische Schrift tritt auf nach mehr als 30.000 Jahren Geschichte des nichtlinearen, rituellen, der Geste des Körpers folgendem Graphismus. Der Graphismus ist eine Praxis und Technik, durch die die ursprünglich leibgebundenen Formen symbolischen Ausdrucks materialisiert, vergegenständlicht werden. Dienten Bilder und Zeichen zunächst – in Ritual und Magie – der kultischen Vergegenwärtigung des Heiligen, der mythischen Realität, übernahmen die im politischen und wirtschaftlichen Leben der frühen Stadtkulturen verwendeten Vorformen der Schrift vorwiegend die Funktion eines exteriorisierten Gedächtnisses. Das Wissen um den Bestand und die Ordnung verschiedener Realitätsbereiche konnte mit ihrer Hilfe unabhängig von der Person seines Trägers bewahrt, vermehrt und weitergegeben werden. Aus der Sicht einer Informationstechnologie sind die Vorteile der alphabetischen Schrift evident: Mit einem außerordentlich kleinen Repertoire von 25-30 Zeichen ermöglichte die phonetische Schrift die Speicherung theoretisch unbegrenzter Mengen von Wissen und Erfahrung, und es überrascht nicht, daß das Alphabet von seinen Erforschern, aber auch von den Philosophen als die universale Schrift betrachtet wurde.

Daß eine so geniale Erfindung nicht nur die angedeuteten Vorteile für die kognitive Ordnung und Darstellung von Wissen hat, sondern auch andere Effekte, läßt sich erwarten. Um das sichtbar zu machen, muß die semiotische Perspektive durch eine epistemologisch-anthropologische ergänzt werden. Der Gebrauch von Zeichen, von Symbolen, von semiotischen Techniken wie der Schrift dient, selbst wenn er nicht um dieser Funktion willen entsteht, dazu, den Spielraum des Ausdrucks und der Interaktion von Individuen und Gruppen auszuweiten. Dieser Zuwachs an Spielraum für Ausdruck und Interaktion ist verbunden mit einer Transformation des Erfahrungsraumes, und nun ist zu fragen, worin diese Transformation beim Übergang von einer rein oralen Kultur zu einer literalen oder Schrift verwendenden Kultur besteht.

Der Erlebnis- und Erfahrungsraum, aber auch das Wissen nichtliteraler Kulturen ist, wie McLuhan (1968) feststellt, auf das Ohr zentriert. Es ist synästhetisch und ganzheitlich, insofern die verschiedenen Sinne, der Gesichtssinn, das Gehör, das Sprechen und die taktilen Sinneseindrücke sich in einem harmonischen Gleichgewicht befinden. Die schriftliche Fixierung – und hier ist Schriftlichkeit im engeren Sinne des Gebrauchs einer phonetischen Schrift gemeint – bedeutet semiotisch gesehen eine Übertragung oder »Übersetzung« oral-akustischer Phänomene in ein visuelles Medium. Die Objektivation oder Exteriorisierung mündlich tradierten Wissens geschieht durch die lineare Visualisierung eines sehr komplexen Erfahrungsraums. Exteriorisierung bedeutet »Verlagerung nach außen«. Was nach außen verlagert wird, ist die Speicherungsfunktion des menschlichen Gedächtnisses. Die Überlieferung des kollektiven Wissens, die in der oralen Kultur durch Erzählung von Mund zu Ohr, von Sprechern zu Hörern weitergegeben wird, wird in einem äußerlichen, materiellen Medium fixiert. Diese Objektivation von Wissen und Erfahrung bildet die Voraussetzung für die Entstehung von Wissenschaft und Philsophie, vor allem für die Entstehung metatheoretischer Reflexion.

Der Preis für diese Errungenschaft ist, folgt man McLuhan (1968), eine »Arbeitsteilung der Sinne«, die zur Dominanz des Visuellen führte, und in allen anderen Bereichen zu einer fortschreitenden Entsinnlichung des (theoretischen) Bewußtseins. Der distanzierende Blick wird zum kognitiven Sinn par excellence. Durch die phonetische Schrift, die den lebendigen Fluß der situationsbezogenen Rede ins visuelle Medium überträgt, in die strenge Ordnung des *discurrere*, der Linie, der Zeile, schiebt sich der Text, das Buch, als Übergangsobjekt gewissermaßen, zwischen Subjekt und Realität. In dem Maße, in dem sich dank der phonetischen Schrift der Denkraum theoretischer, philosophisch-wissenschaftlicher Welterfassung ausweitet und differenziert, entfernt sich das theoretische Wissen vom gelebten Erfahrungsraum; die Klage über die Trennung von Verstand und Gefühl, die in der Romantik laut wird, ist das literale Pendant zur Marx' Diagnose über die Entäußerung und Entfremdung konkreter Sinnlichkeit im Prozeß industrieller Arbeitsteilung. Um die damit angedeuteten Konsequenzen der Literalität zu verstehen, also die einschneidenden Veränderungen des kulturellen Erfahrungsraums, den die Schrift als Darstellungs- und Kommunikationsmittel mit sich bringt, bedürfte es einer vergleichenden Analyse der Schrift als symbolische Form – in dem Sinne, in dem Ernst Cassirer (1923) diesen Terminus gebraucht.

Zunächst, was die grundlegenden epistemologischen und ontologischen Dimensionen der Welterfahrung und der Wirklichkeitskonstruktion betrifft, wäre zu fragen, wie die Schrift als symbolisches bzw. semiotisches Medium die Beziehungen zwischen Subjekt- und Objektwelt, die Beziehung zwischen Person- und Dingwelt, und schließlich die zwischen Ego und Alter repräsentiert und organisiert. Besonderes Augenmerk verdient in diesem Zusammenhang die Erfahrung von Raum und Zeit. Denn schriftlich fixiertes Wissen und schriftliche Kommunikation verschieben die räumlichen und zeitlichen Grenzen des Welthorizonts. So führt die Kritik am Mythos, die etwa in Griechenland mit der Verbreitung der Literalität einsetzt, zu einem neuen Verhältnis zur Vergangenheit. Außerdem wird die räumliche und zeitliche Reichweite des Mediums Schrift, wie besonders seit der Renaissance der Schriftkultur im europäischen Mittelalter sichtbar wird, wesentlich durch die Techniken des Schreibens, insbesondere natürlich des Buchdrucks, die Techniken der industriellen Fertigung und Vervielfältigung schriftlicher Texte bestimmt.

Nicht nur in ihren Strukturen, sondern auch hinsichtlich ihrer Modalitäten werden Wissen und Erfahrung durch die Semiotik der Schrift entscheidend geprägt. Am Beginn der philosophischen Reflexion auf den Status des Wissens steht, wie bekannt, die Unterscheidung von Doxa und Episteme, von bloßem Meinen und begründetem Wissen. Diese Differenz, wie überhaupt das Entstehen von Methode und Kritik zur Konstruktion und Rechtfertigung von Wissen, verdankt sich wesentlich dem Entstehen einer schriftlichen Überlieferung. Dem entspricht im politischen Diskurs die Unterscheidung von Mythos und Geschichte, und schließlich im Bereich der Literatur das Auseinandertreten des Realen und des Fiktiven. Mit dieser epistemologischen Differenzierung, der zwischen Realem und Fiktiv-Imaginärem, wird der Literatur im Erfahrungsraum der klassischen Antike, die sich – jedenfalls seit Aristoteles – am Paradigma positiven theoretischen Wissens orientiert, ihr genuiner Stellenwert zugewiesen.

Nachhaltige Wirkungen hat die Schrift als Ausdrucksmedium, dies sei hier als These festgehalten, in der Dimension subjektiver Selbsterfahrung, und damit für die Genealogie des modernen Subjekts. Nur wer zur Preisgabe dieser wie auch immer prekären ›Selbstverhältnisse‹ bereit ist, wird dem Schicksal der phonetischen Schrift gegenüber gleichgültig sein.

**Die Ambivalenz der Schrift – einige Thesen zu den gesellschaftlichen Konsequenzen der Literalität**

Neben dem semiotischen und dem epistemologisch-ontologischen Gesichtspunkt ist für die Analyse literaler Kulturen ein weiterer Gesichtspunkt unerläßlich, will man die Faszination und die Fatalitäten der Schrift als Ausdrucksmedium gleichermaßen verstehen: Es ist die Frage nach dem sozialen, ökonomischen und politischen Kontext, innerhalb dessen erst symbolische Techniken zu lebensverändernden Mächten werden können. Die Umstrukturierung des »semiotischen Mechanismus der Kultur« (Lotman/Uspenskij 1977/1978), die die Literalisierung der griechischen Kultur seit dem 7. Jahrhundert nach sich zog, hat vielfältige und widersprüchliche Aspekte. Einige von ihnen möchte ich erwähnen, um sie abschließend zur gegenwärtigen Situation in Bezug zu setzen.

1. In Griechenland kristallisiert sich nach dem Intermezzo der dunklen Jahrhunderte (der dorischen Invasion) ungeachtet seiner regen kulturellen und ökonomischen Beziehungen zum Orient eine neue politische Ordnung heraus, die das alte feudale Königtum ablöst: Die Polis trug, wie Vernant (1982) zeigt, wesentlich zur Formung des rationalen und positiven Denkens bei. Die egalitär-aristokratisch verfaßten Stadtstaaten räumten dem Disput, dem gesprochenen Wort auf der Agora eine wichtige Rolle ein. Es entstand eine spezifisch griechische Form einer kritischen Öffentlichkeit, die der Nutzung der Schrift als Instrument einer allgemeinen Kultur Auftrieb gab. Es ist also eine politisch motivierte Form der Mündlichkeit oder einer Diskurskultur, die die schriftliche Kultur trägt und inspiriert. Platons oft zitiertes Mißtrauen gegen die Schrift mag mit dem stärker aristokratisch-esoterischen Charakter seiner Lehre im Zusammenhang stehen.

2. Seit Aristotels jedenfalls präsentiert sich das kollektive Wissen, rationalisiert durch die Tradition der Sophistik, ausdrücklich als theoretisch-schriftliches, dessen Plausibilisierungsstrategien und Beweismethoden sich deutlich von den älteren Wissensformen, etwa des Mythos, unterscheiden. Auf einen unmittelbaren Zusammenhang von Schrift und Logik verweist der Umstand, daß das griechische Wort für »Element« »Buchstabe des Alphabets« bedeutet (Goody 1981). Die Logik wird zum Organon der Wissenschaft. Die Merkmale der wissenschaftlichen Episteme sind identisch mit den semiotischen Charakteristika der alphabetischen Schrift: Linearität, Homogenität, Kontextunabhängigkeit, Abstraktheit, die zugleich die Voraussetzung für die Akkumulation, die Vergesellschaftung und Kapitalisierung der bisher mündlich tradierten Wissensvorräte bildeten. Der auf diese Weise verfügbare neue ›Reichtum‹ wurde in den Händen einer schmalen Gesellschaftselite sehr bald zu einem effizienten Instrument der Herrschaft und Kontrolle.

3. Daß das Auftreten eines »Logozentrismus«, oder anders gesagt, der sich durchsetzende Primat des Kognitiv-Theoretischen in der griechischen Kultur in kritischer Weise mit dem Gebrauch der Schrift zusammenhängt, verweist auf die gravierenden Unterschiede mündlicher und schriftlicher Überlieferungsformen als Verfahren der gedächtnismäßigen Bewahrung und der symbolischen Organisation des Erfahrungsraumes einer Kultur. Während die sprachlichen Laute als wichtigstes Medium mündlicher Kommunikation flüchtig und auf die Sprechsituation, bzw. eine kleine Gruppe beteiligter Sprecher und Hörer beschränkt ist, ist das schriftliche Dokument dauerhaft und situationsunabhängig.

Seine Deutbarkeit ist nicht auf die lebendige Erinnerung Anwesender angewiesen, sondern ergibt sich aus der sichtbaren und gleichzeitigen Gegebenheit von sprachlichen Zeichen, die eine systematische kognitive Verarbeitung nahelegen.

Man kann also den Eindruck gewinnen, daß die Mündlichkeit mit ihrer Expressivität und ihren Möglichkeiten, sämtliche situativ verfügbaren Ausdrucksmittel einzusetzen, das optimale Ausdrucksmedium ist, die Schriftlichkeit hingegen das ideale Darstellungsmedium von objektiver Welterfahrung. Aber dennoch steht der situativen Expressivität des mündlichen Ausdrucks auf der Seite der Schriftlichkeit die individuelle Freiheit und reflektierte Subjektivität des Literarischen im engeren Sinne gegenüber. Dies ist ebenso eine Konsequenz der Schriftlichkeit wie der theoretische Diskurs. Aristoteles ist eben nicht nur der Begründer der abendländischen Wissenschaft, sondern auch einer heute noch gültigen Poetik, die der Literatur als Ausdruck des Fiktiv-Imaginären einen gleichberechtigten Platz neben der Wissenschaft einräumt.

Die Literatur ist das Medium, in dem sich, schon in den Homerischen Epen, Individualität und Formen der subjektiven Selbstwahrnehmung bewußt äußern. Fiktionalität und Individualität sind Wahrnehmungsformen, die der *mémoire collective* einer rein oralen Kultur fremd sind. Sie verdanken sich wesentlich den Voraussetzungen einer literalen Kultur, einer individuellen Lese- und Schreibkultur, über die im Athen der klassischen Zeit zumindest eine schmale Elite verfügte. Daß es sich ungeachtet der demokratischen Verfassung der Polis um eine elitäre Kultur handelte, die aus Wisssenschaft, Kultur und Politik einen großen Teil der Bevölkerung ausschloß, ist jedenfalls nicht zu bestreiten. Dafür ist aber weniger die Schrift verantwortlich zu machen, sondern die politische Mentalität der Polisdemokratie, die durch die Tradition militärischer Männderbünde und einen ausgeprägten Imperialismus gekennzeichnet war. Der Zusammenhang zwischen der Karriere der alphabetischen Schrift und historischer Realpolitik wird mit der Übernahme der griechischen Kultur durch Rom noch deutlicher sichtbar. Wie Harold Innis (1972) zeigt, waren die Schrift und die Verfügbarkeit von Papyrus und Pergament wesentliche Hilfsmittel für den Aufbau und die Verwaltung des expandierenden römischen Imperiums – und dies gründete in der überlegenen räumlichen wie zeitlichen Reichweite schriftlicher Kommunikation.

Schon diese sehr grobe Skizze der sozialen Hintergründe und der epistemologischen Konsequenzen der antiken Schriftkultur läßt den ambivalenten Charakter des Mediums Schrift sichtbar werden: Politisch ist sie zunächst ein Instrument der Demokratisierung, und dann eines des imperialen Zentralismus. Intellektuell ist die Schrift die Voraussetzung für den Ausbruch aus einer totalitären *mémoire collective*, die Voraussetzung literarischer Imagination und reflexiver Subjektivität, und zugleich die Basis für die Entwicklung universeller Wissenssysteme, für die Exzesse der Abstraktion, kurz für das, was Logozentrismus genannt wird.

**Nach der Schrift: Kalkül und Maschine**

Bacon, vielzitierter Prophet des neuen wissenschaftlichen Zeitalters, kritisiert die vormoderne aristotelische Wissenschaft als eine sterile Wissenschaft der Worte – und damit der Schriftgelehrten, und im Namen einer neuen *ars inveniendi* auf der Basis von Beobachtung und Experiment verkündet er eine männliche Geburt der Zeit, die das Kalkül und die Maschine als die wahren Formen des Geistes und seiner Verkörperung hervorbringen. Damit überschreitet nicht nur die Geschichte der phonetischen Schrift ihren Höhepunkt, sondern die des Graphismus überhaupt. Es zeigt sich, daß es sich hier um sehr spezielle Errungenschaften in der Geschichte der Koevolution von Hand und Wort handelt, von grundsätzlich leibgebundenen manuellen Fertigkeiten und symbolischen Fähigkeiten, wie sie sich im Werkzeuggebrauch und in der Sprache manifestieren. Sie folgen einer Entwicklung, die letzlich über sie hinausweisen. So zeigt Leroi-Gourhan (1980) in seiner für diese Fragen grundlegenden Studie *Hand und Wort*, daß die Evolution der Sprache u.a. durch die Befreiung des Gesichts von materiellen Funktionen der Nahrungsbeschaffung ermöglicht wurde. Viel später kommt es dann in einem ähnlichen Sinne zu einer »Befreiung« der Sinne und des Gedächtnisses durch exteriorisierte Techniken der Informationsspeicherung. Ein vorläufiges Endstadium dieser Entwicklung sind elektronische Rechenmaschinen, die die Exteriorisierung, oder anders gesagt: die maschinelle Realisierung, bestimmter Funktionen des menschlichen Gehirns ermöglicht.

Die Kehrseite dieser Neuerung ist, daß die Kultur des Lesens und Schreibens in den Hintergrund tritt. Anders als McLuhan, mit seiner euphorischen Vision eines neuen oral-auralen Zeitalters, in der die Welt durch die audiovisuellen Medium zu einem globalen Dorf wird, sieht Leroi-Gourhan die Anzeichen einer Deevolution; er spricht von der manuellen Regression, von den Aussichten auf eine Zukunft, wo wir, bestensfalls beschäftigt mit dem Drücken von Bedienungsknöpfen, nicht mehr wissen werden, was wir mit unseren Händen anfangen sollen. Vielmehr, so Günther Anders (1980), verbergen wir sie – in »prometheischer Scham« angesichts des archaischen Zustands unseres Körpers verglichen mit der technischen Perfektion von Apparaten – hinter unserem Rücken. Nicht nur haben die Denkmaschinen die Kalkulationskapazität des menschlichen Bewußtseins längst übertroffen. Die Maschine präsentiert sich insgesamt als umfassende anthropomorphe Prothese – als technisch perfektionierter Ersatz für den menschlichen Körper und seine Teile. Das ausgehende zwanzigste Jahrhundert ist die Zeit nicht nur der Proklamation des Endes des Subjektes, sondern auch des Körpers. Die Wiederkehr des Körpers als Thema der Philosophie und der Kunst ist ein Signal dafür. Damit ist meine Geschichte bei der Gegenwart angelangt. Sie ist noch nicht zu Ende, und ihr Ausgang ist offen. Der Ort, von dem sie fortschreitet, ist der lebendige Körper. Die Frage ist, wie weit.

### Wie ambivalent ist die Maschine oder: Verschwindet der Körper noch einmal und wohin?

Daß die Schriftkultur eine durch und durch patriarchale Kultur war, ist hinlänglich bekannt. Ihre anthropologische Prämisse ist die Trennung von Körper und Geist, und allein der Geist galt als dem Menschen wesentlich. Und infolgedessen stand sie dem Leiblichen und dessen Ort in der symbolischen Repräsentation der Geschlechter, dem Weiblichen, feindlich gegenüber. Ebenso folgerichtig gehören die feministischen Kritikerinnen des Logozentrismus der Schrift zur Avantgarde der Postmoderne. Sie mißtrauen der diskursiven Vernunft als Mittel der Selbstvergewisserung und Selbstverwirklichung und suchen Mittel und Formen des Ausdrucks – diesseits und jenseits der Schrift. Diesseits, das heißt im und am Körper. Jenseits, das heißt in der Maschine. Diesseits, d.h. im und am Körper der »Großen Mutter«, der Göttin. Und jenseits, im freien Spiel mit der Maschine, dem Computer, dem sie zutrauen, dem Androzentrismus der Tradition zu entkommen.

Der Körper ist ein Mythos. Wann immer er uns begegnet, ist er in Symbole und Geschichten gekleidet – als mythisches Objekt, das als Phantasma erscheint, gerade in dem Augenblick, wo wir seines Verschwindens aus der Realität gewahr werden, und an seine Stelle die Maschine tritt, als Prothese, als Cyborg. Als imaginäres Objekt ist der

Körper ein Fluchtpunkt des regressiven Begehrens, der Sehnsucht nach dem mütterlichen Körper. Nach einem Körper, der den Regungen und Rhytmen des eigenen empathisch Resonanz gibt. Er ist der Protagonist der modernen psychoanalytischen Ursprungsmythen, die Vision des leibhaftigen Ganz-Seins vor dem universalistischen Vernunftdiktat des Logos, des Begriffs. Als mythischer, organisch-weiblich gedachter Körper bleibt er aber in der symbolischen Ordnung ironischerweise gebunden an den Deutungszusammenhang seiner Gegenstücke, Geist und Maschine.

Gibt es eine andere Möglichkeit, den Körper zu denken, zu sehen oder zu gewahren? Erkenntnistheoretisch gesprochen, und nach Kenntnisnahme der traurigen Nachricht, daß nicht nur Gott tot ist, sondern auch die Göttin, ließe sich sagen, der Körper als je eigener Leib ist der utopische Ort als Nullpunkt und Quellpunkt aller Erfahrung. U-topisch im wörtlichen Sinne, das heißt: absolute Örtlichkeit des Hier-und-Jetzt, das mit unserer unmittelbaren Gewißheit, überhaupt zu existieren, unvermeidlich verbunden ist, sich aber zugleich einer diskursiv-begrifflichen Fassung entzieht. Wenn es nicht mehr ist, was sich über unseren Leibkörper vor seiner sozialen und symbolischen Konstruktion sagen läßt, wie läßt er sich überhaupt verteidigen?

Stellen wir uns vor, die Zeitreise durch die Welt der Zeichen – und als solche präsentiert sich heute die Welt der Technik, der Kunst, der sozialen Beziehungen – stellen wir uns vor, wie wir sie erleben würden, führte sie über den Augenblick des physischen Todes hinaus: eine Reise hinaus über die Tangenten des Planeten, hinaus in das Jenseits seines Kosmos der Bilder, in das Schwarz des offenen Raums. Das Dunkel und die Stille und die ätherische Verfassung eines leiblosen, und nun endlich einmal wirklich reinen, auch von Bildern reinen Bewußtseins – noch diese Vorstellung von der Todeskühle dieses Jenseits von Bild und Bewußtsein enthält die Abschattung von etwas, was Leben vor dem Tode ist: die Wärme des lebendigen Körpers, die Bewegung des Atems, das Strömen des Blutes in den Adern. Jenseits aller Poesie der Lebenssehnsucht nach dem Tode aber wissen wir auch hier und jetzt im Grunde sehr genau, daß – ungeachtet aller hochfliegenden Abenteuer der Ideen unserer Geisteskultur und der Reisen durch den Raum virtueller Datenwelten – es der Leib ist, in und durch den wir leben, solange wir fühlen, denken, handeln, überhaupt existieren. Ich spüre, also bin ich. Nicht umsonst sind die Habeas-Corpus-Akte das erste und wichtigste Dokument der europäischen Freiheitsbewegung. Die Freiheit des Gebrauchs des eigenen Körpers ist die elementare Voraussetzung für alle anderen Freiheiten – die der Kunst, des Denkens und der Liebe. Zu diesen Freiheiten gehört auch noch die, die Grenzen der biophysiologischen Konfiguration zu überschreiten, die wir bisher *mit Leib und Seele* bewohnt haben.

Von daher stellt sich – um zum Thema zurückzukommen – die Frage, was die Ablösung der Schrift durch Telekommunikation, audiovisuelle Medien und Computer im Kontext anderer neuer informationeller Technologien für die Spielräume der Erfahrung und des Handelns bedeuten. Welche Möglichkeiten erschließt oder verschließt dieser mediale Paradigmenwechsel, insbesondere für Frauen hier und anderswo? Zum Beispiel: Welche Folgen hat die dritte industrielle Revolution im Zeichen der informationellen Technologien, konkret gesagt, die schrittweise apparative Substitution menschlichen Arbeitsvermögens und intellektueller Fähigkeiten? Selbst die zuweilen euphorische postmodernistische Allianz mit den neuen »Immaterialien« – so werden die neuen Informationstechnologien von ihren philosophischen Kommentatoren gerne genannt – kann nicht verleugnen, daß die rasante Abfolge immer besserer und billiger Computergenerationen auf dem Boden einer neuen Form der weltweiten Arbeitsteilung gedeiht. Gerade in der elektronischen Industrie setzen sich neue Formen der Heimarbeit am Computer durch, gerade sie profitiert von der Auslagerung unqualifizierter Arbeit an die Peripherien des Weltmarktes, wofür Länder wie Südkorea, Honkong, die Philippinen Beispiele sind. Diese Entwicklungen einer – wie Claudia von Werlhof es nennt – »Hausfrauisierung der Erwerbsarbeit« und die Entstehung eines weltweit verflochtenen Industriesystems geben dem Schlagwort von der »globalen Fabrik« einen sehr konkreten Gehalt. Das sind die sozioökonomischen und politischen Rahmenbedingungen der neuen Kommunikationstechnologien, die nicht nur die neuen Produktivkräfte bilden, sondern auch als Mittel der Erkenntnis- und Informationspolitik eingesetzt werden, und sie entscheiden darüber, zu welchen Zielen und auf welche Weise die neuen Technologien eingesetzt werden.

Die »Befreiung des Gesichts« von der Funktion der Beschaffung und Zurichtung von Nahrung in der Frühgeschichte der Hominisation führte, wie Leroi-Gourhan (1980) darlegt, zur »Vokalisierung« und zur Entwicklung der Sprache, sowie im Zuge der ersten industriellen Revolution die Erfindung von Produktions- und Werkzeugmaschinen zur »Befreiung der Hand« von schweren Arbeiten, was zugleich eine bisher nicht dagewesene Steigerung der Produktivität, vor allem im Bereich von Gebrauchsgütern mit sich brachte. Aber die endgültige ›Befreiung des

Körpers‹ von seinen symbolischen und kognitiven Funktionen und ihre maschinelle Realisation in Computern und Holographen – wozu führt sie, außer zu einer nicht weniger phantastischen Vergrößerung der speicher- und prozessierbaren Datenmengen? Wie weit läßt sich das *downloading* unserer symbolischen Innenwelt treiben? Hans Moravec, Direktor des Mobile Robot Laboratory der Carnegy Mellon University, hat dazu ein wahrhaft endzeitliches Szenario gezeichnet. Moravec' Beschreibung setzt an einem Punkt ein, wo die Prothesentechnologie soweit ist, für sämtliche sensorische und motorische Nerven elektronische Schnittstellen herzustellen. Dann wäre der nächste Schritt, das Hirn als biologische und daher noch immer sterbliche Maschine apparativ zu ersetzen. Dann wäre es »nicht mehr ein Gehirn in einem Behälter, das einen künstlichen Körper steuert (wie es in Ansätzen in der Technologie der Telepräsenz heute schon der Fall ist, E.L.), sondern ein künstlicher Ersatz für das, was einmal ein menschliches Gehirn war ... Wir haben nun ein vollständig künstliches System, das sich selbst als menschliches Wesen sieht und auch so handelt. Von unserem ursprünglichen Körper ist keine Spur mehr vorhanden, aber unsere Gedanken und unser Bewußtsein leben fort.« (Moravec 1993, 84)

Diesen Vorgang bezeichnet Moravec – wie andere maschinelle Formen des Transfers von Software auf Hardware – als »Downloading«: »Nach diesem Downloading besteht unsere Persönlichkeit aus einem Muster auf elektronischer Hardware. Damit müßten sich Wege finden lassen, unseren Geist auch auf Hardware ähnlicher Art übertragen zu lassen, genau wie Computerprogramme und ihre Daten von einem Prozessor auf einen anderen übertragen werden können. Somit bestehen wir nicht mehr aus Hardware, sondern aus Software. Es ließe sich nicht nur unser Bewußtsein von Ort zu Ort übertragen, und zwar mit derselben Geschwindigkeit, die auch mit Telepräsenz-Einrichtungen möglich ist; es könnten auf denselben Kommunikationswegen auch alle Komponenten unseres Geistes übertragen werden. Damit haben wir die Möglichkeit, unsere Persönlichkeit von Ort zu Ort faxen, und es wäre durchaus denkbar, daß wir uns verteilt an verschiedenen Orten gleichzeitig wiederfinden, wobei ein Teil unseres Geistes sich hier befindet, ein anderer dort und unser Bewußtsein wiederum anderswo – alles jedoch durch Kommunikationskanäle verbunden.« (Moravec 1993, 85)

Zurückkommend auf das Thema des Verschwindens des Körpers beantwortet Moravec die Frage, ob es sich nun um den Fall »Geist ohne Körper« handle, mit einem klaren Nein. Denn: »Selbst wenn wir nur als Software in einem Kommunikationsnetzwerk existieren, sind wir noch nicht Geist ohne Körper. Warum? Weil wir selbst dann noch glauben, einen Körper zu besitzen. Einem Menschen, den man vollständig aller Sinneseindrücke beraubt, geht es nicht gut. Nach zwölf Stunden in einem Tank mit körperwarmer Kochsalzlösung, die auf der Haut fast kein Gefühl hinterläßt, bei totaler Dunkelheit und Stille und bei minimalen Geruchs-, Geschmacks-, und Atemempfindungen setzen bei Testpersonen Halluzinationen ein ... Unser Geist ist grundsätzlich auf einen physischen Körper und den entsprechenden Input zugeschnitten, und wenn wir noch nicht einmal über simulierte Sinneseindrücke verfügen, ist damit zu rechnen, daß unser Geist seine Funktion einstellt.« (1993, 85) Was bliebe, wäre eben jenes Dunkel und jene Stille, von der oben die Rede war. Es wäre unser Verschwinden. Und der Platz »ganz oben« auf der Leiter der Evolution wäre frei für höhere, rein maschinelle Intelligenzen. So jedenfalls Moravec (1988). Wenn es also technisch möglich wird, die gesamte Software, die unser Bewußtsein und unseren Geist ausmacht, in ein intelligentes Datennetz einzuspeichern, was wäre damit gewonnen? Losgelöst vom Körper, der diese Software trägt, ihr die eigentümliche Physiologie *unseres* Bewußtseins gibt, würde sie über kurz oder lang zerfallen, so wie Versuchspersonen, die mehr als zwölf Stunden in einem sensuellen, absolut reizfreien Raum zubringen, ihren Wirklichkeitssinn verlieren. Auch wenn die Simulakra, die die digital prozessierenden Zeichensysteme hervorbringen, den Wirklichkeitssinn leibhaftigen *Zur-Welt-Seins* (Merlau-Ponty) überlisten und überbieten, sie verdanken doch ihre Existenz diesem Leib und seiner Beziehung zum Realen.

Gewiß, der Mensch ist ein *animal symbolicum*. Er begreift die Welt und auch sich selbst, sofern er sie und sich in Zeichen begreift. Aber die/der, die Symbole schafft und gebraucht, ist ein leibhaftiges, inkarniertes Wesen, und auch der Cyborg, als Mensch-Maschine-Zwischenwesen, ist es noch, allen technoiden Phantasmen zum Trotz. Und dennoch: Schon in der Reflexion der literalen Kultur der Antike verschwindet der Leib der Sprechenden, als Agens des Realen, hinter den Zeichen, hinter jenen Zeichen, die auf der Bühne des Welttheaters des Geistes die Heldenrolle spielen. Nun, in der Epoche der Verschlüsselung und Entzifferung der Welt in Codes, tritt dieses animalische Symbolwesen Mensch endgültig hinter die Maschine zurück. Ohne sich ihrem Bann entziehen zu können, und je nach der Möglichkeit des Zugriffs zur Ressource Maschine, ist er in ihrer oder hat er sie in seiner Hand. Und da der Mensch zwei ist, handelt es sich in 51 Prozent der Fälle um eine Frau: als Spielerin am PC, als Hackerin oder Häxerin, oder z.B. im Bereich der Gen- und Reproduktionstechnologie als organische Ressource, vielleicht bald als prothetisches Ergänzungsstück eines durch die apparative Medizin diktierten Reproduktionsgeschehens – als Muttermaschine. Damit hat sie eine gewisse Wahrscheinlichkeit, hinter der Maschinerie nicht nur zu verschwinden, sondern durch sie überflüssig zu werden. Von der Mimesis zur technischen Simulation, von der Simulation zur Substitution, das ist der Dreischritt der Dialektik der technischen Vernunft. In der literarischen und populärwissenschaftlichen Präsentation technischer Entwicklungen in diesem Bereich ist eine vielsagende Umdeutung der anthropomorphen Metaphorik zu beobachten. Die maschinengerechte Codierung von Lebensprozessen auf der submolekularen Ebene werden als Alphabetisierung des Lebendigen beschrieben. Das Leben figuriert als Text, der genetische Code als Alphabet. Das ist ein schlauer Trick, bei der Mehrheit der Bildungsbürger die Überzeugung zu schaffen, dergestalt werde eine neue kulturelle Revolution des Humanen in die Wege geleitet, währenddessen die technophilen Revolutionäre der telematischen Kultur schon die Emergenz des Posthumanen feiern. Die entscheidene Frage, wie in vielen anderen Dingen, lautet auch hier, wer diesen Text entschlüsseln zu können beansprucht und wer vielleicht bei solcher Lektüre zu Tode buchstabiert wird? (vgl. Trallori 1993)

Wenn solche Prozesse realisiert werden, dann sind sie schwer umkehrbar. Verkehrte, schlechte Bücher kann man ins Feuer werfen, die Immaterialien aber, die die Codierbarkeit menschlichen Körpers bedeuten, brennen nicht. Der Computer ist mehr als dieser Code. Er ist die Materialisierung der binären Codierung menschlicher Intelligenz durch die Intelligenz. Wenn diese Realisierung leistungsfähiger ist, was spricht noch dafür, die alte vibrierende, unberechenbare *wetware* des menschlichen Hirns noch zu bemühen? Wenn, mit anderen Worten, der Imperativ informationeller Effizienz total wird, was spricht dann dagegen, den Platz an der Spitze der Evolution, den bisher der alte Homo sapiens innehatte, »effizienteren« Formen posthumaner technischer Intelligenzen zu überlassen, so, wie es Morawec (1988) antizipiert? Die inkarnierte Vernunft eines *embodied self*, eines eingekörperten Selbst, so gut wie möglich nachzubilden, das ist trotz aller Fehlschläge das erklärte Ziel der AI-Forschung. Vielleicht, um eine Vermutung anzuschließen über die Hintergründe dieses Vorhabens, ist es die Abschaffung des Menschen in seiner leibgebunden Erscheinungsform mit all seinen Unzulänglichkeiten, die die technische Menschenforschung bewegt. Die Angst vor, ja der Haß auf den hinfälligen, gebürtigen, Krankheit und Tod unterworfenen Körper spricht mehr oder weniger deutlich schon aus den Gründungstexten der abenländischen Metaphysik, etwa bei Parmenides: Die Metaphysik der Präsenz, die eine Sphäre des reinen Seins zu garantieren sucht, eines allein durch Bewußtsein und Denken faßbaren und kontrollierbaren Seins; eine Gründung reinen Seins, das Werden, Bewegung, Wachstum, Geburt und Tod als Boten und Symptome des Nichts verbannt und verleugnet. Seins- und Wesenssuche als Tötungs- und Todessehnsucht?

Die Chronisten der technischen Evolution sehen all das anders. Nicht um die Abschaffung des Menschen gehe es, sondern um seine Verbesserung durch technische Mimesis. Der Kern technischer Mimesis ist aber Kontrolle. Schon die Kontrolle durch das mechanische Experiment ist ein folgenschwerer Schritt der Aussondern des Zufalls und des Kontingenten; er ist die Voraussetzung für seine Ausschaltung in der Simulation. Wohin führt es, wenn Experiment und Simulation zu den relevanten Erkenntnismethoden für die Humanwissenschaften werden? – Zum Verschwinden des im anthropologischen Sinn Realen hinter den Zeichen und Schaltungen der Apparate seiner Erfassung.

Das Reale, von dem hier die Rede ist, ist nicht die wissenschaftliche Realität, sondern das Reale als Seinsgrund unserer Existenz und Erfahrung als lebendiges Wesen. Es manifestiert sich, wie Lacan (1973) sagt, im Begehren und entzieht sich empirischen Kausalität und diskursiven Erfassung. Wir wissen nur soviel: Es manifestiert sich in unserer Leibhaftigkeit, als der Quell aller organischen Intentionalität. Das Lebendige und das Erkennbare sind nicht auf eine Formel zu bringen, und es liegt in unserer Hand, dies Lebendige unserer Wißbegier und unserem Kontrollwillen zu opfern, oder auch nicht. Auf jeden Fall: Dort, wo es keine Krankheit, keinen Tod mehr gibt, gibt es auch kein Sprühen mehr. Wo kein Schmerz ist, ist auch keine Lust, mit einem Wort: kein Leben.

Es ist nicht gut möglich, hinter das Niveau des Wissens, das durch die Technologie und die Biowissenschaften erreicht worden ist, zurückzukehren. Aber unsere Sorge sollte sich darauf richten, daß dieses Wissen und seine Implementierungen dem Leben, so wir es kennen – und auch lieben – dient. Am Ende, bei dem ich jetzt angelangt bin, will und kann ich deshalb nicht zu den Anfängen der Trennung von Körper und Geist im Medium der Schrift zurückkehren. Ich breche die Geschichte vom Körper, der Schrift der Maschine an einer Stelle ab, wo sie nicht zu Ende ist, sondern offen. Eine Geschichte, für die es mehr als einen möglichen Ausgang gibt, je nachdem, welchen Gebrauch wir von den neuen Maschinen zu machen verstehen.

**Literatur**

Anders, Günther: Die Antiquiertheit des Menschen. Bd. 1: Über die Seele im Zeitalter der zweiten industriellen Revolution, München 1980.

Baudrillard, Jean: Agonie des Realen, Berlin 1978.

Cassirer, Ernst: Philosophie der symbolischen Formen, Erster Teil: Die Sprache, Berlin 1923.

Goody, Jack (Hg.): Literalität in traditionalen Gesellschaften, Frankfurt/M. 1981.

Innis, Harold: Communication and Empire, Toronto 1972.

Leroi-Gourhan, André: Hand und Wort. Die Evolution von Technik, Sprache, Kunst, Frankfurt/M. 1980.

Lacan, Jacques: Schriften 1, Frankfurt/M. 1973.

Lotman, Jurij/B.A. Uspenskij: On the Semiotic Mechanism of Culture, in: New Literary History 9, 1977/1978, 211-232.

McLuhan, Marshall: Die Gutenberg-Galaxis. Das Ende des Buchzeitalters, Düsseldorf – Wien 1968.

Moravec, Hans: Mind Children, Cambridge 1988.

Moravec, Hans: Geist ohne Körper – Visionen von der reinen Intelligenz, in: Gert Kaiser/Dirk Matejovski/Jutta Fedrowitz (Hg.): Kultur und Technik im 21. Jahrhundert, Frankfurt/M. 1993, 81-90.

Trallori, Lisbeth N.: Politik des Lebendigen – Zur Logik des genetischen Codes, in: Eva Fleischer/Ute Winkler (Hg.): Kontrollierte Fruchtbarkeit. Neue Beiträge gegen die Reproduktionsmedizin, Wien 1993, 49-64.

Vernant, Jean Pierre: Die Entstehung des griechischen Denkens, Frankfurt/M. 1982.

**Friedrich A. Kittler**

# Wenn das Bit Fleisch wird

Das Leben, über dessen Eroberung ich reflektieren möchte, gibt es nicht. Was mich interessiert, ist eine Technologie, die es nur mit anorganischen Stoffen zu tun hat. Und doch hat diese Technologie in den letzten vierzig Jahren ein solches Tempo vorgelegt, daß ihre Entwicklung in Benutzeraugen – metaphorisch oder nicht – wie eine Evolution aussieht, deren Komplexitätssteigerungsrate alles in den Schatten stellt, was bei den vertrauteren Evolutionen von Natur und Kultur möglich scheint. Die Rede ist selbstredend von der Computertechnologie.

Um dieses virtuelle Leben zu beschreiben, möchte ich die Computer aber nicht erst, wie bei Zukunftspropheten so beliebt, prognostisch auf Zustände hochrechnen, wo sie dank Biochips oder neuronalen Netzwerken mit organischen Systemen direkte Schnittstellen ausbilden könnten. Ich möchte auch nicht erst auf Programmiersprachen oder gar Betriebssysteme setzen, die eines Tages womöglich so fehlertolerant und so alltagssprachlich geworden wären, daß sie mit kulturellen Systemen, schlichter gesagt mit Leuten, direkte Schnittstellen ausbilden könnten. Es geht im folgenden um den faktischen Stand der Dinge, wie die Festkörperphysik ihn auf der Basis von Silizium und Siliziumoxid alltäglich beschert. Es geht um integrierte Schaltkreise, alias Chips.

## Chipevolution

Heute vereint das Flagschiff unter den Schreibtischcomputerchips auf der Fläche eines männlichen Daumennagels etwa 3,2 Millionen Transistoren. Vor fünfzig Jahren, als von Chips und Transistoren noch nicht einmal die Rede war, füllte der erste Röhrencomputer der Geschichte einen ganzen Saal. Aber gegenüber dem Daumennagelchip von heute verblassen alle Leistungen, die dieses bestgehütete Weltkriegsgeheimnis der Westalliierten erbringen konnte. In einer einzigen Menschengeneration, die allerdings mindestens vier Computergenerationen entspricht, hat sich ihre Leistung um den Faktor mehrerer Millionen erhöht, während ihre Größe um den Faktor einiger Zehntausend geschrumpft ist. Kein Wunder also, daß weder die Evolutionen des Lebens noch die der Kultur mithalten können. Wenn Kultur als Weitergabe nicht vererbbarer Information an folgende Generationen das Unternehmen gewesen ist, der Trägheit biologischer Evolutionen zuvorzukommen, dann ist die Computertechnologie der wahrhaft erste Fall einer Evolution, die genau diesen vordem uneinholbaren Vorsprung der Kultur noch einmal überbietet. Seit fünfzig Jahren findet eine Geschichte statt, hinter der das Modell von Wandel überhaupt – die Geschichte – zurückbleibt.

Es ist deshalb sehr fraglich, ob die Chipevolution mit den klassischen Verfahren der Geschichte, im gegebenen Fall also der Technikgeschichte, noch zureichend beschrieben werden kann. Um klarzumachen, welche Schritte überhaupt nötig waren, um zu Miniaturisierungen zu gelangen, die hinter der biologischen Miniaturisierung kaum mehr zurückstehen, muß diese Technikgeschichte als erste Näherung zwar kurz skizziert werden; aber was mit Digitalcomputern auf dem Spiel steht, kann sie nicht mehr angeben.

Trotzdem hätte der lange Weg, der um 1970 schließlich im integrierten Schaltkreis mündete, eine ebenso lange Nacherzählung verdient. Es reicht, seine entscheidenden fünf Stadien zu nennen. Am allererersten Anfang stand Ferdinand Braun, auf dessen Straßburger Physikprofessur alle üblichen Fernsehröhren zurückgehen. Während das 19. Jahrhundert für seine Telegraphen und Glühbirnen immer nur perfekte elektrische Leiter und perfekte elektrische Isolatoren gesucht hatte, entdeckte Braun 1874 bei Schwefelkupfer das ganze Gegenteil: den ersten elektrischen Halbleitereffekt und damit die Diode. Den zweiten Schritt machte zwischen 1904 und 1906 die Elektronenröhre, die zwar vom Halbleiterprinzip wieder Abschied nahm, aber zunächst als Diode und später als Triode erstmals eine massenlose Steuerung oder gar Verstärkung ermöglichte. Eine dritte Schwelle stellte der Zweite Weltkrieg dar: Seine Hochgeschwindigkeitswaffen zwangen die Ingenieure dazu, ihre vordem frei verdrahteten Zusammenschaltungen von Röhren und Widerständen, von Kondensatoren und Spulen durch ebenso erschütterungsfreie wie standardisierte Leiterplatten (heute: Platine) abzulösen. Damit fiel der Unterschied zwischen logischem Entwurf und technischer Ausführung von Schaltungen zum erstenmal ganz buchstäblich flach, weil sich eine Ingenieursmathematik unmittelbar als Materie abbildete. Den vierten Schritt tat William Shockley, der zuvor im Zweiten Weltkrieg den Luftterror über Japan wissenschaftlich optimiert hatte, als er 1948 auf Brauns Halbleitereffekt zurückgriff und die Elektronenröhren durch Transistoren ersetzte. Transistoren, anfangs aus Germanium, heute aus Silizium und nächstens wohl aus Galliumarsenid, sind im Vergleich zur Röhre nicht nur schneller und billiger, sondern auch kleiner, womit die Leiterplatten der fünfziger und sechziger Jahre auf ein Zehntel ihrer Weltkriegsdimensionen schrumpften. Der fünfte und letzte Schritt, Ende der sechziger Jahre, setzte diese Miniaturisierung um eine weitere Zehnerpotenz fort. Im Auftrag des Pentagon und seines Interkontinentalraketenprogramms gelang es Ingenieuren bei Texas Instruments und Fairchild, mehrere Transistoren und mehrere Widerstände in einer einzigen physikalischen Struktur unterzubringen. Jeder einzelne integrierte Schaltkreis kann also eine ganze Leiterplatte ersetzen, jeder einzelne IC in seiner Kombination von Silizium und Siliziumoxid, von steuerbarem Leiter und hochohmigem Isolator, eine mathematische Logik ins mikroskopisch Kleine abbilden.

Aber diese Abbildung – das macht die eben erzählte Technikgeschichte so oberflächlich – ist anders als alles, was im Lauf der Geschichte an logischen Geräten aufgetaucht ist. Jacques Lacan hat in einem bewundernswert frühen Vortrag über *Psychoanalyse und Kybernetik*, den er 1953 hielt, die Gatter aus Schalttransistoren völlig zurecht als Fortsetzung der Tür, des Würfels und anderer Stoffwerdungen der Logik beschrieben. Im Prinzip könnte jeder Digitalcomputer auch aus Türen oder allen anderen Dingen aufgebaut sein, die zwischen zwei stabilen Zuständen, einem offenen und einem geschlossenen, hin- und herschalten können. Aber diese Schaltung wäre nicht nur unendlich träge und monströs, sondern bräuchte auch noch, um ihre unterschiedliche Zustände in einem Ergebnis auszuwerten, ein Wesen, das sie durchläuft. Mit anderen Worten: Mechanische Implementierungen einer Logik haben mit der Dynamik Probleme, wohingegen elektronische Implementierungen zwar an elektrischen Strömen immer schon Unwesen haben, die die Schaltungen durchlaufen, aber gerade umgekehrt Probleme mit der Statik. Von Hause aus sind Spannungen und Ströme, zumindest im Makrobereich, stetige Größen, die immerfort schwanken. Um zu erreichen, daß die Spannung auf einem Digitalchip im Prinzip erstens nur die zwei Werte 0 und 1 annimmt und zweitens, noch viel wichtiger, einmal angenommene Werte auch beliebig lange festhält, waren Schaltungstricks notwendig, die aller elektrischen Vernunft ins Gesicht schlugen. In der Nachrichtentechnik, wie sie bis zum Zweiten Weltkrieg unangefochten herrschte, hießen Verstärkerelemente gerade dann optimal, wenn sie wie bei Radio oder Fernsehen alle Schwankungen eines prinzipiell unvorhersagbaren Eingangssignals möglichst unverzerrt mitmachen konnten. Es gab folglich vor 1940 überhaupt kein Patent auf Röhrenschaltungen, die imstande gewesen wären, momentane Zustände auf Dauer und bis zum Widerruf einzufrieren. Die ersten Röhrencomputer, wie sie in Großbritannien ab Weihnachten 1943 und in den USA ab 1944 liefen, mußten deshalb alle Optimierungsstrategien der Nachrichtentechnik ins Gegenteil verkehren, schon um die Nachrichtentechnik damaliger Feinde, gegen die sie ja antreten, entziffern zu können. Ihre Verstärkungskennlinie war die totale Übersteuerung, ihr Ideal das älteste und primitivste aller elektrischen Nachrichtenmedien: die Telegraphie von 1840, ihr Betriebsgeheimnis aber eine Schaltung, die es zum erstenmal in der Elektrizitätsgeschichte mit Türen oder Schlössern aufnehmen konnte: Sie arretierte ihre eigenen Zustände. Die namenlosen Patentträger auf dieser Seite der Weltkriegsfronten tauften das Unerhörte auf den sehr deutschen Namen eines bistabilen Multivibrators, ihre Kollegen von der Gegenseite, schlicht und selbstredend, auf den Namen FlipFlop.

Die Millionen Transistorzellen, aus denen heute die Zentraleinheit jedes Computers besteht, bilden fast alle nur FlipFlops. Vier kreuzweise verschaltete Transistoren bei der Konkurrenz, sechs (aus Sicherheitsgründen) bei Intel – so das von Chiparchitekturen endlos wiederholte »modulare Laster«, wie Thomas Pynchon es nannte.

Es sind diese zwei Paradoxien – erstens den Stromfluß zu arretieren und zweitens die Monotonie zur Herstellung von Differenz zu verhalten –, die einfache Technikgeschichten des Computers schlicht überfordern. Als Alternative zur historischen Erzählung könnte die Evolution universaler diskreter Maschinen auch mit einem Satz anfangen, von dem niemand weiß, ob er frohe Botschaft oder Blasphemie ist: »Und das Bit ward Fleisch und wohnete unter uns und einige – nicht alle – sahen seine Herrlichkeit.«

Denn alles, was an Computern binäre Logik ist, entstand bekanntlich auf den Höhen der europäischen Mathematik. Nicht das Wort, aber die Zahl wurde als digitaler Schaltkreis Stoff oder Festkörperphysik. Diese Zahl jedoch, der seit Platon die Aufgabe zukam, die vollkommenen Figuren vom Dreieck bis zur Seinskugel, weil sie von einer auf Erden uneinholbaren Exaktheit sind, wenigstens zu bezeichnen, diese Zahl stürzte im laufenden Jahrhundert selbst auf Erden und unter die Figuren ab. David Hilbert, der Göttinger Mathematiker, revolutionierte seine Wissenschaft mit dem Satz, daß alle mathematischen Zahlen und Operatoren »Figuren« bilden, »die uns als solche anschaulich vorliegen müssen«. Sache der Mathematik sind seit Hilbert also keine Wesenheiten mehr, die vom Papier lediglich bezeichnet würden; Sache sind gerade umgekehrt die materialen Signifikanten auf dem Papier selber. Deshalb war es nur noch ein Schritt, Hilberts Formalismus als jene wundersame Papiermaschine anzuschreiben, die Alan Turing 1936 in der erklärten Absicht erfand, Hilberts liebste Hypothese zu widerlegen, während ihr ungeplanter Effekt eher darin bestand, alle Menschen- oder Papiermathematik durch Digitalrechner zu ersetzen. Die Zahl hat also Chip werden können, weil sie aus ihrer alten Heimat im Überirdischen und Unendlichen herabgestürzt ist. Im Unterschied zu Gleichungen sind Algorithmen, wie sie und nur sie auf Computern laufen, nachgerade dadurch definiert, durch endlich viele Schritte ans Ziel zu kommen. Algorithmen dagegen, die in einer Endlosschleife hängenbleiben würden, fallen unter Turings Verdikt der Unberechenbarkeit.

Mit den berechenbaren Zahlen oder *computable numbers*, wie es auf Englisch viel schöner und zweideutiger heißt, verschwindet aber auch die Abbildbeziehung, die Zahlen zur sogenannten Welt unterhalten haben, spätestens seitdem auf der Basis reeller Zahlen die europäische Neuzeit oder Weltmacht begann. Dezimalstellen hinter dem Komma sind eine Erfindung der nassauisch-oranischen Militärmacht, die dann zu stehenden Heeren als Subjekt und vermessenen Kolonien als Objekt europäischer Herrschaft führten. Was dagegen in der diskreten Logik von FlipFlops abläuft, hat nichts mit der Fülle oder Dichte einer unterstellten Wirklichkeit zu tun, sondern gerade umgekehrt mit den Gittern oder Löchern, die die berechenbaren Zahlen selber auftun. Um es mit den unzweideutigen Worten eines Mikroprozessorhandbuchs zu sagen: »Das System der reellen Zahlen, das Leute beim Rechnen mit Papier und Bleistift benutzen, ist vom Begriff her unendlich und kontinuierlich. ... Für Computer dagegen wäre es im Ideal zwar wünschenswert, auf dem ganzen System reeller Zahlen zu operieren, aber in der Praxis ist das unmöglich. Computer, gleichgültig wie groß, haben Register und Speicherplätze von einer fixierten Länge, die das System der berechenbaren Zahlen begrenzt. ... Das Ergebnis ist eine Zahlenmenge, die statt unendlich und kontinuierlich vielmehr endlich und diskret ist.« (Intel Corporation 1990, Übersetzung F.A.K.)

Auch die namenlosen Intel-Ingenieure, die ich zitierte, kommen nicht ohne Theologie aus. Genau die Mathematik, deren Siziliummaterialismus alle Idealität aus der Mathematik ausgetrieben hat, ruft ihrerseits wieder ein ebenso unerreichbares wie erträumtes Ideal aus: den Computer mit unendlich breiten Registern und unendlich großem Speicher. Nach der Fleischwerdung geht es, wie immer, um die Himmelfahrt.

Die gesamte Chipevolution, der Weg von Turings elementarer Modellmaschine über Röhren und Transistoren bis hin zu hochintegrierten

Schaltkreisen, ist der Versuch, das unerreichbare Ideal denn doch zu approximieren. Die wundersame Vermehrung der FlipFlops – von einigen tausend beim ENIAC von 1944 bis zur halben Million von 1994 – dient dem großen Ziel, Löcher im Zahlensystem zu stopfen und die Computer damit jenem Körper der reellen Zahlen anzunähern, das ehedem einmal Natur geheißen hat. Und eben weil vieles dagegen spricht, daß besagte Natur, wie Turing und seine amerikanischen Kollegen das fraglos unterstellten, auch selber eine Turingmaschine ist, bleibt die Chipevolution durch einen Abgrund von allen anderen Evolutionen getrennt. Das hindert sie nicht, die Überbrückung des Abgrundes immer virtuoser oder immer virtueller zu simulieren. Seitdem die Mensch-Maschine-Schnittstellen ihre alphanumerische Kargheit abstreifen und zumindest die zwei Fernsinne Auge und Ohr mit Simulationen ihrer Wahrnehmung zu beschicken beginnen, sind die leichtfertigen philosophischen Klagen, die über das Prokrustesbett aus lauter Nullen und Einsen stöhnten, allmählich verstummt. Statt dessen ergehen nicht minder leichtfertige philosophische Orakel, die in den massiv parallelen Rechnern von heute einigermaßen verfrüht schon das Ende des Turingmaschinenzeitalters begrüßen. Aber erstens hat Turings Nachfolger (und vermutlich auch Geliebter) ein für allemal bewiesen, daß auch die Kopplung von beliebig vielen Turingmaschinen noch immer eine Turingmaschine bleibt (vgl. Gandy 1988). Und zweitens ist Parallelität eben keine Besonderheit der unbezahlbarsten Pentagon-Computer, sondern, ganz im Geist von Intels Ingenieurs-Ideal, schon in jeder Maschine implementiert, deren Register nicht bloß ein einziges Bit breit sind (vgl. Coy 1992, 432).

**Rückkoppelungen**

1971 brachte eine Garage im kalifornischen Santa Clara den ersten Mikroprozessor hervor, den 4004 von Intel mit, wie der Name schon sagt, 4 Registern zu je 4 Bit. Den *state of the art* dagegen oder – um es zugleich theologischer und produktwerbewirksamer zu sagen – das Alpha und Omega von heute vertritt der Alpha Chip von DEC mit seinen 64 64-Bit-Registern. Die Wachstumsrate bei der Approximation von Nichtturingmaschinen läuft also nach nur zwei Jahrzehnten schon auf eine Funktion dritter Potenz hinaus. Um es im fiktiven, weil unbezahlbaren Beispiel zu sagen: Wenn beim Alpha Chip an allen Adressen, die seine 64-Bit-Breite ansprechen kann, auch wirklich Speicherchips lägen, würde der Befehl, diesen Speicher ein einzigesmal durchzulesen, den Prozessor schon Jahrtausende kosten. Und doch haben solche beispiellosen Wachstumraten ein einfaches Betriebsgeheimnis: die Rückkopplung. 1971, als Intels Ingenieure ihren 4004 entwarfen, mußten sie jenen Garagenbogen zunächst einmal flächendeckend mit Millimeterpapier füllen und sodann sich selber zu Papiermaschinen erniedrigen. Ohne den Halt, den Bleistift oder Zeichentusche bieten, wären die Entwerfer im Labyrinth ihrer Schaltgatter selber mit untergegangen.

Heute ist es, gerade umgekehrt, unmöglich, Prozessorarchitekturen noch von Hand zu zeichnen. Ohne die Computer einer Generation $n$ wären die Computer einer nächsten Generation $n+1$ gar nicht mehr zu entwerfen, geschweige denn zu optimieren. Bei Millionen von Schaltfunktionen können auch die Eltern keine Menschen mehr sein, sondern nurmehr Schaltungen. Daß Computer Aided Design seine automatischen Entwurfstechniken mittlerweile bis in Autokonzerne oder Architektenbüros hin durchsetzt, gehört vermutlich in Lenins Rubrik der nützlichen Idioten. Im Kern ist und bleibt CAD eine Selbstreproduktionsschleife von Computern, die dergestalt langsam zur philosophischen Würde von Subjekt-Objekten aufrücken.

Als das »Leben« um 1800 zum Leitbegriff beileibe nicht nur der Biologie aufrückte, galten Verborgenheit und Unergründlichkeit als seine Auszeichnungen, die es von allem Toten unterscheiden sollten. Foucaults *Ordnung der Dinge* (1974) hat beschrieben, wie aus den subtilen Unterscheidungen zwischen Sternen, Kristallen, Pflanzen, Tieren und Menschen um 1800 der demokratische, ja radikaldemokratische Unterschied zwischen Leben und Tod wurde. Unter Bedingungen polynomial wachsender Chipkomplexitäten steht das Leben, das es im Silizium ja nicht gibt, der Unergründlichkeit des Organischen kaum mehr nach. Denn bei Milliarden möglicher Systemzustände wird es nicht nur unmöglich, Computer ohne Computer zu entwerfen, sondern kaum mehr durchführbar, diese Systemzustände allesamt durchzutesten. Niemand weiß mit letzter Sicherheit, was Chips machen und was sie falsch machen. Aber weil nicht nur die Parallelität, sondern leider auch die Ausschußrate hochintegrierter Schaltkreise mit der dritten Potenz ihrer Siliziumfläche anwächst (Ghandi 1993, 82), wird solches Wissen immer bitterer nötig.

Deshalb kommt es, nachdem die Chips den Menschen in seiner Gestalt als Entwurfsingenieur schon fast verabschiedet haben, zur ›tragischen‹ Wiederkehr des Menschen in seiner Gestalt als Benutzer. Mögen Technik und Natur in grauer Vorzeit darin unterschieden gewesen sein, daß Apparate erst einmal eine Testphase und dann eine

Gebrauchsphase durchliefen, während Lebewesen bekanntlich ohne solche Schonzeiten auskommen müssen, so geht auch dieser Unterschied allmählich gegen Null. Es sind zwar keine Endverbraucher, denen die Ehre zuteil wird, neue Prozessoren über das bei der Fertigung hinaus Machbare zu testen, sondern nur einige tausend weltweit Handverlesener. Diese sogenannten Beta-Tester müssen zunächst unterschreiben, daß es sie und den fehlerträchtigen Chip gar nicht gibt. Erst daraufhin dürfen und müssen sie ihn benutzen, um dem Hersteller alle aufgetretenen Fehler rückkoppeln zu können. Was der Endverbraucher schließlich erhält, ist also eine mehrfach korrigierte Version, die aber im Unterschied zum Reklameaufwand, den neue Software-Versionen sich regelmäßig gönnen, offiziell gar nicht existiert. Und vielleicht kommt bald der Tag, ab dem offiziell überhaupt keine Chips mehr existieren. Auch das wäre dann wohl eine Himmelfahrt. Die Firma jedenfalls, die Mikroprozessoren einst entwickelte und ihren Markt bis heute beherrscht, hat für gewisse Freizügigkeiten bei der Preisgabe von Maschinenunergründlichkeiten schon einen hohen Preis bezahlt. Einerseits muß sie an allen Befehlen und Eigenheiten festhalten, die vor zwanzig Jahren veröffentlicht, damit aber auch benutzbar gemacht worden sind; sonst würden damals gebaute Maschinen, damals benutzte Befehle und damals geschriebene Programme allesamt abstürzen. Andererseits muß dieselbe Firma all diese Befehle und Eigenheiten unter der Hand ändern, umschreiben oder gar beseitigen; sonst könnte die Konkurrenz ihr die Marktführerschaft mühelos abnehmen. Neuere Mikroprozessoren besagter Firma konservieren mithin sehr planvoll auch noch die Ruinen ihrer eigenen Vorgänger; kaum anders als die biologische Evolution führt die in Silizium geronnene zu Blinddärmen und Atavismen überhaupt. Das heißt in der Sprache jener Firma dann Abwärtskompatibilität. (Albert Speer hätte eher von Ruinenarchitektur gesprochen.)

Aber auch daß die Konkurrenz aus Intels Debakel gelernt hat, macht die Dinge nicht schöner. Bei Workstations von heute bleiben Befehlssätze, die die Hardware selber steuern, von vornherein Betriebsgeheimnis, ohne daß irgend jemand außer mir ihnen eine Träne nachweint. Diese Abschottungspolitik erlaubt es zwar einerseits, einen Evolutionsschritt nach dem anderen zu machen, ohne Effizienz und Geschwindigkeit auf dem Altar der Abwärtskompatibilität zu opfern; andererseits aber türmt sich, um die trotz allem notwendige Schnittstelle zur undokumentierten Hardware überhaupt aufrechtzuerhalten, über dem Ungedruckten ein babylonischer Turm von Betriebssystemen und Programmiersprachen. Dieser Softwareturm hat zwar ein klar umrissenes Ziel am Himmel – er soll nämlich als formale Sprache sobald als möglich verschwinden und statt dessen mit der Alltagssprache beliebiger Benutzer zusammenfallen –; was aber faktisch dabei verschwindet, ist sein Fundament auf Erden oder vielmehr Kieselsteinen, die das Element Silizium ja liefern.

*Brillant pebbles*, also schlaue Kieselsteine, heißen bekanntlich (und spätestens seit dem Golfkrieg) Verbundsysteme aus Mikroprozessor einerseits, artilleristischer Nutzlast andererseits. Der Mikroprozessor, weil ihn niemand mehr zu sehen bekommt, figuriert als *embedded controller* oder eingebettete Steuerung, das ganze kleine System dagegen als Granate, die von selbst ins Ziel findet. Eingebettet, abgefeuert und eine Hundertstelsekunde später pulverisiert, haben solche Kontroller bei manchen Firmen schon jetzt Umsatzanteile von 60 Prozent; das Unsichtbarwerden ihrer zivilen Kollegen ist nurmehr eine Frage der Zeit.

Die Turingmaschine, als Turing sie erfand, war als unmenschlicher und gottloser Klartext aller Mathematik gedacht. Die Turingmaschine heute, also kurz vor dem dritten Jahrtausend einer folgenreichen Fleischwerdung, ist von einer Unergründlichkeit, die dem *deus absconditus* kaum mehr nachsteht. Himmelfahrten und Offenbarungen schließen einander aus.

**Point of no return**

Der Trend der Hardware, sich ihren Benutzern immer mehr zu entziehen, ist ebenfalls eine Folge der bislang ungebremsten Evolution. Solange Computer noch nicht ausschließlich mit anderen Computern vernetzt sind, sondern auch noch Mensch-Maschine-Schnittstellen aufweisen müssen, ist ihre Evolutionsrate an die von kulturellen Systemen, alias Leuten gekoppelt. Zu diesen Schnittstellen zählen aber nicht nur sensomotorische Geräte oder besser *devices*, wie etwa die übliche Kombination von Tastatur, Bildschirm und Maus, sondern auch die Programmiersprachen und Betriebssysteme selber, also alles, was unterm großen Titel Software firmiert. Und weil trotz aller Bemühungen noch nicht zu vermelden ist, daß sich die Software – nach dem Vorbild einer Hardware, die auf ein und derselben Hardware entworfen wird – schon von selber programmieren würde, hinkt ihre Evolution der Chiptechnologie grundsätzlich hinterher. Die Schere zwischen Maschinencodes und natürlichen Sprachen, für die die formalen Sprachen, alias Software, transparent bleiben müssen, wird also größer und größer, schon weil auch die Software mittlerweile zu einer ganzen Hierarchie mehr oder minder harter

Ebenen angewachsen ist. Den maschinenorientierten Sprachen folgten prozedurale, die wenigstens die Logik von der Hardware entkoppeln; den prozeduralen folgten funktionale, die wenigstens den Axiomen der Mathematik gehorchen; den funktionalen schließlich objektorientierte, die, wie der Name schon sagt, gar nicht mehr an Siliziumchips erinnern sollen. Was objektorientierte Programmsprachen nachzubilden suchen, sind Dinge des Alltags oder doch der Alltagssprache – Dinge mit ihren Ähnlichkeiten, Eigenschaftsvererbungen und Evolutionen. Also dürfte, ganz wie einst in der Evolution von Kulturen, auch bald ein *point of no return* überschritten sein, von dem aus die Natur bzw. Hardware, ohne es zu sein, doch als das ganze Andere erscheint. Man kann den Tag voraussagen, an dem sich die Softwarehierarchien über einem verlorenen Objekt schließen, also Poesie werden.

Vorderhand wirkt dieser Tendenz immerhin noch der Konkurrenzkampf zwischen den Chipherstellern entgegen. Die Mikroprozessoren werden ja einerseits immer komplexer, undokumentierter und unergründlicher, andererseits aber relativ auf die erbrachte Rechenleistung auch immer billiger, so daß eines fernen Tages, an dem der sogenannte Kapitalismus dann buchstäblich Selbstmord begehen würde, ihr Preis auf den der Kieselsteine fallen dürfte. In der Zwischenzeit aber blüht eine völlig neue Ingenieurskunst, die Vorbilder nur noch an Nachrichtendiensten und Militärspionage hat: das sogenannte *reverse engineering*. Im Zweiten Weltkrieg entstand der mittlerweile landläufige Begriff Blackbox in präzisem Bezug auf erbeutete feindliche Geräte, die man, weil sie Sprengsätze hätten enthalten können, vorsichtshalber nicht öffnete. Statt dessen wurden einfach alle möglichen Eingangssignale angelegt und alle so erzeugten Geräteausgangssignale aufgezeichnet, bis eine Schaltlogik ganz ohne Hardwarekenntnisse ermittelt war. Exakt so verfahren heute Konkurrenzfirmen beim Reverse Engineering. Ein Mikroprozessor der Konkurrenz oder besser des Feindes wird gekauft und auf alle seine Systemzustände hin getestet; das Testergebnis führt zu einem Chipentwurf, der mit dem Original möglicherweise gar nichts mehr zu tun hat, also auch keine Patentverletzungsklagen auslöst, aber genausogut in Silizium gegossen werden kann.

Alles sieht also aus, als bekäme die Genforschung, diese große Neuerung der modernen Evolutionstheorie gegenüber dem Darwinismus, technische Konkurrenz. Einem Stück Hardware, dessen Code in den Tiefen perfekter Miniaturisierung versteckt liegt, wird dieser Code dennoch abgetrotzt. Nur daß der Verschlüsselungsgrad, für den die Natur Jahrmillionen gebraucht hat, von der Festkörperphysik in drei Jahrzehnten erzielt worden ist. Am Horizont des nächsten Jahrtausends zeichnet sich also eine Wissenschaft ab, die das, was Konkurrenzfirmen heute mit Millionenaufwand betreiben, mit Milliardenaufwand fortsetzen würde, einfach damit der Weltlauf nicht nur noch von Algorithmen abhängt, die ebenso ungeprüft wie geheim ablaufen. Schon jetzt bleibt der derzeit schnellste Algorithmus zur Ermittlung von Primzahlen Staatsgeheimnis der Vereinigten Staaten (Herrmann 1992, 4).

In all diesen Hinsichten wird das Leben, das keins ist, dem Rätsel des Lebens immer ähnlicher. Als Unterschied, der bislang noch insistiert, bleibt einzig die Dimensionalität der Siliziumchips. Sie alle sind vom Prinzip her, von kleinen Abweichungen oder Vertiefungen bei Speicherkondensatoren abgesehen, noch Flächen. Das Bit wird also nicht Körper, sondern bloß Ebene. Insofern hat das Millimeterpapier in jener kalifornischen Garage als allgemeines Modell noch längst nicht ausgedient.

Daß diese Technologie prinzipiell nicht imstande ist, physikalischen Problemen gerecht zu werden, ist mittlerweile bekannt. Wenn Gewitterwolken wachsen, nimmt die Komplexität ihrer Strömungen und Thermiken in allen drei Dimensionen zu. Wenn eine neue Prozessorgeneration, um diesem Komplexitätszuwachs der Eingangsdaten zu begegnen, entsprechend vergrößert wird, nimmt die Komplexität und damit die Rechenleistung bestenfalls um Grade zu, die sich zur Transistorzahl nur wie deren Quadratwurzel verhalten. Der Grund dieses Handicaps ist das Digitalprinzip selber, das zwischen den Schaltelementen ausschließlich lokale Beziehungen erlaubt. Dafür sorgt schon die saubere Trennung zwischen Silizium, diesem fast perfekten Halbleiter, und Siliziumoxid, diesem fast perfekten Isolator. Chips sind sozusagen zweidimensionale Schachbretter, die aber nur Bauernzüge erlauben. Die elektrische Isolation oder Abschottung zwischen den Transistoren bildet zugleich Arbeitsprinzip und obere Schranke.

Deshalb ist die Fleischwerdung des Bits noch längst nicht abgeschlossen. In nächster Zukunft dürfte die Chipevolution, um mit physikalischen Komplexitätssteigerungen mitzuhalten, zwei vielversprechende Richtungen einschlagen. Zum einen laufen in Labors, aber noch nicht in der Fertigung, seit kurzem schon dreidimensionale Digitalchips. Damit wachsen auch die Interaktionen zwischen den Schaltelementen, selbst wenn sie weiterhin lokal bleiben, um eine ganze Potenz. 3D-Chips für 3D-Anwendungen, also etwa Meteorologie oder Virtual Realities, wären schon als Hardware so objektorientiert wie heute nur die modernsten Programmiersprachen. Ihre Signallaufzeiten, die in metallischen Leitern nicht entfernt an die Licht- oder Elektronengeschwindigkeit im Vakuum heranreichen und auf den Chipflächen von heute immer problematischer werden, wären drastisch reduziert. 3D-Chips würden aber auch an eine absolute Grenze stoßen, weil vier oder mehr Dimensionen auf Erden nicht machbar sind. Wundersamerweise jedoch schlägt diese physikalische Grenze die Chips nur in ihrer Materialität, nicht in ihrer Verdrahtungslogik. Der höchste Triumph, den die Chipevolution über die Evolutionen von Natur und Kultur wohl feiern kann, ist die sonst nirgendwo mögliche Simulation n-dimensionaler Räume. Wenn das heute noch so wichtige Postulat der Kreuzungsfreiheit bei drei Dimensionen ohnehin aufgehoben ist, können n hoch 3 Schaltelemente nicht nur als Cubus, sondern auch als Hypercubus miteinander verschaltet werden. Die möglichen Interaktionen bleiben zwar weiterhin lokal, steigen aber um weitere Potenzen an. Unterm Schlagwort »Transputer«, das den Computer ja als solches herausfordert, sind solche Entwicklungen schon auf dem Weg.

Die Physiker jedoch denken in eine andere Richtung. Ihnen reicht es nicht, die Komplexität von Schaltungen schrittweise um ganzzahlige Potenzen zu erhöhen. Was ihnen vorschwebt, ist nach einem halben Jahrhundert Turingmaschinen der Abschied vom digitalen Prinzip. Wenn dieses Prinzip nur lokale Interaktionen zwischen den Schaltelementen erlaubt, muß es selber über Bord gehen. Vermutlich werden erst, wenn alle Elemente auf dem Chip mit allen anderen interagieren können, Komplexitätssteigerungsraten möglich, die denen einer Nichtturingmaschine, alias Natur, standhalten könnten. Ob solche analogen, aber mindestens teilweise programmierbaren Computer überhaupt konstruierbar sind, steht noch in den Sternen. Sie wären jedenfalls Körper unter Körpern, genauso unabgeschottet wie Natur und Kultur. Sie wären damit aber nichts anderes, als was Digitalchips in physikalischer Realität schon heute sind. Denn all die globalen Interaktionen, die auf einem Analogchip rechnen und d.h. nutzen würden, können gar nicht *nicht* stattfinden. Thermische und quantenmechanische Effekte laufen prinzipiell über den ganzen Chip, gleichgültig ob er Fläche oder Körper ist. Sie werden von den Architekturen und Fertigungsprozessen, die im Digitalzeitalter regieren, nur systematisch begrenzt, beherrscht und ausgeschlossen. Die Folge sind genau jene üblichen Ausschußraten, die unter vorgehaltener Hand heute bis zu 99 Prozent reichen; je weiter die Miniaturisierung der Chiparchitekturen fortschreitet, desto schnellere Zerstörungen der Dämme, die Silizium und Siliziumoxid, Halbleiter und Isolator voneinander isolieren. Die bloße Tatsache, daß in Digitalrechnern Strom fließt und d.h. gearbeitet wird, zerstört sie als solche. Ob die von den Physikern erträumten Analogcomputer je zu bauen sein werden, mag in den Sternen stehen; aber schon die digitale Miniaturisierung führt ihr Gegenteil herbei. Das Bit wird mithin erst Fleisch geworden sein, wenn der Abfall selber rechnen kann.

**Literatur**

Coy, Wolfgang: Aufbau und Arbeitsweise von Rechenanlagen. Eine Einführung in Rechnerarchitektur und Rechnerorganisation für das Grundstudium der Informatik, Braunschweig – Wiesbaden 1992.

Foucault, Michel: Die Ordnung der Dinge. Eine Archäologie der Humanwissenschaften, FrankfurtM. 1974.

Gandy, Robin: The Confluence of Ideas in 1936, in: Rolf Herken (Hg.): The Universal Turing Machine. A Half-Century Survey, Hamburg – Berlin 1988, 55-111.

Ghandi, Sharad: Die Intel-Architektur und RISC, in: J. Wiesböck/Bernhard Wopperer/Gerold Wurthmann (Hg.): Pentium-Prozessor. Die nächste Generation der Intel-Architektur, Haar 1993.

Herrmann, Dietmar: Algorithmen-Arbeitsbuch, Bonn – München – Paris 1992.

Intel Corporation: i486 Microprocessor Programmers Reference Manual, Santa Clara 1990.

**Renate Retschnig**

## Cyberspace – Eine Feministische Reise zu neuen Welten, die nie zuvor ein Mensch gesehen hat

Cyberspace und VR (Virtual Reality/Virtuelle Realität) – zwei neumodische Begriffe, die in zeitgeistigen Gesprächen nur so herumschwirren. Häufig ist nicht klar, was damit gemeint ist. Viele wissen überhaupt nicht so recht, was hinter den Worthülsen steckt. Ich möchte eine Eingrenzung von VR im Sinne von künstlichen, simulierten, am Computer erzeugten Welten vornehmen. Es gibt so vieles, das angrenzt. Wir haben es hier mit einem auswuchernden ständig wachsenden Bereich zu tun. Mir geht es – wenn ich mich auch nicht streng daran halten werde – um jene vom Computer erzeugten immateriellen Welten im Cyberspace. Weiters möchte ich mich nicht mit der technischen Seite dieser Technologie befassen, sondern vielmehr damit, wie VR funktioniert, was VR kann, welche Möglichkeiten und erst recht welche Problemfelder eröffnet werden. Ich werde nicht einer Technophobie das Wort reden, schon gar nicht einer Technoeuphorie, die allerorten in bezug auf VR zu beobachten ist. Mir ist ein feministisch-kritischer Blick auf diese Technologie wichtig, eine Reflexion, bevor VR durchgängig implementiert ist. Im Gegensatz zu Friedrich Kittler bin ich nämlich sehr am Verhältnis Mensch-Maschine interessiert.

Eine grundlegende Schwierigkeit bei der Auseinandersetzung mit diesem Thema liegt darin, daß Cyberspace mit anderen Codes versehen ist, als wir es gewöhnt sind; die bildorientierte Strukturierung ist nur begrenzt kompatibel mit der traditionellen linearen Schrift. Sehen ist alles. Bei einem Vortrag zeige ich an dieser Stelle ein Einführungsvideo, in einem Printmedium muß ich den Umweg Sprache wählen.

VR ist keine Face-to-Face-Kommunikation. Entweder interagieren zwei oder mehrere Personen via Computer oder es ist eine Mensch-Maschine-Kommunikation. In diesem vom Computer rechnerisch erzeugten Raum ist alles immateriell, nur mehr reine Information in Form von Algorithmen. Uns treten diese simulierten Welten allerdings meistens in Gestalt von technischen Bildern entgegen. Um uns im Cyberspace zu bewegen, brauchen wir sogenannte *eyephones* und *datagloves*, die unsere Sinne – Auge, Ohr und Tasten – perfekt täuschen. Mit dieser bei uns noch nicht serienmäßig zugänglichen Technologie kann man im Cyberspace ›herumgehen‹, man ›sieht‹ Dinge, ›hört‹ Geräusche und ›spürt‹ Gegenstände, kann sie ›aufheben‹ usw. Erstaunlicherweise sind die Reaktionen der Benutzer genauso wie in der Wirklichkeit bis hin zum Adrenalinausstoß – trotz des Wissens, daß es sich hier um eine Simulation handelt. Weniger spektakulär und noch stark der Schrift verhaftet ist das Internet, ein globales Online-Netz, an dem 30 bis 50 Millionen Menschen weltweit teilhaben. Insidern gilt das Internet als primitive Vorstufe für den Cyberspace im oben angesprochenen Sinn, denn das Internet funktioniert über die herkömmliche Computertastatur und hält den Benutzer jenseits des Bildschirmes. Lassen Sie mich diesen Absatz mit einem Zitat von Donna Haraway, einer der wichtigsten und interessantesten feministischen Forscherinnen im Bereich neuer Technologien, beschließen: »Late twentieth century machines have made thoroughly ambiguous the difference between natural and artifical, mind and body, self-developing and externally designed, and many other distinctions that used to apply to organisms and machines. Our machines are disturbingly lively, and we ourselves frighteningly inert.« (1991, 152)

Nach dieser kurzen Skizze zur Frage, was VR überhaupt sei/sein könnte, komme ich sogleich zur Kritik, zu jenen Punkten, an welchen diese Technologie überaus problematisch ist – und zwar gerade, weil sie so faszinierend und verführerisch wirkt.

**Entwicklung von VR in der Militärforschung**

Daran führt kein Weg vorbei. Es beginnt schon mit dem Computer an sich, mit dem VR untrennbar verbunden ist. Daß Computer zur Erhöhung der Treffgenauigkeit von Bomben entwickelt wurden, ist inzwischen Allgemeingut. Ich darf dazu Peter Glaser zitieren, der schreibt: »Oft ist das Argument zu hören, der Computer sei prinzipiell weder gut noch böse, es komme ganz darauf an, was man mit ihm mache. Das stimmt einfach nicht. Man kann mit einer Schrotflinte auch Nägel in die Wand schlagen oder Löcher für Setzlinge in ein Beet stechen. Anders als bei der Schrotflinte bleibt die ursprüngliche Bestimmung der Prozeßrechner hinter einem illuminierenden Fächer aus Faszination, Verheißung, Projektionen und notdürftig erdachten zivilen Nutzanwendungen in Deckung.« (1989, 15) Glaser ist keineswegs technikfeindlich. Ebensowenig wie der amerikanische Computerfreak Ted Nelson, der lakonisch bemerkt: »The really interesting stuff in computers all came out of the military.« (zit. nach Bolz 1993, 131) Daß die Kriegsforschung absolut männerdominiert ist, versteht sich fast von selbst. Diese Tatsache zu kommentieren, erspare ich mir. Auch das bei allen so beliebte Internet ist eine Erfindung des Pentagon. Vor circa 20 Jahren baute das amerikanische Verteidigungsministerium ein Netz auf, um bei einem feindlichen Angriff nicht eine Zentrale zu verlieren, sondern nur einen Knoten im Netz. Die Universitäten stiegen sehr schnell in dieses digitale Netz ein, sehr zur Freude des Pentagon. Auch die österreichischen Universitäten sind, wenn auch in unterschiedlichem Ausmaß, im Internet vernetzt.

VR selbst wurde beim Militär für Flugsimulatoren entwickelt. Im Golfkrieg gelangte diese Grundform des Cyberspace zu trauriger Berühmtheit. Wie General Schwarzkopfs Autobiographie zu entnehmen ist, wurde der Golfkrieg schon zwei Jahre lang als Cyberspacesimulation unter Wüstenbedingungen trainiert. Dieser Krieg mußte sich materialisieren, nachdem er circa zweihundertmal simuliert wurde. Hier verschwimmen Grenzen zwischen Simulation und Realität. Viele werden sich noch an die an Computerspiele gemahnende Einrasterung von Bomben auf ihre Ziele erinnern oder an die Informationsdisplays im Visier der Bomberpiloten. Laut Zuschaueruntersuchungen der BBC erinnern sich die meisten jedoch nur noch an die amerikanischen Computerbilder und nicht an die ›echten‹ Bilder und ›echten‹ Menschen. Besonders stolz sind die Militärs auf die Aufzeichnung einer speziellen Schlacht im Golfkrieg, die nun endlos im Cyberspace wiederholt werden kann. Die Soldaten, die den Kampf z.B. in einem Panzer virtuell mitmachen, zeigen dieselben körperlichen Symptome von Streß wie im Ernstfall. Bruce Sterlin, ein berühmter Science Fiction Autor und Cyberspace Befürworter, zeigte sich nach einem Ausflug in den virtuellen Golfkrieg zumindest befremdet.

**Unterordnung unter die Logik der Maschine**

Der Satz ist programmatisch und spricht für sich. In einer virtuellen Welt sind wir in Funktion der Maschine. Vilém Flusser (1983) spricht im Zusammenhang mit technischen Apparaten von Menschen als Funktionären, die im Sinne der Maschine funktionieren und nicht umgekehrt. In letzter Konsequenz können wir nur mehr wollen, was die Maschine kann. Alles jenseits davon wird un-denkbar. Alles, was nicht digitalisierbar oder in Computercodes übersetzbar ist, existiert nicht. Die Unterordnung unter die Maschine bedeutet auch, daß wir als biologische Wesen mit bestimmten Rahmenbedingungen wie Schlaf, Essen, Trinken, Erholung usw. immer mehr ins Hintertreffen geraten. Ein Computer läuft rund um die Uhr und kennt keinen Biorythmus. Das einzige, was er braucht, ist Strom. Der Bremsfaktor, das Störelement im Cyberspace sind die Menschen mit ihren biologischen Bedingheiten, d.h. wir müssen im Sinne der Logik von VR optimiert werden. Im Verhältnis dazu erscheint der Taylorismus, der uns in den dreißiger Jahren das Fließband bescherte, geradezu harmlos.

**Bilderflut**

Gemeint ist damit die Umorientierung von linearer Schrift zu digitalen Bildern. Das mag auf den ersten Blick banal erscheinen, hat aber weitreichende Konsequenzen. Bilder wirken nämlich erheblich anders als Schrift. Sie dringen viel direkter ins Bewußtsein und sinken oft ungefiltert ins Unterbewußtsein ab. Wir neigen dazu, Bilder als unhinterfragtes Abbild von Wirklichkeit aufzunehmen. Die Suggestivkraft liegt im scheinbar objektiven Charakter von technischen Bildern. Die Legitimation, als Wahrheit zu gelten, beziehen die Bilder aus sich selbst. In einem gewissen Sinn machen technische Bilder blind. Sie verschleiern unseren Blick auf die Welt, indem sie uns die Illusion einer ›echten‹ Wirklichkeit vorgaukeln, was im Golfkrieg recht eindrucksvoll demonstriert wurde.

Man könnte einwenden, daß auch die Schrift als Herrschaftsinstrument funktioniert. Dies ist zwar richtig, wir haben allerdings eine lange Tradition von Kritikfähigkeit gegenüber der Schrift entwickelt. Allein durch die Tatsache von Autorenschaft – was im Cyberspace weitgehend obsolet geworden ist – sind wir fähig, einen Text zu hinterfragen. Um mit Vilém Flusser (1989) zu sprechen: Angesichts der neuen Technologien gewinnt die Schrift eine gewisse subversive Kraft. Denn allein durch die Tatsache, daß wir einen Text lesen müssen, was Zeit braucht und Raum für Reflexion läßt – ganz im Gegensatz zu Bildern, die viel schneller und direkter aufgenommen werden –, wird Kritik und Distanz in einem Fall ermöglicht und im anderen erschwert.

**Beschleunigung der Zeit**

Jede/r kennt zwangsweise dieses Phänomen. Diesen Zustand hat Virilio (1992) treffend als »rasenden Stillstand« definiert. Die rasante Beschleunigung von Zeit in den letzten Jahren hängt direkt mit den neuen Technologien zusammen. Die Geschwindigkeit ergibt sich vor allem aus dem Bildprimat – Bilder können viel rascher aufgenommen werden als Schrift – und dem einzigen wesentlichen Vorteil von Computern, nämlich ihres ungeheuren Tempos sowohl bei der Datenübertragung als auch bei der Informationsverarbeitung. Konnte man sich früher, während beschriebene Seiten auf dem Postweg waren, dem Nachdenken hingeben, so bleibt heute kein Spielraum mehr für Reflexion. Denn die durch den Computer gewonnene Zeit wird sofort wieder investiert, um wieder Zeit zu gewinnen. Dies paßt recht gut in kapitalistische Organisationsstrukturen. Hier greift auch die Unterordnung unter die Logik der Maschine. Wenn die Technologie schon so schnell, und das einer ihrer größten Vorteile ist, dann muß man selbst die Geschwindigkeiten erhöhen, möglichst rund um die Uhr. Was durch die Beschleunigung der Zeit noch produziert wird, ist die Gleichzeitigkeit von Ungleichzeitigem. Konferenzschaltungen zwischen Personen, die über die Welt verteilt sind, geben dafür ein gutes Beispiel ab. Das impliziert einen hohen Grad an Verfügbarkeit jenseits aller menschlichen Bedürfnisse.

**Digitales Leben im Computer und menschliche Unsterblichkeit**

Die Ars Electronica 1993 stand unter dem Motto *Genetische Kunst – Künstliches Leben*. Es war dort die Rede von Natur, Leben, Biologie, Denkmustern von Lebewesen, Evolution – und dies alles im immateriellen Raum des Computers. Um zu verdeutlichen, wovon gesprochen wurde: es handelte sich bei diesem »künstlichen Leben« um zumeist einfache geometrische Formen (Kreis, Dreieck), die auf einem Bildschirm mehr oder minder schnell herumschwirrten und sonst nicht viel taten. In diesem Zusammenhang von Leben und Natur zu sprechen, scheint doch etwas verquer. Hier werden Begriffe unhinterfragt auf andere Bereiche umgelegt. Selbst wenn man der Argumentation der Gentechniker des künstlichen Lebens, daß nicht Materie, sondern der logische Bauplan entscheidend für Natur sei, folgen würde, dann zeugen diese lächerlich anmutenden ›Lebewesen‹ doch von einem hohen Grad an Regression. Mit kindlichem Eifer wurden in Vorgänge, wie der Verfärbung von Blau auf Rot eines Dreiecks, Aggressionsbereitschaft der *creatures* projektiert. (vgl. Gerbel/Weibel 1993) Ein kollektiver Regressionsschub unter einer Gruppe von Elitewissenschaftern – das gibt doch zu denken.

Damit in Zusammenhang steht eine andere Idee, nämlich die von der Unsterblichkeit. Ein Herr Yaeger vom Apple-Forschungszentrum beglückte uns während seines Vortrages bei der Ars Electronica 1993 mit der Vorstellung, sich in den Computer zu laden und damit erstens unsterblich zu werden und zweitens die engen Grenzen der menschlichen Biologie zu überwinden. Wer oder was sich in den Computer laden soll, war freilich nicht auszumachen. Was die Trennung von Geist und Körper betrifft, kann sich dieser Herr allerdings einer jahrtausendealten männlichen Tradition gewiß sein. Marvin Minsky, einer der bekanntesten VR-Forscher am MIT in den USA, ist ebenfalls am Projekt »Geist in der Maschine« beteiligt.[1] Er lebt in der Panik, als bereits über 60-jähriger, die Früchte seiner Arbeit nicht mehr ernten zu können und mit seinem Körper zu sterben.

Beide, die Computergentechnologen und die Unsterblichkeitsfanatiker – die männliche Form ist hier mit Bedacht gewählt – haben einiges gemeinsam: Einerseits geht es um Schöpfung/Gebären, dem ewigen Traum(a) des Mannes, andererseits geht es um die Verdrängung/Überwindung von Tod. Männer wollen sich von dem Makel ihres weiblichen Ursprungs befreien und dies in zweifacher Hinsicht. Erstens wird die Frau als Gebärende eliminiert, der Mann selbst spielt Schöpfung, zweitens wird die Frau als die mit der Materie verbundene, Natur repräsentierende Kategorie ausgelöscht, indem man(n) den Körper als reiner Geist in der Maschine überwindet und gleichzeitig ›Leben‹ im Computer zeugt. Es geht also nicht mehr wie in der herkömmlichen Gentechnologie um die Manipulation am Ergbut von biologischen Organismen, sondern die neue Generation von Genforschern hat bereits die lästige Materie hinter sich gelassen. Denn Lebendiges widersetzt sich oft den intendierten Eingriffen, Cyberspace hingegen eröffnet ein unbegrenztes Feld für Allmachts- und Schöpfungsphantasmen. So entspricht VR der reinen, unbefleckten Manipulation.

**Körper und Sex**

Nach Aussagen ihrer ›Väter‹ haben die künstlichen Wesen im Computer körperliche Bedürfnisse wie Hunger und Schlaf, sie pflanzen sich auch fort. Was ist aber mit uns Menschen? Was passiert mit unseren Körpern und in weiterer Folge mit unserer Sexualität? VR verlangt nach keinem materiellen Körper, sondern – wenn überhaupt – nach einem frei gewählten virtuellen Körper, der gänzlich anderen Gesetzen unterliegt als unser diesseitiger Körper. Oft wird in der VR-Literatur der materielle Teil unseres Daseins als Behinderung beschrieben, den es zu überwinden gilt. Männer wie Yaeger und Minsky arbeiten, wie bereits berichtet, daran, den eigenen Geist direkt in den Computer zu laden, um damit den Körper zu überwinden und Unsterblichkeit zu erlangen. In Japan, wo auch sonst, gibt es ein Jugendsubkulturphänomen, nämlich »die japanischen Otaku, junge Menschen in den trostlosen Suburbs, die nur noch über ihre Terminals mit der Außenwelt kommunizieren. Der sitzende physische Körper erscheint als Störmoment kreatürlicher Hinfälligkeit in der totalen Mobilmachung des telematischen Körpers.« (zit. nach Bolz 1993, 120)

An dieser Stelle sei darauf hingewiesen, daß die Dekonstruktionsdebatte um die Kategorie Geschlecht und um den Körper rund um das Buch *Das Unbehagen der Geschlechter* von Judith Butler (1991) im Zusammenhang mit den neuen Technologien gesehen werden muß. Ohne die bereits gemachten Erfahrungen und Verheißungen des Cyberspace wäre ein derartiger Erfolg eines solchen Theorieansatzes nicht denkbar. Denn in einer virtuellen Welt scheinen Begriffe wie Körper und Geschlecht obsolet. In ihrem Buch *Last sex* sprechen Arthur und Marilouise Kroker ebenfalls von der Überwindung von Geschlechtergrenzen durch die neuen Technologien: »A floating world of sexual software that can be massaged, mirrored, uplinked and downloaded into a body that always knew it didn't have to be content with the obsolete carcerals of nature, discourse and ideology. In the galaxy of sexual software, morphing is the only rule: the quick mutation of all the binary signs into their opposites. Recombinant sex is the next sex, the last sex. A time of flash-meetings between the cold seduction of cyberspace and the primitive libido of trash sex.« (1993, 15) Ich wünschte, ich könnte die Zuversicht teilen. Ich bin mir auch nicht sicher, ob ich »sexual software« in meinen Körper laden oder vielleicht doch lieber Anhängerin von primitivem »trash sex« bleiben möchte.

Da wir aber noch einige Zeit an unsere irdischen Körper gebunden sein werden, wirft sich die Frage auf, wie wir der geplagten Materie mit den Segnungen der Technik etwas Gutes tun können. Womit wir bei Cybersex gelandet wären. Einer der ersten Pornostars im Cyberspace ist »Virtual Valerie«, ein ausschließlich auf Männer abgestimmtes Softwareprogramm, wo der Benutzer auf verschiedene Knöpfe drücken kann, damit sich Valerie auszieht, stöhnt, Obszönes von sich gibt. Die tatsächliche Stimulierung des eigenen Sexualorgans muß man(n) noch selbst besorgen. Abhilfe versprechen da Ausrüstungen wie Cyber Duo System

2 oder RBT (reality built for two). Bei ersterem erfolgt nur die Stimulation der primären und bei der Frau auch der sekundären Geschlechtsorgane, bei zweiterem Equipment werden Ganzkörperanzüge aus Gummi mit entsprechenden Sensoren versehen angepriesen. Beides ist noch nicht serienreif, steht uns aber demnächst ins Haus. Was weltweit über die verschiedenen Netze bereits heftig betrieben wird, ist eine Erweiterung des Telefonsex. Über den PC bringen sich zwei oder auch mehr Mitspieler auf Touren, onanieren muß jeder selber.

Warum reagieren viele Menschen auf Cybersex positiv bis euphorisch? Angesichts steigender Singlehaushalte, dem krisenhaften bis nicht vorhandenen Geschlechterverhältnis, Schwierigkeiten bei zwischenmenschlichen Kontakten, Aids und Bindungsunwilligkeit bzw. -unfähigkeit scheint diese anonyme, klinische, jederzeit abbrechbare Form von Sexualität ein interessanter Ausweg. Treffend dazu eine Aussage von Cybersexern, nämlich »Sex endlich ohne die grauslichen Zutaten«, sprich ohne den Austausch von Körpersäften und direkten Körperkontakt, wie sie Florian Brody in einer Sendung zitierte (2). Noch befremdlicher mutet mir allerdings ein Statement von Florian Brody an, welches lautet: »Die sexuelle Auseinandersetzung mit dem Computer ist in der Programmierung. Da nehm' ich ihn auseinander und baue ihn zusammen. Da kontrolliere ich ihn, habe die Macht über ihn.« Die Cyberspace-Avantgarde onaniert also nicht mehr mittels des Körpers, den es sowieso zu überwinden gilt, sondern nur noch im Kopf durch Programmierung des Computers.

**Fortschrittsgläubigkeit**

In den achtziger Jahren war durch die Atombedrohung – waren es nun Kernkraftwerke bzw. Atombomben –, durch Umweltkatastrophen, die Etablierung der Grünbewegungen und steigendes ökologisches Bewußtsein stark am Fortschrittsglauben gekratzt worden. Selbst engstirnige Sozialdemokraten, denen rauchende Fabrikschlote alles galten, konnten sich dem nicht gänzlich verschließen. Mitte der Neunziger haben wir es nun angesichts der neuen Technologien wieder mit blinder Fortschrittsgläubigkeit zu tun, wie sie vor einigen Jahren noch unvorstellbar war. Weil keine Schadstoffe direkt meßbar sind, darf alles ungebremst und unhinterfragt gemacht werden. Nicht genug damit, erscheint Cyberspace als neue Heilslehre, die unbefleckte Technologie als Rettung von allen Übeln. Denn lösen soll VR nicht weniger als den täglichen Verkehrsinfarkt, das Umweltproblem, Arbeitslosigkeit, den Geschlechterkonflikt, Kommunikationsschwierigkeiten aller Orten, das Stadt-Land-Gefälle, die Aidsverbreitung und einiges mehr. Bei manchen Cyberspacern entsteht der Eindruck von VR als neuer Religion bzw. Religionsersatz. Von völlig neuen künstlichen Welten ist dort die Rede, wo alles ganz anders sein wird, geradezu der Himmel auf Erden – im Cyberspace. Von Rauschzuständen ist oft zu lesen und von Bewußtseinssprüngen der Menschheit. Die Terminologie kommt einem bekannt vor und erinnert daran, daß ähnliche Verheißungen in der Geschichte häufig zu einer Hölle auf Erden geführt haben. Aber wir leben im Zeitalter des Posthistoire, und ich bin eine notorische Schwarzseherin, nicht nur im übertragenen Sinn. Ich kann mich nicht des Eindrucks erwehren, daß hier der Teufel mit dem Beelzebub ausgetrieben werden soll. Den Schäden, die von Technologie verursacht wurden und letztlich auf menschlichen Fehlleistungen durch den wissenschaftlich-technischen Fortschritt beruhen, begegnet man mit neuen Technologien. Zielführender wäre es, sich mit der Wurzel der Schwierigkeiten, nämlich der Wissenschaft und ihrer Einbettung in bestimmte ökonomische Strukturen, auseinanderzusetzen. Denn eines ist klar: Nicht die Technologie wird dem Menschen angepaßt, sondern umgekehrt. Diesbezüglich erscheint der EU-Beitritt Österreichs ein Schritt in die falsche Richtung. Die Europäische Union ist nur an Naturwissenschaft und Technik interessiert und in diese Bereiche werden 90 Prozent der Gelder ausgeschüttet. Drittmittelfinanzierung über die Industrie versteht sich von selbst. Wie bei einem solchen Modell die Geistes- und Sozialwissenschaften aussteigen, die wenigstens über ein Restpotential von Kritikfähigkeit und Reflexionsspielraum verfügen, muß nicht näher ausgeführt werden.

**Die symbolische Ebene**

In der Geschichte der Naturwissenschaften/Technik war bisher immer von »Vätern« die Rede. Oppenheimer war der Vater der Atombombe, angesichts des erfolgreich abgeschlossenen Atombombenexperiments hieß es: »it's a boy«; Teller war der Vater der Neutronenbombe. Die Doppelhelix hatte gleich zwei Väter. Dasselbe gilt auch für das erste Retortenbaby, die beiden In-vitro-Ärzte Steptoe und Edwards figurieren als Väter von Louise Brown. Die symbolische Ebene ist eindeutig männlich besetzt, was auch nicht weiter verwundert. Im VR-Bereich kommt es nun zu einer Umdeutung. Schon beim Computer ist die Rede von der

»Mutterplatte« oder »Mutterplatine«. Es geht dann weiter mit dem Netz/Netzwerk/vernetzen, eindeutig weiblich konnotierten Begriffen. Auch was das Netz leistet, nämlich transportieren und bewahren, ist ähnlich besetzt. Darauf folgen »Mutterschleifen« und PCs als Brutkästen. Die Inseln im Netz, von denen oft zu hören ist – ein berühmtes Buch von Bruce Sterling (1990) trägt denselben Titel –, können auch als ›Löcher‹ gelesen werden und somit als genitale Zuschreibung an die Frau. Zur weiteren Illustration eine Stelle aus dem Buch *Am Ende der Gutenberg-Galaxis*, das sich vor allem als Zitatefundus eignet: «Offenbar handelt es sich hier um den Rückzug in einen elektronischen Mutterleib. Die rechnergestützte unaufhörliche Bilderflut, mit der man spielen kann, leistet das Pensum einer 24-Stunden-Mutter. Hier entstehen neue mystische Geschichten.« (Bolz 1993, 116) Dieser Blick auf die ›Verweiblichung‹ der neuen Technologien läßt zumindest für Frauen nichts Gutes ahnen. Letztlich bin ich aber eher ratlos, wie dieser von mir einfach festgestellte Tatbestand zu deuten ist.

Nun eine Beobachtung, die ich auf der Ars Electronica und bei diversen Video-Dokumentationen machen konnte. Bei der neuen, jüngeren Generation von Computertechnikern, Technofreaks, VR- und Kommunikationswissenschaftern ist eine Art von Feminisierung im Erscheinungsbild und im Verhalten zu bemerken. Viele haben lange Haare, legere, an der Jugendkultur orientierte Kleidung, weiche Bewegungen, eine sanfte Sprache. Sie wirken eher weich und feminin als hart und maskulin. Viele kommen aus der Hippiebewegung, sind ehemalige 68-er und haben Drogenerfahrung. Es ist viel schwieriger, diese Männer als Feindbilder aufzubauen als die alte Garde von Wissenschaftern, die sich als *tough guys* verstehen. Nichts desto trotz tun die ›netten Jungs‹ erschreckende Dinge. Sie lassen einem/einer mit ihrer sanften, verständnisvollen, träumerischen Art nicht einmal die Chance zu einer vernünftigen Diskussion. Feminisierung als Abwehr der Männer gegen feministische Kritik? Ich weiß nicht recht, für etwaige Deutungsansätze habe ich sicher ein offenes Ohr.

Zum Abschluß einige Gegenargumente zu vordergründig ›positiven‹ Effekten von VR.

- *Die Auflösung der getrennten Sphäre von Privat und Öffentlich.*

Durch die Verlagerung des Arbeitsplatzes und anderer wichtiger Lebensbereiche in die Wohneinheit wird dies vollzogen. In feministischen Kreisen wird dies zum Teil als Fortschritt angesehen, weil dadurch die traditionelle Trennung Frau=privater Raum und Mann=öffentlicher Raum untergraben wird. Ich gebe zu bedenken, daß die neuen Technologien die traditionelle Raumaufteilung nicht mehr brauchen, aber es im Computer-Raum sehr wohl verschiedene Orte gibt und Zugangsbeschränkungen unausweichlich sind. Wer, wo Zugang bekommt, wird sicher von bisherigen Mustern bestimmt sein; Frauen z.B. zählen nicht zu den mächtigen Gruppierungen in unserer Gesellschaft.

Weiters handelt man/frau sich mit dieser Koinzidenz von Privat und Öffentlich erhebliche neue Nachteile ein. Einerseits wird durch das Zusammenfließen von Arbeits- und Freizeitbereich mit einer stehenden Online-Verbindung eine Art von totaler Verfügbarkeit hergestellt, d.h. weltweit vernetzt und jederzeit erreichbar. Dadurch wird keine Rücksicht mehr auf den biologischen Rythmus und das Erholungsbedürfnis von Menschen genommen. Bei Videokonferenzen zwischen New York, Tokyo und Wien bleiben dann zwangsweise so etwas wie eine Lokalzeit und individuelle Bedürfnisse auf der Strecke. Das Mobiltelefon ist nur eine linkische Vorstufe dieser Entwicklung. Mit der totalen Verfügbarkeit wird auch absolute Kontrolle ermöglicht. Wie Donna Haraway so treffend schreibt: »The homework economy as a world capitalist organizational structure is made possible by (not caused by) the new technologies. The success of the attack on relatively priviliged, mostly white, men's unionized jobs is tied to the power of the new communications technologies to integrate and control labour despite extensive dispersion and decentralisation.« (1991, 166)

Andererseits wird durch die Verlagerung von Aktivitäten in den Cyberspace, wie Arbeit, Unterhaltung, Einkaufen, die eine körperliche Bewegung unnötig machen und uns damit ans Haus binden, ein Weg in die endgültige Isolierung, in den Autismus vorprogrammiert. Denn was bedeutet es für soziale Beziehungen und zwischenmenschliche Kontakte, wenn die Face-to-Face-Kommunikation gegen Null tendiert, und wir das Heim kaum mehr verlassen? Vielleicht setzt sich die Vision der fensterlosen Monaden von Leibniz in die Realität um. Woran nämlich bereits gebastelt wird, sind riesengroße Bildschirme an Stelle von Fenstern, auf die man projizieren kann, was einem gefällt oder was man geliefert bekommt. Damit erreicht man Unabhängigkeit von Wetter, Raum und Zeit, ja sogar von der Erde, indem man ferne Planeten vor seinem Auge erscheinen läßt – sagen zumindest Befürworter solcher Entwicklungen. Was auf jeden Fall damit erreicht wird, ist die Illusion einer intakten Umwelt in einem völlig desolaten Umfeld. Die Zerstörung wird einfach mit Palmenstränden überblendet.

- *Die Auflösung von Kategorien wie Geschlecht, Rasse und Klasse.*
Im Anschluß an das Zusammenfallen von Privat und Öffentlich wird häufig argumentiert, daß mit der Möglichkeit der freien Wahl des Erscheinungsbildes im Cyberspace durch die Abkoppelung vom realen Körper die Kategorien wie Geschlecht, Rasse und Klasse obsolet werden. Ich möchte diese Verheißung, so wunderbar sie erscheinen mag, glattweg bestreiten. Es befinden sich heute z.b. im Internet zwischen 70-80 Prozent männliche User. Die Eigenschaft ›männlich‹ läßt sich wahrscheinlich noch um die Kategorien ›weiß‹ und ›Mittelschicht‹ erweitern. In der Forschung sieht es – einmal vom der in Japan abgesehen – noch trister aus. Vermutlich werden bestehende Diskriminierungen weitgehend in den VR-Bereich mithineingezogen. Deutlich wird dieser Umstand auch bei der Pornographie im Netz, die genauso sexistisch und männerorientiert ist, wie außerhalb des Cyberspace.

Den vorwiegend männlichen Usern im Internet stehen weit über 50 Prozent weibliche ›Erscheinungen‹ gegenüber. Das paßt ganz gut zu meiner Beobachtung über die scheinbare Feminisierung. Die Frage ist nur, warum Männer sich zeit/teilweise als Frauen ausgeben und was das für Frauen bedeutet? Bei der Übernahme von typisch weiblichen Tätigkeiten im nunmehrigen 24-Stunden-Heim ist allerdings von den Männern weniger Interesse als beim Spielen mit Geschlechtsidentitäten zu erwarten. Waren Männer – wie Untersuchungen bestätigen – bisher nicht bereit, zu gleichen Teilen im Haushalt und bei der Kinderbetreuung zu arbeiten wie die Frauen, seien sie nun voll berufstätig oder nicht, so wird sich das im virtuell strukturierten Wohnen nicht grundsätzlich ändern. Im Gegenteil – für Frauen tun sich wenig erfreuliche Perspektiven auf. Wenn die Kinder nur mehr virtuell an der Schule teilnehmen und die Mutter beim virtuellen Arbeitsplatz sitzt, dann ist Kinderbetreuung kein Problem mehr und Kindergarten überflüssig. Daß durch die ständige Präsenz der Kinder zuhause und die Verantwortung dafür Frauen am Arbeitsmarkt weniger konkurrenzfähig sind – auch deshalb, weil Männer einfach ihre Zimmertüren zum ungestörten Arbeiten schließen werden –, liegt auf der Hand. Im Zusammenhang mit der postulierten Verfügbarkeit klingt dieses Szenario nicht sehr erholsam. Also für Frauen nichts Neues im Westen.

- *Ökologie.*
Oft wird ins Treffen geführt, wie ökologisch die neuen Technologien seien. Wenn alle zu Hause arbeiten, einkaufen, schlichtweg leben, dann

ist das tägliche Verkehrschaos damit gelöst. Die Umwelt wird entlastet. Dasselbe gilt für Fernreisen und Massentourismus. Dies ist vordergründig sicherlich richtig. Aber genau darin liegt gleichzeitig ein enormes Gefahrenpotential. Wenn Natur, Erholung und Urlaub besser, schöner und aufregender im Cyberspace erlebt werden können, dann steht der totalen Ausbeutung und Zerstörung des Planeten nichts mehr im Wege. Biologisch gewachsene Natur kann niemals mit einer virtuell generierten konkurrieren. Denn im Cyberspace macht man sich nicht schmutzig, es gibt keine unangenehm pinkelnde Tiere. Man kann Abläufe endlos wiederholen und muß nicht zwei Stunden warten, bis ein Reh vorbeikommt, oder seinen Körper auf einen Berg schleppen. Wer will, kann aber auch entsprechende Strapazen programmieren. Wir gewinnen die Form von Kontrolle über die künstliche Natur, wie sie bei biologischer Natur nicht machbar ist. Darüberhinaus beansprucht die zu produzierende Hardware und der Aufbau von Netzstrukturen ziemlich viel an Ressourcen. Die gesundheitlichen Schwierigkeiten, die sich angesichts der vorgezeichneten Entwicklungen ergeben, lasse ich beiseite. Meine Lieblingsvorstellung diesbezüglich ist die einer menschlichen Riesenqualle oder eines Fleischkloßes mit langen, feingliedrigen Fingern zur Bedienung von Keybords oder gleich einer Einsteckbuchse im Kopf. Zugegebenermaßen gibt es auch ganz konträre Denkmöglichkeiten des perfekt von Technologie durchgestylten Körpers, der mit selbsttätig gewachsener Natur nicht mehr viel zu tun hat.

- *Politikverständnis.*

In Zusammenhang mit dem Internet insistieren die Verfechter immer darauf, daß das Netz so basisdemokratisch und anarchistisch sei. Jede/r habe Zugang und Zugriff auf die Daten bzw. könne Daten einspeisen. Dazu kann ich nur ein Wort sagen: *Noch.* Spätestens seit dem Bekenntnis Bill Clintons zum Ausbau des Infohighways mit höchster Prioritätsstufe ist die Kommerzialisierung der Netze unausweichlich. Dies bedeutet in jedem Fall Zugangsbeschränkung, Schutz von Informationen, Dateneinspeisungsbarrieren, straffe Organisationsstrukturen usw. Und vorbei ist es mit dem Märchen der Basisdemokratie. Auch Österreich hat sich unbemerkt von der Öffentlichkeit unter dem Informatiker und Minister Viktor Klima dem Ausbau und der kommerziellen Nutzung des Datenhighways verschrieben. Im übrigen ist den anarchistischen Netzfreaks vorzuwerfen, daß sie bei Nazi-Informationsmaterial im Netz keine Probleme mit (Selbst-)Zensur haben, bei Verbot von pornographischen sexistischen Material aber ihre Basisdemokratie gefährdet sehen. Frauen

waren nicht bloß in der Französischen Revolution keineswegs als politische Subjekte der Befreiung gemeint.
Apropos Französische Revolution. Unser politisches Denken ist heute noch stark von Aufklärung und Revolutionsvorstellungen geprägt. Ich bin überzeugt, daß wir uns davon im Cyberspace verabschieden müssen. Wir brauchen neue politische Strategien, die dieser Technologie angemessen sind. Allein die Auflösung von öffentlichem Raum im bisherigen Sinn führt den Kampfbegriff »auf die Straße gehen« ad absurdum. Wie diese neue Form von Politik im kritischen Sinne aussehen soll, weiß ich allerdings nicht. Einfach draußen bleiben, nichts mit VR zu tun haben zu wollen und das Feld den anderen Kräften zu überlassen, ist sicher keine zielführende Option. Um mit Donna Haraway zu sprechen: »... taking responsibility for the social relations of science and technology means refusing an anti-science metaphysics, a demonology of technology ...« (1991, 181) Denn wer jenseits der Technologie bleibt oder bleiben muß – ich spreche hier immer von nachindustriellen Gesellschaften, in der »Dritten Welt« werden nur die Eliten Zugang haben –, wird von den meisten wesentlichen Informationen und Vorgängen abgeschnitten sein. Schon jetzt gibt es in amerikanischen Großstädten Tendenzen in Richtung einer strengen Segmentierung von Gebieten ohne Infrastruktur, wo die Leute mehr oder weniger auf der Straße leben und aus dem Elendsviertel nicht mehr rauskommen, und einer gehobenen Schicht, die, eingebunkert aber mit Komfort und Informationszugang ausgestattet, recht gut lebt.

Die einzige Strategie, die sich m.E. anbietet, wäre ein ständiges Wechseln zwischen drinnen und draußen. Dadurch wird die kritische Distanz ermöglicht und Spielraum für Reflexion eröffnet. Denn Cyberspace verfügt über eine solche Sogwirkung, aus der man sich nur mit großer Anstrengung und über zeitweilige Abstinenz befreien kann. Und als phasenweiser Spieljunkie weiß ich sehr wohl um die Verführung, die im virtuellen Reich lauert. Obwohl diese Technologie längst nicht mehr aufzuhalten ist, glaube ich dennoch an die Möglichkeiten des Widerstandes. Die Chancen stehen nicht gut, aber ich bin eine fröhliche Pessimistin. Ich setze meine Hoffnungen auf das Eigenleben von Technologie und auf die Schlupfwinkel, die sich eröffnen. Ein Netz besteht aus ziemlich vielen Löchern zwischen den Maschen – oder?

## Anmerkungen

1 Vgl. TV-Dokumentation: Der achte Tag der Schöpfung. Computerforscher und ihre schönen neuen Welten, von Gero v. Böhm (interscience film) Südwestfunk, Baden-Baden 1992.
2 Sendung im Österreichischen Rundfunk, Ö1 am 15.3.1994 um 22:30.

## Literatur

Bolz, Norbert: Am Ende der Gutenberg-Galaxis, München 1993.
Butler, Judith: Das Unbehagen der Geschlechter, Frankfurt/M. 1991.
Flusser, Vilém: Für eine Philosophie der Fotografie, Göttingen 1983.
Ders.: Die Schrift. Hat Schreiben Zukunft? Göttingen 1989.
Gerbel, Karl/Peter Weibel (Hg.): Ars Electronica 93. Genetische Kunst – Künstliches Leben. Genetic Art – Artificial Life, Wien 1993.
Glaser, Peter: Kap der guten Hoffnung, in: Steirischer Herbst: Chaos, Graz 1989.
Haraway, Donna: Simians, cyborgs and women. The reinvention of nature, London 1991.
Kroker, Arthur/Marilouise Kroker (Hg.): The last sex. Feminism and outlaw bodies, New York 1993.
Sterlin, Bruce: Inseln im Netz, München 1990.
Virilio, Paul: Rasender Stillstand, München – Wien 1992.

Irene Neverla/Irmi Voglmayr

# Cyberpolitics

## Zum Verhältnis von Computernetzen, Demokratie und Geschlecht

Mit dem Ausbau der Computernetze geht das große politische Demokratieversprechen einher. Der Bürger und die griechische Agora werden wiederentdeckt. »Vienna Online«, »Digitale Stadt Amsterdam« ermöglichen uns nun einen Direktzugang in die Rathausstuben, erlauben uns Chats mit PolitikerInnen – Politiktransparenz, so lautet die Zauberformel. Auch die Zukunft der Frauen liege im Netz und das konventionelle duale Geschlechterverhältnis werde aufbrechen.

Während die Heilsversprechen von Demokratie und Partizipation, von Egalität und Dekonstruktion der Geschlechterrollen ideologische Verlockungen vor Augen führen, entstehen im Cyberspace realiter neue Herausforderungen an die Gesellschaft. Sie betreffen Formen und Wege von Information und Kommunikation und damit Wissensvermittlung, sozialen Status und politischen Einfluß in der Gesellschaft. Vor diesem Hintergrund ist es unabdingbar, die Frage nach dem Verhältnis von Computernetzen, Demokratie und Geschlecht zu stellen. Mit dem Begriff Cyberpolitics sind politische Handlungen, Entscheidungen und Transaktionen gemeint, die im Wechselspiel von leibhaftiger Wirklichkeit und virtueller Computerwirklichkeit stattfinden und konkrete Auswirkungen auf die Menschen in unserer Gesellschaft haben.

### Rückblick auf die Zukunft

Wann immer in der Geschichte »Neue Medien« sich entwickelten, spalteten sie die Gesellschaft, materiell und ideell. Jeder technologische Schub der Mediengeschichte brachte tiefgreifende Umwälzungen in der Verteilung von Chancen und Risiken auf die Gesellschaftsmitglieder. In allen Entwicklungsschüben der Mediengeschichte lassen sich reale Machtverhältnisse und ideologische Diskursstrukturen erkennen, die auch in den aktuellen Szenarien von Cyberpolitics auffallen.

Ob die Erfindung des Buchdrucks in der Reformationszeit um 1450, ob Film und Fotografie auf dem Höhepunkt der Industrialisierung im 19. Jahrhundert, die Verbreitung des Radios in den Umbruchsjahren der

Weltwirtschaftskrise nach dem ersten Weltkrieg, der Siegeszug des Fernsehens in der Wohlstandsära der 50er und 60er Jahre, oder schließlich die Digitalisierung und elektronische Vernetzung der Informations- und Kommunikationswege, deren Zeitzeugen wir heute am Ende des 20. Jahrhunderts sind – am Beginn dieser Neuen Medien standen immer polarisierte Visionen. In der euphorischen Version wurde die Befreiung des Menschen aus den Grenzen der Natur und die Utopie einer gerechteren Welt erwartet. In der pessimistischen Version befürchtete man den Verfall bewährter kultureller Errungenschaften.

Neue Medien werden zunächst akzeptiert und erprobt von kleinen Eliten – das waren früher ausschließlich und sind heute immer noch vorwiegend Männer. Deren Privilegien an Zeit, Geld und Bildung ermöglichen die Erschließung der neuen Techniken im Sinne einer Verwandlung der Rohtechnik in Nutzungsformen – das müssen im Kapitalismus letztlich marktförmige Produkte und Dienstleistungen sein. Die männlichen Technik-Eliten entwickeln Visionen von der zukünftigen Welt aufgrund jener privilegierten Umstände, die ihnen selbst das Nützen der Neuen Medien ermöglichen (vgl. Böttger/Mettler-Meibom 1990). Mehr Demokratie und Partizipation, Egalitäten über Klasse, Rasse und Geschlecht hinweg, gelegentlich auch ein wenig Anarchie, das sind immer wieder Elemente in den utopischen Bildern der Medienpioniere. Bruchteile dieser Visionen sind immer auch wahr geworden – so hat der Buchdruck und haben die Printmedien über die Jahrhunderte hinweg die Demokratisierung der Gesellschaft mit zur Entfaltung gebracht. Niemals aber sind die vormals »Neuen Medien« zum ausschließlichen Träger jener ultimativen Demokratisierung und Partizipation geworden, von der die Pioniere geträumt hatten. Ganz im Gegenteil wurden und werden Neue Medien über kurz oder lang in die herrschenden Machtstrukturen in Wirtschaft, Politik und Kultur eingebunden.

Während Bert Brecht in seiner »Radiotheorie« davon träumte, daß der Rundfunk vom Distributions- zum Kommunikationsapparat würde und während in den Arbeiterradioklubs die Technikfans werkelten, wurde das Radio in den meisten europäischen Länder zum staatlich und autoritativ gelenkten Massenmedium. In der Weimarer Republik war die Organisation des Rundfunks so perfekt, daß die Nazis dieses Medium fast nahtlos in ihren Propagandaapparat eingliedern konnten (vgl. Bausch 1980). In den USA hingegen glaubte man auch im Rundfunkbereich an den freien Markt und praktizierte die totale Zugangsfreiheit in den Äther, bis, zur Vermeidung eines totalen Wellensalats, dann doch eine formale Zulassungsbehörde eingeführt wurde. Am Ende des 20.

Jahrhunderts nun unterliegen die elektronischen Medien Funk und Fernsehen global und endgültig dem Primat der Ökonomie. In den 70er Jahren glaubten die Filmemacher und Medienpädagogen in den freien Videogruppen an das aufklärerische Potential der Videotechnik, die im Vergleich zum Fernsehen billiger und einfacher in der Handhabung war. Bürgerfernsehen, Basisdemokratie, Sozialarbeit mit Diskriminierten und Randgruppen, das waren die Visionen. Was von der Videotechnik heute geblieben ist, sind privatistische Hobbyfilmerei einerseits und im High Professional-Bereich der Fernsehproduktionen andererseits Rationalisierungspotentiale zur Einsparung teurer technischer Arbeitskräfte.

Vor diesem medienhistorischen Hintergrund erscheint Techno-Euphorie hinsichtlich Cyberpolitics völlig unangebracht. Ganz nüchtern läßt sich aus kommunikationswissenschaftlicher Sicht nur feststellen, daß die Neuen Medien das bisherige Gefüge von öffentlicher und privater Kommunikation sowie von Massen- und Individualkommunikation umstürzen werden (vgl. Hoffmann-Riem/ Vesting 1994). Daß solche Entgrenzungen mit einem Anwachsen an Partizipation aller Gesellschaftsmitglieder und mit neuen Formen der Demokratisierung verbunden sein werden, ist eine schöne Hoffnung, läßt sich aber faktisch nicht belegen.

Dennoch verbreiten die Protagonisten der Computernetze Optimismus. Jede und jeder könne nun unterschiedslos die Informationen über die örtlichen und allen gemeinsamen Angelegenheiten aufarbeiten und sich dadurch aktiv an Meinungsbildungs- und Entscheidungsprozessen beteiligen. Die Netz-Euphoriker bejubeln die kreative Mitwirkung an weltöffentlichen Angelegenheiten, die über das Nationale hinausgehen, und verweisen darauf, daß tabuisierte Themen nun endlich angemessener kommuniziert werden könnten.

Diese Euphorien gilt es zu prüfen. Welche Art von Kommunikation erlauben Computernetze? Welcher Begriff von Partizipation und Demokratie und Öffentlichkeit steht hier zur Diskussion? Was macht die Krise gegenwärtiger Politik aus und wie verhält sie sich zu den Potentialen der Computernetze? Und schließlich ist unter all diesen Aspekten zu fragen, welche Verortung Frauen im Cyberspace finden.

**Sind Netzwerke demokratisch?**

Angesichts der Computernetze geraten die Fans ins Schwärmen und erinnern an die griechische Agora, Marktplatz und Diskussionsforum der antiken Demokratien. Das mag auf den ersten Eindruck ein reizvoller Vergleich sein, der jedoch schnell an Überzeugungskraft verliert. Was den griechischen Diskurs auszeichnete, war, daß im Dialog neue Informationen entstanden. Das setzt die Konzentration der Beteiligten auf ein begrenztes Maß an Themenfeldern innerhalb eines gemeinsamen, gut überschaubaren Horizonts voraus. Was aber heute im Internet angeboten wird, sind in ihrer Struktur endlos verzweigte, in ihrer Masse unüberschaubare Informationsangebote, deren Durchforstung auch mittels »Suchmaschinen« nur dann einigermaßen gelingt, wenn netzexternes Wissen eingebracht wird.

Jenseits der Inhalte, allein bezogen auf die formale Kommunikationsstruktur, ist die Metapher der Agora eher sinnvoll. Vilém Flusser sieht in der Netzstruktur – als offenes System, bei dem jeder am Dialog beteiligte Partner das Zentrum bilden kann – eine Chance für die Politik der Zukunft.[1] Das Charakteristische an der Netzstruktur sei, daß jeder Partner des Dialogs mit jedem anderen verbunden sei und daß das Fehlen eines Zentrums das Interesse vom Thema auf den dialogischen Prozeß selbst lenkte. Tatsächlich ermöglichen Computernetze rein technisch gesehen dialogische Kommunikation, weshalb durchaus verständlich ist, daß Hoffnung auf neue politische Diskursformen aufkommt.

Doch die nächstliegende Frage lautet: Wer hat Zugang zu Computernetzen und wer hat keinen? Dies vor dem Hintergrund der Teilung der Welt in Nord und Süd, Arme und Reiche, Frauen und Männer, Gutinformierte und Schlechtinformierte. Drei Faktoren sind für den Netzzugang entscheidend: Bildung, Geld und Zeit. Das trifft schon auf die Nutzung der konventionellen Medien zu und gehört zu den unumstrittenen Befunden der empirischen Kommunikationsforschung. Mehr noch wird es für die Nutzung der Neuen Medien Gültigkeit haben.

Stanislaw Lem (1996) stellt lakonisch fest: Wer das lateinische Alphabet nicht beherrscht, hat einen Riesennachteil im Internet. Die Nutzung Neuer Medien baut immer auf jenen Kompetenzen auf, die schon für die Nutzung historisch älterer Medien nötig waren. Das hat die kommunikationswissenschaftliche Forschung im Rahmen der »Wissensklufthypothese« immer wieder bestätigt (vgl. Bonfadelli 1994). Und selbstverständlich gelten die neuen Freiheiten zuallererst nur für diejenigen, die auch alle Unkosten bezahlen können, die Hardware, die Software und die keineswegs immer kostenlosen Informationen selbst. Last not least erfordert die Nutzung der Neuen Medien und speziell die Aneignung des dazu notwendigen Erfahrungswissens viel Zeit, vor allem beim Einstieg, aber auch kontinuierlich über anfängliche Lernphasen hinaus.

Hinsichtlich dieser drei Faktoren sind Frauen gesellschaftlich benachteiligt. Generell gilt, daß der potentiell dialogischen, faktisch aber nicht voraussetzungslosen Kommunikationsform des Netzes die Ausgrenzung all jener gegenübersteht, die gar keinen Zugang haben, sei es aus infrastrukturellen oder ökonomischen (oder auch ideologischen) Gründen (vgl. Hummel 1996). Computernetze spalten die Gesellschaft.

**Ist Cyberspace ein (politischer) Ort für Frauen?**

Die Gleichsetzung der Kommunikation im Computernetz mit dem Diskurs auf der antiken Agora ist aber auch deshalb problematisch, weil die politische Öffentlichkeit der griechischen Polis niemals ein tatsächlich offener Raum war; der Ausschluß der Frauen und Sklaven war ihr immanent. Auch in den Formen bürgerlicher Öffentlichkeit, die sich im 18. und 19. Jahrhundert herauskristallisierten, blieb – trotz zum Teil anderslautender Deklarationen – der Ausschluß der Frauen mit wenigen Ausnahmen, wie etwa den literarischen Salons, faktisch aufrecht. Und selbst heute, da sich das Gleichheitspostulat normativ durchgesetzt hat und Political Correctness Gleichheitsrhetorik allerorten verlangt, im Zeitalter der Frauenförderpläne und Frauenquoten – selbst heute noch gilt, daß Öffentlichkeit und Politik Sphären geblieben sind, in denen Frauen als Fremde betrachtet werden und auch so agieren (vgl. Neverla 1994).

Feministinnen haben daraufhin die Suche nach einer anderen Art von Öffentlichkeit begonnen. Frauenöffentlichkeit habe keinen festen Platz, weder räumlich noch historisch, sie passe auch nicht in das traditionelle Trennungsgefüge von Privatheit und politischer Öffentlichkeit (vgl. Klaus 1992). Sie berge Sinnlichkeit, Ruhe und Intimität (vgl. Modelmog 1991). Als utopieträchtiger Gegenentwurf zur patriarchalen Herrschaft wird die »Entstrukturierung des Öffentlichen durch eine sozial-weibliche, gleichsam liebevolle Praxis« eingefordert (Holland-Cunz 1994, 238). Die theoretischen Analysen verweisen auf Blindstellen der vorherrschenden Begrifflichkeit, bewegen sich aber weitgehend in defizit- und differenztheoretischen Konzepten.

Erlebt nun hinterrücks mit dem Partizipationsversprechen im Cyberspace wiederum »die Norm des männlichen Aktivbürgers« eine Renaissance (Sauer 1994)? In der Hoffnung, daß traditionelles Politikverständnis via Netz dazu verhilft, den Blick auf das entfremdende Modell patriarchaler Repräsentationssysteme und Hierarchien zu verschleiern? Im Zusammenspiel von Demokratie und interaktiver Technologie sieht

Anne Phillips nahezu ein »feministisches Ideal«. Sie verbindet damit ein Szenario, das »mit den geschlechtsspezifischen Ungleichheiten aufräumt und die Barrieren zwischen der öffentlichen und der privaten Sphäre überwindet«. (1995, 231) Doch der Männerbund agiert und (re)produziert sich im Netz ebenso gut wie anderswo. Zwar macht das Netz Geschlechtszugehörigkeiten seiner Nutzerinnen und Nutzer unsichtbar und das Spiel mit dem Wechsel der eigenen Geschlechtsidentität wird möglich. Männer geben sich als Frauen aus, Frauen als Männer. Aber Fakt ist, daß 80 bis 90 Prozent der Nutzerschaft Männer sind und daß die Inhalte, von den Datenbanken bis zur Pornographie, an männlichen Lebenswelten ausgerichtet sind. Daran rütteln Cyberhexen und Internixen in ihren Netznischen wenig.

Sicherlich erfolgt mit den Computernetzen eine Erosion der gesamten Ordnung von Öffentlichkeit und Privatheit. Ohne unsere Wohnzimmer verlassen zu müssen, treten wir nun in eine globale Öffentlichkeit ein. Allerdings ist die Polarisierung von Öffentlichkeit und Privatheit schon längst, und zu allererst von der feministischen Kritik, in Frage gestellt worden. Heute muß diese Debatte, initiiert in den 70er Jahren, neu aufgegriffen und fortgeführt werden unter den Bedingungen der galoppierenden Kommerzialisierung medialer Öffentlichkeit. Personalisierung, Psychologisierung und Intimisierung führen uns vor Augen, daß es eine Illusion war, zu glauben, die Vermischung der Sphären würde mehr Transparenz und Teilhabe bringen. Eine radikale Neubestimmung der beiden Sphären Privatheit und Öffentlichkeit steht an und diesmal unter dem Vorzeichen sowohl der Kommerzialisierung als auch des jüngsten Technologieschubs.

**Zum Gemeinschaftsbegriff oder: Nahe Ferne – fremde Nähe?[2]**

Drinnen im Netz und draußen im materialen Raum. Die alten Prüfsteine für Vertrautheit und Sicherheit gibt es unter den anonymen Bedingungen der Computernetze nicht mehr. Die »user« sind heute hier, morgen dort, wem's nicht mehr gefällt, der klickt sich weiter. Aber nicht nur werden die Bindungen der Gemeinschaft leichter aufkündbar. Auch die Mitteilungen der Gemeinschaftsmitglieder aneinander entziehen sich sozialen Kontrollen. »Angesichtigkeit und Augenzeugenschaft verschwinden, meß-, geh-, und erfahrbare Prüfkriterien für Wirklichkeitsaussagen durch das Vorhandensein eines materialen und geographischen Raumes existieren nicht länger.« (Faßler 1996, 10f) Dies wird vor allem für den

professionellen Umgang mit Daten und Informationen neue Problemfelder aufwerfen (vgl. Weischenberg 1995). Welche Kontrollwege wird es in der journalistischen oder wissenschaftlichen Recherche geben für die Gültigkeit der Quelle und die Zuverlässigkeit ihrer Aussage?
Einerseits droht eine gewaltige Unverbindlichkeit des sozialen Lebens. Doch andererseits läßt uns der Traum von einer Gemeinschaft offensichtlich nicht los. Nachbarschaft und Zusammenleben sollen fortan im und mit dem Computer gelebt werden. Sind die virtuellen Gemeinschaften in diesem Kontext als »komplexe und einfallsreiche Überlebensstrategien zu sehen?«, fragt Rötzer (1995, 141). Auf der Suche nach Gemeinsamkeiten im globalen Dorf mögen die elektronisch virtuellen Gemeinschaften flexible, lebendige und praktische Anpassungsformen an wirkliche Gegebenheiten am Ende des 20. Jahrhunderts darstellen.
Das Beziehungsgeflecht von Ferne und Nähe, von Fremdheit und Vertrautheit nimmt neue Formen an. Unsere Nächsten sind nicht länger unsere Nachbarn, vielmehr jene Bilder von Menschen, die uns die Medien präsentieren. Diese Bilder haben nun Sprechen gelernt und die medialen Inszenierungen sind zu aktiven PartnerInnen geworden, mit deren Hilfe zunehmend Berufs-, Alltags- und Freizeit-Organisation bewältigt werden (vgl. Angerer 1995). Das ist nicht einmal gänzlich neu, sondern hat Vorformen schon im alten Massenmedium Fernsehen gefunden. Hier wird seit den 80er Jahren der »Talk« perfektioniert, der zwischen Alltagsgeplauder und voyeuristischen Bekenntnissen nichtssagend dahinplätschert. Auch in den chat-corners des Internet ist nicht viel anderes zu finden.
Realiter existieren gegenwärtig im globalen Dorf viele kleine Gemeinschaften. Noch recht abgeschottet voneinander tauschen sie ihre Mitteilungen aus in mehr oder weniger geschlossenen, halböffentlichen Gruppen (Newsgruppen, Mailboxen, Chat-Gemeinschaften) und tangieren die gesellschaftlichen Machtverhältnisse damit nicht. »Die Kettenbriefe elektronischer Post, die zur moralischen Beruhigung vermehrt durch das Internet huschen und meist aus einer nicht weiter begründeten Aussage bestehen, dies oder das nicht zu wollen, zeigen die Ohnmacht der globalen ›Gemeinschaft‹, die gewissermaßen keinen ›Platz‹ und keine Zeit hat, um sich langfristig zu organisieren.« (Rötzer 1995, 94) Von neuem erweist sich die Bedeutung der Faktoren Bildung – nun nicht bloß im Sinne von Medienkompetenz, sondern auch von Kompetenz zu politischer Handlung und Beteiligung – sowie Verfügbarkeit von Geld und Zeit. Sie bilden die Stolpersteine bei der Konstituierung auch der elektronischen Gemeinschaft.

**Vernetzung ist nicht Durchsetzung**

Was bedeutet das neue Heilsversprechen – Demokratie via Computernetze – vor dem Hintergrund einer handfesten Krise der traditionellen Politik, die sich in Parlamentarismuszweifel, Parteienmüdigkeit und Mitgliederschwund manifestiert? Da mag ein »Chat mit Caspar« in der »BlackBox«[3] durchaus anregend sein, die Abschiebepraxis des österreichischen Innenministeriums unter Caspar Einem wird allemal durch das Schengener Abkommen bestimmt und in keiner Weise durch das Netz-Geplaudere beeinflußt.

Vernetzung impliziert ein Stück Gleichsetzung, verspricht aber noch keine Durchsetzung von Rationalität und Demokratie. »Wir befinden uns in der paradoxen Situation, daß die Beteiligungschancen am institutionalisierten politischen Entscheidungsprozeß steigen, wo die Durchsetzungskraft der Institutionen drastisch sinkt«, konstatiert Herbert Kubicek (1996). Vor dem Hintergrund internationaler Ökonomieverflechtungen sorgen Staatsverschuldung und leere Staatskassen dafür, daß die Souveränitäten einzelner Staaten ernsthaft bedroht sind. Im Rahmen der Globalisierung ist die internationalisierte Produktion über den nationalökonomischen Rahmen hinausgewachsen: »Auf dem Sektor der Finanzmärkte zeigt sich, daß die Nationalbanken schon längst keine Kontrolle über ihr eigenes Geld mehr haben, welches in bankmäßig exterritorialen Zonen der Welt herumvagabundiert.« (Kurz 1995, 52) In den internationalen Finanzströmen der Großkonzerne und Großbanken wird Geld hauptsächlich elektronisch repräsentiert (vgl. Haefner 1991, 31). Im Kontext solcher Globalisierungstendenzen kennzeichnet Etienne Balibar den Staat als »weder national noch supranational« und perspektivisch sieht er einen Verfallsprozeß der Staaten: »Fehlende Macht, fehlende Verantwortlichkeit und fehlende Öffentlichkeit« (1993, 153) sei mehr und mehr die negative Kennzeichnung des Staates, der vormals die Verantwortung für Politik trug und zu dessen Aufgaben die öffentliche Vermittlung der Interessen und gesellschaftlichen Kräfte gehörte.

Alles in allem gilt: Politische Entscheidungsfindung und Souveränität verliert mehr und mehr an territorialen und geographischen Bezügen. Diese allgemeine ökonomisch-politische Entwicklung wird von der Technologie der Computernetze getragen und vorangetrieben. Computernetze stecken die neuen Macht- und Einflußsphären ab. Cyberspace wird zur neuen Landkarte der Macht. Wenn die Welt durch die zunehmende Globalisierung zu einer endlichen Welt wird, dann ist die Notwendigkeit ihrer Überschreitung offenkundig. Die neuen Grenzen sind dann keine geographischen Grenzen mehr, sondern »computergraphische Grenzen«, meint auch Virilio (1996, 155).

**Illusionen der Information**

Vernetzung und damit computerisierter Zugang zur Information gewährleistet also noch längst keinen rationalen Diskurs und keine demokratische Entscheidungsfindung. Die Illusion setzt aber schon beim Begriff der Information ein. In seinem kognitiven Nutzen ist Information nichts als wertloser Rohstoff. Er muß erst durch geistige Bearbeitung veredelt und zu wertvollem Gut verwandelt werden. Diese Veredlung erfolgt durch historische Einbettung und Kontextualisierung der Einzelinformation. Das Problem einer »Informationsgesellschaft«, in der Massen von Informationen kontinuierlich und in permanenter Höchstgeschwindigkeit transportiert werden, liegt nicht im Zugang zu Informationen, sondern in deren Selektion und Verarbeitung.

Daher wächst all jenen Professionen herausragende Bedeutung zu, die an Schaltstellen der Informationswege tätig sind. Allen voran ist dies der Journalismus. Mit der hereinbrechenden Informationsflut erhält die Auswahlfrage eine neue Bedeutung, denn das Internet wertet alle Informationen gleich; eine Rangordnung der Informationen gibt es weniger denn je.

Die Gleichwertigkeit der Informationsangebote und die – innerhalb der Netzgemeinschaft – egalitären Zugriffsmöglichkeiten sind jedoch nur vordergründige und vorübergehende Attribute. Wer hätte die Zeit und die inhaltliche Kompetenz, sich etwa durch eine Flut von Amtsprotokollen und PR-Materialien im Netz zu fressen, um auch nur eine kommunalpolitische Entscheidung, geschweige denn eine Entscheidung der internationalen Politik verstehen oder gar unterlaufen zu können? In einer arbeitsteiligen und hochkomplexen Gesellschaft muß es unweigerlich zu Rationalisierungs- und Differenzierungsprozessen bei der Verarbeitung der Information kommen. Die »Suchmaschinen« wie das Programm »Yahoo« sind dafür nur erste Vorboten. Eine funktionsspezifischere, journalistische Variante wird von US-amerikanischen Zeitungen in Online-Diensten bereits angeboten. Die LeserIn gibt jene Themengebiete an, die sie interessieren. Auf der Grundlage eines solchen Themenprofils erfolgt eine elektronisch gesteuerte individuelle Auswahl aus dem Nachrichtenangebot, die »personal newspaper«.

Es ist also ganz und gar nicht zu erwarten, daß die technische Möglichkeit der totalen Individualinformation Journalismus überflüssig macht (vgl. Neverla 1996). Im Gegenteil wird die nach professionellen Regeln gesteuerte Auswahl aus der gesamten Informationsmenge – das heißt die schnelle und zielgenaue Selektion – mehr denn je an Bedeutung gewinnen. Unter diesen Perspektiven lohnt es, sich die Bedingungen des heutigen Journalismus vor Augen zu führen: Konkurrenzdruck auf intramedialen und intermedialen Märkten, Selektionsdruck durch wachsende Informationsmengen, Glaubwürdigkeitsdefizite, weil das Vertrauen des Publikums in die ›Objektivität‹ journalistischer Information brüchig geworden ist (vgl. Weischenberg u.a. 1994).

Nachrichtenjournalismus ist zwar normativ immer noch der Zentralbestandteil des Medienangebotes. Aus der Sicht des Publikums aber kommen den Medien längst andere Funktionen zu: Unterhaltung und Entspannung, Lebenshilfe und Orientierung, Hintergrundkulisse und Geräuschtapete im Fluß des Alltagslebens. Der direkte, individuelle Zugang zu Informationen mag in einer Anfangsphase seine Reize entfalten, er mag auch den einen oder anderen Fall an politischer Enthüllung ermöglichen, er mag in der Organisation des Alltagslebens manchen lästigen Zeitaufwand reduzieren. Mit Sicherheit wird er nicht zum Hebel zu mehr Transparenz und demokratischer Legitimation in politischen und administrativen Verfahren.

**Erosionen und Hoffnungen**

Die Szenarien eines partizipatorischen, demokratischen und letztlich emanzipatorischen Aufbruchs in und mittels Computernetzen, entpuppen sich als Mythen. Die faktische Entwicklung wird sich entfalten in einem spannungsreichen Beziehungsgeflecht zwischen technischem Potential offener Netzstrukturen, ökonomisch-politischen Machtzugriffen auf das Netz und schließlich den praktischen Voraussetzungen für den Netzzugang, nämlich Kompetenz, Zeit und Geld. Das Versprechen von Demokratie und Partizipation kann von der Technik selbst, die nie für sich alleine steht, sondern als geschichtliches und gesellschaftliches Projekt zu begreifen ist, in der sich die sozialen Verhältnisse ausdrücken, auch gar nicht eingelöst werden. Von den heutigen Gegebenheiten aus läßt sich nur eines mit Sicherheit erwarten, daß das bislang weitgehend duale Gefüge von öffentlichen Massenmedien und privater Individualkommunikation aufbrechen und daß sich an dessen Stelle neue Kommunikationsformen finden werden.

Jenseits makrostruktureller Dimensionen stellt sich aber die vielleicht spannendere, weil offenere Frage, welche Erfahrungen von Zeit und Raum und Körperlichkeit wir uns im Cyberspace aneignen. Denn darin, so sehen es auch kritische Betrachter der Computernetze, liegt die essentiell neue Dimension dieser Technologie. (vgl. Canzler u.a. 1995) Sie äußert sich schon in den Metaphern der Selbstwahrnehmung, von denen die »user« berichten: Sie begeben sich ins Netz und auf Datenreise, sie surfen im globalen Netz, sie haben darin ihren Heimathafen, ihr Labor und ihr Spielfeld. In diesen Erfahrungen liegt das weitere politische Potential im Sinne einer Herrschaft über Orte, Zeiten und Daseinszustände des Lebens.

Immer schon hat es »virtuelle Welten« neben den physischen Wirklichkeiten gegeben, zum Beispiel die imaginären Welten des Traums und der Phantasie. Ganze Kulturen (am allerwenigsten die europäisch-industrielle) finden ihre Wurzeln in dem, was die australischen Aborigines die »Traumzeit« ihres Ursprungs nennen. Cyperspace eröffnet nun einen besonderen, historisch neuen virtuellen Raum, »eine Landschaft zwischen Traum und Wirklichkeit« (Gustaffson 1996, 8). Die Frage ist, wie das Verhältnis zwischen dem ›Leben‹ im Netz und dem ›Leben‹ außerhalb des Netzes sich einpendeln wird. Als leibhaftige Menschen werden wir weiterhin in einer nicht-virtuellen Welt leben. Wird es mit der Konstruktion der neuen virtuellen Wirklichkeit lediglich zu einer »Vermengung dieser Wirklichkeiten« kommen (Gerstendörfer 1994), im Sinne eines abgegrenzten Neben- und Nacheinander? Oder wird der physische Raum zwar nicht vernichtet, aber doch erheblich transformiert und in seiner Qualität verändert, weil unsere Sinneswahrnehmungen und Emotionen durch Cyberspace neue Orientierungen erfahren (vgl. Rötzer 1995)? Dabei könnten die hergebrachten Grenzverläufe »zwischen innen und außen, zwischen eigenem und anderem Körper, zwischen männlich und weiblich, zwischen Mensch und Maschine« neu gezogen werden. (Angerer 1995, 36 ff.)

Die Cybertheoretikerin Donna Haraway spricht von einer notwendigen Orientierung des Politischen an den fundamentalen Veränderungen von Klasse, Rasse und Gender. Wir leben im Übergang von einer organischen Industriegesellschaft in ein polymorphes Informationssystem: »War alles bisher Arbeit, wird nun alles Spiel, ein tödliches Spiel.« (1995, 48) Im Übergang vom weißen kapitalistischen Patriarchat zur »Informatik der Herrschaft« (Haraway 1995, 48) gibt es weder ideologisch noch materiell ein Zurück. Kein Objekt, Raum, Körper ist mehr heilig und unberührbar, heißt ihre klare Botschaft. Haraway denkt in wesentlich komplexeren politischen Zusammenhängen als es die Demokratiefans im Netz tun, denn sie thematisiert Politik jenseits der klassisch-liberalen Vorstellungen vom gleichem Zugang für alle, also auch für Männer und Frauen zum Netz. Sie legt nicht nur zweideutige Unterscheidungen wie natürlich und künstlich, Körper und Geist offen, sondern geht noch einen Schritt weiter, indem sie die Grenzen zwischen Mensch und Maschine, Mensch und Tier als gründlich durchbrochen sieht.

Nicht länger können wir uns auf unsere Einzigartigkeit – Sprache, Werkzeuggebrauch, Sozialverhalten, Geist – berufen. Nichts sei mehr übrig, das die Trennlinie zwischen Mensch und Tier, Mensch und Maschine überzeugend festzulegen vermag (Haraway 1995, 37). Mit dem Eintreten in eine »Kultur der Hochtechnologien« sind wir gefordert von Dualismen Abschied zu nehmen, die Herrschaft über das jeweils Andere konstituieren.

**Anmerkungen**

1 Flusser (1996, 288) spricht allgemein von Netzstrukturen und führt als Beispiele die Post, das Telefon, das Video und die Computersysteme an; vom Internet konkret ist bei ihm nicht die Rede.
2 So der Buchtitel der Politikwissenschaftlerinnen Barbara Mettler-Meibom und Christine Bauhardt 1993.
3 »BlackBox« ist ein österreichischer Online-Dienst.

**Literatur**

Angerer, Marie-Luise: Körper–Geschlechter–Technologien. Das Ende der Unschuld, in: Zukunfts- und Kulturwerkstätte (Hg.): Gender Challenge. Zu Verwirrungen um Geschlechteridentitäten, Wien 1995.
Balibar, Etienne: Die Grenzen der Demokratie, Hamburg 1993.
Bausch, Hans (Hg.): Rundfunk in Deutschland, 5 Bde., München 1980.
Bonfadelli, Heinz: Die Wissensperspektive: Massenmedien und gesellschaftliche Information, Konstanz 1994.
Böttger, Barbara/Barbara Mettler-Meibom: Das Private und die Technik. Frauen zu den neuen Informations- und Kommunikationstechniken. Opladen 1990.
Canzler, Weert/Sabine Helmers/Ute Hoffmann: Die Datenautobahn – Sinn und Unsinn einer populären Metapher. Wissenschaftszentrum für Sozialforschung, Berlin 1995.
Faßler, Manfred: Mediale Topologien. Telephobien-Netzwerke-Erreichbarkeit, in: Medien Journal 1/1996.
Flusser, Vilém: Kommunikologie, Mannheim 1996.

Ders.: Nachgeschichte. Eine korrigierte Geschichtsschreibung. Bensheim – Düsseldorf 1993.

Frauenanstiftung (Hg.): Auf dem Weg in die ›Kabeldemokratie‹? Frauen in der Medien- und Informationsgesellschaft. Dokumentation der Frauenpolitischen Konferenz, Hamburg 1995.

Gerstendörfer, Monika: Computerpornographie und virtuelle Gewalt: Die digital-symbolische Konstruktion von Weiblichkeit mit Hilfe der Informationstechnologie, in: beiträge zur feministischen theorie und praxis 38/1994.

Gustafsson, Lars: Der dritte Raum. Der Cyberspace – Traum oder Wirklichkeit? in: NZZ Folio (Vernetzte Welt) 2/1996.

Gruppe Feministische Öffentlichkeit (Hg.): Femina Publica. Frauen – Öffentlichkeit – Feminismus, Köln 1992.

Haefner, Klaus: Bildung und Kultur im ›Computerzeitalter‹ – Tradition und Perspektive, in: Dieter Mersch/J. C. Nyiri (Hg): Computer, Kultur, Geschichte, Beiträge zur Philosophie des Informationszeitalters, Wien 1991.

Haraway, Donna: Die Neuerfindung der Natur. Primaten, Cyborgs und Frauen, Frankfurt/M. – New York 1995.

Hoffmann-Riem, Wolfgang/Thomas Vesting: Ende der Massenkommunikation? Zum Strukturwandel der technischen Medien, in: Media Perspektiven 8/1994, S. 382–391

Holland-Cunz, Barbara: Öffentlichkeit und Intimität – demokratietheoretische Überlegungen, in: Elke Biester/Barbara Holland-Cunz/Birgit Sauer (Hg): Demokratie oder Androkratie? Theorie und Praxis demokratischer Herrschaft in der feministischen Diskussion, Frankfurt/M. – New York 1994.

Hummel, Roman: Thesen zu Integrations- und Desintegrationsfunktionen neuer Kommunikationstechnologien, in: Medien Journal 1/1996, S.17–18.

Klaus, Elisabeth: Die heimliche Öffentlichkeit, in: Gruppe Feministische Öffentlichkeit (Hg.): Femina Publica. Frauen – Öffentlichkeit – Feminismus, Köln 1992.

Kulke, Christine: Politische Rationalität, Demokratisierung und Geschlechterpolitik, in: Elke Biester/Barbara Holland-Cunz/Birgit Sauer (Hg.): Demokratie oder Androkratie? Theorie und Praxis demokratischer Herrschaft in der feministischen Diskussion, Frankfurt/M. – New York 1994.

Kubicek, Herbert: Telematik als Trendverstärker. Vortrag im Europaforum, Wien 21.2.1996.

Kurz, Robert: Mit Volldampf in den Kollaps, in: IG Rote Fabrik (Hg.): Krise – welche Krise? Zürich 1995.

Lem, Stanislaw: Weit weg von der Zukunft, in: Der Standard, 10.5.1996.

Mettler-von Meibom, Barbara/Christine Bauhardt: Nahe Ferne – fremde Nähe. Infrastrukturen und Alltag, Berlin 1993.

Modelmog, Ilse: Anders sprechen. Kommunikative Gegenkultur von Frauen, in: Stefan Müller-Dohm/Klaus Neumann-Braun (Hg.): Öffentlichkeit Kultur Massenkommunikation. Beiträge zur Medien- und Kommunikationsgeschichte, Oldenburg 1991.

Neverla, Irene: Männerwelten – Frauenwelten. Wirklichkeitsmodelle, Geschlechterrollen, Chancenverteilung. In: Klaus Merten/Siegfried J. Schmidt /Siegfried Weischenberg (Hg.): Die Wirklichkeit der Medien, Opladen 1994.

Neverla, Irene: Mediengesellschaft ohne Journalismus? Perspektiven von »Journalismen« und neuen medialen Nutzungsformen, in: Frauenanstiftung (Hg.): Auf dem Weg in die ›Kabeldemokratie‹? Frauen in der Medien- und Informationsgesellschaft. Dokumentation der Frauenpolitischen Konferenz, Hamburg 1995, S.44–51.

Phillips, Anne: Geschlecht und Demokratie, Hamburg 1995.

Rötzer, Florian: Die Telepolis. Urbanität im digitalen Zeitalter, Mannheim 1995.

Sauer, Birgit: Was heißt und zu welchem Zwecke partizipieren wir? Kritische Anmerkungen zur Partizipationsforschung, in: Elke Biester/Barbara Holland-Cunz/ Birgit Sauer (Hg.): Demokratie oder Androkratie? Theorie und Praxis demokratischer Herrschaft in der feministischen Diskussion, Frankfurt/M. – New York 1994.

Sennett, Richard: Verfall und Ende des öffentlichen Lebens. Die Tyrannei der Intimität, Frankfurt/M. 1990.

Virilio, Paul: Die Eroberung des Körpers. Vom Übermenschen zum überreizten Menschen, Frankfurt/M. 1996.

Weischenberg, Siegfried/Klaus-Dieter Altmeppen/Martin Löffelholz: Die Zukunft des Journalismus. Technologische, ökonomische und redaktionelle Trends, Opladen 1994.

Weischenberg, Siegfried: Journalistik, Bd. 2, Opladen 1995.

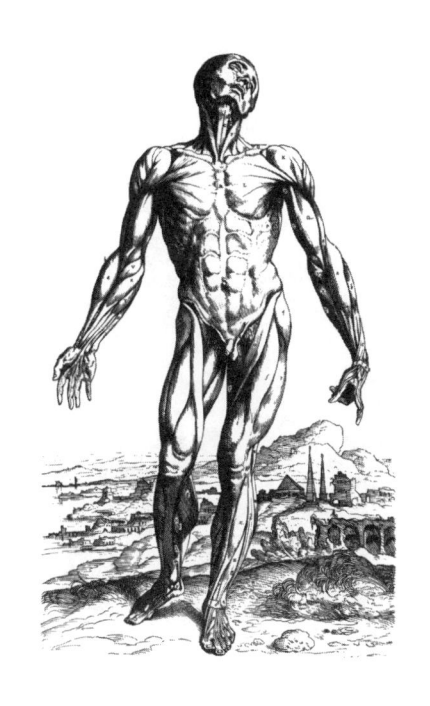

# V. Hyper-Belebungen

**Anna Bergmann**

# Die Verlebendigung des Todes und die Tötung des Lebendigen durch den medizinischen Blick

1987 bringt der linksliberale Verlag Rasch und Röhring das Buch *Eine Reise in das Innere unseres Körpers: Das Abwehrsystem des menschlichen Organismus – 250 einzigartige elektronenmikroskopische Farbaufnahmen* auf den Markt. Sein Autor ist der weltberühmte und für seine Filme preisgekrönte Lennart Nilsson – Fotograf und medizinischer Ehrendoktor am Stockholmer Karolinska Institut. Seine Karriere begann Nilsson 1965 mit dem in 18 Sprachen übersetzten Buch *Ein Kind entsteht*. Die *Reise in das Innere unseres Körpers*; es ist mit Hilfe eines internationalen Stabes von führenden Forschern aus dem Bereich der Medizin (Chirurgen, Histologen, Gerichtsmediziner etc.) zustandegekommen. Eine ganze Seite füllt die Namen derjenigen Institute, mit denen Nilsson für die Herstellung seiner Fotos kooperieren mußte, um sein Projekt zu verwirklichen. Im Vorwort des Mitinitiators Jan Lindberg heißt es: »Dieses Buch streift mit einigen kurzen Blicken Vorgänge, die der Wissenschaft verborgen sind, die nun aber dank der Ausdauer und des einzigartigen fotografischen Geschicks von Lennart Nilsson zum erstenmal sowohl der Fachwelt als auch dem Laien offengelegt werden. Das Unsichtbare ist auf einmal sichtbar geworden.« (Nilsson 1987, 9)

Es geht um die Sichtbarmachung des Unsichtbaren, wobei medizinisches Fachwissen popularisiert und als Alltagswissen für Laien verständlich aufbereitet worden ist, und zwar in Form einer »Reise in das Innere des Körpers«, die – so heißt es auf dem Umschlag des Buches – »mit Lennart Nilsson als Führer zu einem unvergeßlichen Erlebnis wird«. Reisen bedeutet, sich von dem Ort seiner Verwurzelung wegbewegen, sich in die Fremde begeben – etymologisch leitet es sich von Aufbruch, Kriegszug ab.[1]

Das unbekannte Land, das Nilssons Fotos nahebringen sollen, bleibt jedoch fremd, solange man nur die Farbfotos anschaut. Sie zeigen ästhetische surreal wirkende Bilder im schönsten Königsblau, Tannengrün, Goldgelb und Purpurrot, die kein Mensch aus seinem sinnlichen Erfahrungshorizont kennt. Vermittelt als höhere Wirklichkeit, die in jedem von uns stecken soll, stellen die farbigen Strukturen eine unbekannte, eigene Welt dar. Die Erklärung dieser abstrakten Wirklichkeit wird allerdings nicht durch das medizinische Foto geleistet, vielmehr bedarf es einer Übersetzung durch die Schrift von den beiden Medizinjournalisten Kjell Lindquist und Stig Nordfeldt.

Unter dem Titel *Das Immunsystem* wird das nächste Kapitel mit einem zweiseitig großen – und wie ich finde – wunderschönem Foto eröffnet: Vor einem wiesengrünen Hintergrund sind zwei rote, große Kugeln abgebildet, die an ein Wollknäuel erinnern und mit einem kleinen gelben Ball verbunden sind. Man erfährt über die Legende, daß es sich um zwei Krebszellen und eine Killerzelle handelt. Diese Vokabeln sind dem Laien aus medizinischen Fernsehfilmen, Schulbüchern oder aus Wissenschaftsseiten der Tageszeitungen recht vertraut. Noch intimer wird diese sichtbar gemachte unsichtbare Welt im folgenden bebilderten Text über das Immunsystem. Das Entrée dieser Reise in den Körper knüpft an die Alltagserfahrung mit einem Kratzer auf der Haut oder einem Pickel im Gesicht an. Gegen die subjektive körperliche Empfindung folgt der Einwand: »Eine Beschreibung dieser Ereignisse, die sich auf das unmittelbar Sichtbare und Spürbare beschränkt, bleibt oberflächlich.« (Nilsson 1987, 20) Das leiblich-sinnliche Erleben wird nun aus der Perspektive der Wissenschaft als ein Beschränktes abgewertet und verfremdet. Das mit dem ›bloßen‹ Auge Sehbare – etwa die rote Kuppe auf dem Pickel – bekommt den geringeren Wirklichkeitswert gegenüber dem, was Lennart Nilsson sehen kann:

»Wenn wir aber so klein wie ein Bakterium ... wären und den Ort dieser auf den ersten Blick so undramatisch erscheinenden Ereignisse besuchen könnten, würden wir herausfinden, was hier *wirklich* vor sich geht – ein *Kampf um Leben und Tod* zwischen Angreifern und Verteidigern, der mit einer Rücksichtslosigkeit tobt, die sonst nur aus totalen Kriegen bekannt ist. Der Ort der Verletzung, der zuvor noch so friedlich dalag, verwandelt sich in ein Schlachtfeld, auf dem die bewaffneten Streitkräfte des Körpers sich den eindringenden Mikroorganismen entgegenwerfen, sie zerdrücken und vernichten. Niemand wird geschont, und Gefangene werden nicht gemacht, obwohl Bruchstücke der eindringenden Bakterien, Viren, Parasiten und Pilze zu den Lymphknoten weitergeleitet werden, um die eigentlichen Bluthunde des Abwehrsystems, die sogenannten Killerzellen, noch einmal rasch zu trainieren.« (1987, 20)

Dieses Wirklichkeitsmodell bedient sich der kriegerisch-militärischen Metaphorik, um zu zeigen, daß im menschlichen Körper eine Auseinandersetzung um Sieg, Vernichtung und Macht stattfindet. Im weiteren Text wird diese Lexik mit einer Herrschaftsmetaphorik aus den Bereichen der Politik und des Staates angereichert: »Jede der Milliarden von Zellen im menschlichen Körper ist mit einem ›Identitätsnachweis‹ ausgestattet ... Bei allen lebenden Kreaturen bilden diese Moleküle auf jeder Zelle spezifische Strukturen aus. Sie stellen die ›Ausweispapiere‹ einer Zelle dar und schützen sie vor der körpereigenen Polizei, dem Immunsystem. Eine Zelle mit falschem Ausweis wird sofort von den bewaffneten Kräften zerstört, die dauernd patrouillieren ... Die Polizei des menschlichen Körpers ist so programmiert, daß sie zwischen unbescholtenen Bürgern und illegalen Ausländern unterscheiden kann – eine Fähigkeit, die von fundamentaler Bedeutung für die Selbstverteidigung des Körpers ist.« (Nilsson 1987, 21)

Der menschliche Körper wird hier als ein System vorgeführt, das in allererster Linie den Kampf zwischen Leben und Tod reguliert. In diesem Körpersystem herrscht eine Moral, denn es handelt sich um einen Kampf zwischen Gut und Böse, wobei sich das Gute auf dem Boden der staatlichen Ordnung und das Böse auf dem Illegalen, des Fremden in der Person des Ausländers bewegt. Das heißt, der Körper wird in zwei Prinzipien aufgespalten, er repräsentiert eine Auseinandersetzung mit dem Fremden gegen den Tod, der in dieser Konstruktion besiegbar wird. Als Gegenprinzip zum ›Gesunden‹ ist das tödliche Prinzip im Rahmen des Kampfes lebendig, denn es gibt ausschließlich Agierende im Sinne von Siegern und Besiegten – beide Prinzipien sind subjektiviert, während dazu parallel der Körper einer Objektivierung unterworfen wird. Das leibliche Erleben ist stillgelegt und in eine Negation getrieben, es kann gegenüber der medizinisch hergestellten Realität nur noch wenig Wirklichkeitsgehalt beanspruchen. Der reale Tod dagegen, der sterbliche Leib, der letztlich der Verwesung preisgegeben ist, wird vergessen gemacht (Nilsson 1987): Antikörper liefern »Gewehrkugeln« (22), »die Autoimmunerkrankung ist ein Bürgerkrieg zwischen den Körperzellen« (186), das »Verteidigungssystem der B- und T-Lymphozyten verfügt über spezielle Kommandoeinheiten oder Fronttruppen« (24), unsere »innere Verteidigung« ist mit »beweglichen Regimentern, Stoßtruppen, Heckenschützen und Panzern« ausgerüstet. »Wir haben Soldatenzellen, die bei Feindkontakt sofort mit der Produktion wirkungsvoller Waffen von überwältigender Genauigkeit beginnen« (24).

Nicht nur der von dem nationalsozialistischen Reichsminister für Volksaufklärung und Propaganda Joseph Goebbels ausgerufene »totale Krieg«, auch das nationalsozialistische Konzept des »Blitzkrieges« wird metaphorisch in unseren Körper als ein wissenschaftliches Faktum eingeschrieben. Und schließlich machen die »Freßzellen« »mit altem, toten und verbrauchtem Material im Körper« (Nilsson 1987, 22) Schluß – sie dienen dem »Reinigungssystem«, das im »Immunsystem« verankert ist. Ein Verteidigungssystem in Gestalt von Killer-, Suppressor- und Freßzellen waltet nach Plan in all unseren Körpern – es kann mit dem Arsenal einer gut ausgerüsteten Armee den Tod töten. Der diesem Körpermodell immanente Dekonstruktionsversuch des Todes erfolgt durch seine kriegerische Verlebendigung und mündet in einem Gesundheitsideal, das die Überwindungsstrategie des Todes in der Moderne schlechthin repräsentiert.

Was aus der politischen Metaphorik des »biologischen Volkskörpers« bekannt ist, wird hier in das medizinische Körpermodell als soziales Ordnungsprinzip rückübertragen und mittels modernster Fototechnik in den menschlichen Körper hineinverlagert. Die Konstruktion des »Volkskörpers« entwickelten im späten 19. Jahrhundert Rassenhygieniker und Eugeniker – häufig Mediziner – als Gesellschaftsentwurf, und sie wurde im Nationalsozialismus zum Paradigma staatlicher Politik. Dieses Konstrukt basierte auf einem Ordnungsmodell, das nach dem Vorbild der Darwinischen Selektionsgesetze und dem Prinzip vom »Kampf ums Dasein« als eine maskuline Auseinandersetzung geregelt war. Auch hier war der Kampf zwischen Leben und Tod zum positiven Prinzip des Lebens im Rahmen des »Volkskörpers« gewendet, und auch hier wurde ein Reinigungs- oder Ausmerzesystem als zentrale Instanz für die Erhaltung der »Rasse« postuliert. »Die Rasse« war in diesem Programm auch verlebendigt und durch ›Reinheit‹ von allem Fremden, das hieß in erster Linie frei von Krankheit und Tod, potentiell ewig (vgl. Bergmann 1992).

Wesentlich in diesem Zusammenhang ist, daß abstrakte Konzepte per se einer Verbilderung bedürfen. Die Politik, die Theologie und die Medizin haben sich in der abendländischen Kultur für die Darstellung der unsichtbaren Ideenwelt insbesondere der Metapher bedient, wobei auffällig ist, daß die Medizin und der Staat seit der Antike ihre Metaphern voneinander ausleihen (Rigotti 1994, 56). Als Denkbild – wie Jean Paul einmal gesagt hat – ist die Metapher in der Lage, den Geist in Brot zu verwandeln (Peil 1983, 12). Sie kann sozusagen als Zaubermittel für die Produktion von Wirklichkeit eingesetzt werden, und sie besitzt, solange sie nicht – wie in der Poesie – als ästhestisches Ornament benutzt wird, manipulative Kräfte. Nicht zuletzt deswegen ist sie ein beliebtes propagandistisches Mittel von totalitärer Herrschaft. Nicht weniger totalitären Charakter kann die Fotografie oder das Bild aktivieren. Die Visualisierung ist das Mittel der Objektivation par excellence – sie dient nicht nur als Beweis von Wirklichkeit, vielmehr *ist* sie Wirklichkeit. Gegen Nilssons Fotos gibt es keine Widerlegung. Günther Anders (1956, 166) schrieb über die Fotografie: »Nicht im Zeitalter des Surrealismus leben wir, sondern in dem des Pseudo-Realismus ...: Wo man lügt – und wo täte man das nicht? – lügt man nicht mehr nur wie gedruckt; nein, nicht wie photographiert, sondern effektiv photographiert. Das Medium der Photographie ist als solches derart glaubwürdig, derart ›objektiv‹, daß es mehr Unwahrheiten absorbieren kann als irgend ein anderes Medium.«

Barbara Duden hat in ihren Arbeiten über die Entstehungsgeschichte der modernen Körperwahrnehmung Nilssons Sehtechniken als einen »aus Licht gemachten Schein« dekuvriert (1991, 27). Auch hat sie ins Bewußtsein gerufen, daß die ersten Fotografien der Leibesfrucht 1965 nicht in lebenden Frauen »geschossen« wurden, vielmehr präsentierte er »chirurgisch entfernte, frische Tubenschwangerschaften« außerhalb des Frauenleibs. Und weiter erklärt Barbara Duden: »Erst die Montage solcher oft stark retuschierter Nahaufnahmen eines Händchens oder eines Profils auf einer Seite neben anderen Bildern von rosa ausgeleuchteten fötalen Leichenteilen stützte die Illusion, daß nun das seit jeher Unsichtbare sichtbar geworden ist.« (1991, 25)

Den Zusammenhang von solcher – wie Barbara Duden sagt – »Hochglanzleichenschau« einerseits und der künstlichen Verlebendigung des Todes durch Schrift und Bild andererseits möchte ich im folgenden präzisieren. Meine These ist, daß seit der Entstehung der medizinischen Inspektion des Leibesinneren ein genuiner Zusammenhang zwischen dem objektivierenden, medizinischen Blick und einer gesellschaflichen Auseinandersetzung mit dem Tod besteht, die schließlich die Konstitution des modernen Körpermodells zum Ergebnis hatte. In diesem Prozeß wurde der reale Tod am Objekt des Körpers einem Exorzismus unterworfen – sein Schrecken und sein metaphysisches Wesen wurden ihm ausgetrieben, indem er am toten Körper, in erster Linie über neue Sehtechniken, in eine Dimension des Lebendigen gerückt wurde. Anders ausgedrückt: Die Säkularisierung des Todes wird am Objekt des Körpers vollzogen, indem er am menschlichen Leichnam – ganz aktuell auch am sogenannten Hirntoten – durch den Einsatz von Kunst, Zergliederungstechniken und Objektivität zum Verschwinden gebracht und unkenntlich gemacht worden ist. Diesen Prozeß möchte ich im folgenden an der Geschichte der Anatomie deutlich machen.

## Die Entstehungsgeschichte des anatomischen Blicks

Die Entstehung des medizinischen Blicks in den Körper ist identisch mit der Einführung der Leichensektion. Man kann auch sagen, er ist unmittelbar an die Entmystifizierung des toten Menschen geknüpft. Der Körper wird in der Renaissance zum Erkenntnisprogramm par excellence. Er spielt eine prononcierte Rolle für die Konstitution der Körperlichkeit des neuzeitlichen Menschen, und gleichermaßen wird an ihm das wissenschaftliche Sehen geübt. Grundsätzlich bekommt das Sehen eine neue Dimension. Die Entstehung des perspektivischen Sehens wird zum Medium für die Herstellung einer neuartigen Wahrheit. In der *Unterweysung der Messung* von Albrecht Dürer aus dem Jahre 1538 wird die Einübung des perspektivischen Blicks auf dem Holzschnitt mit dem Titel *Der Zeichner des liegenden Weibes* vorgeführt. Der Blick des Zeichners wird durch ein Koordinatennetz auf einen ganz bestimmten Punkt der zu zeichnenden entblößten, liegenden Frau fixiert und somit diszipliniert. Der Zeichner ist zum alles sehenden Subjekt errichtet, und die von ihm in den Blick genommene Frau in den Objektstatus gesetzt und in einzelne Raster zerstückelt. Sie verliert in der Perspektive des Zeichners ihre Konturen und Gestalt. Für diese neue Sehweise mußte der richtige Blick eingeübt werden. Er diente der Vereindeutigung von Wahrheit (Kutschmann 1986, 31ff). Grundlage des »wahrhaftigen Wissens« – so der Bildhauer, Anatom, Architekt, Ingenieur und Techniker Leonardo da Vinci (1452-1519) – sei die Malerei (Kutschmann 1986, 51). Die Herausbildung des medizinischen Blicks war unter dieser Prämisse nicht nur an die Leichensektion, sondern ebenso an die künstlerische Darstellung der neuartigen Zergliederung des Leichnams gebunden. Die anatomische Zeichnung, die insofern auch als Kunstgeschichte gelesen wird, fand daher unmittelbar am Seziertisch statt. Was das scharfe Messer des Anatomen methodisch vollbrachte, nämlich zu zergliedern, hatte noch einmal das scharfe Auge des Künstlers zu wiederholen. Umgekehrt sezierten die Künstler selbst und die Anatomen zeichneten. Beides – die Kunst der Anatomie und die Kunst des Sehens – wurden jetzt als Techniken zur Zergliederung und Fragmentierung des toten Körpers entwickelt und konstituierten das mechanistische Modell des Körpers als Maschine.

Auffallend ist in diesem Zusammenhang, daß das deutsche Wort »Körper« von dem lateinischen »corpus« im Sinne von Leiche, Leichnam abstammt. Dieser Wortgebrauch taucht erst im 13. Jahrhundert im Mittelhochdeutschen auf, während zuvor der Begriff »Leib« gebräuchlich war. Er kommt aus dem Altdeutschen und ist von »lib«, das heißt Leben, abgeleitet. Diese Reduktion des Leibes auf den Körper wird in der Renaissance mit der anatomischen Zergliederung des menschlichen Leichnams praktisch. Aufschlußreich ist auch, daß bis zum 17. Jahrhundert der menschliche Leib immer wieder zur bildlichen und metaphorischen Darstellung des Staates herangezogen wurde, um den Leib als Vorbild für Ganzheitlichkeit und als ein gesellschaftliches Lebensprinzip zu demonstrieren. In diesen Analogien gab es keine Dualisierung von Körper und Geist, sie wurden ohne medizinische Spezialkenntnisse gezogen, auch wurde auf ein stringentes und hierarchisches Ordnungsmodell verzichtet (Peil 1983, 302ff).

Die Medizingeschichte datiert den Beginn der neuzeitlichen Medizin mit dem Werk des berühmten Renaissanceanatomen Andreas Vesal (1514-1564). Seine *Sieben Bücher vom Bau des menschlichen Körpers* – auch kurz »Fabrica« genannt (übersetzt: Werkstatt) – erschienen 1543 in Basel. Die meisten Holzschnitte fertigte der Künstler Stephan von Kalkar an, ein Schüler Tizians, der selbst auch an der »Fabrica« mitarbeitete. Sie zählt zu »den schönsten Büchern, die je gedruckt wurden«, wie der Medizinhistoriker Robert Herrlinger (1967, 118) bemerkt.[2] Vesal gilt heute als Begründer der medizinischen Grundlagenwissenschaft – der Anatomie (vgl. Winau 1983). Aber für die praktische Medizin und Heilkunde blieb noch für Jahrhunderte weiter, die von dem nach Hippokrates berühmtesten Arzt der Antike, Galen (129-199 u. Z.), geprägte Säftelehre gültig. Diese Lehre von den Säften war schon seit eineinhalbtausend Jahren das Bezugsmodell der Heilkunde. Sie entsprach dem geozentrischen Weltbild, in dem der Leib als Mikrokosmos eine Entsprechung des Makrokosmos darstellte. Ebenso wie die vier Jahreszeiten durch das Lebensalter repräsentiert waren, galten die vier Elemente Luft, Wasser, Feuer im menschlichen Leib durch Blut, Schleim, Galle und schwarze Galle (Milz) vertreten (Fischer-Homberger 1977, 26ff). Der kosmologischen Leibvorstellung entsprechend spielten die Anatomie und das Schauen in das Körperinnere so gut wie keine Rolle, denn hier ging es um die Balance zwischen den Säften. In der Antike wurde nur für kurze Zeit die sogenannte Opferanatomie durchgeführt – hier erbrachte man für die Sektion regelrechte Menschenopfer, die dann durch hingerichtete Verbrecher ersetzt wurden. Einige Medizinhistoriker vermuten, daß auch Aristoteles Menschen seziert habe (Wolf-Heidegger 1967, 4).

In diesem Programm der Beherrschung von Leben und Tod wird der Körper nicht nur zu einem neuartigen Objekt der (Selbst)Erkenntnis gemacht, vielmehr dient er als Medium, an dem der Tod dekuvriert und exorziert wird: So wie es in der Inquisition und den Folterritualen der Körper ist, der gegen jeden Willen des Gefolterten als Wahrheitsquelle für die Offenbarung des Unheils benutzt wird – in ihm inkarnierte die Macht des Todes (z.B. Hexenprobe) –, so wurde am Körper das Unheil des damaligen Massensterbens (Pest) in den Hinrichtungsritualen symbolisch vernichtet. Die zweimalige Zerstörung des Körpers durch die Tötungskunst des Henkers galt als höchste Strafe, die durch Verbrennen, Vierteilung oder seit dem 16. Jahrhundert durch die Sektion vollzogen wurde. Die Leichenzergliederung galt als eine der gefürchtesten Strafen, die schlimmer als die Hinrichtung selbst empfunden wurde. Der Anatom übernahm jetzt die Aufgabe des Henkers und begann den Delinquenten materiell vom Tod im wissenschaftlichen Erkenntnisprozeß zu reinigen (z.B. Präparieren, Kochen und Reinigen der Knochen). Die Kreation des neuen Körpermodells kann man insofern auch als Selbstreinigung der Gesellschaft vom Tode deuten. Das Baconsche Postulat der inquisitorischen Naturerkenntnis realisierte sich im Anatomischen Theater im doppelten Sinne. Während aber die Folterrituale im 16. Jahrhundert ihren Höhepunkt erreichten und dann zunehmend aufgegeben wurden, etablierte sich die Anatomie als die Methode schlechthin für die naturwissenschaftliche Erkenntnis.

Nachdem sich die Lehrsektion seit dem 16. Jahrhundert als neue Erkenntnismethode zu etablieren begann, wurde der Bedarf an toten Menschen für diesen Zweck immer größer. Seit dem 16. und noch bis ins 19. Jahrhundert hinein kam es daher immer wieder zu skandalösen Leichenrauben. Es entwickelte sich regelrecht ein Leichenhandel, und Menschen wurden extra für diesen Zweck organisiert ermordet. Über Vesal wird berichtet, daß er während seiner Studienzeit in Paris nachts auf den Richtplatz von Montfaucon geschlichen sei, wo »er sich mit den dort wildernden Hunden um Leichenreste für seine anatomischen Präparationen stritt, so daß er einmal ... zusammen mit einem Freund von den wütenden Tieren fast zerissen worden wäre« (Wolf-Heidegger 1967, 75).

Obwohl schon seit Beginn des 14. Jahrhunderts die ersten Lehrsektionen stattfanden – Bologna begann mit dieser Tradition als erste Universitätsstadt im Jahre 1316 – gilt Vesal als der eigentliche Erneuerer in der Geschichte der Anatomie, weil er der erste Anatom war, der mit seinen eigenen Händen sezierte und dabei lehrte. Damit verlieh er der Lehrsektion einen ganz neuen Charakter und Inhalt. Er las nicht mehr vor, sondern Vesal bediente sich des anatomischen Kardinalwerkzeugs, des Messers, holte seine Studenten an den Seziertisch heran und ließ das Gesehene zeichnen (vgl. Winau 1983). Er unterichtete in Padua medizinische Chirurgie und lehrte außerdem in Bologna, Pisa und Basel. Ihm ging es nun darum, selbst Neues zu sehen. Der Medizinhistoriker Gerhard Wolf-Heidegger schreibt dazu: »Um die Wahrheit zu erkennen, mußte er zwangsläufig vom Katheder zum Sektionstisch hinabsteigen.« (1967, 51) Die Scherer und Bader wurden jetzt an das Fußende des Tisches als Sektionsdiener verbannt. Im 17. Jahrhundert hatte sich dieses Erkenntnisprogramm generalisiert, so daß der Professor der Anatomie in Europa selbst zum Anatom geworden war. Diese Art von Wahrheitsproduktion wurde nicht mehr nur über das Wort hergestellt, sondern Wahrheit wurde vor allem durch die Fabrikationen von Bildern, Präparaten und Skeletten *ad oculis* demonstriert. Im Zuge dieser neuen Erkenntnisweise entstand das Modell eines einzigen generalisierten Körpers, der sich eben als Modell beliebig reproduzierbar und zur Norm aller Körper etablierte. Da es auch Vesal genau um die Erkenntnis dieses *einen* eindeutigen Körpers ging, reproduzierte er nicht mehr alte Lehrbücher, sondern stellte sie selbst her. In diesem Kontext entstand die »Fabrica«. Darüber hinaus machte es die damals neuartige Technik des Buchdrucks es möglich, für eine große Verbreitung und seine Vervielfältigung zu sorgen.

Vesal befaßt sich in der »Fabrica« mit der Zergliederungskunst, der legitimen und illegitimen Leichenbeschaffung, den Päpariertechniken, der Vivisektion, der Chirurgie und Geburtshilfe. Das Neue und Besondere dieses Werkes war, daß die medizinische Erkenntnis in extenso verbildert wurde. Die »Fabrica« ist als Folienband mit einem Format von 43x29 Zentimetern präsentiert und umfaßt 663 Seiten. Neben den 17 ganzseitigen Tafeln, den 14 »Muskelmännern« und drei Skeletten, sind darin mehr als 250 Holzschnitte abgebildet (vgl. Vesal 1543; Putscher 1991).

**Die Verbindung zwischen zwei Todesritualen:**
**Das Anatomische Theater und das »Theater des Schreckens«**

Bis zum Spätmittelalter galt der Leichnam als heilig, denn im Christentum herrschte die Vorstellung, daß beim Jüngsten Gericht, die Toten mit dem ganzen Leib auferstehen werden. Den Tod faßte man als ein transzendentes Ereignis im Rahmen eines kollektiven Schicksals auf (Ariès 1976, 31). Vor diesem Hintergrund herrschte ein Sektionstabu, aber auch die galenische Säftelehre machte die Leichenschau als Erkenntnisweise hinfällig. Höchst selten wurde eine sogenannte Oberflächenanatomie vorgenommen. Sie war jedoch nie aus einem Erkenntnisinteresse heraus motiviert, sondern wurde als Bestätigung der galenischen Lehre demonstrativ eingesetzt. Der Professor las einen Abschnitt des Lehrbuchs und ein Prosektor, Bader oder Scherer, sezierte dazu (vgl. Winau 1983). Von den frühesten Sektionen, die sich von der galenschen Lehre abzusetzen versuchten, wird aus dem 13. Jahrhundert berichtet.

Allerdings brach man bis ins 19. Jahrhundert hinein das Sektionstabu nicht wirklich, denn die Anatomien wurden immer ausschließlich an Hingerichteten vorgenommen, die kein christliches Begräbnis bekamen, deren Tod also nicht als großer Schlaf bis zur kollektiven Wiederauferstehung vorgestellt wurde. Abgesehen davon, daß die Institution des öffentlichen Hinrichtungsspektakels (vgl. van Dülmen 1985) und das Anatomische Theater coram publico sich zeitlich überschneiden, handelte es sich bei beiden theatralisch inszenierten Opfern immer um ein- und dieselben Personen. Nur wer einem Hinrichtungsritual schon zum Opfer fiel, konnte ein zweites Mal mit der öffentlichen Zergliederung seines Leichnams bestraft werden. Die Leichenzergliederung durch den Anatomen etablierte sich im Kontext der Hinrichtungsrituale im Spätmittelalter (Hexen- und Judenpogrome, Hinrichtung von Dieben etc.) und war insofern selbst ein Teil des »Theater des Schreckens« (van Dülmen 1985). Schon aus diesem Grunde gab es eine enge Verbindung zwischen Henkern und Anatomen, denn beide hatten über anatomisches Wissen zu verfügen. So waren Henker, deren Professionalisierung im 13. Jahrhundert begann, nicht selten auch als Heiler tätig oder avancierten gar zum Anatomen (vgl. Herzog 1994). Umgekehrt profilierten sich Mediziner im Zuge der rationalisierten Hinrichtung seit Ende des 18. Jahrhunderts als Tötungsexperten (Guillotine, elektrischer Stuhl, Tötungsspritzen, »Euthanasie« oder neueste Hinrichtungsformen für zum Tod Verurteilte, die mit einer Organexplantation einhergehen).

Ebenso skandalös wie die Leichenbeschaffung wurde auch der Titelholzschnitt der »Fabrica« aufgenommen, denn Vesal ließ sich darauf eigenhändig an einer Frauenleiche mit aufgeschnittenem Bauch sezierend und dozierend abbilden. Im Hintergrund wird eine große Zuschauermenge gezeigt. Die Leichensektion fand also nicht mehr nur unter Künstlern, Professoren, Prosektoren und Studenten statt. Vielmehr entwickelte sie sich seit 1600 in Italien unter der Bezeichnung »funzione« (= Gottesdienst) zu einem Massenschauspiel mit Volksfestcharakter in der Karnevalszeit (vgl. Ferrari 1987). Nach dem architektonischen Vorbild des Amphiteaters in Rom und Verona (vgl. Richter 1936) etabliert sich die Sektion bis Ende des 18. Jahrhunderts in ganz Europa zum sogenannten *theatrum anatomicum*, zum Anatomischen Theater. Geistliche, Fürsten, Könige und ehrbare Büger werden zu diesem Ritual schriftlich geladen und in der ersten Reihe plaziert. Die Leichensektion findet vor einem großen Laienpublikum statt: Eintritt wird gezahlt, Beifall geklatscht, und Zuschauer erscheinen maskiert (Wolf-Heidegger 1967, 52ff).

Der anatomischen Theatralisierung kann ein sakraler Charakter zugesprochen werden. Die Zuschauer wirkten selbst als Träger der Handlung mit, wobei ihre leibliche Präsenz eine Hauptrolle für die Theatralisierung und die Transformation der Leiche zum Skelett spielte. Dem Leichnam im Kerzenschein setzte man eine Inszenierung des Lebendigen entgegen, indem menschliche Nähe die Architektur des Theaters vorgab. Die ovale Bühne war von den Zuschauern trichterförmig eingerahmt, und die Akteure auf der Bühne (Anatom und Prosektoren) bildeten eine sinnliche Einheit mit dem konzentrisch angeordneten Kollektiv. Aus medizinhistorischer Perspektive werden die ungünstigen Beleuchtungsverhältnisse sowie die ausgesprochen engen Ränge moniert. Meines Erachtens ging es im Anatomischen Theater jedoch weniger um das eindeutige Sehen des Sektionsvorgangs, als vielmehr um die kathartische Polarisierung von ›Über-Lebenden‹ und dem Leichnam, da es sich um ein kollektives Entmystifizierungsritual des Todes handelte. Die Plazierung des Publikums ermöglichte es schließlich, daß die Zuschauer dem Tod und gleichzeitig sich gegenseitig in die Augen schauen und sich so ihrer Lebendigkeit vergewissern konnten. Todesfurcht wurde doppelt gebannt: einerseits durch die Inszenierung einer warmen Menschenmenge und andererseits durch die Transformation der Leiche in ein neuartiges Körpermodell, das nicht mehr vom Tod gezeichnet war. Das Anatomische Theater inszenierte eine wissenschaftliche Entdämonisierung des Todes in Gegenwart von den gesellschaftlichen Repräsentanten der Macht. Häufig war eine Loge extra für den König gebaut. Unter dem Schutz der Obrigkeit führte der Anatom eine Demonstration von göttlicher Macht vor, die mit der Säkularisierung des Todes koinzidiert. Während vor der Etablierung des Anatomischen Theaters Chirurgen und Prosektoren einen ähnlich geringen Status wie Henker genossen, verkehrte sich jetzt das Ansehen des Anatomen ins genaue Gegenteil: Er repräsentierte die neue weltliche Macht über den Tod.

## »Lebendige Anatomie« – Muskelmänner, Venenmänner und Adermänner

Zurück zur »Fabrica«: Die Verzierung des Buchtitelblatts zeigt eine sprechende, d.h. verbilderte Inhaltsangabe – der Nilsson-Band bedient sich übrigens eines ähnlichen Mittels, die Inhaltsangabe ist als verbilderte Fotoreihe präsentiert. Das Bild wird in der »Fabrica« als Übersetzungsmedium für den Text eingesetzt, was laut Herrlinger »epochemachend« (1967, 105) wurde. Auch taucht in dieser Zeit das Portrait als Novum auf, das Vesal als Darstellungsmedium benutzt. Es war Ausdruck für die neue Bedeutung der Visualität und dem sich gerade herausbildendenden Menschenideal des Individuums (vgl. Kleinspehn 1989). Vesal ließ sich mit einer Leiche an seiner Hand – das Symbol göttlicher Schöpfungsmacht – portraitieren. Frappierend ist die zur Darstellung gebrachte Intimität zwischen ihm und dem toten Körper. Vesal steht stolz neben einem aufgerichteten Leichen-Mann, der nicht vollständig abgebildet ist. Der Kopf und der ganze Torso sind nicht zu sehen, der Unterleib ist bekleidet, und er hält seinen Arm seitlich auf einen Tisch. Dieser Arm ist seziert, seine Muskeln und Sehnen sind offengelegt. Vesal umgreift den Arm mit seiner linken, bloßen Hand, mit der rechten demonstriert er die sich ›bewegenden‹ sezierten Hände. Dabei schaut er mit stolzem Gestus dem Betrachter direkt in die Augen. Dieses Portrait vermittelt eine enge Liaison zwischen Leben und Tod, und es hinterläßt den Eindruck, daß es sich um eine Abbildung von dem Schöpfer und seinem Werk handelt. Der Zustand von tot und lebendig ist nicht mehr unterscheidbar. Da jede Erinnerung an den Tod in der Darstellung gelöscht ist, verliert sich auch jegliche Todesangst. Dieser Verwischungseffekt durchzieht die anatomische Abbildung und wird zu einem Strukturelement der medizinischen Abbildung überhaupt. Noch mehr kommt dieser Effekt – wie es in der Fachterminologie heißt – in der »lebendigen Anatomie« zur Geltung. Hier wird die Wiederauferstehung von maskulinen Geschöpfen gezeigt: Als Muskelmänner, Knochenmänner, Venenmänner und Adermänner laufen und stehen sie im Profil, von der Seite und von hinten in freier Landschaft – sie lehnen an einem Tisch mit aufgestütztem Ellenbogen, mit dem Schädel nach vorne gebeugt, und sie berühren sich gegenseitig. Als Glanzstücke der »Fabrica« gelten zum Beispiel die vier Muskelmänner. Die ersten zwölf Tafeln, auf denen sie herumspazieren, haben einen durchlaufenden Hintergrund. Das Panorama zeigt eine Landschaft in der Umgebung von Padua.

Für die Darstellung der Eingeweide wählt Vesal den Torso im antiken Stil. Der Bauch ist aufgeklappt und der Kopf mitgezeichnet. In dieser Serie ist eine ineinander gewachsene Doppelfigur mit zwei Köpfen als Skulptur abgebildet, wobei die eine wie ein demonstrierender Anatom in den geöffneten Thorax des anderen greift (vgl. Herrlinger 1967, 110ff). Solche anatomischen Abbildungen liegen in Hülle und Fülle vor; auch Leonardo da Vinci wurde nicht zuletzt wegen seiner besonderen Fähigkeit zur Abbildung der »lebendigen Anatomie« berühmt. Medizin- und Kunsthistoriker würdigen häufig diese Darstellungstechnik als Faszinosum und Herrlinger betont, daß »Leonardo mit seiner Lebendigkeit seiner anatomischen Abbildungen immer wieder begeistert«, so daß »wir das Gefühl haben, keine Leichenteile zu sehen, sondern ... eine geradzu visionär belebte Anatomie«. (1967, 76) Das Entscheidende scheint mir hierbei zu sein, daß, über das Medium des medizinischen Blicks und der Leichensektion, der Triumph über den Tod in dem Sinne errungen wird, daß der Tod zum Modell des Lebens avanciert. In diesem rationalen Versuch der Todesüberwindung steckt darüber hinaus ein Prinzip, das unserer patriarchal-christlichen Kultur eigen ist: Der lebendige Tod ist als Knochen-, Venen-, Ader- und Muskelmann vermännlicht, sein aus Fleisch und Blut bestehender Körper ist nach dem Vorbild der »Auferstehung Christi« in Unendlichkeit transformiert, die jetzt ins Diesseits transponiert ist. Die Angst vor dem Tod ist gebannt, denn er ist von der sterblichen Materie, von Fäulnis und Verwesung gereinigt. Während es in den Strafritualen in besonderer Weise Frauen waren, die als Repräsentationsfiguren des Todes (Hexen) verbrannt und vernichtet wurden, entstand parallel im Kontext eines wissenschaftlichen und zugleich gesellschaftlichen Todesrituals die Verlebendigung des Todes, der personifiziert als Mann in Szene gesetzt wurde. Der Anatom als Hauptakteur dieser Transformation machte den Leichnam von seiner sterblichen Materie frei, indem er die Knochen öffentlich reinigte, kochte und präparierte. Er kreierte somit ein neues Körpermodell, dessen maskuline Repräsentation die Geist-Materie-Dichotomie in der Geschlechterkonstruktion der abendländischen Kultur wiederholte. Frauen kamen in der anatomischen Abbildung ausschließlich als sterbliche ›Materie‹ auf dem Seziertisch zur Geltung.[3]

Der manipulative Einsatz in der Anatomie für die Fabrikation von Skeletten, Wachsfiguren und Präparaten war und ist bis heute noch enorm; so sind in einer Wachsfigur bis zu 50 Leichen verarbeitet. In diesem Herstellungsprozeß versteckt sich eine große Palette von Techniken der Konservierung und Präparation. Marielene Putscher schreibt, daß selbst die einfachste Präparation »alles andere als einfach« sei: »Man fixiert, bettet ein, man muß eine Kontrastfüllung oder einen Abguß machen, wozu mehrere Vorbehandlungen nötig sind. Eine Abbildung ... kann durch neue künstlerische wie technische Mittel der Wiedergabe einer ›Ansicht‹ das Gebilde nochmals transformieren, so daß schließlich in jedem Falle ein hochkompliziertes Natur- und Kunstgebilde entsteht, das seine eigene Lebendigkeit hat.« (1972, 49) Ob man chemische Konservierungen mit Alkohol, Zucker oder Formaldehyd entwickelte oder ob man Präparationstechniken zur Darstellung von Gefäßen mit Injektionsflüssigkeiten und heißem Wachs ausfeilte – feststeht, daß ein enormer künstlerischer, chemischer und anatomischer Aufwand dazu gehörte, um das Leibesinnere des toten menschlichen Körpers in eine Topographie umzuwandeln, die erst so zum Modell des Lebendigen avancieren konnte. In diesem Modell werden beides – das Leben und der Tod – verfremdet. Über den medizinischen Blick im 18. Jahrhundert schreibt Foucault: »Er ist nicht mehr der Blick eines lebenden Auges, sondern der Blick eines Auges, das dem Tod ins Auge gesehen hat: ein großes, weißes, Leben zersetzendes Auge.« (1976, 158) Seit Ende des 18. Jahrhunderts sei der Tod zum Spiegel geworden, »in dem das Wissen das Leben betrachtet« (1976, 160). Er zitiert den französischen Anatomen und Physiologen François-Xavier Bichat (1771-1802), der den ersten medizinischen Klassiker der Physiologie des Todes verfaßte: »Sie können zwanzig Jahre lang vom Morgen bis zum Abend am Bett der Kranken Notizen über die Störungen des Herzens, der Lungen, des Magens machen; all dies wird Sie nur verwirren; die Symptome, die sich an nichts anknüpfen, werden Ihnen eine Folge unzusammenhängender Phänomene darbieten. Öffnen Sie einige Leichen: alsbald werden Sie die Dunkelheit schwinden sehen, welche die bloße Beobachtung nicht vertreiben konnte.« (zit. nach Foucault 1976, 160f) Dazu bemerkt Foucault: »Die Nacht des Lebendigen weicht vor der Helligkeit des Todes.« (1976, 161) Während seit Hippokrates die ärztliche Kompetenz vor dem sterbenden Menschen Halt machte, wird diese Grenze seit Ende des 18. Jahrhunderts gebrochen und die Medizin beginnt, sich mehr auf den Tod zu spezialisieren.

Der künstlich zugerichtete Tod fundierte das Erkenntnisprogramm, aus dem sich die medizinische Definition des Lebens ableitete. Der medizinische Blick ins Körperinnere fällt zusammen mit dem ersten großen Schritt zur Entmystifizierung des Todes, der vor dem Hintergrund des Massensterbens in Europa infolge der Pest und anderen Seuchen einem kollektiven Bedürfnis nachkam. Denn seit dem 14. Jahrhundert, teilweise bis ins 18. Jahrhundert hinein tobte in Europa der »Schwarze Tod«. Die Pest brach immer wieder in Wellenbewegungen während ganzer vier Jahrhunderte in den Alltag. In der Historiographie wird das 14. Jahrhundert als ein Epoche des kollektiven Traumas beschrieben mit einer singulären kollektiven Todeserfahrung, die in ihrer Schreckensintensität mit dem Effekt eines anhaltenden Atombombenkriegs verglichen wird. Das soziale Leben, Beziehungen zwischen Müttern, Kindern, Männern, Frauen, Nachbarn wurden durch die Angst vor der Pest auf eine sehr extreme Weise zerrissen. Religiöse Todesrituale wurden nicht mehr eingehalten, weil auch Priester den Tod flohen; Gottesdienste, Trauerfeiern wurden verboten. Die tiefgreifende massenhafte Erschütterung durch den »Schwarzen Tod«, aber auch Hunger- und Naturkatastrophen (»kleine Eiszeit«) sowie anderer Epidemien (Syphilis und Lepra) schlugen um in eine im höchsten Grade aggressive Bewältigung von kollektiver Todesangst – dazu zählen etwa der Kolonialismus, das Programm der Naturbeherrschung sowie der Hexenwahn und die Judenpogrome. Hexen, Jüdinnen und Juden wurden als Todesfiguren verbrannt (vgl. Delumeau 1989; Zinn 1989; Tuchmann 1982). Es liegt nahe, daß auch die Entstehung der modernen Anatomie und mit ihr die Herausbildung des modernen Körpermodells in diesem Zusammenhang stehen. Der Schrecken vor dem Tod, Abscheu und Ekel vor dem faulenden Kadaver gehörten in der Poetik und Ikonographie des 15. und 16. Jahrhunderts zu den zentralen Themen. Philppe Ariès beschreibt diese in seinen Studien zur Geschichte des Todes im Abendland. Hieraus ein Zitat von de Nesson, der von 1383 bis 1442 lebte: »Ein jeder führt (leibhaftig, in Gestalt seines Körpers) stinkend-faulige Materie mit sich, wie sie fortwährend aus dem Körper heraus erzeugt wird.« (zit. nach Ariès 1976, 38) Hier geht die Bedrohung von dem Körper selbst aus, in ihm – in der Materie – manifestiert sich Todesfurcht.

Die Lehrsektion und die mit ihr einsetzende Aufklärung des Körperinneren war ein Versuch, dem Tod das Unheimliche zu nehmen und seine Macht zu brechen. Das Todesritual des Anatomischen Theaters entwickelte sich zu einer offensiven, kollektiven Auseinandersetzung mit dem Tod, der im Laufe der geschichtlichen Entwicklung durch seine Dekonstruktion mittels der *Hygienisierung* des Lebens und des Todes gesellschaftsfähig wurde. Das moderne Körpermodell, das sich aus dieser höchst aggressiven Bewältigungsform heraus zu etablieren begann, hat zu einer Opferung des Todes und des Lebens geführt – gegen die Pest des Körpers formiert sich eine Armee. Sie mobilisiert den totalen Krieg.

## Anmerkungen

1 Zum Zusammenhang von Reisen und Eroberung vgl. Christina von Braun (1989).
2 Der in diesem Text häufiger zitierte und als Medizinhistoriker vorgestellte Robert Herrlinger (1914–1968) hatte 1942 seine ursprüngliche Karriere als Assistent des Anatomieprofessors Hermann Voss am Anatomischen Institut in Jena und in Posen während der deutschen Besatzung begonnen. Da Herrlinger hier zum Mittäter der medizinischen Verbrechen im Nationalsozialismus wurde, verhinderten in den 50er Jahren der während des Nationalsozialismus rassisch verfolgte Internist Hans Wollheim und der Professor für Kinderheilkunde Josef Ströder seine Lehrstuhlbesetzung für Anatomie in Würzburg. Herrlinger erhielt eine Abfindung, und man »machte ihn zum Medizinhistoriker in Kiel« (Aly 1987, 64); zu Herrlingers Bibliographie vgl. Feiner (1970). Im Gegensatz zu seinem Chef, Hermann Voss, der bis zu seiner Emeritation 1962 in Jena als Ordinarius für Anatomie arbeitete, litt Herrlinger unter seiner Schuld vgl. Aly (1987, 64f).
3 Zur anatomischen Repräsentation von Frauen vgl. Thomas Laqueur (1992, 87ff).

## Literatur

Aly, Götz: Das Posener Tagebuch des Anatomen Hermann Voss, in: Beiträge zur Nationalsozialistischen Gesundheits- und Sozialpolitik, 4/1987, 15-66.
Anders, Günther: Die Antiquiertheit des Menschen, Bd. 1: Über die Seele im Zeitalter der zweiten industriellen Revolution, München 1956.
Ariès, Philippe: Studien zur Geschichte des Todes im Abendland, München – Wien 1976.
Bergmann, Anna: Die verhütete Sexualität. Die Anfänge der modernen Geburtenkontrolle, Hamburg 1992.
Braun, Christina von: Der Einbruch der Wohnstube in die Fremde, in: Diess.: Die schamlose Schönheit des Vergangenen, Frankfurt/M. 1989, 15-35.
Delumeau, Jean: Angst im Abendland. Die Geschichte kollektiver Ängste im Europa des 14. bis 18. Jahrhunderts, Reinbek b. Hamburg 1989.
Duden, Barbara: Der Frauenleib als öffentlicher Ort. Vom Mißbrauch des Begriffs Leben, Hamburg – Zürich 1991.
Dülmen, Richard van: Theater des Schreckens. Gerichtspraxis und Strafrituale in der frühen Neuzeit, München 1985.
Feiner, Edith: Bibliographie Robert Herrlinger (1914-1968), Mitteilungen aus dem Institut für Geschichte der Medizin und Pharmazie an der Universität Kiel, Sonderheft Juni 1970.
Ferrari, Giovanna: Public Anatomy and the Carnival: The Anatomic Theatre of Bologna, in: Past and Present, 117. Jg., 1987, 50-106.
Fischer-Homberger, Esther: Geschichte der Medizin. Berlin – Heidelberg – New York 1977.

Foucault, Michel: Die Geburt der Klinik. Eine Archäologie des ärztlichen Blickes, Frankfurt/M. – Berlin – Wien 1976.
Herrlinger, Robert: Geschichte der medizinischen Abbildung, München 1967.
Herzog, Markwart: Scharfrichterliche Medizin. Zu den Beziehungen zwischen Henker und Arzt, Schafott und Medizin, in: Medizinhistorisches Journal 29/1994, 309-332.
Kleinspehn, Thomas: Der flüchtige Blick. Sehen und Identität in der Kultur der Neuzeit, Reinbek b. Hamburg 1989.
Kutschmann, Werner: Der Naturwissenschaftler und sein Körper. Die Rolle der »inneren Natur« in der experimentellen Naturwissenschaft der frühen Neuzeit, Frankfurt/M. 1986.
Laqueur, Thomas: Auf den Leib geschrieben. Die Inszenierung der Geschlechter von der Antike bis Freud, Frankfurt/M. – New York 1992.
Nilsson, Lennart: Eine Reise in das Innere unseres Körpers: Das Abwehrsystem des menschlichen Organismus – 250 einzigartige elektronenmikroskopische Farbaufnahmen, Hamburg 1987.
Peil, Dietmar: Untersuchungen zur Staats- und Herrschaftsmetaphorik in historischen Zeugnissen von der Antike bis zur Gegenwart, München 1983.
Putscher, Marielene: Geschichte der medizinischen Abbildung. Von 1600 bis zur Gegenwart, München 1972.
Diess.: Andreas Vesalius (1514–1564), in: Dietrich von Engelhardt/Fritz Hartmann (Hg.): Klassiker der Medizin, Bd. 1, München 1991.
Richter, Gottfried: Das anatomische Theater, Berlin 1936.
Rigotti, Francesca: Die Macht und ihre Metaphern. Über die sprachlichen Bilder der Politik, Frankfurt/M. 1994.
Tuchmann, Barbara: Der ferne Spiegel. Das dramatische 14. Jahrhundert, München 1982.
Vesal, Andreas: De humani corporis fabrica libri septem, Basel 1543.
Winau, Rolf: Die Entdeckung des menschlichen Körpers in der neuzeitlichen Medizin, in: Arthur E. Imhof (Hg.): Der Mensch und sein Körper. Von der Antike bis heute, München 1983, 209-225.
Wolf-Heidegger, Gerhard/Anna Maria Cetto: Die anatomische Sektion in bildlicher Darstellung, Basel – New York 1967.
Zinn, Karl Georg: Kanonen und Pest. Über die Ursprünge der Neuzeit im 14. und 15. Jahrhundert, Darmstadt 1989.

Erika Feyerabend

# Überleben-Machen
## Transplantation und Wiederverwertung von Organen

Als ich nach Österreich kam, habe ich nicht daran gedacht, daß ich mich hier in Gefahr begebe. In diesem Land gilt die sogenannte Widerspruchslösung im Falle der Organentnahme. Ganz legal laufe ich hier Gefahr, als Sterbende – Opfer eines Verkehrsunfalls oder Gewaltverbrechens – geradezu vergesellschaftet zu werden. Im österreichischen Gesetz steht: »Es ist zulässig, Verstorbenen einzelne Organe oder Organteile zu entnehmen, und durch deren Transplantation das Leben eines anderen Menschen zu retten oder dessen Gesundheit wiederherzustellen.«[1] Nur wenn ein schriftlicher Widerspruch vorliegt oder die Anverwandten diesen kundtun, wird von einer Wegnahme der Organe abgesehen. Die Zerstückelung ist herrschender Standard, der Wunsch nach Unversehrtheit muß ausdrücklich binnen kürzester Zeit geäußert werden. In einer Broschüre des Wiener Transplantationszentrums verweisen die dort tätigen Ärzte darauf, daß sie nicht einmal verpflichtet sind, nach einer schriftlichen Widerspruchserklärung zu suchen. Tatsächlich läge eine solche nur bei 0,2 Prozent der ihnen bekannten Fälle vor.[2] Die Pflicht liegt ausschließlich auf meiner Seite. Auf österreichischem Boden bin ich per Gesetz, auf deutschem per sozialer Pflicht, gehalten, meinen Leib herzugeben, um moderner Biomedizin das Überleben-Machen zu ermöglichen. Eine positiv klingende Aufforderung und Anordnung. Wer kann schon gegen das ›Leben‹ sein?

In meinem Beitrag möchte ich der Frage nachgehen, welche Konsequenzen für unser Zusammenleben mit diesem dogmatischen Emblem ›fürs Leben‹ verbunden sind, ein Emblem, das letztlich medizinisch hergestelltes Überleben meint.

Hier in Wien wird, wie in allen großen Transplantationszentren der Welt, fast alles ›ortsgewechselt‹, was medizinisch machbar ist: Nieren, Pankreas, Herz, Lunge, Cornea, Knochen, Knochenmark, Haut und Gefäße. Die Tendenz ist steigend. In der BRD werden im Durchschnitt jährlich 2.400 Nieren verpflanzt. Die Anzahl der ›lebensnotwendigen Organe‹ wie Herz und Leber, die die Körper wechseln, liegt jeweils bei circa 600 und soll steigen. Auch Mehrfachverpflanzungen, z.B. von Herz und Lunge oder Leber und Pankreas nehmen zu. Eine Wachstumskurve wird auch im Bereich der Transplantationen bei Kindern, hier insbesondere Mehrfachtransplantationen, verzeichnet. Sogenannte Lebend-«Spenden», die lange Zeit in der BRD und anderen westlichen Staaten tabuisiert waren, werden zunehmend durchgeführt. Neben Nieren verpflanzt man heute auch Teile der Leber oder der Pankreas, bislang ausschließlich im engsten Familienkreis. Einige Transplantationschirurgen und (Dienstleistungs-)Ethiker diskutieren bereits die Lebend-«Spende», bei der gesunde Individuen verletzt werden müssen, auch außerhalb dieser familiären Beschränkungen.

**Biomacht Medizin**

Diese Ausführungen hören sich nüchtern an, wie eine Erfolgsgeschichte der Medizin. Gelegentlich nur wird die Ungeheuerlichkeit dieses Vorgangs, der Transplantation genannt wird, offenbar. Der Blick ist auf das ›Leben‹ bzw. das medizinisch-technisch konstruierte ›Überleben‹ gerichtet, inszeniert mit der Figur des Empfängers. Auf Hochglanzpapier und in TV-Qualität wird allerorten behauptet, daß ihm »ein neues Leben geschenkt« wurde. Die Herkunft der Organe, die nun in seinem Körper sitzen, wird unkenntlich und vergessen gemacht. Die Körperteile des anderen werden nicht als lebendiger Teil eines anderen Menschen gedacht.

Im Mai 1991 wird der 22 Jahre alte William Norwood bei einem Überfall so schwer verletzt, daß er nach Einlieferung in ein Hospital zu sterben beginnt. Er ist ein »idealer Spender«. Zu spät wird bekannt, daß er Aids-infiziert gewesen sein soll. Bei der Suche nach den Empfängern seiner Gewebe und Organe werden wir mit der Tatsache konfrontiert, daß 56 Stücke seines Leibes nun, über das ganze Land verteilt, in anderen Körpern sind. William Norwood ist zerschnitten worden. Auf 56 verschiedene Menschen verteilte ihn ein wohlsortiertes und organisiertes Management. Sein Körper wurde vergesellschaftet (Fox/Swazey, 1992, 9f).

Der Begriff »vergesellschaftet« trifft vielleicht gar nicht mehr unsere Lage. Die Einheit der Gesellschaft, der Gesellschaftskörper, bestehend aus vertragsschließenden Individuen, ist der ›Bevölkerung‹ gewichen. Sozialstatistik und Biologie haben diesen »neuen Körper, einen multiplen Körper mit vielen Köpfen« (Foucault 1993, 63) geschaffen. Teil dieses Körpers zu sein wird zum handlungsleitenden Selbstverständnis jedes einzelnen. Prognosen zu Wachstumstrend und Wanderungsbewegungen bestimmen Sozial-, Gesundheits- und Asylpolitik, regulieren unseren Umgang mit Fruchtbarkeit. Die Grenzen des Wachstums mahnen eine ›vernünftige‹ Handhabung der Ressourcen an, erinnern daran, uns als Teile eines Ganzen zu denken. Dies ist nicht als Argument gegen einen schonenderen Umgang mit der Welt zu verstehen, wohl aber gegen statistische Berechnungen von Bevölkerungen und Ressourcen, um eine zerstörerische Politik am Rande des Abgrunds weiterführen zu können. In diesem Jahrhundert, im Zeitalter von Humangenetik und pränataler Diagnostik, ist auch die Berechnung von und die Sorge um die genetische Beschaffenheit dieses Körpers eine Selbstverständlichkeit. Diese genetische Qualitätsbestimmung wird meist als »Recht auf medizinische Betreuung«, als »Zugewinn an Wissen und Wahl« verstanden. Internationale wie nationale Forschungsstrukturen und notwendige finanzielle Investitionen haben – ungeachtet dieser gezielt hergestellten und gerne geglaubten Auffassung – immer einen eugenischen Hintergrund. Bevölkerungen gelten als ›verbesserungsbedürftig‹ – und zwar weltweit. Die sogenannte Bevölkerungsexplosion, die im Rahmen der Berichterstattung zur Weltbevölkerungskonferenz in Kairo in keiner Zeitungsschlagzeile oder keinem Fernsehbeitrag fehlte, repräsentiert diese neue Sicht: Wir werden berechnet und im Globalmaßstab verwaltet. Wir sind bedroht, wenn nicht planerisch in diesen errechneten Körper eingegriffen wird. Nicht wir als Individuen sind in Gefahr, sondern das Überleben der Gattung Mensch. Wir selbst, unsere leibhaftigen Körper kommen erst wieder vor, wenn im Dienste des (Welt)Bevölkerungsganzen gehandelt wird. Dann werden nicht Wachstumstrends beeinflußt, sondern Frauen sterilisiert oder hormonbehandelt. Dann werden nicht Genpools verbessert, sondern Frauen verletzt, durch pränatale Diagnose-Verfahren und eugenisch begründete Abtreibung.

Auch William Norwoods Körper wurde unsichtbar gemacht. Nicht über ihn wird geredet, sondern über die Konsumenten und Konsumentinnen seiner Körperstücke. Erst bei der Suche nach dem Verbleib seines Leibes tritt dieser wieder in Erscheinung. Im Zeitalter der Transplantationsmedizin wird nicht nur unser Verhalten in den Dienst genommen, wie es beim medizinisch kontrollierten Schwangergehen und bevölkerungspolitisch erwirkten Kinderverzicht der Fall ist. Mit dieser Medizin geht unser Leib wirklich und wahrhaftig – als Substanz – in den Bevölkerungskörper ein. Wir werden verteilt, in Europa, den USA und anderswo. Wenn die Konservierungstechniken verbessert werden – und man arbeitet daran – könnte die ganze Welt beliefert werden. Um des ›Lebens‹ willen sind wir zum Material, zum Rohstoff geworden. Wir haben aufgehört, als Individuen mit einer leiblichen Außengrenze zu existieren.

In der internationalen bioethischen Debatte eskaliert dieser Materialblick und begutachtet nicht nur Sterbende. Peter Sandoe und Klemens Kappel von der Universität Kopenhagen schreiben im Rahmen einer Debatte zur Verteilung von Gesundheitsressourcen: »Nach unserer Auffassung scheint es ganz natürlich, zu sagen, daß die Organe lebendiger Personen lebenswichtige Gesundheitsressourcen sind, die wie alle anderen lebenswichtigen Ressourcen gerecht verteilt werden müssen. Wir könnten uns daher gezwungen sehen, darauf zu bestehen, daß alte Menschen getötet werden, damit ihre Organe an jüngere, kritisch kranke Personen, umverteilt werden können, die ohne diese Organe bald sterben müßten. Schließlich benutzen die alten Menschen lebenswichtige Ressourcen auf Kosten von bedürftigen jüngeren Menschen.« (1994, 91)

**Der produktive Tod**

Michel Foucault, dessen Gedanken zur Biomacht mich bei der Beschäftigung mit der Transplantationsmedizin begleiten, schrieb in seinem Aufsatz *Recht über den Tod und Macht zum Leben*: »Man könnte sagen, das alte Recht (also das des Souveräns, E. F.), sterben zu *machen* oder leben zu *lassen*, wurde abgelöst von einer Macht, leben zu *machen* oder in den Tod zu *stoßen*. So erklärt sich vielleicht die Disqualifizierung des Todes, die heute im Absterben der ihn begleitenden Rituale zum Ausdruck kommt.« (1991, 165)

Im Raum der Transplantation wird massenhaft in den Tod gestoßen, um Leben zu machen. Wenn im österreichischen Gesetz oder im deutschen Gesetzesentwurf von »Verstorbenen« oder »Leichen« die Rede ist, so wird mittels Sprache unkenntlich gemacht, daß es Sterbende und nicht etwa Tote sind, denen Körperteile entwendet werden. Die Transplantationsmedizin braucht lebendige, durchblutete Organe und keine Leichenteile. Tod und Sterben sind ins Blickfeld der Biomedizin geraten und zwar nicht ausschließlich als Endpunkt ihres Scheiterns, sondern als eine definitorisch geschaffene neue Zeitspanne, die produktiv gemacht werden kann und muß. In der Broschüre des Wiener Zentrums kreierte man das Wort »Schwebezustand« dafür.[3]

1968 beschloß das Ad-hoc-Komitee der Harvard Medical School eine bis dahin unbekannte Definition des Todes, nicht zufällig just nach der ersten Herztransplantation in Südafrika durch Professor Christiaan Barnard. Der »unumkehrbare Ausfall der gesamten Hirnfunktionen bei noch aufrechterhaltener Herz- und Kreislauftätigkeit« könne auch als

Tod des Menschen bezeichnet werden (zit. nach Vorstand der Bundesärztekammer 1988, 125). Zuvor war ausschließlich der sogenannte Herz-Kreislauf-Standard, der sich am Erlöschen aller Körperfunktionen orientierte, bindend für die Ärzteschaft. Diese pragmatische Auffassung setzte sich weltweit durch und ermöglicht die Wegnahme von Körperteilen am lebenden Menschen, ohne der Medizin den Vorwurf zu bescheren, daß sie töte, um anderen vermeintliche Überlebenschancen zu offerieren. Vor 1968 wurden »Hirntote« als »irreversibel Komatöse« bezeichnet und als lebendige, im Sterben begriffene Menschen behandelt. In den diversen Begründungen verschiedenster nationaler Ärztevereinigungen wird der Pragmatismus nicht verschwiegen, der hinter dieser Definition steckt. Neben der Intensivmedizin, die nicht unbegrenzt eingesetzt und deren Einsatz deshalb unter »nachprüfbare« Kriterien gestellt werden sollte, wird ausdrücklich festgehalten, daß »die Möglichkeit der Organtransplantation abgesichert werden (soll)« (Vorstand der Bundesärztekammer 1988, 123).

Die Zeitspanne, die sich die Mediziner schufen, um den Tod produktiv und nützlich zu machen, liegt zwischen dem behaupteten Ende der »Person« und dem Ende der Verwendbarkeit von Geweben und Organen. Die (dienstleistungs-)ethisch bemäntelten Begründungen der Hirntod-Definition konstatieren, daß der Tod des Menschen mit dem »Hirntod« gleichzusetzen sei, weil Bewußtsein und Kognition das Menschsein – den Personenstatus – markiere. Diese Fähigkeiten werden zeitgenössisch nur im Gehirn verortet. Eine Autorin der Zeitschrift *Bioethics*, Jocelyn Downie, schreibt zum modernen Tod im Kopf: »Sobald ein Mensch keine Person mehr ist, ist auch sein Tod nicht der eines menschlichen Wesens, im Gegenteil, es ist der Tod eines Dings ... Wir bestreiten nicht, daß das Leben nach dem personalen Tod fortdauern kann – ebensowenig ... daß es nach vollständiger Zerstörung des Gehirns weitergehen kann ... Uns beschäftigt nicht der Tod des Organismus, der eine Person überdauern kann ...« (1990, 223).

Im Zeitalter von Systemtheorie und Vernetzungen aller Art gewinnt eine weitere, nicht weniger wissenschaftlich-willkürliche Begründung an Boden: Der Tod der Person und des Menschen interessiere nicht. Nur das »Ende des Organismus in seiner funktionellen Gesamtheit«, die »Desintegration seiner Subsysteme« (Birnbacher et al. 1993, 1ff) seien beim Menschen wie beim Tier gleichermaßen bedeutend. Der sterbende Mensch wird hier so auf eine andere Weise seiner Individualität und (in Folge dessen) seines Leibes beraubt. Er wird in der wissenschaftlichen Rede »zum System ohne Selbstregulation«, so geschehen in den Veröf-

fentlichungen der Deutschen Bundesärztekammer, im *Deutschen Ärzteblatt* (5.11.1993).
Nicht nur die anthropologisch genannten Begründungen wurden und werden debattiert. Auch nach 26 Jahren diskutiert der Kreis der Definitionsberechtigten noch über technische Nachweisverfahren. Der moderne Tod, ermittelt am durchbluteten Leib, wirft Probleme auf. Wie kann »Unumkehrbarkeit« bewiesen werden? Welche Meßdaten müssen erhoben werden? Die internationale Kontroverse entflammt besonders da, wo es um die schnelle Überführung des Sterbenden in das Transplantationsmanagement geht: Sind Koma, Ausfall der Atmung und bestimmter Reflexe (Hirnstammreflexe) dokumentiert, so muß in der BRD (je nach Krankheit, Medikation und Alter des/der Patienten/in) bis zu 72 Stunden gewartet werden, bevor der Tod erklärt und Organe entwendet werden können. Eine Zeit, die als »organschädigend« gefürchtet ist. In England, in den USA und anderen europäischen Ländern führen jeweils unterschiedliche Zusatzdiagnostiken zu einer drastischen Verkürzung dieses Zeitraums. Solche Tode sind folglich nicht nur eine Frage medizinischer Vereinbarungen, sondern auch eine des nationalstaatlichen Konsenses geworden. Nicht nur das: Die pragmatische Anpassung des Sterbens an die Erfordernisse des Körpermanagements reicht noch weiter. Im *Niedersächsischen Ärzteblatt* (6/1992) war unter dem Titel *Warum fehlen transplantierbare Organe?* folgendes zu lesen: »Auch die Einbeziehung von Sterbenden mit primären Hirntumoren, Schlaganfällen, intracraniellen Blutungen und cerebraler Anoxie sowie die *Vereinfachung der Hirntoddiagnostik* konnte dieses Defizit an Spenderorganen nicht beseitigen.«[4]

**Entsinnlichte Blicke**

In einer hippokratischen Interpretation der Todeszeichen heißt es: »Die Nase ist spitz, die Augen sind hohl, die Schläfen eingefallen, ... die Gesichtshaut ist hart ... und die Farbe des ganzen Gesichts ist blaß oder schwärzlich ... Nirgends am ganzen Leib besteht das Orgelregister des Ausdrucks aus einer solchen Vielzahl variabler Stimmen wie im Antlitz.« (Schmid 1977, 13f) Das Antlitz des sterbenden und toten Menschen spielt in der modernen Medizin keine Rolle mehr. Mit der Hirntod-Konvention ist es vollständig unkenntlich gemacht worden. Im Angesicht des Todes werden heute Körperdaten gesammelt, die das nahe Ende prognostizieren, seine Unvermeidbarkeit begründen und den Eintritt dokumentieren. Der teilnehmende Blick der Anverwandten und Vertrauten ist zu einem laienhaften Blick geworden, der den Tod nicht zu erkennen und zu verstehen vermag. Auffassungen wie die des Philosophen Hans Jonas haben in der internationalen Expertokratie keinen Platz mehr: »Meine Identität ist die Identität des ganzen und gänzlich individuellen Organismus ... Wie sonst könnte ein Mann eine Frau lieben und nicht nur ihr Gehirn? Wie sonst könnten wir uns im Anblick eines Gesichtes verlieren? Angerührt werden vom Zauber einer Gestalt?« (1987, 235)

In einer neuen Verteidigungsschrift für den Hirntod weisen verschiedenste Gesellschaften für Intensivmedizin und Neurochirurgie darauf hin, daß »dem Unbefangenen ein Mensch mit abgestorbenen Gehirn wie ein gleich intensiv behandelter bewußtloser Mensch, also nicht wie eine Leiche (erscheint). Dies dürfte der entscheidende Grund dafür sein, daß die ärztliche Todesfeststellung durch Nachweis des völligen und endgültigen Hirnausfalls auf Unverständnis und Bedenken stößt.«[5] Traut man aber noch seinen eigenen Sinnen, so spürt man einen sterbenden Menschen, der maschinengestützt atmet, fiebert, schwitzt, ausscheidet. Auch die Medizin behandelt ihn bei der Organentnahme wie einen Lebenden. Bei der Explantation werden Narkotika, Schmerzmittel und Muskelrelaxantien verabreicht, beim Schnitt in den Bauch schnellt der Blutdruck in die Höhe. Das Pflegepersonal weiß von Bewegungen, bis hin zu Umklammerungen von Hirntoten zu berichten. Erektionen bei hirntoten Männern und die Schwangerschaft bei hirntoten Frauen, all das sind Lebensäußerungen, die schwerlich Toten zuzuschreiben sind. Um welchen Zustand es sich eigentlich handelt, wenn von Hirntod die Rede ist, fragen mittlerweile nicht ausschließlich medizinische Laien, sondern auch Ärzte und Pflegekräfte.

**Sterben-Machen**

Der medizinische Blick ist ein entleiblichter und ein güterabwägender. Der Tod im Kopf soll die Zeit bis zum wirklichen Ende nützlicher machen. Im Jahr 1990 wollte der US-Mathematiker Thomas Donaldson diese Zeitspanne sich selbst zunutze machen. Vor Gericht kämpfte er um das Recht, seinen Kopf bereits vor Eintreten seines natürlichen Todes abtrennen und tiefkühlen zu lassen. Wenn die Medizin zur Heilung seines Hirntumors in der Lage sei, solle dieser auf einen neuen Körper gepflanzt werden. Die Sozialwissenschaftlerin Marianne Gronemeyer kommentiert Donaldsons Ansinnen: Man ist versucht zu glauben, »der Mann sei in einem bedauerlichen Irrtum befangen, er habe den Verstand, um dessen Überdauern er so energisch kämpft, längst verloren.« (1993, 1) Befremdlich ist auch die Vorstellung, daß jemand das Recht postuliert, »einen fremden Körper als Gestell zur Anbringung seines Verstandes zu verlangen.« Aber »Thomas Donaldson ist alles andere als verrückt, er ist vielmehr ein *Zeitgenosse*«. (1993, 2) Auch er verortet sein »Selbst« im Hirn, sein eingefordertes »Recht auf Auferstehung« entspricht dem weitverbreiteten Glauben, daß technisch alles – auch die Unsterblichkeit – machbar sei. »Der Zeitgeist ist ungeduldig, vor allem das«, meint Marianne Gronemeyer, »Thomas Donaldson ist auch ungeduldig. Ungeduldiger noch als ›Hiob‹... Indem er sein Ende beschleunigt, indem er Zeit spart, um genau zu sein, *sich Zeit erspart*, will er sich selbst aufsparen für ein aussichtsreicheres Dermaleinst. Ihm geht es nicht darum, seine viel zu kostbare Gegenwart mit Warten und Dösen zu verschleudern. Er hält sich im Gegenteil mit der Gegenwart überhaupt nicht mehr auf. Sie erscheint im Lichte seiner Tempoansprüche als hoffnungslos träger Zeitmodus. Er eilt ungestüm voraus in die Zukunft, um sie halbwegs unversehrt zu erreichen.« (1993, 4)

Nichts anderes macht die Transplantationsmedizin tagtäglich. Keine Zeit zum Sterben. Nur ist es im Alltagsgeschäft nicht die Zukunft des Sterbenden selbst, die den Explanteuren am Herzen liegt, sondern die Zukunft anderer, deren Stellvertreter sie sein wollen, die sie aber nicht einmal kennen. Besonders an dieser Stelle wird das Novum der Biomedizin sinnfällig: Sie kennt kein konkretes Gegenüber mehr und ist zunehmend dem Gemeinnutzen, denn dem leibhaftigen Patienten verpflichtet.

**Heilen und Vernichten**

Um des ›Lebens‹ und um der Nützlichkeit willen wird aber nicht nur in den Tod gestoßen, es wird auch getötet. Wie aber kann diese Macht, die sich doch des ›Lebens‹ angenommen hat, der Verlängerung seiner Dauer, der Optimierung seines Verlaufs, der Beseitigung aufgetretener Mängel, so fragt Michel Foucault (1993, 65), noch töten? Die Vorstellung einer normierten Lebenslänge und Qualität, die mit technischer Fertigkeit und wissenschaftlicher Kenntnis erreichbar geworden scheint, ist eine Handlungsorientierung für die Biomedizin. Professor Friedrich Wilhelm Eigler, Leiter des Transplantationszentrums in Essen, vertritt die Ansicht, daß die gegebene Lebenszeit des Menschen 110 Jahre betrage. Die

Medizin im allgemeinen und die Transplantation im besonderen wolle nicht den Tod abschaffen, wohl aber die genetisch determinierte Lebenszeit gewährleisten.[6] Andererseits befindet sich diese Medizin in einer penetranten Sackgasse. Je höher die Kapazität der bestehenden Transplantationszentren ist, desto mehr Indikationen für eine Verpflanzung werden ausgesprochen und immer mehr Patienten und Patientinnen auf die Wartelisten gesetzt. Die Lücke zwischen Angebot und Nachfrage kann nie geschlossen werden. Zu wenige aber scheiden aus dem Leben unter Erfüllung der geltenden Hirntod-Kriterien. Es muß selektiert werden. Welche Patienten dürfen die ›Verbesserungsangebote‹ in Anspruch nehmen, welchen müssen sie mangels ›Ressourcen‹ verweigert werden? Nach welchen Kriterien? Und wer ist berechtigt, diese festzulegen? Professor W. Land vom Klinikum Groß-Hadern legt offen, daß die Vorstellung von einer computergestützten ›objektiven‹ Verteilung nach rein medizinischen Kriterien über die europäische Datenzentrale »Eurotransplant« in Leiden, ein Trugschluß ist. Erfüllt ein Patient auf der zentrumseigenen Warteliste bestimmte Mindestanforderungen der Gewebeverträglichkeit, so kann bei Nierenentnahmen beispielsweise eine intern und eine an »Eurotransplant« vergeben werden. »Das Transplantat wird zum ›Freitransplantat‹ ... mit dem der allokativ tätige Transplantationsmediziner eigentlich tun und machen könnte, was er will.« (1994, 36) Durchaus »übliche Praxis« in der BRD ist es also, Organe zum Teil gar nicht bei »Eurotransplant« zu melden. Das *squeaky-wheel-principle* bedeutet, als englischer Fachterminus getarnt, die Bevorzugung von Patienten auf eigenen Wartelisten und soll häufigstes Kriterium bei der Organallokation zu sein. Möglich wird ein solches Vorgehen durch die enge Kooperation zwischen Transplantationszentren und nahegelegenen Krankenhäusern, die nicht transplantieren und so die Rolle des »Spenderkrankenhauses« übernehmen. »Kontrolle über Spenderkrankenhäuser bedeutet Kontrolle über Spender und damit über Spendeorgane und wird so zum Ticket dafür, eine Niere ... Herz oder Lunge für eigene Patienten auf eigenen Wartelisten zu behalten.« (Land 1994, 34) Ob Hausmacht, Beurteilung nach sozialem Umfeld, Lebensstil oder Prognostik – der Mangel kann nicht behoben, die Sackgasse der Selektion nicht verlassen werden.

Man erweitert die »Spenderkriterien«. Auch Nieren von über 70jährigen werden mittlerweile transplantiert. Aus dem Herzzentrum Bad Oeynhausen berichtet der dort tätige Oberarzt: »Bedingt durch die Bereitschaft, jedem anfragenden Patienten gerecht zu werden und ... eine Herztransplantation durchzuführen, mußten wir ... neue Wege beschreiten ... Das heißt, mit zunehmender Erfahrung und Sicherheit wagten wir auch Herzen zu akzeptieren, die bislang bei anderen Zentren als nicht transplantabel galten und somit nicht verpflanzt wurden.«[7] Doch das Unternehmen Transplantation ist auf Expansion ausgerichtet, die auch nicht durch die Erweiterung der »Spenderkriterien« befriedigt werden kann. Und so wird zunehmend die Frage aufgeworfen, wer, um die wahnwitzige Idee einer maximalen Lebensdauer mit optimaler Qualität im Bevölkerungskörper zu erfüllen, sterben muß? Der hoffnungslos Kranke? Die Behinderte? Jene Menschen, denen es nach Lebensqualitätstabelle (im Fachjargon LQ-Index genannt) an selbiger ermangelt?

In der bioethischen Debatte wird überlegt, ob nicht der Ausfall des Großhirns für die Todesbehauptung ausreiche. So könnten auch komatöse Menschen, Bewußtlose, den Transplanteuren zur Verfügung stehen. Oder man überlegt, ob die Orientierung am Hirntod-Nachweis nicht im Grundsatz aufgegeben werden müsse. Die Nützlichkeit der Definition habe in der kurzen Geschichte des Hirntod-Konzepts zu ständigen Veränderungen und Revidierungen geführt, konstatieren Robert M. Arnold und Stuart J. Younger (1993, 266f). Solche Begründungen seien unglücklicherweise instabil; wie wäre es, so ihr Vorschlag, statt die Grenze zwischen Leben und Tod koninuierlich zu verschieben, die »informierte Zustimmung« von Betroffenen und Angehörigen zum Ausgangspunkt medizinischen Handelns zu machen? Damit wäre der Weg zur aktiven Tötung, zur Euthanasie eingeschlagen – für die »Überlebenschance« anderer.

Es wird auch wirklich Hand angelegt: Die regionale Organbank in Illinois bemächtigt sich der Körperstücke nach dem »unkontrollierten Tod«. Menschen, die in der Notfallabteilung eines Krankenhauses landen, werden augenblicklich nach dem Herzstillstand nicht etwa wiederbelebt, sondern stückweise gekühlt. Katheder in Nieren und Bauchraum leiten Kühlflüssigkeit in den Körper, so werden die Nieren in situ – im Körper – konserviert. Danach werden die Angehörigen in Kenntnis gesetzt und die Organwegnahme erbeten. Eile zum Handeln ist geboten, um eine Schädigung der Organe zu vermeiden. Lange Debatten mit Angehörigen machen die Körperstücke unbrauchbar.[8]

In Pittsburgh (USA) wurden die ersten praktischen Versuche unternommen, die Zugangsberechtigung zu den Körperteilen weg von der Hirntodbehauptung hin zur Willensbekundung der PatientInnen zu verschieben. In einem der weltgrößten Zentren versuchen US-amerikanische Pioniere die »Organentnahme von herztoten Spendern, bei denen Zeit und Ort des Todes kontrolliert«[9] wurden. Es geht um Menschen mit

Multipler Sklerose, schweren Atmungs- und Herzerkrankungen im Endstadium und Hirnverletzte, die die gängigen Hirntod-Kriterien nicht erfüllen. Es sind Patienten und Patientinnen, die ihres Lebens müde sind, die »wegen ihrer Lebensqualität angefragt (haben), lebensverlängernde Maßnahmen abzubrechen« und die »Abgabe ihrer Organe wünschen«.[10] Noch lebend – den Berichten nach zu urteilen –, zum Teil auch bei Bewußtsein werden sie in den Operationssaal gefahren; noch lebend werden sie für die Explantation vorbereitet. Die Entwöhnung vom Beatmungsgerät wird »nur bei demonstriertem Bedarf« mit Medikation vollzogen. Zwei Minuten nach Herzstillstand wird der Tod erklärt, 15 Sekunden später ist das Explantationsteam zur Stelle und nach 20 Minuten sind Nieren und Leber entnommen.[11] Sterben wird auf die definitorisch vorgeschrieben »Zwei-Minuten-Zeitspanne« gezwungen. Im übrigen hat hier alles seine Ordnung. Ein sogenanntes Pittsburgher Protokoll, verabschiedet im Jahre 1992, gibt die administrativen und verfahrenstechnischen Richtlinien vor, nach denen gehandelt wird. Die Kontrolle des »kontrollierten Todes« ist auf Berichts-Formblättern für potentielle »Spender« gebannt. Das Protokoll ist derweilen von 50 US-amerikanischen Kliniken unterzeichnet worden (DeVita/Snyder 1993, 134).

Die Niederlande sind das Vorbild der Pittsburgher Ärzte. Da dort die aktive Euthanasie strafrechtlich nicht verfolgt wird, könnte die Organbeschaffung bei Herztoten (Non-Heart-Beating-Donors genannt) ohne die Pittsburgher Restriktionen organisiert werden. Noch muß in den USA der Euthanasie-Vorwurf vermieden werden. In der Universitätsklinik Maastricht versucht man bereits »den Kreislauf ›herztoter Spender‹ durch Herzdruckmassagen und Beatmung bis zu zwei Stunden lang künstlich« aufrechtzuerhalten. »Sobald die Angehörigen eingewilligt haben, werden die Kühlaggregate an die Nieren angeschlossen« und späterhin explantiert (Schneider 1995, 28). Auch in der Schweiz bemächtigt man sich der als »Herztote« klassifizierten Menschen. »1994 eröffnete sich auch in unseren Kliniken die Möglichkeit, an primären Herzversagen Verstorbene als Organspender in Betracht zu ziehen ... Unsere Richtlinie mußte deshalb durch Beschreibung der Kriterien des Herztodes zusätzlich ergänzt werden.«[12]

Die Kehrseite dessen, was die Medizin »Überleben-Machen« nennt, ist das ›selektive Töten‹ und die planmäßige Nutzbarmachung des menschlichen Leibes. Die Philosophin Petra Gehring faßt zusammen: »Im Namen des Lebens, das in seiner Substanz ähnlich universal transferiert werden kann wie das Kapital, sind die materiellen Grenzen zwischen den Körpern durchlässig geworden. Sie werden zur Sache einer gesellschaftlichen Konvention. Dies ist ein prinzipieller Einschnitt, denn er eröffnet eine neue Körperlogik: In den Körpern der Menschen stecken – physisch – die Heilungs- oder Überlebensressourcen für die Körper der anderen. Als austauschbares scheint ›das Leben‹ materiell erneuerbar geworden.«[13] Dieser prinzipielle Einschnitt, der mit dem medizinischen Zugriff auf »Hirntote« begann, macht weder vor den neuen »Herztoten« noch vor der aktiven Tötung halt. Ich bin aufgrund meiner Beobachtungen versucht zu glauben oder düster zu ahnen, daß die Worte von Günther Anders auch den Kern der zeitgenössischen Biomedizin treffen könnten. Anders schrieb, die Verwandlung des Menschen in einen Rohstoff habe in Auschwitz begonnen (1992, 22). Zumindest die Verwandlung des Menschen in einen Rohstoff, der in einem industriellen Maßstab genutzt wird, mag dort begonnen haben und wird heute biomedizinisch weitergeführt.

## »Der neue medizinische Rohstoff«[14]

Bei der immer ausufernderen Suche nach dem »verwertbaren Faktor«, wie Primo Levi (1961) die Tätigkeit des selektierenden Arztes an der Rampe von Auschwitz beschrieb, geraten Frauen auf zusätzliche Weise in den biomedizinischen Blick. Die Verwertbarkeit ihrer Leibesfrucht für Forschung und Therapie gilt mittlerweile als unumstritten. Die Nutzung menschlichen Fötalgewebes sei für die Medizin, »was die Superleitfähigkeit für die Physik ist«, verkündete ein New Yorker Arzt bereits 1987 (vgl. *Newsweek*, 14.9.1989). In jenem Jahr wurde in Mexiko erstmals fötales Gewebe ins Hirn eines Parkinson-Kranken verpflanzt. Weltweit sollen mittlerweile über 200 Patienten und Patientinnen gleichen Versuchen unterzogen worden sein. In Großbritannien, USA, Frankreich, Kuba, Mexiko, Polen, Spanien, China, Schweden, der ehemaligen Tschechoslowakei und Rußland sind derartige Hirngewebsverpflanzungen – fast immer erfolglos – durchgeführt worden. Auch in der BRD forscht und kooperiert man mit internationalen Fötalgewebe-Nutzern. Die Palette verwertbarer Teile der Leibesfrucht wie auch der in Frage kommenden Krankheiten weitet sich zusehends aus. Schizophrenie, Corea Huntington, Multiple Sklerose, Epilepsie, Schlaganfall, Blindheit, Hormonstörungen, Alzheimer, Diabetes u.a.m. sollen zukünftigt mit Gewebetransplanaten behandelt werden. 1992 gründeten die europäischen Neurochirurgen das Netzwerk NECTAR (Network of European CNS-Transplantation and Restoration) zum Austausch von Informationen und (dienstleistungs-)ethischen Richtlinien (vgl. Feyerabend/Gehring 1994, 22). Die Unsterblichkeitsmythen zeitgenössischer Forscher werden hier gar zum Firmenschild. Nektar war bekanntlich in der griechischen Mythologie das ausschließlich den Göttern vorbehaltene Getränk, es verlieh ihnen Unsterblichkeit. Berichte über Fötalgewebebanken, beispielsweise in Moskau, deuten schon an, daß die entstehenden Bedarfslücken über internationale Handelsabkommen gedeckt werden. Das internationale Institut für biologische Medizin (IBM) in Moskau, dem eine staatliche Abtreibungsklinik zugeordnet ist, schloß im März 1993 einen Liefervertrag mit der US-amerikanischen Samsun Medical Research Foundation ab. Der Transfer von Föten ist Inhalt dieses Abkommens. Das russische Institut berichtet stolz »aus einem Fötus 27 Gewebeportionen« gewinnen zu können (Schneider 1995, 102). Für die immer ausufernderen Verwendungsgebiete des »neuen medizinischen Rohstoffs« sind das zukunftsträchtige Aussichten.

Nahezu unbegrenzte Einsatzmöglichkeiten bestehen bereits in der Medikamenten- und Umweltverträglichkeitsprüfung, in der Impfstoffgewinnung, in der Aids- und Krebsforschung sowie bei Tests für die bakteriologische Waffenherstellung. Föten aus Südkorea wurden von US-amerikanischen Institutionen für $ 25 pro Stück eingeführt.[15] Die beiden forscherisch tätigen Geschäftsmänner Michael McCune und Irving Weissman präparierten verschiedene Organe aus menschlichen Föten und verpflanzten sie in besonders geeignete Labormäuse. Die so ›humanisierten‹ Tiere dienen vielen (scheinbar) guten Zwecken in der medizinischen Forschung. Michael McCune gründete deshalb die Forma Systemix und verkauft nun unter dem Warenzeichen *novel mice* jeweils 25 Mäuse im Paket für $ 25.000 (Schneider 1995, 110).

Berichte über Frauen, die sich zum Zwecke der Gewebeproduktion befruchten lassen, um passendes Gewebe für die Therapie ihrer kranken Kinder oder Familienangehörigen liefern zu können, deuten die Konsequenzen eines medizinischen Handelns an, das mir nur noch als ›Therapie-Terror‹ beschreibbar scheint. Auch dieser Markt, in den Frauen als inwendige Plantagen eingebunden werden, kommt mit dem Argument der Hilfe und Heilung daher. Unter dem Emblem »Wer heilt, hat recht« scheint die Entgrenzung des Frauenleibes nicht nur möglich, sondern geboten. Die Weigerung, nach Abtreibungen fötales Gewebe zur Verfügung zu stellen oder perspektivisch zweckgerichtet schwanger zu werden, kommt einer unterlassenen Hilfeleistung gleich. Wieder gelten Tod und Krankheit als vermeidbares Übel und Gesundheit als machbar, wenn man sich den Bedingungen des modernen medizinischen Managements unterwirft.

Die unterschiedlichen Bereiche der modernen Lebenswissenschaften hängen systematisch zusammen und befruchten sich im Falle der Liaison zwischen Transplantationstechnikern und Fortpflanzungsmedizinern im wahrsten Sinne des Wortes. Der US-Wissenschaftler Jerry Hall verkündete 1993 der Weltpresse, erstmals menschliche Embryonen geklont zu haben. Seine Begründung: Nur so könne eine Organ-Gewebe-Eierstock»spende« angelegt werden, um im Bedarfsfall immer auf einen tiefgefrorenen Ersatz zurückgreifen zu können (nach Schneider 1995, 146). Die Überlebensphantasien der Forscher sind schrankenlos, und tatsächlich nichts entgeht den Machbarkeiten dieser modernen Menschenzüchter. In Großbritannien hat man neulich »die Gesellschaft darüber in Kenntnis gesetzt, daß die Wissenschaft drei alternative Quellen von weiblichen Eizellen anvisiert«: »unreife Eizellen von lebenden Mädchen oder Frauen sowie von gerade verstorbenen Frauen; Eierstockgewebe von lebenden Frauen, Eierstockgewebe von Föten« (Schneider 1995, 161). Die Befragung der englischen Bevölkerung beinhaltete fast ausschließlich Verfahrensregeln und Zustimmungsprozedere. Zur Rettung der BewohnerInnen Englands muß festgehalten werden, daß trotzdem eine überwältigende Mehrheit gegen dieses Vorgehen war. Aber ein Aufruf zur Bereitschaft, einen speziellen Spendeausweis auszufüllen, der Mediziner berechtigt, die Eierstöcke im Falle eines diagnostizierten Hirntodes zu entnehmen, existiert bereits. Das Unternehmen Fortpflanzung steht wie das Unternehmen Transplantation unausweichlich im Zeichen der Knappheit. Deshalb werden immer neue Zugriffsmöglichkeiten erdacht. Die Eizellen hirntoter Frauen und abgetriebener weiblicher Föten sollen in die ›verbrauchende‹ Embryonenforschung eingehen. Ungeheuerliches wird hier erdacht, selbst wenn sich die ehrgeizigen Fortpflanzungsambitionen nicht verwirklichen lassen. Der Physiologe Roger Gosden aus Edingburgh erforscht im Tierversuch bereits die Übertragbarkeit fötaler Eizellen und Eierstöcke. Seinen Aussagen zufolge soll das Verfahren in drei Jahren »menschenreif« sein. So könne er »einer großen Zahl unfruchtbarer Frauen zu normaler reproduktiver Gesundheit« (nach Schneider 1995, 156) verhelfen. Gelänge das Experiment, so könnte – irgendwann – ein Individuum von einem Fötus abstammen, der nie gelebt hat. Und sollte die Übertragung von Eizellen hirntoter Frauen gelingen, dann könnte – irgendwann – ein Individuum von einer Frau abstammen, die schon (hirn)tot war, als es gezeugt wurde.

In der griechischen Mythologie war es der begüterte und bevorzugte Tantalos, der den Göttern den Himmelstrank Nektar raubte und unter seinen irdischen Genossen verteilte. Die Götter verbannten ihn dafür in die Unterwelt, wo er ewigen Hunger und Durst zu erleiden hatte. Die moderne Mythenbildung hat solche Sicherungen gegen Tabuverstöße wohl nicht mehr anzubieten.

**Wertschöpfung am Leib**

Es sind die Mittel des Marktes, mit denen versucht wird, die reibungslose Zufuhr von Körperstücken – seien es Gewebe oder Organe oder Zellen – zu gewährleisten und eine expandierende Ökonomie, die sich um den Leib organisiert, zu befriedigen. Dieser Markt ist als solcher nicht erkenntlich. Es ist ein staatlich sanktionierter Markt, der im Zeichen des ›Lebens‹ steht. Unser Körper selbst wird so der allgemeinen Zirkulation der Werte und Sachen zugeführt. Die Nachfrage wird mit dem Appell an Spende- und Hilfsbereitschaft zu bewältigen versucht, mit popularisierten Therapieangeboten sowie spektakulären Einzelfällen wird die Hoffnung auf Heilung genährt.

Tatsächlich arbeiten Zentren, in der BRD mittlerweile über 30, nach betriebswirtschaftlichen Regeln. Private Stiftungen organisieren, finanziert mit öffentlichen Mitteln, die »Organgewinnung« und »Organverteilung«.[16] Im Fahrwasser einer internationalen Entwicklung, die den Austausch defekter Körperteile zu einer »Therapie der Wahl« ernannte, konnten sich in der Bundesrepublik ›Gemeinnützige Wirtschaftsunternehmen‹ etablieren. Das »Kuratorium für Heimdialyse und Nierentransplantation« (KfH) ist ein solches Unternehmen mit einem Jahresumsatz von 700 Millionen DM und über 5.000 Mitarbeitern. Zusammen mit der Tochtergesellschaft »Deutsche Stiftung Organtransplantation« (DSO) organisieren sie das deutsche Körpermanagement (vgl. Feyerabend 1995, 44 f). Das Geschäft mit der Hoffnung lohnt sich. Pro Nieren-Transplantation kann die KfH 20.000 – 28.000 DM[17] bei den Krankenkassen als sogenannte Transplantationspauschale in Rechnung stellen. Zusätzlich können auch noch beim Transplantationszentrum selbst Kosten geltend gemacht werden, deren Höhe weitgehend unbekannt ist. Die Organisationen, die ein direktes finanzielles Interesse am Austausch der Organe haben, sind gleichzeitig jene, die für die Aufklärung der Bevölkerung zuständig sind »zur Verbreitung des Gedankens der uneigennützigen Organspende nach dem Tode«.[18] Gefördert von der »Bundeszentrale für Gesundheitliche Aufklärung« wird hier ausschließlich geworben: mit Videofilmen, Faltblättern mit integriertem Spendeausweis oder in den Unterrichtseinheiten für allgemeine und berufsbildende Schulen.

Die Problematik der Transplantationsmedizin kommt dabei schlichtweg nicht vor. Dem Kuratorium (KfH) bzw. der Stiftung (DSO) obliegt gleichzeitig die Betreuung eines Ausbildungsprogramms für Pflegekräfte. Das Programm hat hauptsächlich einen Schwerpunkt: Wie geht man mit Trauernden um, wenn man gleichzeitig die Organabgabe thematisieren will? Da auch Pharmafirmen nicht ohne Eigennutz die Entwicklung des Transplantationswesens begleiten, darf es nicht überraschen, daß die Firma Sandoz diese Weiterbildung finanziert. Auch diese Firmen gewinnen: Nach einer Lebertransplantation belaufen sich die Kosten für die Medikation des Patienten auf circa 36.500 DM im Jahr 1993.[19]

Die monetären und finanziellen Investitionen des ›gemeinnützigen‹ Organmanagements wie der Zentren müssen sich lohnen. Konkurrenz unter den bundesrepublikanischen Zentren beherrscht das Feld. Das Organ eines sterbenden Menschen wird unter diesen Bedingungen zum begehrten Besitz. Professor Walter Land, Mitglied der DSO und Transplanteur im Münchener Zentrum, ist der Meinung, daß die Allokationsgewalt und die Besitzfrage zum »ethischen Kardinalproblem« geworden ist: »Historisch gesehen waren Organe kein Eigentum und kein Besitz, da man sie nicht benutzte ... Heute nutzen sie und schaffen daher Knappheit. Knappheit schafft ... einen Wert, daher können Organe von Verstorbenen heute Eigentum oder Besitz sein.« (1994, 34) Die aktuelle Situation in der BRD scheint den Chirurgen die Organe zuzusprechen: »Vielleicht kann ein zu explantierendes Organ ... mit einem kleinen Stück Holz verglichen werden, das man im Wald finden kann. Es ist zunächst als Sache nutzlos und hat keinen Wert. Ein Holzschnitzer aber hebt es auf, schnitzt ein Kunstwerk daraus. Es ist nun wertvoll, und es gehört ihm, da er das Kunstwerk geschnitzt hat. Einige Transplantationschirurgen vergleichen sich mit derartigen Holzschnitzern.« (Land 1994, 34)

Auch in anderen Bereichen der Körperindustrie stellt sich die Frage, wem der Körper gehört und wer an seiner Bearbeitung verdienen darf. Sollen ausschließlich medizinische Institutionen Eigentum und Profit erwerben dürfen, oder auch Patienten und Patientinnen? Der Jurist Jochen Taupitz meint dazu:

»Geht man also für die meisten Fälle von einer wirksamen Einwilligung in die Entnahme selbst aus, stellt sich die Frage, welche Rechtspositionen der Patient an denjenigen Substanzen hat, die nicht mehr Bestandteil seines Körpers sind, vielmehr bereits davon getrennt wurden.

Am nächsten liegt das *Eigentum*. Zwar ist der lebende Mensch keine eigentumsfähige Sache. Aber nach allgemeiner Auffassung wird ein Körperteil mit der Trennung eine Sache, und das Eigentumsrecht daran steht zunächst dem Patienten zu. Wenn aber der Patient seine Substanzen kommentarlos beim Arzt zurückläßt und davon ausgeht, daß dieser sie vernichtet, wird man entweder eine Eigentumsaufgabe durch den Patienten annehmen müssen oder aber eine Übereignung an den Arzt. Jedenfalls will der Patient bei natürlicher Betrachtung alle dinglichen Beziehungen zu dieser Sache beenden – er will ja auch nicht etwa für die gefahrlose ›Abfallbeseitigung‹ zuständig sein.

Damit könnte man annehmen, daß der Arzt nach seinem Belieben mit der Sache verfahren dürfe. Er ist entweder durch Übereignung Eigentümer geworden oder er hat sich die herrenlos gewordene Sache spätestens dann angeeignet, als er mit der Eigennutzung begonnen hat.« (1993, 1108)

Im Zeitalter der Bewirtschaftung des Leibes könnten Patienten erkennen, welch ›Schätze‹ in ihrem Körper sind und Eigentumsansprüche oder Profitbeteiligung anmelden. Sind wir aufgeklärt worden über die Weiterverwendung der Körpersubstanzen, haben wir in die Entnahme eingewilligt, dann soll die Übereignung perfekt sein. Wer informiert war, kann sich späterhin nicht beklagen. Der Medizinbetrieb ist erster und einziger Eigentumsanwärter; er kann die Körpersubstanzen wegschmeißen, beforschen, patentieren, produktiv machen.

**Körper gegen Geld**

Wir stehen erst am Anfang einer Entwicklung, die, zukünftig und teilweise auch heute schon, nicht mehr mit dem Spende-Modell bedient werden kann. Die Devise heißt: Körper gegen Geld. Nicht nur Verteilungsagenturen, Kliniken und Forschungslabors sollen berechtigt sein, unseren Leib als Quelle abschöpfbarer, weiterverwertbarer Substanzen anzusehen. Das betrifft nicht nur die Organe. Vom Fötalgewebe über Eier, Samen, Gewebeteile und Zellinien mit besonderen Eigenschaften erstreckt sich der Vermarktungswille der Körperindustrie. Gerade Zellen und Zellinien sind die Ausgangsbasis der Wachstumsbranche Gentechnologie. Das Zauberwort der Pharmaindustrie sind die gentechnologisch hergestellten »körpereigenen Wirkstoffe«, deren Ausgangsbasis die menschlichen Zellen sind. In den USA zeichnet sich ein neuer Fluchtpunkt der Markttendenzen ab: Wir sollen als freie Eigentümerinnen, als Unternehmer alle Rechte erhalten, um unseren Leib selbst zu Markte zu tragen. Wir dürfen uns selbst bewirtschaften.

In seinem Aufsatz *Second-hand-Organe: Kaufen, verkaufen oder tauschen?* schlägt Professor Charles R. Eisendraht von der Universität in Michigan (USA) vor: »Was wir brauchen, damit das Angebot an Organen, Geweben und Körpersäften vergrößert wird, ist schnell gesagt: Anreize.« Weil die USA das Land der Kreditkarte ist, könne ein »Organkreditsystem« aufgebaut werden. Gegen Barbezahlung oder »Organ-Naturalkredit« soll der neue Rohstoff landesweit vermarktet werden. Eisendrahts Devise: »Je schneller wir Organe wie jede andere recycelbare Ware behandeln, desto eher haben wir das Material in der Hand.« (1994, 51f) In diesem Land gibt es bereits ein Handbuch mit dem Titel *Sell Yourself to Science.* Genaue Informationen, was auf dem medizinischen Markt einen Wert bekommen hat, sind hier ebenso nachzulesen wie eine detaillierte Liste der Abnehmer-Institutionen, die von der industriellen Verarbeitung des menschlichen Leibes profitieren (vgl. Hongshire 1993).

Die massenhafte Benutzung sterbender Menschen in der Organtransplantation der westlichen Welt hat schon gegenwärtig dazu geführt, daß die Besitzlosen in allen Teilen der Welt ihren Körper zu Markte tragen. 90 Prozent der Organe, die in den Kliniken der südlichen Kontinente verpflanzt werden, stammen von lebenden Anbietern und werden ausländischen Wohlhabenden feil geboten. Der Handel mit den Körperteilen weitet sich aus und folgt ganz den Expansionstendenzen der westlichen Zentren. Beispielsweise wurden 1983 in Indien 50 Nieren verkauft, 1985 waren es schon 500. Im Jahre 1990 wechselten durchschnittlich 2.000 verkaufte Nieren ihren Ort, und 1992 kauften fast ausschließlich ausländische Kunden 6.000 Nieren. Waren es anfangs nur wenige Zentren in Bombay und Madras, so sind es heute auch Calcutta und Bangalore. Waren es anfangs nur Männer, die aus materieller Not ihre Organe anboten, so sind es heute auch Frauen. Zu beobachten ist auch die Ausweitung des Handels auf andere Körperteile wie Augen und Haut. Organhändler haben sich rund um die Kliniken in Rio de Janeiro, Bombay und anderswo niedergelassen, um von dort aus ihre Geschäfte gemeinschaftlich mit den Klinikärzten der jeweiligen Hospitale zu betreiben. Die Organkäufer werden direkt vor Ort oder von internationalen Händlern in Europa, USA oder Asien an die Hospitale vermittelt.

Die Zeitschrift *profil* (26/1989) berichtete von einem Wiener Krankenhaus, in dem nachweislich 30 lybische Patienten mit Spendern anreisten, um sich die käuflich erworbenen Nieren in Österreich implantieren zu lassen. In Indien, in Europa und Lateinamerika versucht man mittlerweile per gesetzlichem Verbot, der Lage Herr zu werden. Doch wo ein Markt entsteht, der ›Lebenszeit‹ verrohstofflicht und anzubieten hat, gibt es keine effektiven Kontrollen mehr. Neben dem Handel mit Organen greift auch die kriminelle Beschaffung durch Entführung und Ermordung um sich. Das europäische Parlament befaßt sich seit 1988 mit Meldungen aus Honduras, Argentinien, Brasilien und anderen Ländern des Südens. Der argentinische Gesundheitsminister hat 1992 eingeräumt, daß der Leiter einer Psychiatrischen Klinik jahrelang Organe seiner Insassen entnahm. Von 1986 und 1992 sind dort 1.321 PatientInnen verschwunden. In Brasilien wurden innerhalb von 4 Jahren fast 6.000 Leichen von Kindern gefunden, denen verschiedene Organe fehlten.[20] Mit einer Etablierung der Fötalgewebetransplantation könnten in diesen, schon existierenden Vermarktungsstrukturen neue Ausbeutungsverhältnisse entstehen. Frauen könnten aus Armut zu Gewebeproduzentinnen werden.

**Ausblicke**

Unsere Körper haben keine Außengrenzen mehr. Mit der Biopolitik sind wir nicht nur Teil eines Bevölkerungsganzen geworden, sondern auch aus einem Stoff gemacht, der handelsfähig ist. Aber die zirkulierenden Teile fügen sich nicht reibungslos an ihren neuen Ort, sie werden abgestoßen. Die Transplantationsmedizin muß den Körper bekämpfen, der nicht einverleiben will. Der konstruierte Körper – bloßes Ensemble austauschbarer Ersatzteile und beeinflußbares Immunsystem – überlagert den wirklichen Leib. Die Widerständigkeit, die der Abstoßung innewohnt, wird nicht beachtet. Wenn Frauen Männerherzen nicht tolerieren, ist das lediglich ein wissenschaftlich analysierbares Thema internationaler Kongresse und soll technisch bewältigt werden. Als in Pittsburgh die fünfjährige Laura Davies zwei Nieren, einen Magen, eine Leber, eine Bauchspeicheldrüse, einen Dünn- und Dickdarm eingesetzt bekam, präsentierte die Weltpresse dieses unverantwortliche Menschenexperiment als »Heilversuch«. Nach einigen Wochen verstarb Laura Davies. Ihr Körper war in Folge der Immunsupression völlig metastasiert.

Dem einmal – um des Überlebens willen – entgrenzten Individuum kann tatsächlich alles einverleibt werden. Der *New Scientist* (18.6.1994) veröffentlichte die Titelgeschichte *The Organ Factory of the Future?* Berichtet wird darin über »Astrid«, ein Schwein mit »menschlichem Herzen«. Gentechnologische Manipulationen haben »Astrid« in eine Organressource verwandelt. Es wird behauptet, daß schon 200 Nachkommen geboren wurden. Zwei amerikanische Firmen starteten bereits Transplantationsversuche bei Affen. Das ›Endlos-Produkt‹ Organ scheint in greifbarer Nähe, und das ›Leben‹ technologisch erneuerbar. Auf dem 3. Internationalen Kongreß für Xenotransplantationen (Transplantationen mit Tierorganen) diskutierten Experten, welche Kandidaten perspektivisch für Tierorgane infrage kommen. Neugeborene mit einem weniger entwickelten Immunsystem, so die Behauptung des Immunulogen Fritz Bach vom Sandoz Center for Immunology am Harvard Deaconess Hospital, hätten wohl die besten »Aussichten« dafür. »Die pädiatrische Population wird eine der besten Populationen für Tierorgan-Transplantation sein. Natürlich bin ich extrem an der Option interessiert, eventuell Schweine-Organe zu benutzen«, erklärte ein weiterer Transplanteur.[21]

Mit dem Angebot der Medizin, und sei es auch noch so experimentell, wird der eigene Tod zu einem vermeidbaren Ereignis. Ob Schweineherz, Pavianleber, gekaufte Organe oder künstlich erzeugte, wir können und dürfen alles konsumieren. Sterben ist in der biopolitischen Logik dem Mangel an Organen, dem Mut zur Teilnahme an einem Menschenexperiment sowie fehlender Forschungsinvestitionen geschuldet – in jeder Hinsicht also ein Versäumnis. Wir leben in einer Kultur, die allerlei Techniken hervorbrachte, um ›Leben‹ zu schaffen, zu verlängern oder zu verbessern. Was als Bewältigung von Krankheit und Tod beschrieben wird, droht unser Zusammenleben jedoch dramatisch zu verändern.

Im Namen des ›Lebens‹ scheinen unsere Körper zur bloßen Ressource zu verkommen, zur Produktionsstätte von verwertbarem Biomaterial. Im Namen des ›Lebens‹ sind neue Schuldverhältnisse, Interessen, Ansprüche, Rechte an den leiblichen Substanzen anderer entstanden. Wie aufgezeigt, wird die Pflicht, sich selbst herzugeben, systematisch ausgeweitet. Entscheidungszumutungen beherrschen das Feld. Ob »ja« oder »nein« zur Organabgabe – tatsächlich alle werden zu einer vorausschauenden Körperplanung genötigt. Ob Hirntod, Herztod oder gar ›ärztliches Tötungsrecht‹ – kein Tod soll ungenutzt bleiben. Man eilt von einer neuen Möglichkeit zur anderen. Keine Chance wird verpaßt. Sind es wirklich Chancen für kranke, hilfsbedürftige oder sterbende Menschen? Sind nicht eher Marktchancen gemeint für jene, die ihr Geld, ihre fachliche Reputation und ihre Hoffnung in die Bewirtschaftung unseres Leibes investiert haben? Ich rede nicht der Forderung nach schlichter Abschaffung der Transplantation das Wort. Wohl aber plädiere ich für eine Debatte um die Konsequenzen eines biomedizinischen Marktes und einer Diktatur des Nutzens bzw. des Sachzwangs – für eine Debatte, die unabhängig von Macht, Markt und Notwendigkeit die fast vergessene Frage nach dem, was *wünschenswert* ist, zu stellen vermag.

**Anmerkungen**

1 Vgl. Broschüre des Transplantationszentrums Wien: Organspende eine gemeinsame Aufgabe, § 1 des österreichischen Transplantationsgesetzes, 5.
2 Ebda, 6.
3 Ebda, 11.
4 Der in diesem Zitat benutzte Begriff »Defizit« bezieht sich auf die Einführung der Anschnallpflicht für PKW und Helmpflicht für Motorrad- und Mopedfahrer.
5 Stellungnahme der 4. Deutschen Wissenschaftlichen Gesellschaft, in: Frankfurter Allgemeine Zeitung, 28.9.1994.
6 Vortrag von Friedrich Wilhelm Eigler am 16.11.1993, anläßlich des 26. Ärztetages in Essen.
7 Vgl. Michael M. Körner: Logistik des Transplantationsprogramms im Herzzentrum Nordrhein-Westfalen in Bad Oeyenhausen, interne Veröffentlichung.
8 Vgl. Jama, Vol. 269, 21/1993, 2770.
9 Ebda.
10 Ebda.
11 Ebda.
12 Schweizer Akademie der medizinischen Wissenschaften: Definition und Richtlinie zur Feststellung des Todes im Hinblick auf Organtransplantation, Version vom 18.11.1994, in: Schweizer Ärztezeitung 21/1995, 868.
13 Vortrag von Petra Gehring: Biomacht und Bio-Körper, Leibverfassung heute, gehalten in Innsbruck, 7.10.1994.
14 Der Titel wurde von Ingrid Schneider (1995) übernommen.
15 Vgl. Kölner Stadtanzeiger, 24.8.1984.
16 Transplantationsgesetzes-Entwurf des Gesundheitsministers Horst Seehofer (unveröffentl. Manuskript) 1995.
17 Brief des »Kuratorium für Heimdialyse und Nierentransplantation« (KfH) an den Deutschen Bundestag vom 7.3.1988.
18 KfH Jahresbericht 1993, Kurzfassung, 25.
19 Sandoz-Werbung zum European Donor Hospital Education Programm in Düsseldorf, 1995.
20 Vgl. Deutsches Ärzteblatt, 14/1993, 1028.
21 Zit. nach BioWorld Today 187/1995, 1.

**Literatur**

Anders, Günther: Die Antiquiertheit des Menschen, Bd. 2: Über die Zerstörung des Lebens im Zeitalter der dritten industriellen Revolution, München 1992.

Arnold, Robert M./Stuart J. Youngner: The Dead Donor Rule, Should We Stretch it, Bend it, or Abandon it?, in: Kennedy Institute of Ethics Journal 2/1993.
Birnbacher, Dieter et al.: Der vollständige und endgültige Ausfall der Hirntätigkeit als Todeszeichen des Menschen. Anthropologischer Hintergrund, in: Deutsches Ärzteblatt, Sonderdruck 5.11.1993.
DeVita, Michaela/James V. Snyder: Development of The University of Medical Center Policy for the Care of Terminally III Patients who may become Organ Donors of Life Support, in: Kennedy Institute of Ethics Journal 2/1993.
Downie, Jocelyn: Brain Death and Brain Life: Rethinking the Connection, in: Bioethics, 3/1990.
Eisendraht, Charles R.: Second-Hand-Organe: Kaufen, verkaufen oder tauschen?, Transplantation Proceedings 5/1992 (Dt. Übersetzung in: Organtransplantation, Genarchiv Essen, 1994).
Feyerabend, Erika: Das Organkartell, in: Dr. med. Mabuse, 96/1995.
Feyerabend, Erika/Petra Gehring: Die Kolonisierung des Inneren, in: Schlangenbrut, 45/1994.
Foucault, Michel: Sexualität und Wahrheit, Bd. 1: Der Wille zum Wissen, Frankfurt/M. 1991.
Ders.: Leben machen und Sterben machen. Zur Genealogie des Rassismus, in: Lettre, 20/1993.
Fox, Renée C./Judith P. Swazey: Leaving the Field, in: Hastings Report, Sept.-Oct. 1992.
Gronemeyer, Marianne: Das Leben als letzte Gelegenheit. Sicherheitsbedürfnisse und Zeitknappheit, Darmstadt 1993.
Hongshire, Jim: Sell Yourself to Science, Port Townsend – Washington 1993.
Jonas, Hans: Gegen den Strom, in: Ders.: Technik, Medizin, Ethik, Frankfurt/M. 1987.
Land, Walter: Das Dilemma der Allokation von Spendeorganen. Die Verquikkung eines therapeutischen Prinzips mit der Verteilung eines knappen kostbaren Gemeinguts, in: Dialyse Journal 49/1994.
Levi, Primo: Ist das ein Mensch?, Frankfurt/M. – Hamburg 1961.
Sandoe, Peter/Klemens Kappel: Saving the Young before the Old – A Reply to John Harris, in: Bioethics 1/1994.
Schmid, Magnus: Zum Phänomen der Leiblichkeit in der Antike dargestellt an des »Facies Hippocratica«, in: Sudhoffs Archiv, Zeitschrift für Wissenschaftsgeschichte, Bd. 61, Wiesbaden 1977.
Schneider, Ingrid: Föten. Der neue medizinische Rohstoff, Frankfurt/M. 1995.
Taupitz, Jochen: Menschliche Körpersubstanzen: nutzbar nach eigenem Belieben des Arztes, in: Deutsches Ärzteblatt 15/1993.
Vorstand der Bundesärztekammer/Wissenschaftlicher Beirat der Bundesärztekammer (Hg.): Weißbuch Anfang und Ende des menschlichen Lebens, Köln 1988.

**Birge Krondorfer**

## Zur Suspendierung von Transzendenz
### Tödliches Betreiben und Unsterblichkeitswahn

Anläßlich der Ars Electronica (Linz) *Genetische Kunst – Künstliches Leben* formulierte Peter Weibel:
»Seit Turing wurde die Frage ›Was ist Leben?‹ zu einem Diskussionsgegenstand unter Computerwissenschaftlern. Leben verlor (wie das Gehirn) seinen ›natürlichen carbonbasierten Kontext‹. Auf die Geburt der künstlichen Intelligenz folgte das Konzept des künstlichen Lebens, sei es als ein Leben ohne natürliche Substanzen, als computersimuliertes dynamisches System mit reproduktionsfähigen, energie- und informationsaustauschenden, sich selbst erzeugenden, wie steuernden und wachsenden Zeichenketten (Zeichenwesen) in Bild und Ton, sei es auch in 3-dimensionaler materialer Ausführung (z.B. Roboter), sei es durch Interventionen im genetischen Code bis zu Organtransplantationen. In diesem künstlichen Kontext sind alte Träume der Menschheit wie Langlebigkeit, Modifikation der physischen Erscheinung wie der geistigen Fähigkeiten, Vorsorge vor Krankheit, Schutz vor inneren wie äußeren Fehlentwicklungen, Schaffung von Leben selbst, näher gerückt. Die künstliche Erzeugung von Leben kann von der Hardware- wie von der Software-Seite in Angriff genommen werden. Das Problem dabei ist, lebende Organismen aus nicht-lebendigen Elementen zu erzeugen. ... Künstliches Leben ist also nicht bloß die Simulation von Lebensvorgängen auf dem Computer ..., sondern die Idee, daß die ›Synthesis des Lebens‹, die künstliche Erzeugung des Lebens durch den Menschen nicht auf der Basis von Materie allein gelingen wird, daß es also erstens nicht natürliche Materialien ... sein müssen, und daß zweitens vor allem das Programm, die Software, das Leben von allen Naturphänomenen unterscheidet. Das Programm braucht Trägermedien ... Die Gen- und Organtechnologie, die Fortpflanzung durch Zellkern-Transplantationen, das Kloning von Tieren, Pflanzen und Genen, die Ersatzteilchirurgie – sie alle führen uns mit ihrer Kopulation von natürlichen und synthetischen, lebenden und nicht-lebenden Materialien bereits diese Zukunft vor Augen. ... Leben, Sterben, Unsterblichkeit, Fortpflanzung, Vererbung, Entwicklung, Evolution, Wachstum der Formen, Anpassung, all diese Begriffe haben durch die Computerkultur eine neue Bedeutung

erfahren. Sie verstärkt den Paradigmenwechsel in der Konzeption des Lebens, wie Stoff, Substanz und Mechanismen aus materialen Komponenten zu Code, Sprache, Programm, System, Organisation. Aus dem Umgang mit Computern wurde nämlich gelernt, daß die ›logische Form‹ eines Organismus von seiner materialen Basis getrennt werden kann und daß Leben eine Eigenschaft von ersterem und nicht von letzterem ist.« (1993, 9f)

Cool, sachlich und doch hoffnungsheischend, so stellt sich das also dar. Da gibt es keine Brüche, keine Fragen, kein Verstummen. Alles hat seinen logischen Verlauf, seine Option auf die Zukunft – ist dies die Erfüllung der menschlichen Träume?

Vilém Flusser schrieb in dem Buch *Nachgeschichte*:
»Alle Ereignisse in Wirtschaft, Politik, Technik, Kunst, Wissenschaft und Philosophie sind von unserem unverdauten Wissen von Auschwitz unterhöhlt. ... Das ist der wahrhaft revolutionäre Aspekt von Auschwitz: Es wirft unsere Kultur um. Das Absurde in den Mondfahrten, den genetischen Manipulationen, den neuen Kunstrichtungen ist, daß sie sich nach der Revolution ereignet haben. ... Das Ereignis ist unverdaut, weil wir unfähig sind, ihm ins Gesicht zu sehen, also zuzugeben, daß Auschwitz kein Verbrechen im Sinne eines Regelbruchs war, sondern daß die Regeln unserer Kultur dort konsequent angewandt wurden. ... Aber Auschwitz läßt sich nicht ... weg-erklären. Dort hat unsere Kultur ihre Maske abgeworfen. ... Nur kann man die eigene Kultur nicht verwerfen. Sie ist der Boden unter den Füßen. ... Denn wenn man die eigenen Modelle verwirft, wird alles unfaßbar. Modelle sind die Fallen, die dem Auffangen der Welt dienen. ... Somit bleibt uns nichts anderes übrig, als uns der verwerflich entlarvten Modelle weiterhin zu bedienen, das heißt weiter zu philosophieren, Musik zu machen, wissenschaftlich zu forschen, uns politisch zu engagieren, kurz, trotz Auschwitz weiter fortzuschreiten. Trotz Auschwitz, aber nicht so tuend, als sei nichts geschehen. Denn sobald man versucht, so zu tun ..., dann passiert Fürchterliches: Auschwitz verschiebt sich aus der Vergangenheit in die Zukunft ... Ist doch das Monströse an Auschwitz, daß es ... die erste Verwirklichung einer Anlage im Programm des Westens, daß es der erste perfekte Apparat war. ... Überall schießen Apparate wie Pilze aus dem morsch gewordenen Boden, wie Pilze nach dem Auschwitzer Regen. ... Alle sind sie ›schwarze Kisten‹, innerhalb welcher Mensch und Maschinen wie Getriebe ineinandergreifen, um Programme zu verwirklichen. ... Sie funktionieren alle aus innerer Trägheit, und ihre Funktion ist Selbstzweck. ... Diese Apparate sind im Programm des Westens angelegt. Die

dem Westen eigene Fähigkeit, alles ... aus objektiver Transzendenz zu erkennen und zu behandeln, führte im Verlauf der Geschichte zur Wissenschaft, zur Technik, letzten Endes zu den Apparaten. Die ... konkrete Verwandlung der Juden zu Asche, ist nur die erste der möglichen Verwirklichungen dieser Objektivität, nur die erste und darum noch brutale Form der ›sozialen Technik‹, die unsere Kultur kennzeichnet. Wenn wir vor ihr die Augen verschließen, werden sich in Zukunft die Apparate verfeinern. Aber sie werden bleiben, was sie ihrem Wesen nach notwendigerweise sind: Instrument der Verdinglichung des Menschen, das heißt eben Vernichtungslager. Das Programm des Westens enthält neben Apparaten andere, bisher unverwirklichte Möglichkeiten. In diesem Sinn ist das ›Spiel des Westens‹ noch nicht beendet. Aber all diese Möglichkeiten sind von Apparaten infiziert, sind von ihnen in Frage gestellt. Daher können wir uns nicht guten Glaubens an weiterem Fortschritt engagieren. ... Wenn wir trotzdem fortschreiten, dann tun wir dies ›bösen Glaubens‹. ... Unsere einzige Hoffnung ist auf das Unterbinden der Verwirklichung unseres Programms und der Aufrichtung des apparativen Totalitarismus gerichtet. Das ist das Klima, in dem wir leben.« (1993, 12ff)

Quod erat demonstrandum. Damit ist alles gesprochen. Spiegelnd lassen sich die beiden Auszüge ineinander lesen und stellen die Konstruktion unserer Apotheose dar. Es betrifft nächstens die Fragen: Was ist zu tun; kann überhaupt noch etwas getan werden? Welcher Standpunkt, welche Kategorie erlaubt die Formulierung von Kritik, die nicht in moralischer Besserwisserei in wohltemperierten Räumen sich's einzurichten weiß? Oder, wie Slavoj Žižek (der Lacanianer) bemerkt, ist der Aufklärung seit Beginn ein fataler Defekt inhärent? Kants »Räsoniert, soviel ihr wollt, und worüber ihr wollt; nur gehorcht« führte dazu, daß Wahrheit im Namen der Effizienz suspendiert wird: »Die letzte Legitimation des Systems besteht darin, daß es funktioniert. Wir sind Opfer der Autorität dann, wenn wir glauben sie getäuscht zu haben. Die zynische Distanz ist leer, unser wahrer Ort ist das Ritual des Gehorchens. ... Im Gegensatz zu dem, was uns die Medien andauernd einreden wollen, ist der Feind heute nicht der ›Fundamentalist‹, sondern der Zyniker – selbst eine bestimmte Form des ›Dekonstruktivismus‹ hat am universellen Zynismus teil, indem sie eine noch raffiniertere Version der cartesianischen ›provisorischen Moral‹ vorschlägt: In der Theorie (in der akademischen Schreibpraxis) dekonstruiert soviel ihr wollt und was ihr wollt, aber im täglichen Leben spielt beim gerade dominierenden gesellschaftlichen Spiel mit.« (Žižek 1993, 13f)

## Verschwinden der Differenz

Können wir der zunehmenden Kapazität einer ebenso verengten Kontingenz wie entgrenzten Komplexität bloß durch sichernde Reduktionen und fatale Sprachlosigkeit entgehen? Die angetragene Zumutung aushalten, eine Position des Ungehorsams, des modellhaften Ungewöhnlichen zu behaupten, wo doch schon jedes Kind weiß, daß *das* nicht funktioniert? Eine diffuse Angst vor Selbstaufgabe läßt systematische Adäquanz als einzig gesicherte Armut zu. Sich einschmiegen, sich zum (Er)Brechen biegen. Das Innengehäuse pflegen, um dem Gestell ästhetisch zu entkommen. Verbaut scheint allein schon der Gedanke an ein Außen, an Vorstellungen und Anschauungen einer Systemtranszendenz zu sein. Pejorativ wird politisches Handeln unterm Verdikt bedacht, der eigenen Reflexion nicht gewachsen zu sein. Die Immanenz der Welt, die Produktion der Dinge und die Machbarkeit des humanen Selbst implementieren, daß wir in einer Art Friedhofsgesellschaft für Widerstand leben. Das Denken von Alternativen wird als ›alternativ‹ abgewimmelt, weil der Gebrauch einfacher Vernünfte obsolet wirkt. Der Verbrauch der Zeit liegt im trüben Versuch der Selbsteinholung, die umgekehrt als überholt gilt. Die Politur als garnierte wie gegarte Vermittlung heißt heute Fernsehen (bis in den Zellkern) – bei Vernebelung der Na(c)hsicht. »Konsum – ergo sum« ist die Devise, deren Dilemma sich eben gerade darin aufzuheben scheint, daß *con-sum* auch mit-sein heißt.

Differenz ist ein Tabu und Pein(-lich); Segregatisierungen und Segmentierungen hingegen wird gefrönt. Differenz wird als Verdrängtes effizient verdrängt. Durchgesetzt hat sich – wenn man es so sehen will (und nicht nur *man* scheint das offensichtlich zu tun) – der Egalitärismus. Der Auflösung der Geschlechterdifferenz im Labor kommt weiland die aktuelle Debatte der feministischen Entleiblichungsthese entgegen: konform der technischen Formation. Aber auch das macht rein gar nichts, denn es sind ja nur die Taten, die da tun, und selbst die sind Untaten durch unsere Diskursinterpretationskompetenz. Hier tanzt nicht mehr die Rose im Kreuz, hier ist nicht mehr die Rose eine Rose eine Rose, hier ist alles kulturell bedingtes Gerede. Kontingent und künstlich (– obwohl gerade das sich auschließt –) und ins Belieben eines einfältigen Leibes gerückt, der als zugefallener Körper allzeit disponibel, respektive kompatibel ist. In gewisser Weise ist das ein Abgesang an den ontologischen Riß, den der Begriff von Transzendenz zur Vorgabe hat. Das Aufgeben von Transzendenz als Differenz ist uns eingebläut, um eben die transzendentalen Voraussetzungen aller Konstruktion zum *flatus vocis* gerinnen zu lassen. Zwischen Arbeiten an sich, Herstellen von/aus sich und Handeln für uns scheinen, nach Hannah Arendt (1989), doch Trennungen vonnöten, um überhaupt noch zwischen Zwang und Freiheit unterscheiden zu können: unter Berücksichtigung ihrer Verbindung, in Rücksicht auf Handlungsfähigkeit.

Konstruktivismen dienen der Komplexitätsreduktion, die – so Peter Heintel – nach der transzendentalen Vernunft der Konstruktion nicht mehr fragen. Der Prozeß der Konstruktion (von Körpern, Institutionen, Denkmodellen, Systemen aller Un/Arten) ist ungleich dem Effekt der Konstruktion. (Berühmtes Beispiel ist die Zauberlehringsgeschichte.) Da die Wirklichkeit in ihrer abstrakten Allgemeinheit von uns nicht auszuhalten ist, wird sie reduziert und Widersprüche werden eliminiert. Konstruktivismen, wie rationale Modelle, die Sicherheit garantieren und in Wissenschaftszusammenhängen motivationsfördernd sind (Stichwort: Spezialisierung), oder Gefühlsreduktionen, die durch hierarchisierte Autoritäten, schnelle (abstrakte) Entscheidungen und verursachte Ängste funktionieren, aber auch ›Erweiterungen‹, z.B. Zusatzhypothesen, neue Normen, Aurabildungen, die zur Selbstverkomplizierung (von einzelnen bis zu Systemen) führen, – dies alles geschieht zum Behufe der Komplexitätsreduktion. Diese gelingt auf den verschiedenen Ebenen: ideologisch, organisatorisch, funktional und emotional, indem Probleme zugeteilt und andere damit abgeschottet werden. Zur Vermeidung des Selbstopfers sichert man sich durch Systemanpassung ab. Diese Versicherungen von/vor/in Komplexität führen über alle Momente zur Selbstbeschäftigung der Institutionen. Für die einzelnen, als die Besonderen, bedeutet das immer eine Verengung, die, wenn sie mit der Wirklichkeit verwechselt wird, Verletzungsgeschichte ist.[1]

So nimmt es nicht Wunder, wenn zur verfügbaren Erträglichkeit der Begriff des Lebens selbst, immer mehr zur moderaten Metapher gewunden wird. Widersprüche werden als lediglich hergestelltes Anderes reflektiert und damit scheinbar eliminiert. Das Ende der Geschichte wird konstruktiv adaptiert, und die Heterogenität der unvorhergesehen Enden ebenso wie die prinzipielle Unendlichkeit wird geleugnet.

Die Position der Theorie gegenüber dem System steht also heute zur Prüfung an. Hat Wissensbildung als regulative Idee endgültig ausgedient? Dabei steht die Reflexion von Wissenschaft als *ein* Modell und seiner Organisation selbst zur Disposition. Alle Organisationen aber haben bislang keine Differenz zugelassen. Dieser »absolute Immanentismus« (Gubitzer/Heintel 1994, 13), der Universitäten, Medien, Technik, Ökonomie und Politik beherrscht, sowie das Faktum, daß wir alle »Systeminsassen« (Heintel 1993, 20) geworden sind, bedeutet den »Verlust des Außen« und damit den Verlust der Handlungs- und Gestaltungsfähigkeit. Wie ist Systemtranszendenz möglich? Läßt sich eine Praxis der Visionen noch konstituieren? Vielleicht durch ein konkret Allgemeines, das weder in Fundamentalismen noch Beliebigkeiten – eine Dynamik des abstrakt Allgemeinen – sich verspielt, in welchem auch die/der einzelne in ihrer/seiner Differenz Sinn ›macht‹. Im sogenannten freien Spiel der Kräfte, welches proliferativ von der Verantwortung für selbstproduzierte Geschichte/n enthebt, dürfte dies kaum wahrnehmbar und wahrgebbar sein. Nicht so sehr Bewußtheit über Eingriffsfähigkeit – und diese selber ist weniger eine Sache von individuellem Einsichtsvermögen, da steht der von uns ermächtigte Selbstlauf der Geschichte und die korrespondierende subjektive Hilflosigkeit davor – wäre angebracht, vielmehr Bewußtheit über »solche alternative Organisationsformen neuer kollektiver Konzentrationen«, oder eine neue »Organisationsbewußtheit«. (Berger/Pellert 1993, 11) Diese dürfte nicht wie gewohnt auf Verengung, Ausgrenzung und Eliminierung von Anderen/m, sondern auf Begrenzung der Bedürfnisse in/auf ein Maß »ohne Namen« (Aristoteles) setzen (Berger 1993, 248). Das geht weder im Rückgriff auf Kategorien der Natur, noch im Vorgriff auf Fortschrittsgeschichte. Die Wunde des Problems liegt darin, daß bisherige Konzepte ein Allgemeines voraussetzen, das angesichts der Entkoppelung von Allgemeinem und Besonderem in der technologischen Kultur abstrakt bleiben muß. Eine »Ethik des Besonderen« (Berger 1993, 241) wäre, emphatisch gesprochen, ein Offenlassen eines immer erst zu konkretisierenden Allgemeinen. Der Grundcharakter der post/modernen Universalisierung hingegen heißt Entgrenzung und Beschleunigung: »Universalisiert wird ein Abstraktum (ein bestimmtes Menschenbild), innerhalb dessen sich Inhalte derart vervielfältigen, daß von den Inhalten her keine Verallgemeinerung mehr möglich ist.« (Berger 1993, 240)

Allgemeine Imperative finden kein Gegenüber im gesellschaftlichen Raum, das sie legitimieren könnte oder praktisch werden ließe. Wirkliche Möglichkeiten, Inhalte zu einer gültigen Verallgemeinerung zu setzen, scheitern, weil das abstrakte Allgemeine jedmöglichen Inhalt zuläßt. Das ist die Kehrseite einer Pluralität, die sich suggestiv als Freiheit wertet, wo sie als Demokratie schon entleert ist. Im gesellschaftlichen Kontext gegeneinander gleichgültiger Gruppen und Individuen wäre dagegen als Modellbildung das Besondere zum Ausgangspunkt zu nehmen: Kunst der Differenzen gegen die Herrschaft der (ökonomischen und technischen) Universalisierung – ohne ein substanzielles Moralsubjekt vorauszusetzen. Praxis, gegen den Verlust des Politischen, ist somit mehr als die Anwendung von Wissenschaft.

**Geburten und Codierungen**

Gegenwärtigkeit ist der Immanenz (in unzähligen Formen von Repräsentation) gewichen. Der Text des Lebens unterliegt nach Dechiffrierung des genetischen Codes der Herstellungslogistik; die Existenz ist ihrer Voraussetzung und Nachsicht über Transzendenzvermögen beraubt und kann von daher gar nicht mehr als diese beschrieben werden. Wie, wenn nun dieser *Fakt als fake* mit der, ja darf man denn das noch sagen, männlichen Todesbewältigung, respektive Nichtbewältigung Hand in Hand ginge, wenn das tödliche Betreiben, das angeblich neues Leben schöpft, mit dem Unsterblichkeitswahn-sinn zu tun hätte? Wenn das Begehren nach Transzendenz eben nicht wie gewohnt sich vom Tod her andenken ließe, sondern von Gebürtlichkeit? Vielleicht ward und wird, da das Leben vom Tod her aufgespannt wurde, dadurch der Transzendenzverlust inthronisiert? Welchem Erbe huldigen wir, bei dieser Enterbungsmaschinerie? »Nicht ist Technik zum Organ des Menschen geworden, sondern dieser zur Funktion des Ge-stells. Ist aber menschliche Identität erst einmal zur Genidentität geschrumpft, so steht der Verwirklichung des Traums von der Unsterblichkeit nichts mehr im Wege: der Auferstehung ex machina.« (Bolz 1989, 275)

Hat das ›anthropologisch‹ offenbar unbewältigte Trauma der Geburt mit diesem Traum verschlungen zu tun? Die Hypothesen der Psychohistoriker, daß traumatische Primärerfahrungen elementare Voraussetzungen jeder sozialen Synthesis sind (DeMause 1989), wären hier auf die Kategorie der technischen Synthesis zu übertragen – zumindest im Sinne der Dialektik von Sozialtechnik bzw. Techniksozialität. »Jeder Mensch, so argumentieren sie (die Psychohistoriker, B.K.), werde in den Monaten vor und nach der Geburt in einen allerhöchst intensiven Strudel widersprüchlicher Empfindungen hineingerissen: heftiger Wünsche einerseits nach Aufrechterhaltung der pränatalen Einheit mit dem mütterlichen Schoß, nicht minder heftiger Wünsche andererseits nach Befreiung aus der engen uterinen Höhle. Diese primäre Ambivalenz bilde gewissermaßen eine transkulturelle Matrix menschlicher Sozialisierungspraktiken; den Widerspruch zwischen Geborgenheits- und Freiheitswünschen, zwischen Sicherheits- und Emanzipationsidealen können wir niemals endgültig auflösen, sondern allenfalls auf die meisten Liebes- oder Freundschaftsbeziehungen, Gruppen und Organisationen übertragen, in denen wir – auch als erwachsene Menschen – leben und arbeiten.« (Macho 1993, 7f)

Diese elementaren Ängste vor ›abkünftigen‹ unsäglichen Ankömmlingen und Hoffnungen auf zukünftige diskursiv bestimmte Abkömmlinge erzeugen in spezifischen Sozialformen bestimmte technische Formationen. Die Potentialität einer Neucodierung des Biobaukastens (bzw. des biologischen Mülls, der Mensch als Mangelwesen soll ›gen-esen‹) entspricht fatal dem Motiv der Schrift, die immer schon die Überwindung der Sterblichkeit des einzelnen bedeutete. Die Welt und der Leib als Lektüre macht den Menschen zum Lektor seiner selbst. Formation und Information sollen defekte Schaltkreise eines fungiblen Selbstorganismus heilen, sollen von und vor der Bloßheit der Geburt retten, die sich der Herstellung bisher entzogen hat. Die ontologische Differenz wird – so könnte besagt sein – als binärer Code konstruiert. Als Leben oder Tod, als Gut oder Böse hat sich diese Form des Seienden als Sein, als Etwas oder Nichts, auf einer Projektionsfläche de-generiert, die alles als Projekt identifiziert und sich so seiner Bedingung, Bedingtheit der Natalität, entheben will. ›Mater‹ als Matrix und Matrize ist bestenfalls als Hardware zu verzeichnen oder als der energetische Schaltkreis, ohne den gar nichts läuft. Gen- und Reproduktionstechnologie als die Wissenschaft von der produktiven Selbstverdinglichung des Menschen implantiert diesen als das Ding im Schaufenster, sprich Reagenzglas, dessen phantasmatische Ganzheit den Mangel sterblicher Ab- und Zufälle buchstäblich sublimiert. Ein Konsumding, das eine Vollkommenheit vorgaukelt, die der Vom-Weib-Geborene nie ist. Ob der bislang unerlöste Mangel sich soweit substituieren kann, daß er in der Selbsterstellung ein Ende findet? Der selbsthergestellte mutterlose Mann als seine eigene verkörperte Frage? (Ob die dann noch übriggebliebenen Frauen, bzw. das, was von ihnen noch übrig bleibt, die Antwort sind, die er schon immer hören wollte, sei hier und jetzt mal dahin gestellt.) Ein Sein in jedem (der dann) Fall (ist) wird hinlänglich entschwunden sein, welches die Angewiesenheit auf Anderes heißt, nämlich Abhängigkeit von unbestimmbarer Herkünftigkeit sowie unbestimmter Hinkünftigkeit: in dieser Bedeutung also von den Realmetaphern Weiblichkeit und Tod. Diese als Fremdheit wurden, wie alles Fremde, bisher immer inhaliert oder vernichtet, bestenfalls auf die Zäune zur Wildnis gebannt. Letztere dürften nun endgültig am Verschwinden sein.

Da sich Angewiesenheit, Abhängigkeit und Endlichkeit aber niemals auflösen, abschaffen lassen – die neue Abhängigkeit wäre dann die von Technologen, Keimen und Metallen –, wäre das, was als Selbstregulierung gepriesen wird, nur eine Gegenabhängigkeit von sich selbst, die dann einsam schon im sogenannten Leben sein wird, wo sie jetzt im »jede/r stirbt für sich alleine« angelegt ist. Der klinische Tod, als Tod in der Klinik, wird dann zum klinischen Leben, als Leben in der Klinik. Die Subjektwerdung als Täuschung im und ums Ganze im Bild des Spiegels (Lacan) wäre dann global und je partialisiert eingelöst. Die Illusion: ›ich bin der ich sein werde‹ würde zur Fiktion: ›ich werde der ich sein möchte sein‹. Als Frei(e)zeit wird patentiert, was als Angewie/sen/dert/heit auf und aus sich selbst mutiert: Eine Vorstellung von Monstren, die sich eigens anglotzen, ohne je eigen gewesen zu sein, da ihnen die Ankunft als Abkunft von der anderen abgeht. Ab-ort ex-akt.

Wenn einer beispielsweise meint, daß die Frauen das Zur-Welt-Kommen lernen und die Männer das Zur-Welt-Bringen lernen müssen, so ist das, diese »Natur-poiesis-Kontinuität« (Sloterdijk 1989, 154), so gut gemeint, so schlecht getimt. Denn genau dieses ist im Gange – wenn auch nicht im Sinne einer philosophischen Gynäkologie, die das Öffentliche als Nichtuterus, Lichtung und Aufklärung, als Entbergung der Ankunftsfähigen begreift und damit Kultur noch als neugeburtlichen Prozeß sehen kann, – als phantastisches Selbstgeburts- und Gebärprojekt. Doch wenige Zeilen weiter heißt es auch hier: »Unnötig zu sagen, daß das nicht die Gangart des modernen Zivilisationsprozesses ist. Diesen ... treibt die Flucht der Technik vor dem Offenen voran. Sie bringt ihre Produkte nicht im eigentlichen Sinn ›hervor‹, sondern ist ihrem Herstellungsmodus nach ein mutterloses Herbeizwingen von Sachen, die funktionieren. Nach der Seite der Mittelverwendung hin, ist die technische Technik abbauende Konsumtion, nach der kinetischen Seite hin, eine aggressive Mobilmachung, nach der Seite des In-die-Welt-Setzens eine Monstrenerzeugung durch Monstren.« (Sloterdijk 1989, 156) Scheinbar ist letzteres so irreversibel wie der Tod selbst, der eben der Öffentlichkeit entzogen, nur noch privatisiert gehandelt wird. Tote spenden Leben, und Leben soll unsterblich, also tot werden. Die innerweltliche Bewährung in Form der protestantischen Leibfeindlichkeit wird zur innerkörperlichen Bewahrung des Kapitalstroms in Form desinteressierter Partialisierung fürs diesseitige Weiterleben (– zu dem man dann den anderen letztlich tauscht; zynisch: deine Leber in mir ...).

**Entwirklichungen**

Doch ist jede Anstrengung, den Tod zu überwinden, letztlich vergeblich, wo er abgeschafft werden soll, tötet er das Leben. So gesehen wäre die ›Eroberung des Lebens‹ ja geradezu ein affirmierender Pleonasmus, der gegen die Gesundungserhaltung in Form der Kapitalvermehrung zu wünschen übrig geblieben wäre. Die Geschichte des Menschen mag sich als die Geschichte seiner Auseinandersetzung mit dem Tod begreifen lassen, doch stellt sich diese Reperspektive insofern als nahe Unzulänglichkeit dar, weil sie ausschließlich von der Bewältigung der Insuffizienz ausgeht und Transzendenz als bzw. im Jenseits – unmenschliches Außen – anzusiedeln vermag. Das synthetisierte Humaneske hat zwar die Befreiung von/der Natur und den Zwang zur gesellschaftlichen Freiheitsidolatrie gebracht, aber als bodenlosen, eben digitalen Selbstentwurf, der die Differenz von Subjekt und Objekt vertun will. Der ›Kern‹ der Sache, die Selbstentsubjektivierung auch in der Theorie, unterschlägt nicht nur die statthabende Entkernung leiblicher Restidentifikation, sondern auch die damit einhergehende Entwürdigung des Individuums – in einer nur funktional differenzierten hierarchischen Ordnung – als welche Figur auch immer. Die hydraulische Köpfung der Souveränität eines einheitstiftenden Supersubjektes, wofür sich gerade Frauen berechtigt ins Zeug legten, hat umgekehrt die Hydra unzähliger weißer Meisterkittel auf den Plan beschworen, die jetzt mit Messerchen und Gäbelchen die Lebenssuppe spießen und schneiden. (Wer diese Brühe auslöffeln muß, ist so klar, wie die Klöße, die dabei im Hals stecken bleiben.) Usurpiert wird ein ANFANG, der – *jetzt* ent-schuldet – zur Rechtfertigung der Tatsachen herhält. Der somit schuldbefreite Knabe knabbert lieber seinen eigenen nach außen gesetzten Leib und den seiner L/Eidgenossen an, als die letzlich unbeherrschbare Geburt abzuwarten. Vom ›motivierten‹ Eingreifen in das weibliche Leibliche, leibliche Weibliche nicht zu schweigen.

Tendenziell hat sich damit die männlichmenschliche Geschichte in die Abstraktion zwischen Selbstvergöttlichung und ver/gebrauchtem Geschöpf verflüchtigt. Die Frage steht an, ob es bald soweit ist, daß es um die Selbstverwirklichung der Mittel geht. (Wirklich angedeutet wurde dies bereits bei dem Linzer ›Arsen‹, wo lautstark darüber nachgedacht wurde, ob und ab wann man artifiziellen Wesen Bürgerrechte zusprechen sollte/könnte.) Der politische Raum als Bürgerrecht, das Lebendige hingegen von seinem Anfang her aufspannen, heißt: aus eigener Initiative etwas Neues anfangen, handeln.

»Weil jeder Mensch auf Grund des Geborenseins ein *initium,* ein Anfang und Neuankömmling in der Welt ist, können Menschen Initiative ergreifen, Anfänger werden und Neues in Bewegung setzen. ... Es liegt in der Natur eines jeden Anfangs, daß es, von dem Gewesenen und Geschehenen her gesehen, schlechterdings unerwartet und unerrechenbar in die Welt bricht. ... Die Tatsache, daß der Mensch zum Handeln im Sinne des Neuanfangs begabt ist, kann daher nur heißen, daß es sich aller Absehbarkeit und Berechenbarkeit entzieht, daß in diesem Fall, selbst das Unwahrscheinliche noch eine gewisse Wahrscheinlichkeit hat ... Und diese Begabung für das schlechthin Unvorhersehbare wiederum beruht ausschließlich auf der Einzigartigkeit, wodurch jeder von jedem ... geschieden ist, wobei aber diese Einzigartigkeit nicht so sehr ein Tatbestand bestimmter Qualitäten ist oder der einzigartigen Zusammensetzung bereits bekannter Qualitäten in einem ›Individuum‹ entspricht, sondern vielmehr auf dem alles menschliche Zusammensein begründenden Faktum der Natalität beruht, der Gebürtlichkeit, kraft deren jeder Mensch einmal als einzigartig Neues in der Welt erschienen ist.« (Arendt 1989, 166f)

Diese heute fernweg klingende Sichtweise, weise Sicht bringt hier in zweifacher Hinsicht die ›Entgabung‹ zur Anschauung: Nicht der Tod verbindet als Auf- und Abspannung im Ewigen zeitlose Selbstbefähigung, sondern die Entbindung verspricht die Menschwerdung als Übergabe und Möglichkeit des jemeinigen Anfangs: in der politischen Verbundenheit mit anderen, die sich vom hergestellten Beginn wesentlich unterscheidet. Zumindest könnte das gut so gesagt sein. Wäre da nicht noch das Problem, daß es die Tendenz eines jeden ›Individuums‹, jeden Modells ist, sich *total* zu realisieren, sich als Teilwirklichkeit alle andere Wirklichkeit einzuverleiben. Einzelheit kann aber in keinem Fall Mustermodell für alle sein. Handlungsmodelle sind somit immer sozial getroffene Entscheidungen. Nun kann man sagen, daß die männliche Teilwirklichkeit sich in Unterwerfung aller anderer Wirklichkeit universalisiert hat.

»Man muß gut unterscheiden lernen: was an Organisation und institutionellem Aufwand bedarf es, um einem Modell Wirklichkeit zu geben, was davon dient der Abwehr jener Wirklichkeit, die gegeben und vorhanden sich der Teilwirklichkeit des Modells entgegensetzt. (Wenn z.B. in einem Modell die Überwindbarkeit des Todes Grundprämisse ist, muß zum Beweis dieser ›Teilwirklichkeit‹ ein ungeheurer Apparat gegen die Realität des Todes aufgebaut werden; jede Klinik beweist diese Tatsache.«) (Heintel 1993, 40)

Die Überwindbarkeit des Todes einerseits und die Motorik der Ersetzung der mütterlichen Abhängigkeit andererseits – als Grundprämisse, Primärmotiv männlicher (und nicht nur politischer) Organisation – bedarf zum Beweis ihrer selbst eines ungeheuren Apparates gegen diese Realität, die noch das Magische in die Technik anweist. Der Versuch, Unabhängigkeit und Unsterblichkeit zu organisieren, ist makabre Unendlichkeit im Sinne des Verschlusses von/vor unberechenbaren Neuankömmlingen. Die unbegreifbare Sterblichkeit soll zur begreifbaren geschaffenen Welt (– wo niemand verschwindet oder alle –) inszeniert werden, die, wie zusehends zu bemerken ist, entwirklicht wird und in potentielle Selbstvernichtung umschlägt. Das bedeutet auch, den Tod als prima causa anzusehen und führt geradewegs weg vom Lebendigen, als das lediglich Replizierte auf Sei-Endes. »Aber vergessen wir nicht, die Welt unserer Produkte ist deshalb schon ›unsterblich‹, *weil* sie eine tote Welt. ist. Die Raserei der Produktion zeigt somit die Aussichtslosigkeit dieses Vorgehens. Man bekämpft den Tod durch Totes und produziert dabei immer mehr realen und potentiellen Tod.« (Heintel 1983, 29) Der Trugschluß, durch Universalisierung technischer Mach-, Rat- und Tatbarkeit sei alles gegensatzlos aufgehoben, führt/e geradwegs in immanente Zerreißproben und dabei zur Schwierigkeit, in eben diesem Innen eine Systemtranszendenz einzurichten. Subsysteme als das Außen im Innen müssen selbständig erhalten werden dürfen, nicht schon bei zaghaftem Widersprechen und Widerstehen auf ihre Eingebundenheit mit dem Gesamtsystem verworfen werden (vgl. Heintel 1993).

**Verrichtungen des Selbst**

Die Antwort auf die tiefe Frage, inwiefern jede Seinsdialektik als eine von Identität und Differenz von ihrem Wesen her immer schon technisch gelöst wurde, daß also die anthropologische Differenz *auch* eine technische ist, der mit Mimesis eben nicht beizukommen war, kann jetzt nur noch angedeutet werden: ausschließlich in Anpassung an die Natur ist kein Da-Sein. Wesensdifferenz setzt sich als Bemächtigung, Herrschaft ist durch den Aufbau von Zwischenwelten, die die Vermittlung zwischen Sein und Wesen darstellen, zu leisten. Erste Technik als Konkretisierung dieser Mittelung, das Werkzeug – synthetisierend, aber nicht wertneutral – begründete reale Veränderungen: geistige Werkzeuge, Zwischenwelten wie Medien, Schrift, Maßstäbe der/als Vernunft. Durch solcherart

Entwicklung von artifiziellen Gegenwelten (wie Hochkulturen) kann sich Können und Macht nach außen gesetzt veranschaulichen und wiederfinden. Die Differenz der Menschen im Seienden ist im Sinne ihrer Aufhebung durch Bemächtigung als technischer Umgang mit allem Seienden in diesem selbst begründet, sie ist nicht bloße Verstandeskonstruktion, die nur mit Schein und Erscheinungen operiert. Daß Technik sich inzwischen selbst widerlegt, ist evident verdrängt. Eine Selbstauslegung, die Ursprungsdifferenz zuließe, ist jedoch nicht in Sicht. Die Macht der Abstraktion besteht immer in der Vergabe von partiellem Tod – wie weltweit ›dran geglaubt‹ wird. Entfernung von der Natur bedeutete ebenso die Entdeckung der Differenz unter ›unsersgleichen‹. Die Angst vor dem Nichts tat sich mit der Seinsdifferenz auf. Logik als die Ontologie und Verstandesmetaphysik bekamen reale Schutzgestalt in technischer Qualität und weltgeschichtlicher Wirklichkeit, die Widersprüche verdrängt, weil sie dafür kein Organ hat. Natur soll nur noch funktionieren und nach Gesetzen kontrollierbar sein. (Was sie sonst noch ist, ist von interesselosem Mißfallen: Frauen wurden beispielsweise aus einer Naturbegrifflichkeit als ihr Sein in der Moderne entlassen – aber dafür wollte noch keine Organisationsform gefunden werden.) Technik ist somit die Fortsetzung von Kommunikation gegenüber der Natur: Entwertung zur bloßen Materie, nicht so strebsam, aber auch nicht sterblich wie der Mensch; für sich gilt sie nichts, bloß als Zweck der/für Menschen. Im Verlauf der Zivilisationsgeschichte ist Technik in indirekter Kommunikation immer schon da. Aber die ausnehmend technisch angewandten Wissenschaften stellen ihre Realität selber her und verkünden dabei, daß diese Realität die Wahrheit eben ist. Eine ältere Dialektik, die Prozesse berücksichtigt, das Besondere in Schutz nimmt, kommt aus Formen direkter Kommunikation. Das Nichts im Sinne der Selbstvernichtung als letzte Seinsaffirmation steht uns bevor, wenn die aus ihm gesetzten Widersprüche nicht erkannt und real genützt werden (vgl. Heintel 1991).

Hieran schließt die Organisationsaufgabe – sich »alter« Abhängigkeiten zu erinnern – an, um die *frei* gewordene Willkür des Verstandes zu steuern: Bewußte Geburtsabhängigkeit – gegen Atom, Bit und Gen, die als relationale Substanzen erscheinen, in welchen die Vermittlung von Substanz und Subjekt bereits manifest geworden sei. Technik als dominante Selbstauslegung, in der *er* real sich wiederfinden kann. Wir leben in einer Welt körpergewordener Experimente. Genau das garantiert noch in einem paradoxalen Zynismus das Überleben aller gesellschaftlicher ›Arten‹: von Frauen, Kindern, Schwarzen, Homosexuellen. Das ist der formelle Höhenflug aller Kategorien, das Recht auf üppigen lifestyle, der das Ende des ›Natürlichen‹ bestätigt. Das Leben ist jedoch nicht reduzierbar auf Rechtsfragen und das Revival unmenschlicher, nämlich biogenetischer Formen. In dieser Art der Verlängerung des Lebens liegt der Tod, nicht das Überleben, das künstlich ist. Nur im Preis des Mangels an Leben, an Sterben ist sich der Mensch gewiß zu überleben. Gegenwärtig sind es die Lebenden, die lebendig in das Überleben einbalsamiert werden. »Sobald das Menschliche nicht mehr in Begriffen von Freiheit und Transzendenz definiert wird, sondern in Genbegriffen, erlischt die Definition des Menschen und folglich auch die des Humanismus.« (Baudrillard 1994, 348)

Diese gewollte Unsterblichkeit heute – als experimentelles Ausbleiben des Schicksals – wird zu einer negativen Unsterblichkeit dessen, was kein Ende nimmt und sich infolgedessen unendlich wiederholt. »Man kann den Tod auch auslöschen, indem man unzerstörbare Lebensprozesse erschafft; genau das, was wir tun, wenn wir die Unsterblichkeit in den anatomischen, biologischen und genetischen Prozessen zu erschleichen suchen. Auf ihre undifferenzierten Formen, sei es durch die Reduktion auf die kleinsten und einfachsten Elemente zugerichtet, werden die Lebensprozesse unzerstörbar, und gerade durch den Automatismus dieser unzerstörbaren Prozesse löschen wir, diesmal sanft und gewaltlos, den Tod aus.« (Baudrillard 1994, 350)

Im Sinne einer Illusionendämmerung würden wir bloß noch vor uns hinklaren. Die Versöhnung mit der selbstgemachten Natur entspricht einer Unversöhnlichkeit mit uns selbst. Die Ausgeburten gegen das Sterben haben nichts gemein mit der Natalität, die Alterität erst entwickelt. »Denn was immer Menschen tun, erkennen, erfahren oder wissen, wird sinnvoll nur in dem Maß, in dem darüber gesprochen werden kann. ... Sofern wir im Plural existieren, und das heißt, sofern wir in dieser Welt leben, uns bewegen und handeln, hat nur das Sinn, worüber wir miteinander ... sprechen können ...« (Arendt 1989, 10f) Dieser Sinn sei vornehmlich Gegenstand der Frauen, die als bislang Ausgeschlossene ehestens noch Systemtranszendenz in die Gegenwartung setzen können.

## Anmerkung

1 Nach Peter Heintel in einem Gespräch im September 1994.

**Literatur**

Arendt, Hannah: Vita activa oder Vom tätigen Leben, München 1989.
Baudrillard, Jean: Überleben und Unsterblichkeit; in: Dietmar Kamper/Christoph Wulf (Hg.): Anthropologie nach dem Tode des Menschen, Frankfurt/M. 1994.
Berger, Wilhelm/Ada Pellert: Einleitung, in: Dies.: (Hg): Der verlorene Glanz der Ökonomie. Kritik und Orientierung, Wien 1993.
Berger, Wilhelm: Begrenzung und Entgrenzung. Menschliche Bedürfnisse als ethisches Problem, in: Wilhelm Berger/Ada Pellert (Hg.): Der verlorene Glanz der Ökonomie. Kritik und Orientierung, Wien 1993.
Bolz, Norbert: Der geklonte Mensch – Der letzte Mensch, in: Alexander Schuller/Nikolaus Heim (Hg.): Der codierte Leib. Die Zukunft der Vergangenheit, Zürich – München 1989.
DeMause, Lloyd: Grundlagen der Psychohistorie, Frankfurt/M. 1989.
Flusser, Vilém: Der Boden unter den Füßen, in: Ders.: Nachgeschichte. Eine korrigierte Geschichtsschreibung, Bensheim – Düsseldorf 1993.
Gubitzer, Luise/Peter Heintel: Zur Stellung ökonomischer Theorie und alternativer Modellbildung, in: Alternative Ökonomie (Kurswechsel 1), Wien 1994.
Heintel, Peter: Beschleunigte und verzögerte Zeit, in: Uwe Arnold/Peter Heintel (Hg.): Zeit und Identität. Erinnerung an Jakob Huber. Klagenfurter Beiträge, hgg. von Thomas Macho/Christoph Subik, Wien 1983.
Ders.: Skizzen zur »Technologischen Formation«. Heinz Hülsmann zum 75. Geburtstag, (Typoskript) Klagenfurt 1991.
Ders.: Alternative Modellbildung in der Ökonomie, in: Wilhelm Berger/Ada Pellert (Hg.): Der verlorene Glanz der Ökonomie. Kritik und Orientierung, Wien 1993.
Macho, Thomas H.: Wiedergeburtsmetaphern und Vereinigungsphantasien. Überlegungen zur Mythomotorik Europas (Typoskript), Stadtschlaining 1993.
Sloterdijk, Peter: Die Zweite Alternative: Poiesis, in Ders.: Eurotaoismus. Zur Kritik der politischen Kinetik, Frankfurt/M. 1989.
Weibel, Peter: Leben – Das Unvollendete Projekt, in: Karl Gerbel/Peter Weibel (Hg.): Ars Electronica 93. Genetische Kunst – Künstliches Leben. Genetic Art – Artificial Life, Wien 1993.
Žižek, Slavoj: Einleitung, in: Ders.: Grimassen des Realen. Jacques Lacan oder die Monstrosität des Aktes, Köln 1993.

# VITEN

*Anna Bergmann*

Dr. phil., Studium der Politischen Wissenschaft an der Freien Universität Berlin, 1984-1988 Stipendiatin des Hamburger Instituts für Sozialforschung, 1990-1995 Wissenschaftliche Mitarbeiterin am Institut für Soziologie der Freien Universität Berlin, 1990-1996 Lehrbeauftragte an der Universität Innsbruck. Zur Zeit Habilitation und Forschungsstelle am Institut für Kulturwissenschaft der Humboldt Universität zu Berlin zum Säkularisierungsprozeß des Todes in der Geschichte des modernen Körpermodells.

*Gernot Böhme*

Studium der Mathematik, Physik, Philosophie in Göttingen und Hamburg. Von 1970-1977 Wissenschaftlicher Mitarbeiter des Max-Planck-Instituts zur Erforschung der Lebensbedingungen der wissenschaftlich-technischen Welt, Starnberg. Seit 1977 Professor für Philosophie an der TH Darmstadt. Diverse Auslandsaufenthalte: Jan-Tinbergen-Professur an der Universität Rotterdam 1985/86, Forschungsaufenthalt an der Universität Cambridge/England 1987, Visiting Scholar an der ANU, Canberra/Australien 1989, Gastprofessor an der TU Wien, Herbst 1995. Forschungsschwerpunkte: Klassische Philosophie (bes. Platon und Kant), Naturphilosophie, Ästhetik, Technische Zivilisation (philos. Anthropologie).

*Christina von Braun*

Kulturtheoretikerin und Filmemacherin. Circa 50 Filmdokumentationen und Fernsehspiele zu kulturgeschichtlichen Themen, zahlreiche Bücher und Aufsätze über das Wechselverhältnis von Geistesgeschichte und Geschlechterrollen. Lehrtätigkeit an verschiedenen deutschen und österreichischen Universitäten in den Fachbereichen Philosophie, Literatur- und Erziehungswissenschaften. Seit 1994 Professorin für Kulturwissenschaft an der Humboldt Universität zu Berlin.

*Wolfgang Dreßen*

Professor für Politologie an der Fachhochschule Düsseldorf. Zahlreiche Veröffentlichungen zur Wahrnehmungsgeschichte des Fremden und zur Erziehungsgeschichte.

*Barbara Duden*

Studierte Geschichte und Anglistik in Wien und Berlin. Von 1985 bis 1990 unterrichtete sie Frauengeschichte und Geschichte von Wissenschaft und Technologie an den verschiedenen Universitäten in den USA. Zur Zeit Professorin am Institut für Soziologie an der Universität Hannover.

*Erika Feyerabend*

Sozialpädagogin, Journalistin. Seit Jahren engagiert im Bereich der Kritik an Gen- und Fortpflanzungstechnologien, Mitarbeiterin von »BioSkop«, Forum zur Beobachtung der Biowissenschaften, einer Assoziation von Kritikerinnen und Kritikern moderner »Lebenswissenschaften« in Essen.

*Renate Genth*

Studium der Literaturwissenschaft, Philosophie, Politischen Wissenschaft und Soziologie in Göttingen und Berlin. 1976-1981 wissenschaftliche Assistentin an der TU Berlin. 1982-1988 freie Mitarbeiterin an diversen Rundfunkanstalten und wissenschaftliche Mitarbeiterin in verschiedenen Projekten. Seit 1989 Teilzeitprofessur an der Universität Hannover im Institut für Politische Wissenschaft im Bereich Politische Theorie.

*Friedrich A. Kittler*

Prof. Dr. phil., Studium der Germanistik, Romanistik und Philosophie an der Universität Freiburg/Breisgau. Seit 1993 Inhaber des Lehrstuhls für Ästhetik und Geschichte der Medien am Seminar für Ästhetik, Humboldt Universität zu Berlin.

## Regine Kollek

Diplomierte Biologin, 1985-1987 im wissenschaftlichen Stab der Enquetekommission »Chancen und Risiken der Gentechnologie« des Deutschen Bundestages, Bonn. Freiberufliche Mitarbeit im Öko-Institut Freiburg, von 1987-1991 im Vorstand des Instituts. 1988-1995 wissenschaftliche Mitarbeiterin im Hamburger Institut für Sozialforschung. Seit 1995 Professorin für Technologiefolgenabschätzung der modernen Biotechnologie in der Medizin an der Universität Hamburg.

## Birge Krondorfer

Mag. Dr., Studium der Theologie, Philosophie, Gruppendynamik, Politologie in Frankfurt, Klagenfurt, Wien (IHS). Lehrbeauftragte den Universitäten Wien und Innsbruck; im Studienjahr 1994/95 Gastprofessur für Geistes- und Kulturgeschichte an der Hochschule für künstlerische und industrielle Gestaltung, Linz. Vorträge und Veröffentlichungen zur feministischen Theorie der Geschlechterdifferenz im In- und Ausland. (Mit-)Organisation verschiedener weiblicher Symposien und Tagungen. Erwachsenenbildnerin. Mitkonzeption des Frauenbildungsprojekts »Frauenhetz« für Vermittlung und Differenz in Wien.

## Elisabeth List

Ass. Prof. und Dozentin am Institut für Philosophie an der Universität Graz. 1981 Habilitation. 1986 Visiting Scholar an der Universität Bergen, Norwegen. Gastseminare an den Universitäten Hamburg und Tübingen, 1995 Verleihung des Titel »Außerordentliche Professorin«. Hauptarbeitsgebiete: Philosophie der Geistes- und Sozialwissenschaften, Sozialphilosophie und soziologische Theorie, feministische Theorie und Wissenschaftskritik, Wissenssoziologie und Erkenntnistheorie in interdisziplinärer Sicht, Theorie der Kultur und der Kulturwissenschaften.

## Maria Mies

Professorin für Soziologie an der Fachhochschule Köln, seit 1993 im Ruhestand. Seit 1969 ist sie aktiv in der Frauenbewegung und ist Mitbegründerin mehrerer feministischer Initiativen, z.B. des Vereins »Sozialwissenschaftliche Forschung und Praxis für Frauen«, des Frauenhauses Köln, der Zeitschrift »Beiträge zur feministischen Theorie und Praxis«, des Netzwerks »Feminist International Network of Resistance to Genetic and Reproductive Engineering« (FINRRAGE), des Schwerpunkts »Women and Development« am Institute of Social Studies, Den Haag. Arbeitsschwerpunkte: Methodologie der feministischen Forschung, die Analyse der geschlechtlichen und weltweiten Arbeitsteilung, der Zusammenhang von Frauen- Ökologie- und Dritte-Welt-Problematik.

*Irene Neverla*

Seit 1992 Professorin für Kommunikations- und Medienwissenschaft am Institut für Journalistik der Universität Hamburg. Studium der Kommunikationswissenschaft, Soziologie und Psychologie an den Universitäten Wien, Salzburg und München. Schwerpunkte in Forschung und Lehre: Journalismus unter besonderer Berücksichtigung von Neuen Medien und Organisationsentwicklung, empirische Publikums- und Wirkungsforschung, Frauen- und Geschlechterforschung.

*Renate Retschnig*

Mag. Dr. phil. Seit 1989 Lektorin am Institut für Soziologie der Universität Wien. Forschungsschwerpunkte: Feministische (Wissenschafts)- Theorie, Mittäterschaftstheorie, Alterssoziologie, feministische Naturwissenschaftskritik, insbesondere zu Chaosforschung, Neue Technologien (VR, Cyberspace). Forschungsaufenthalt in Berkeley/USA. Wissenschaftliche Mitarbeiterin bei der Interuniversitären Koordinationsstelle für Frauenforschung Wien.

*Lisbeth N. Trallori*

Feministische Wissenschaftlerin im Fachbereich Soziologie und Politologie, Lehrbeauftragte an den Universitäten Wien und Klagenfurt. Interdisziplinäre Forschungsprojekte und zahlreiche Publikationen zu Körperpolitik, Rassismus, Faschismus und Widerstand, zu Kultur- und Techniksoziologie (insbesondere zu Gen- und Reproduktionstechniken). Seit 1996 Sprecherin der Sektion Frauenforschung der Österreichischen Gesellschaft für Soziologie.

*Gerburg Treusch-Dieter*

Prof. Dr. phil., Soziologin, arbeitet im Bereich der Kulturwissenschaften, lehrt an den Universitäten Berlin und Wien. Themenschwerpunkte: Geschichte und Theorie der Geschlechterdifferenz, Körper und Technologie, Geschichte der Sexualität.

*Irmi Voglmayr*

Studium der Publizistik- und Kommunikationswissenschaften und Soziologie. Dipl. Journalistin. Derzeitige Arbeitsschwerpunkte: Feministische Stadtsoziologie, Computernetzwerke und Politik. Mitglied von »Softec«, Büro für sozialwissenschaftliche Technikforschung. Auftragsforschung für das Frauenbüro der Stadt Wien; Lehrbeauftragte am Institut für Soziologie in Wien. Freie Mitarbeiterin bei der Tageszeitung "Der Standard".

*Ludger Weß*

Studierte Biologie und Chemie an der Universität Münster. Nach mehrjähriger Forschungsarbeit über molekulare Entwicklungsbiologie an der Universität Bremen Wechsel an die Hamburger Stiftung für Sozialgeschichte. Dort forschte er über die Vorgeschichte der Gentechnik sowie die Geschichte von Rassenhygiene und Sozialbiologie. 1991 Promotion zum Dr. rer. pol. an der Universität Bremen, seit 1993 freiberuflicher Publizist und Wissenschaftsjournalist.